북핵 억제와 방어

북핵 억제와 방어

2018년 9월 20일 초판1쇄 발행
2019년 11월 20일 초판2쇄 발행

지은이 | 박휘락
펴낸이 | 이찬규
펴낸곳 | 북코리아
등록번호 | 제03-01240호
주소 | 13209 경기도 성남시 중원구 사기막골로 45번길 14
        우림2차 A동 1007호
전화 | 02-704-7840
팩스 | 02-704-7848
이메일 | sunhaksa@korea.com
홈페이지 | www.북코리아.kr
ISBN | 978-89-6324-626-0(93390)

값 20,000원

* 이 저서는 2018년 대한민국 교육부와 한국연구재단의 지원을 받아 수행된 연구입니다
  (NRF-2016S1A6A4A01018033).

북핵 억제와 방어

박휘락 지음

북코리아

머리말

1

북한은 현재 수소폭탄을 포함하여 수십 개의 핵무기를 보유하고 있고, 이것을 그들이 보유하고 있는 다양한 탄도미사일에 탑재하여 언제든지 한국을 공격할 수 있다. 나아가 북한은 미국을 공격할 수 있는 대륙간탄도탄(ICBM: InterContinental Ballistic Missile)의 완성에 근접한 상태이고, 수중에서 은밀하게 이동하여 어디든지 타격할 수 있는 잠수함발사탄도탄(SLBM: Submarine Launched Ballistic Missile)의 개발에도 노력하고 있다. 핵능력 면에서 북한은 한국을 능히 초토화시킬 수 있고, 미국 본토의 주요 도시를 핵무기로 타격하겠다고 위협함으로써 미국의 한국 지원을 차단할 수도 있다.

이와 같이 막강한 핵무기를 개발한 북한의 의도가 무엇일까? 일부에서는 북한의 체제 안전을 도모하기 위한 수세적인 목적이라고 인식하기도 하지만, 북한은 체제가 불안해진 1990년대가 아니라 6·25 전쟁 직후부터 핵무기 개발을 시작하였고, '전 한반도 공산화'라는 그들의 대남전략 목표를 포기한 적이 없다. 북한이 미국 본토를 공격할 수 있는

ICBM과 SLBM까지 개발하고 있다는 것은 수세적인 목적만은 아니라는 증거이다. 더구나 국가안보는 최악의 상황까지 고려하여 만전을 기하는 것이 원칙이다. 북한의 핵무기 포기를 위한 외교적 접근을 지속하면서도, 북한의 핵위협을 효과적으로 억제 및 방어하는 데도 노력하지 않을 수 없는 이유이다.

외교적 접근을 통하여 북한의 핵위협을 해소할 수 있다면 이것보다 더욱 바람직한 일은 있을 수 없다. 그래서 한국은 2018년 2월 평창에서 개최된 동계올림픽을 계기로 기어코 남북대화를 진전시켰고, 그 결과로 2018년 4월 27일 남북 정상회담을 개최하여 '판문점 선언'을 발표하였으며, 그를 통하여 '완전한 비핵화를 통해 핵 없는 한반도를 실현한다는 공동의 목표를 확인'하였다. 이러한 합의는 2018년 6월 12일 미북 정상회담으로 연결되었고, 거기서도 '완전한 비핵화(complete denuclearization)'를 위하여 노력하기로 합의하였다. 이로 인하여 한국은 물론이고 세계적으로도 북한의 핵무기 폐기에 대한 기대가 높아졌고, 정상회담을 비롯하여 어떻게든 그러한 방향으로 북한을 유도하기 위한 다양한 노력들이 전개되고 있다.

다만, 외교적 접근으로 북한의 핵무기 폐기에 성공할 수 있을 것이냐에 대하여 회의적인 시각도 적지 않다. 1993년 북한의 핵무기 개발 사실이 국제적으로 노출된 이후 미국이나 '6자회담(six party talks)'을 통하여 전개해 온 모든 외교적 접근은 북한의 핵무기 개발을 차단하는 데 실패하였기 때문이다. 핵무기 개발의 차단보다 개발된 핵무기를 폐기시키는 것이 더욱 어렵다고 본다면, 외교적 접근의 성공에만 기대하는 것은 분명히 합리적이지 않다. 실제로 북한은 2018년 4월과 6월의 남북 정상회담과 미북 정상회담의 약속에도 불구하고 핵무기 폐기에 관한 의미 있는 조치는 아직 시행하지 않고 있고, 2019년 2월 하노이 미북정상회담은 결렬되었다. 북한은 '핵무기 폐기'라는 말 대신에 '비핵화'라는 애매한 말만 사용하고 있고, 이제는 핵무기 보유국을 지향하고 있다.

더욱 문제가 되는 것은 외교적 비핵화 노력 이외에 한국이 북핵과 관련하여 대비하고 있는 바가 매우 부실하다는 사실이다. 북한이 핵무기로 한국을 위협하거나 공격할 경우 한국의 대비태세는 매우 취약한 상태이기 때문이다. 한국이 의존하고 있는 신뢰할 만한 유일한 대비책은 동맹국인 미국의 확장억제(extended deterrence), 즉 북한이 한국을 핵무기로 공격할 경우 미국이 대신하여 대규모 응징보복을 하겠다는 약속뿐이다. 그러나 북한은 미국이 응징보복 하지 못할 것이라고 오판하여 핵공격을 가할 수도 있고, 실제로 미국이 어떤 다양한 이유로 인하여 약속한 확장억제를 제공하지 못할 가능성도 배제할 수는 없다. 최악의 상황을 고민하면 고민할수록 현 상황의 위태로움이 크다는 것을 인식하지 않을 수 없다.

지금까지 북한의 핵위협에 대하여 한국이 대응해 온 바는 다른 국가들의 핵위협 대응 형태와는 매우 달랐다. 미국이 핵무기를 개발하자 위협을 느낀 소련은 바로 핵무기를 개발하여 대응하였다. 중국도 그렇게 하였다. 핵무기에는 핵무기로 균형을 형성하여 억제하는 것 이외에는 다른 방법이 없기 때문이다. 인도가 핵무기를 개발해 나가자 파키스탄도 거의 동시에 핵무기를 개발하였다. 이스라엘이 핵무기를 개발하자 다수의 아랍국가들은 핵무기 개발을 시도하여 균형을 형성하고자 시도하였다. 반면에 한국은 북한의 핵무기 개발 사실을 파악한 이후에도 핵균형을 추구해야겠다는 생각을 하지 않았고, 사태 자체를 심각하게 인식하지 않았으며, 통일과 남북관계 개선에 집착하는 모습을 보여 왔다.

외국의 문헌이나 전문가들은 북한이 수십 개의 핵무기를 개발하였다는 사실을 인정하고 나름대로 그 숫자를 추정해 보고자 노력하였지만 한국의 경우 북한의 핵무기 개발 사실과 그 숫자를 명시하고 있는 정부의 공식문서는 아직 없다. 북한의 핵위협에 한국과 유사하게 직접 노출되어 있는 일본의 경우 북한의 핵무기 개발을 심각하게 인식하면서 미국과의 협력을 통하여 철저한 탄도미사일 방어를 구축하였을 뿐만 아니라 핵공격 상황을 고려하여 주민 대피훈련까지 실시하였다. 그러나 이와 대조적으로 한국은 탄도미사일 방어체제 구축에도 미온적이고, 핵대피에 관해서는 제대로 된 검토조차 하지 않고 있는 실정이다.

북한 핵문제와 관련하여 한국은 심각한 집단사고(Groupthink)에 빠져 있을 수 있다. 현실과 다르게 또는 명확한 근거 없이 동일 민족인 북한이 한국을 핵무기로 공격하는 경우는 상상하지 않으려 하고, 북한이 체제 유지를 위한 수세적 목적으로 핵무기를 개발하였다고만 생각하며, 대화를 통하여 북핵 위협을 해소할 수 있다고 생각하고 있기 때문이다. 북한이 핵무기로 공격할 경우 미국은 자동적으로 대규모 응징보복을 실시하여 북한을 초토화시킬 것이고, 김정은을 비롯한 북한 수뇌부는 그것을 너무나 잘 알기 때문에 핵무기로 한국을 공격할 수 없다고 확신하고 있다. 현재 상태에서 남북한이 전쟁을 할 경우 경제력과 무기 및 장비의 질이 우수한 한국이 당연히 이길 것이라고 생각하는 사람도 적지 않다. 그러나 이러한 생각은 그렇게 믿고 싶어 하는 소망적 사고(wishful thinking)이지, 명확한 근거에 의하여 뒷받침된 판단이 아니다.

누구도 외교적이고 평화적인 북한의 핵무기 폐기가 최선이라는 것을 부정할 사람은 없다. 그러나 그것이 희망대로 되지 않을 경우까지 대비하는 것이 국가안보이다. 한국은 북한의 비핵화를 위한 외교적 노력을 지속하면서도 다음 질문에 대한 해답을 찾아 나가야 한다. "만약, 북한이 핵무기로 공격할 경우 국민들을 어떻게 보호할 것인가?" 군의 지휘관들에게는 너무나 당연한 질문일 것이지만, 대통령을 비롯한 국가지도자, 행정부의 관리, 그리고 국민들의 존경을 받고 있는 언론인과 지식인들 역시 위 질문에 대한 해답을 찾아내야 한다. 현대전은 총력전이고, 핵무기는 국가 전체를 초토화시킬 수 있는 엄청난 위력을 가진 무기라서 예외가 있을 수 없다. 모든 어른들은 북한의 핵위협으로부터 자신의 자식이나 손자들을 보호하기 위하여 무엇을 어떻게 해야 할 것인지를 고민해야 한다. 국가안보는 도박할 수 없고, 한 번 잘못되면 회복할 수 없으며, 그 잘못에 대하여 누구도 책임질 수 없는 너무나 중대한 사안이기 때문이다.

일부에서는 외교적 접근을 통하여 북한의 핵무기 폐기가 가능해진다면 북핵에 대한 대비 노력은 기회비용(opportunity cost) 또는 매몰비용(sunk cost)이 될 수 있다는 논리로 소홀한 대비를 정당화하기도 한다. 기본적으로 빵과 대포는 상충되는 것이고, 전쟁이 없을 경우 전쟁을 위한 노력은 낭비로 보일 수도 있다. 그러나 대비하지 않다가 침략을 당하여 나라를 상실하면 어떤 변명으로도 원상회복시킬 수 없다. 그래서 모든 국가들은 기회비용이나 매몰비용임을 알면서도 작은 위협의 가능성에도 철저하게 대비하는 것이다. 그러한 대비 노력은 다소 과도하더라도 전적으로 낭비되는 것이 아니고, 그것이 있기에 전쟁을 확실하게 억제하게 되는 것이다. 국제사회에서 영세중립국으로 공인된 스위스가 국민개병제를 유지하는 가운데 전 국민들을 위한 핵대피 시설을 구축해 온 것도 국가안보는 도박할 수 없다는 이와 같은 생각 때문이다. "평화를 원한다면 전쟁에 대비해야 한다"는 말이 한국 국민들에게 지금보다 더욱 절실한 시기는 없다.

2

우리 대부분은 어릴 때 학교의 수업시간을 통하여 다음의 우화를 배웠다. 종달새가 보리밭 가운데에 집을 짓고, 아기 새들을 낳았다. 아기 새들이 크면서 보리도 익어 갔다. 어느 날 보리밭 주인이 밭에 와서 말하였다. "보리가 잘 익었군. 내일 이웃 사람들에게 부탁하여 보리를 베야겠다." 이 말을 들은 아기 새들은 깜짝 놀라 어미 새에게 빨리 이사 가야 한다며 호들갑을 떨었다. 그러나 어미 새는 아직 이사 갈 필요가 없다면서 걱정하지 말라고 다독거렸다. 정말 며칠이 지나도 보리는 베어지지 않았고, 종달새들은 잘 지낼 수 있었다. 며칠 후 주인은 친구에게 부탁하여 보리를 베야 한다고 하였고, 또 며칠 후에는 친척들에게 부탁하여 보리를 베야겠다고 말하였다. 그때마다 아기 새들은 어미 새에게 이사 가야 한다고 졸랐지만 어미 새는 걱정하지 말라면서 태연하였다. 남의 도움으로 보리를 베겠다는 것은 보리를 베지 않겠다는 말이라는 진단이었다. 실제로 보리는 계속 베어지지 않았고, 일부는 너무 익어 쓰러져 가고 있었다. 이 지경이 되자 주인은 "내일 당장 내가 나서서 보리를 베야겠다"라고 말하였다. 그제야 어미 종달새는 아기 새들에게 이사를 가야 한다면서 짐을 챙기라고 하였다. 남에게 맡기지 않고 스스로 하겠다고 하는 사람의 말은 믿어야 한다는 설명이었다.

인정하기 싫지만 우리는 지금까지 북한 핵문제를 스스로 해결한다는 자세를 갖지 않았고, 충분한 노력을 기울이지도 않았다. 위 우화의 보리밭 주인처럼 스스로가 아닌 주변 국가들을 통하여 해결하고자 하였다. 우아하게 '외교적 비핵화'라고 말하지만, 이것은 우리 스스로가 아닌 미국이나 중국 또는 국제사회에게 해결을 부탁한다는 말이었다. 그래서 1994년 미국과 북한이 어떤 합의를 맺자 좋아하였고, 그것이 실패로 끝나 시작된 6자회담에서도 2005년 '9·19 공동성명'을 발표함으로써 북한의 핵무기 폐기를 선언하자 똑같이 기뻐하였다. 지금도 미국과 북한 간의 비핵화 협상에 촉각을 곤두세울 뿐 우리 스스로 북한의 비핵화를 위하여 노력하는 바는 적다. 비핵화는 미국에 맡긴 채 남북 간의 대화와 협력을 증진하는 데만 신경 쓰고 있는 상황이다. 북핵 관련 토론에서도 대부분의 학자들과 전문가들은 우리가 어떻게 해야 하는지보다는 미국이 어떻게 해야 하고, 중국이 어떤 입장일까에 대한 전망이나 주문을 교환하는 데 바쁘다. 그러는 사이에 북한은 스스로 '국가 핵무력 완성'을 선언하였듯이 한국을 초토화시키고도 남을 정도의 강력한 핵능력을 보유하게 되었다.

북핵 문제 해결을 위한 주도적인 노력의 측면에서 현 문재인 정부가 노력해 온 바에는 긍정적으로 평가할 부분이 있다. 평창올림픽을 계기로 북한 선수들을 초청하였고, 이에 북한이 호응하자 핵문제에 관한 남북한 협의로 의제를 전환하였으며, 북한의 올림픽 참가에 대한 답방 형식으로 특사가 방북하여 북한으로부터 비핵화 용의와 남북 정상회담 수용 의사를 얻어 내었고, 그 후 트럼프 대통령에 대한 북한의 초청 의사를 전달하여 트럼프 대통령의 동의를 받아 내었으며, 이로써 비핵화를 위한 중요한 계기를 마련한 점이 있기 때문이다. 2018년 4월 27일의 '판문점 선언'이 궁극적으로 이행된다면 문재인 정부는 역사상 다른 어느 정부보다 주도적인 자세로 우리의 문제를 논의하여 해결하게 되는 셈이다. 다만, 미북 정상회담 이후 또다시 한국은 방관적인 자세로 회귀하고 있다는 것이 문제이다. 미국과 북한의 협상 결과만 지켜볼 뿐 우리의 입장을 반영하거나 북한의 비핵화를 유도하기 위한 우리의 적극적 노력은 찾아보기 힘들기 때문이다.

북한 핵문제가 노출된 이후 지금까지 한국은 외교적 접근을 통한 비핵화에만 치중해 왔는데, 이것은 당장은 평화로워 보이지만 장기적으로는 위험성이 큰 방책이다. 그것이 기대대로 진행되지 않을 경우 무방비 상태가 될 우려가 있기 때문이다. 외교적인 비핵화 노력을 통하여 위협을 제거하는 것도 중요하다. 그러나 국가안보에 관해서는 위협이 제거되지 않을 상황까지 상정하여 확고한 대비태세를 강구해 나가는 것이 원칙적인 접근방법이다. 정부는 외교적 비핵화 노력을 통하여 최상의 해결을 추구함과 동시에 북한이 핵무기로 위협하거나 이를 사용하게 되는 최악의 상황에서도 국가와 국민을 보호할 태세를 구비해 나가야 한다. 국가안보는 요행에 기대는 것이 아니라 만전을 기하는 것이고, 나중에 낭비로 판명되더라도 가능한 모든 상황에 대비하는 것이기 때문이다.

이런 점에서 국가안보를 위한 노력은 대부분 다음 세대를 위한 투자이다. 현대적인 무기와 장비의 획득에는 상당한 시간이 걸려서 지금 노력해도 그 효과는 다음 세대에 드러날 가능성이 높기 때문이다. 반대로 지금 국가안보에 노력하지 않을 경우 당장은 문제가 없을 수 있으나 후세들은 더욱 힘든 상황에서 미흡한 대비의 부담이나 그로 인한 피해를 한꺼번에 감당해야만 한다. 우리의 선배들이 북핵 폐기에 더욱 철저했더라면 북한이 핵무기를 개발하지 못하도록 차단하였거나 차단에 실패했더라도 현재처럼 걱정되는 상황은 아니었을 것이다. 마찬가지로 우리가 북핵 대비에 더욱 철저하면 다음 세대는 훨씬 안전한 상황에서 북핵 위협을 처리할 수 있을 것이다. 지금 북핵 대비에 노력하지 않는 것은 나중의 세대에게 부담을 전가하는 결과가 될 뿐이다.

한국처럼 핵무기를 개발하지 않은 상태에서 핵을 보유하고 있는 북한을 상대하는 일은 당연히 어렵고, 불가능한 일일 수도 있다. 그럼에도 불구하고 우리의 독립과 생존을 포기할 수 없다면 우리는 핵위협에 대한 억제와 방어에 최선을 경주하지 않을 수 없다. 대비책이 철저할 경우 나름대로의 해결책을 발견하거나 최소한 속수무책이 되지는 않을 것이다. 하늘은 스스로 돕지 않는 사람을 돕지는 않는다. 비록 주변 국가들에 비하여 한국이 국토, 인구, 경제력 측면에서 왜소하지만 우리의 문제는 우리가 해결한다는 자세하에 능동적으로 북핵 위협에 대응해 나갈 때 조금씩 해결의 실마리가 찾아질 것이다. 동맹국이나 주변국을 활용하더라도 우리가 주도적인 전략이나 계획을 가진 상태에서 그렇게 해야지 그들의 처분에 우리의 운명을 맡기는 모습이어서는 곤란하다. 어렵더라도 우리 스스로가 해결해야 한다는 사명감과 주인 의식을 갖는 것이야말로 북핵 문제의 첫걸음이다.

3

오늘 당장에만 전쟁이 일어나지 않도록 하는 것이나 평화를 장담하는 것은 그다지 어렵지 않다. 내일까지 전쟁이 일어나지 않도록 하거나 평화를 장담하는 것도 그렇다. 일주일 또는 한 달까지 전쟁 없는 평화를 약속하는 것도 그렇게 어려운 일은 아닐 것이다. 1년이나 2년도 그러할 수 있다. 그러나 앞으로 5년 동안 또는 10년 동안 전쟁이 없도록 한다거나 평화를 장담하는 것은 쉽지 않다. 기간이 늘어나면 날수록 전쟁 없는 평화를 장담하거나 약속하는 것은 어려워진다. 국가는 오늘, 내일, 일주일, 한 달, 1년, 5년 정도 전쟁을 하지 않은 채 평화를 누리기 위하여 만들어진 조직이 아니다. 실제로는 내일 당장, 일주일 후, 한 달 후 전쟁이 발생할 수도 있지만, 대비의 목표는 언제나 항구적인 평화, 최소한 상당한 기간 동안의 평화라야 한다. 당연히 오늘, 내일, 일주일, 한 달, 1년, 5년 정도 평화를 보장할 수 있는 방책은 상책일 수 없다. 정치인이나 국가지도자의 "평화를 보장하겠습니다"라는 약속은 공허한 말이다. 얼마 동안 평화를 보장할 것인지 시간을 명시해야 한다. "최소한 10년 동안 평화를 보장하겠습니다"라는 정도는 되어야 의미 있는 말이 될 것이다.

이러한 점에서 우리 민족은 역사를 통하여 반성해야 할 부분이 적지 않다. 가까운 조선시대의 역사에서 우리가 전쟁을 어떻게 대비하고 수행하였는지를 돌이켜 보자. 1592년 일본이 조선을 침략하기 전 이율곡 선생을 비롯하여 조선의 많은 지식인들은 일본의 침략 가능성이 높다면서 전쟁에 대비해야 함을 역설하였다. 그러한 의견이 수용되어 정부는 실정을 파악해 오도록 일본에 사절단을 보냈던 것이다. 그러나 우리가 너무나 잘 알고 있듯이 통신사들의 의견은 엇갈렸고, 정부는 일본이 침략하지 않을 것이라는 의견을 수용하였으며, 결국 철저하게 대비하지 않았다. 항구적인 평화를 위한 대비보다는 오늘, 내일, 일주일, 한 달, 1년 정도의 평화를 염두에 두었기 때문이다. 임진왜란이 종료된 이후 청나라라는 새로운 세력이 들어섰지만 당장 침략하지 않자 평화라고 생각하였고, 외교적 해결에만 몰두한 채 미래의 침략 가능성에는 제대로 대비하지 않았으며, 결국 1627년 정묘호란과 1636년 병자호란에서 처참한 패배를 당해야 하였다. 역시 오늘, 내일, 일주일, 한 달, 1년 정도의 평화만 염두에 두면서 판단하였기 때문이다. 정묘호란을 당한 후에도 여전히 제대로 대비하지 않아서 9년 후 병자호란에서 또다시 굴욕적으로 패배하였고, 임금이 '삼배구고두(三拜九叩頭)'하는 지경에 이르렀다.

이러한 경향은 현대까지도 변화되지 않은 채 이어졌다. 한말(韓末)에도 우리는 계속 오늘, 내일, 일주일, 한 달, 1년 정도의 평화만을 추구하면서 이 국가와 친하고, 저 국가에게 의존하는 등 부평초처럼 주변국들을 떠돌아 다녔다. 얼마나 답답하였으면 황준헌(黃遵憲)이라는 청나라의 외교관이 한국의 상황을 "자기가 살고 있는 집이 불타는 줄도 모르고 지저귀는 제비와 참새(연작처당: 燕雀處堂)"에 비유했을까? 국가안보와 평화를 위한 장기적이거나 항구적인 방책은 전혀 강구하지 않은 채 우왕좌왕하다가 결국 일본에 국권을 빼앗긴 것 아닌가? 겨우 수십 년 전인 1950년의 6·25 전쟁에서도 과거 역사와 다른 점은 없었다. 북한이 남침을 위하여 철저한 준비를 갖추고 있는 상황에서도 우리의 지도자들은 북한의 침략 가능성이 없다고 공언하였고, 침략하더라도 바로 반격하여 "점심은 평양, 저녁은 신의주"에서 먹겠다고 호언장담하였다. 반년 후의 평화도 생각하지 못한 채 오늘까지 침략이 없으니 내일도 침략하지 않을 것이라고 생각한 것 아닌가?

지금 현 시대를 살고 있는 우리는 스스로에게 비슷한 질문을 던져보아야 한다. 과연 우리는 지금까지 북핵에 대하여 선조들과 다르게 접근하여 왔는가? 오늘, 내일, 일주일, 한 달, 1년 정도의 평화만 생각하면서 장기적이거나 체계적인 대비를 계속 미루어 오지 않았던가? 항구적인 평화는 막론하고 과연 5년 정도라도 길게 평화를 보장할 수 있는 방책을 선택해 왔던가? 1994년 미국이 북한의 영변 핵발전소를 파괴하겠다고 제안한 데 대하여 우리가 반대한 것은 당시의 평화에만 초점을 맞추면서 미래의 평화를 생각하지 않았던 것 아닌가? 우리와 반대로 이스라엘은 미래의 평화를 위하여 당시의 평화를 기꺼이 희생하겠다면서 1981년 이라크의 핵발전소와 2007년 시리아의 핵발전소를 파괴시켰다. 지금 우리가 북한의 핵위협에 전전긍긍하고 있다면 우리의 선배들이 항구적인 평화보다는 일시적이거나 단기적인 평화에 초점을 둔 결정을 내렸기 때문이다. 우리의 선조들을 비판하듯이 나중에 후손들도 현 시대의 우리들을 오늘, 내일, 일주일, 한 달, 1년 정도의 평화만 생각하면서 항구적인 대비책을 강구하지 않았다면서 비판하지 않을까?

우리 모두가 한민족의 일원으로서 공동체 의식을 지니고 있다면, 현 세대가 다음 세대에게 진정으로 남겨야 할 것이 무엇일까를 고민해 볼 필요가 있다. 경제적 번영일까? 문화적 융성일까? 고도화된 민주주의일까? 이러한 것들도 무시할 수 없는 중요한 것들이지만, 안전을 잃어버리게 되면 아무리 높은 경제적 번영, 문화적 융성, 민주주의의 성숙을 이룩했더라도 그것들은 후손들에게 계승되지 않는다. 경제, 문화, 민주주의가 다소 미흡하더라도 안전한 국가를 물려주면 후손들은 경제, 문화, 민주주의를 발전시키면 되지만, 안전 없이 경제, 문화, 민주주의를 물려받은 후손은 삽시간에 그 모든 것을 잃어버릴 가능성이 높다. 바구니에 큰 구멍이 났는데, 어떻게 과일을 담을 수 있겠는가? 창고의 울타리가 튼튼하지 않은데 어떻게 경제, 문화, 민주주의의 곡식을 간직할 수 있겠는가?

우리가 유구한 민족사를 지향한다면 안보에 대한 지금의 시각과 행동을 조정해야할 필요가 있다. 각자의 평화와 행복도 추구해야 하지만, 후손들의 평화와 행복도 고려해야 한다. 전자와 후자가 충돌될 때 후자를 선택하는 민족은 계속 번성하겠지만, 전자를 선택하는 민족은 오래갈 수 없다. 나는 지금 어떠한가? 지금 당장 평화롭고 행복하기 위하여 후손들의 그것이 어떻게 되든 생각하지 않는 것 아닌가? 시대가 불안할수록 "Don't Worry. Be Happy!"라는 말을 되뇌는 사람이 많아진다. 어려운 현실에서 절망하지 않기 위한 자기최면일 것이다. 동시대를 살아가는 사람으로서 그 마음은 충분히 이해하지만 안보에서까지 그래서는 곤란하다. 현 세대가 안보에 관하여 "Don't Worry. Be Happy!"하면 다음 세대들은 반드시 "Worry. Unhappy!"하게 될 것이기 때문이다. 내가 Worry 하고 이로써 Unhappy한 만큼 우리의 후손들은 "Don't Worry" 하고 "Be Happy!" 하게 될 것이다.

4

본서는 북한 핵위협 대응에 필요한 제반 사항들을 국민들에게 제대로 알리고, 정부와 군대에게 합리적인 해결책 강구에 더욱 매진할 것을 촉구하기 위한 목적으로 작성되었다. 국민, 정부, 군대 모두가 현 상황을 있는 그대로 정확하게 이해하고, 합심하여 해결해 나가지 않으면 민족 최대의 비극을 맞을 수도 있다고 우려하기 때문이다. 프러시아의 저명한 군사이론가인 클라우제비츠(Carl von Clausewitz)도 정부, 군대, 국민 간의 삼위일체(trinity)를 지향하는 이론이라야 제대로 된 전쟁이론이라고 주장하였다. 특히 클라우제비츠의 『전쟁론』(On War)을 번역하기도 하였던 영국의 군사역사가인 하워드(Michael Howard)는 핵전쟁에서는 어떤 어려움도 감수하겠다는 국민들의 결의가 가장 중요한 요소라고 분석하였다. 정부와 군대의 대비 노력도 결국 국민들이 요구하거나 촉구해야만 향상될 수 있다면 우리 국민 모두가 북핵 위협의 실상과 이로부터 국가의 안전을 보장하기 위하여 수행해야 할 과제를 정확하게 이해하는 것이야말로 북핵 대비의 출발점이 되는 셈이다. 여러 국민들이 이 책을 일독하여 그러한 이해에 도달하기를 바라는 마음으로 본서 집필을 시작하였다는 점을 밝히고자 한다.

본서는 전체를 4부로 나누어서 북한의 핵위협에 대한 억제와 방어에 관한 사항을 기술하고 있다. 제1부에서는 북한의 핵위협과 대응방안에 관한 기초적인 사항을 기술하였고, 제2부와 제3부에서는 억제와 방어에 관한 국제정치적인 정책방향과 군사적인 조치사항을 수록하였으며, 제4부에서는 정부, 군대, 국민으로 나누어서 한국이 앞으로 노력해야 할 방향을 제시하였다. 현재 남북한 간에 북한의 핵무기를 폐기하기 위한 다양한 노력이 전개되고 있어 그것이 성공을 거둔다면 이 책의 상당한 부분은 부적절해질 수도 있지만, 확실한 상태가 되기까지 긴장을 늦추어서는 곤란하다는 마음으로 필요한 내용을 설명하고자 한다. 또한, 책 전체를 4부로 나누어 논리적으로 설명하고자 시도하였고, 국민들의 정확한 이해를 보장한다는 차원에서 다소 중복되더라도 충분한 설명을 하는 데 중점을 두었다는 점을 밝힌다.

본서에 수록된 내용은 최근 1~2년 사이에 필자가 집중적으로 연구하던 사항들로서, 대부분 논문으로 작성되어 학술지에 발표된 내용이다. 2016년 4월에 한국 연구재단에 현재의 내용으로 책을 저술하겠다고 신청하였고, 그 당시 제출한 목차대로 차근차근하게 논문 형태로 작성하여 학술지에 게재함으로써 권위를 보장받고자 하였기 때문이다. 다만, 논문과 책은 작성 목적과 기술 형태가 다르기 때문에 논문으로 발표된 내용이라도 본서의 취지와 방향에 맞도록 대폭적으로 수정하였다. 논문으로 발표하여 자신감을 확보한 후 본서를 기술하였다는 말이 정확한 설명일 것이다. 2016년 1월부터 2017년 12월까지 발표한 북핵 관련 논문들을 본서의 흐름에 맞추어서 각부별로 배열하면 다음과 같다.

──────────── 〈북핵 관련 발표 논문〉 ────────────

- "통일전제로서의 북핵 대응태세 평가와 과제: 목표, 방법, 수단 간 일치성을 중심으로". 『통일전략』. 제17권 2호(2017).
- "북한 SLBM 개발의 전략적 의미와 대응 방향". 『전략연구』. 통권 제69호(2016).
- "South Korean Preparedness for the North Korean Nuclear Threat: A Few Steps Behind." *The Korean Journal of Defense Analysis*. Vol. 29, No. 2(2017).

- "한미동맹과 미일동맹의 비교: '자율성-안보 교환 모델'의 적용". 『국가전략』. 제22권 2호(2016).
- "한미동맹에 있어서 미국의 안보 공약 이행 정도에 대한 분석". 『한국정치외교사논총』. 제38권 1호(2016).

- "북핵 고도화 상황에서 미 확장억제 이행 가능성 평가". 『국제관계연구』. 제22권 2호(2017).
- "미 전술핵무기 한국 재배치에 대한 시론적 분석". 『신아세아』. 제24권 2호(2017).
- "북한 핵위협 대응에 관한 한미연합 군사력의 역할 분담". 『평화연구』. 제24권 1호(2016).
- "The Expectation and Reality Gap in South Korea's Relations with China." *Asian International Studies Review*. Vol. 18, No. 1 (2017).
- "오인식(誤認識)이 한국의 탄도미사일 방어체제(BMD) 구축에 미친 영향: 일본과의 비교를 중심으로". 『전략연구』. 제24권 2호(2017).
- "북핵 대응을 위한 한일 안보협력의 필요성 분석". 『신아세아』. 제23권 3호(2016).

- "북핵 위협에 대한 예방타격의 필요성과 실행가능성 검토: 이론과 사례를 중심으로". 『국가전략』. 제23권 2호(2017).
- "주한미군의 사드 배치 이후 한국 BMD에 관한 제안: KAMD에서 KBMD로". 『국가정책연구』. 제20권 1호(2016).
- "북한 핵무기 위협에 대한 총력적 대비의 실태와 과제". 『군사』. 제99호(2016).

- "북한 핵위협 대두 이후 한국의 바람직한 군사력 증강 방향". 『의정논총』. 제11권 1호(2016).
- "최근 한국군 국방개혁의 계획과 현실 간의 괴리 분석: 위협인식과 가용재원을 중심으로". 『국방연구』. 제59권 3호(2016).

우리 모두가 우려하고 있듯이 현재 국민들은 안보에 관해서도 이념적 성향에 따라서 시각과 견해가 매우 다른 경향을 보이고 있다. 한국의 보수와 진보가 북핵 위협에 대하여 갖는 시각 중에서 어느 한 가지를 선택하라고 한다면 본서는 보수에 속한다고 보아야 한다. 필자 스스로가 30년 이상 육군에 근무한 후 대령으로 전역하였고, 안보는 만전지계를 추구해야 한다는 시각을 바탕으로 북핵 문제를 연구해 왔기 때문이다. 그렇기 때문에 필자는 보수와 진보의 사이에서 균형을 도모해야 한다거나 두 시각을 조화해야 한다는 생각으로 내용을 의도적으로 조절하지 않았다. 필자는 오랜 군 생활과 10년 정도 국민대에서의 교육과 연구 기회를 통하여 나름대로 타당하다고 생각하는 내용을 발표하였고, 그 내용을 책자로 발간하고자 할 뿐이다. 그 객관성이나 성향에 대한 판단은 독자들의 몫이라고 할 것이다.

인조 시대에 청나라와의 화친을 앞장서서 추진하였던 최명길은 그가 쓴 항복문서를 주전파(主戰派)인 김상헌이 찢자 "조선에는 항복문서를 쓰는 사람도 있어야 하고, 또한 찢어 버리는 사람도 있어야 한다"라면서 그것을 다시 붙였다. 국가안보에 관해서도 다양한 의견을 인정할 필요가 있을지 모른다. 지금까지의 역사를 보면 철저한 대비를 통하여 확실한 평화를 보장하는 방법의 보편성이 크기는 하지만, 그러한 접근에만 치중하다 서로의 경계심을 자극하여 하지 않아도 될 군비경쟁으로 상황을 더욱 악화시켜 온 측면도 있기 때문이다. 필자는 위험하다고 생각하지만 평화적인 접근을 통하여 평화를 달성해 보겠다는 시도도 필요할 것이고, 예상 외의 성과를 거둘 가능성도 부정할 수는 없다. 중요한 것은 국민들이 서로의 다른 생각을 인정하는 것이고, 반대되는 주장도 존중하는 것이다. 본서는 철저한 대비를 중요시한다는 접근에 기초를 두고 있다는 점을 밝히고, 필자와 생각이 다른 사람이 있더라도 최명길의 말처럼 국가적 담론의 다양성을 용인하는 자세를 가지면서 읽어 주기를 바란다. 필자와 생각이 다른 학자들의 책을 읽어 본 후 비교 또는 평가하는 것도 바람직할 것이다. 북한의 비핵화가 실제로 진전되어 이 책자가 가장 빠른 시기에 무용해지기를 바라는 마음이다.

CONTENTS

CONTENTS

I
기초

1.
핵 억제와 방어

대량살상무기(WMD: Weapons of Mass Destruction)로 불리고 있듯이 핵무기 공격을 받으면 수십만~수백만이 삽시간에 사망할 뿐만 아니라 국토의 상당한 부분이 초토화되고, 결국 전쟁에서 패배하여 나라를 잃어버릴 가능성이 높다. 이런 이유로 모든 국가들은 핵무기 위협이 대두되면 가용한 모든 방법과 수단을 동원하여 결사적으로 대응한다. 우선은 상대방이 핵무기를 사용하지 못하도록 '억제(抑制, deterrence)'해야 하고, 동시에 핵무기 공격이 가해지더라도 국가와 국민을 보호하기 위한 '방어'까지 고민하게 된다. 지금까지 핵무기는 1945년 일본에 대하여 사용된 사례가 유일하기 때문에 그의 억제와 방어에 관한 이론은 경험보다는 합리에 근거한 추론의 측면이 크지만, 수십 년 토의되어 오면서 이론적 체계가 상당할 정도로 확립된 상태이다.

1) 핵 억제 이론

억제는 공격의 의사가 있는 상대방에게 공격을 시도해도 성공할 수 없거나 성공하더라도 기대되는 이익보다 더욱 큰 피해를 입을 것이라는 사실을 깨닫도록 하여 공격을 자제하도록 하는 방법이다. 피해가 워낙 클 것이라서 핵전쟁에서는 승리가 의미가 없어 전쟁을 하지 않는 것이 최선이기 때문이다. 얼마 전까지만 해도 핵무기를 장착한 미사일을 공중에서 요격(邀擊, interception)하는 기술이 개발되지 않아서 핵공격에 대해서는 의미 있는 방어가 불가능하였고, 따라서 억제만이 유일한 대응방법이기도 하였다.

(1) 응징적 억제

핵무기 공격의 의도와 그를 구현하기 위한 능력을 보유하고 있는 상대방을 억제하는 데 가장 먼저 적용된 방법은 '응징(보복)을 통한 억제(deterrence by punishment, 응징적 억제)'였다(Snyder, 1961: 14-16). 상대방이 공격할 경우 엄청난 응징 차원의 보복을 가할 것임을 알리고, 실제로 그것을 구현할 수 있는 능력을 구비함으로써 상대방이 공격할 엄두를 내지 못하게 하는 방식이다. 이것은 공격의사를 보유하고 있는 상대방에게 기대되는 이익보다 더욱 큰 피해를 입을 것이라는 점을 깨닫게 하여 실행하지 못하도록 강요하거나 강압하는 전략(coercive strategy)이다(Freedman, 2004: 26). 다만, 이 응징적 억제를 구현하려면 상대방의 공격보다 더욱 큰 피해를 끼칠 수 있는 공격능력이 필요해지고, 쌍방이 그것을 지향할 것이기 때문에 소모적인 군비경쟁으로 치달을 가능성이 높다.

응징적 억제는 냉전시대 미국과 소련에 의하여 실제로 구현되었는데, 양국은 상대방이 핵미사일로 '먼저 공격(제1격, the first strike)'할 경우 그로부터 생존한 나의 핵전력으로 '반격(제2격, the second strike)'하여 상대를 초토화시키겠다고 위협하는 방식으로 서로의 공격을 억제해 왔다. 이에는 상대방의 제1격이 가해지더라도 충분한 핵능력을 생존시켜 제2격을 가할 수 있다는 점을 과시하는 것이 핵심이었고, 따라서 미국과 소련은 제2격 능력 보장을 위하여 '삼각축(triad)'이라고 명명하면서 대규모의 대륙간탄도탄(ICBM), 전략폭격기(ALBM), 전략잠수함(SLBM)을 증강하였다. 다만, 제2격 확보를 위한 양국의 끊임없는 군비경쟁은 결국 인류의 멸망으로 연결될 수 있다는 우려에서 학자들은 '미친' 전략이라는 의미에서 '상호확증파괴 전략(MAD: Mutual Assured Destruction)'이라고 명명하기도 하였다.

응징적 억제는 보유하고 있는 핵전력의 규모에 따라 두 가지로 나누어지는데, 하나는 최대억제(maximum deterrence)이고, 다른 하나는 최소억제(minimal deterrence)이다. 최대억제는 앞에서 응징적 억제의 원리로 설명한 내용으로서 냉전시대로부터 시작하여 현재 미국과 러시아가 채택하고 있고, 최근에는 중국도 이를 지향하고 있다고 할 수 있다. 반면에 공인된 핵보유국 중에서 영국과 프랑스는 핵무기 공격을 받을 경우 상대방이 가장 소중하게 생각하는 결정적인 몇 개의 표적이라도 확실하게 파괴할 수 있다는 점을 과시함으로써 상대방의 공격을 억제한다는 개념을 채택하고 있는데, 이것이 최소억제 전략이고, 따라서 이 두 국가는 그를 위한 최소한의 핵전력만 보유하고 있다. 현재 영국과 프랑스는 각각 215개와 300개 정도의 핵무기를 보유하고 있지만(Kristensen and

Norris, 2018) 대부분 적이 대규모 제1격을 가하더라도 탐지와 파괴가 어려워 생존이 확실시되는 잠수함발사탄도탄(SLBM) 형태로 보유하고 있는 것이다.

더욱 소규모 핵무기를 보유한 상태에서 최소억제와 유사한 효과를 의도하는 경우 '신뢰적 최소억제(credible minimum deterrence)'라는 용어를 사용하기도 한다. 이것은 인도가 1988년 핵무기를 개발하면서 발전시킨 개념으로서 핵무기 사용의 의지와 능력, 보복의 효과성과 확실성, 필요한 정보와 생존능력 등을 과시함으로써 소량의 핵무기로도 최소억제와 동일한 효과를 달성하려는 전략이다(Kulkirni and Sinha, 2011: 2). 파키스탄도 동일한 핵전략을 적용하여 핵무기를 다양화하면서 그들의 사용 의지를 강조하고 있다. 다만, 신뢰적 최소억제 전략은 적극적 사용 의지를 강조함으로써 상대방을 억제시킨다는 개념이어서 전략의 합리성이 다소 미흡하고, 타당성에 대한 논란도 제기되고 있다(Zahra, 2012, 2-4). 더욱 소수의 핵무기를 보유한 국가는 '존재적 억제' 또는 '실존적 억제(existential deterrence)'의 전략을 사용하게 되는데, 이것은 핵무기의 존재 자체만으로 상대가 전쟁을 발발할 수 없게 하여 억제 효과를 보장한다는 전략이다(Trachtenberg, 1985: 139). 핵무기 개발을 시작한 약소국은 어쩔 수 없이 존재적 억제에 의존하게 되는데, 핵능력에 관한 모호성을 극대화할 경우 다른 국가들에게 상당한 불안감을 주어 핵무기 보유 사실만으로도 억제를 달성할 수 있다. 이 외에도 '휴식 억제(recessed deterrence)'나 '비무기화 억제(non-weaponized deterrence)'라는 말처럼 핵무기를 즉각 제조할 수 있다는 잠재력을 보유하는 것으로도 억제 효과를 기대할 수 있다는 이론도 존재한다(Kampani, 1998: 13-14).

(2) 거부적 억제

응징적 억제는 핵시대에 들어서고 만 인류가 마땅한 방어 대책이
없어서 고안한 것이기는 하지만, 'MAD=mad'라는 명칭에서 알 수 있
듯이 인류의 종말을 우려해야할 정도로 위험한 군비경쟁을 유발한다
는 결정적인 단점이 있다. 어느 한쪽이 핵능력을 강화하면 상대방도 반
격(또는 제2격) 능력의 생존을 보장하기 위하여 핵무기의 양과 질을 개량
하지 않을 수 없고, 따라서 끊임없는 악순환이 발생하기 때문이다. 나아
가 응징적 억제라는 개념하에 상대방과의 공멸이 가능한 상황, 다른 말
로 하면 "핵무기와 더불어 사는 삶(Living with Nuclear Weapons)"(Carnesale et al.,
1983)을 받아들여야만 하였고, 이것은 너무나 불안한 방식일 수밖에 없
다. 상대방의 자포자기, 분노, 실수 또는 우연적 요인에 의하여 상호 공
멸의 핵전쟁이 발생할 개연성을 언제나 걱정해야 하기 때문이다.

동시에 응징적 억제의 실효성에 대해서도 적지 않은 의문이 제기
되었다. 냉전시대에 응징적 억제가 작용하였다고 하지만 그것이 억제
노력의 결과인지 아니면 상대방이 애초부터 공격할 의사가 없었던 것인
지를 구분하는 것이 쉽지 않았기 때문이다. 즉 "상대방이 특정한 행동
을 취하지 않았다고 해서 그것이 반드시 억제의 성공이라고 말할 수 있
는가? 냉전기간 동안 소련이 미국에 대해서 핵공격을 가하지 않았다고
해서 억제가 성공하였다고 말할 수 있는가? 소련의 미국에 대한 핵공격
의도가 아예 없었던 것은 아닌가?"(김태현, 2012: 177)와 같은 질문에 대하
여 명확한 해답을 제시하기 어려운 것이 사실이다. 어떤 사태가 왜 발생
하였는가를 설명하기는 쉽지만 왜 발생하지 않았는가를 설명하기는 어
렵고, 실제로 상대방의 선의를 억제의 효과로 포장해 온 점도 없지 않기

때문이다.

이러한 응징적 억제의 불안과 불확실성에서 벗어나기 위한 새로운 시도 중에서 대표적인 것은 1983년 미국의 레이건(Ronald W. Reagan) 대통령이 '전략적 방어 구상(SDI: Strategic Defense Initiative)'이라는 슬로건 하에 공격해 오는 상대방의 핵미사일을 요격하겠다고 발표한 조치이다. 이 구상은 재래식 전쟁에 적용되어 온 거부적 억제를 핵전략에 적용하려는 시도로서, 방어를 위한 노력을 억제의 목적으로 활용하려는 시도이다. 즉 상대의 공격을 막아 낼 수 있는 능력을 구비함으로써 상대방으로 하여금 성공하지 못할 것이라고 판단하도록 강요하고, 이로써 상대방의 공격을 억제한다는 논리이다. 이것은 공격자의 목표 확보 가능성 판단(estimate of probability)에 영향을 주기 위한 방법으로서(Snyder, 1961: 15) 공격자의 기도를 거부할 수 있을 만큼 충분한 방어태세를 구비함으로써 억제를 달성한다는 개념이다.

거부적 억제는 가능하기만 하면 상황을 통제하는 가운데 강압을 달성할 수 있고(Freedman, 2004: 37), 적이 도발하더라도 방어로 전환하면 되기 때문에 안전하면서 확실한 방책이다. 또한 군비경쟁이 없을 수는 없으나 응징적 억제처럼 급격하거나 파괴적이지 않다. 거부적 억제 차원에서 시행되는 조치는 국제적으로나 국내적으로 정당한 것으로 인정될 것이고, 워게임(war game)을 통하여 상대방의 공격태세와 우리의 방어태세를 객관적으로 비교해 볼 수 있어서 신뢰성도 클 수 있다. 다만, 상대방의 핵무기 공격을 확실하게 방어하는 것이 기술적으로 어렵고, 그를 위한 무기 및 장비를 개발하는 데 상당한 비용과 노력이 투자되어야 하며, 수동적이라는 결정적인 약점이 존재한다.

미국의 레이건 대통령이 제시한 핵무기에 대한 거부적 억제는 기술의 개발이 뒤따르지 못하여 구현이 계속 지체되다가 20년 정도 지난 부시(George W. Bush) 대통령 시대부터 성과를 과시하기 시작하였다. 그때 공격해 오는 상대의 핵미사일을 공중에서 직접 타격하여 파괴시키는 방법, 즉 직격파괴*의 기술 개발에 성공하였기 때문이다. 그리하여 미국은 2004년부터 적 미사일을 공중에서 직격파괴시킬 수 있는 요격미사일을 실전배치 하였고, 그 후 지속적으로 그 수와 질을 향상시켜 왔으며, 이것을 탄도미사일 방어**라고 부르고 있다. 이러한 BMD는 이스라엘, 일본, 한국 등을 비롯한 다수의 미국 우방국들에게도 확산되고 있을 뿐만 아니라 러시아와 중국도 나름대로의 BMD를 구축하고 있다. 이로써 세계는 핵무기에 대해서도 재래식 전쟁에서 사용되던 응징적 억제와 거부적 억제를 동시에 적용해 나가기 시작한 셈이다.

2) 핵 방어 이론

국가안보는 만전을 기해야 하는 것이기 때문에 상대의 핵무기 사용을 억제하면서도 동시에 그것이 실패할 경우를 대비하여 필요한 방어 조치를 강구해 나가지 않을 수 없다. 억제는 상대방의 심리에 의존하는 것이라서 근본적으로 불안정하고, 국가안보는 최악의 상황까지도 대비하는 것이기 때문이다. 앞에서 살핀 거부적 억제 이론에서 설명되었듯

---

*   직격파괴(直擊破壞, hit-to-kill): 미사일의 몸체를 직접 타격하여 파괴시키는 방법

**   탄도미사일 방어(BMD: Ballistic Missile Defense): 한국에서는 럼즈펠드 미 국방장관 때 잠시 사용한 'MD'로 약칭하지만, 세계적으로 사용되는 약어는 BMD이다

이 나의 방어태세가 확고하면 상대방도 쉽게 공격할 수 없다는 점에서 방어조치는 거부적 억제력으로 작용하게 된다.

(1) 민방위

억제는 상대방이 이해득실을 합리적으로 판단할 것이라는 전제하에 성립되는 것이기 때문에 상대방의 '오산(miscalculation)'이나 우연적 요소에 의한 핵공격 가능성까지 억제할 수는 없다. 그러한 가능성은 낮지만 핵무기의 치명성을 고려할 때 이러한 가능성을 무시할 수 없는 것도 사실이다. 그래서 냉전시대 미국은 소련이 핵무기를 개발하자 대량보복(massive retaliation) 전략으로 응징적 억제를 구현하면서 동시에 통제할 수 없는 어떤 요인으로 사용되더라도 피해를 최소화할 수 있는 조치를 강구하였고, 이것을 '민방위(civil defense)'로 호칭하면서 중요시하였다. 냉전기간에 미국과 소련은 다양한 형태의 핵대피소를 구축함으로써 민방위를 적극적으로 추진하였는데, 특히 소련은 국방부에 민방위를 담당하는 차관과 군의 각급 제대에 민방위 부대를 편성할 정도로 적극적이었고, 이것은 유럽 국가들에게도 확산되었다.

핵폭발 시 피해를 최소화하기 위한 민방위, 정확하게 말하면 '핵(核)민방위'는 기본적으로 재래식 전쟁에 대한 민방위와 다르지 않다. 안전한 시설을 마련해 두었다가 유사시 신속하게 대피하는 활동으로 구성되기 때문이다. 다만, 위력이 엄청난 핵무기 폭발로부터 안전을 보장하기 위해서는 대피소(shelter)의 강도가 재래식 전쟁의 경우에 비해서 훨씬 커야 할 것이고, 방사능을 내포하고 있는 낙진(落塵, fall-out)의 위험성이 없어질 때까지 상당한 기간을 대피소에 기거할 수 있는 준비를 갖추어야 한다. 핵공격이 가해지지 않을 것으로 판단되는 다른 지역으로 이탈*할 수도 있다. 특히 핵무기에 의한 공격은 미사일이나 폭격기를 통하여 순간적으로 이루어지기 때문에 신속한 경보가 필수적이다.

핵민방위는 순수히 방어적인 조치이지만 상대방의 공격을 억제하는 효과도 발휘할 수 있다. 핵민방위가 잘 구비되어 있다는 것은 핵전쟁에서도 상당수가 살아날 수 있다는 것이고, 그것은 핵전쟁을 수행할 준비가 되어 있다거나 핵전쟁도 불사하겠다는 각오를 가진 것으로 상대방에게 전달되어 상대방이 공격을 자제하도록 만들 것이기 때문이다. 핵민방위 태세가 완벽할 경우 상대방의 제1격은 효과를 발휘하지 못하는 반면에 우리의 제2격은 완벽하게 보존될 것이기 때문에 핵민방위의 수준이 높을수록 억제 효과가 커진다. 핵민방위는 피해 최소화를 위한 보험의 성격이기도 하지만, 적의 핵무기 사용을 억제시키는 군사전략 차원의 의미도 지니고 있는 셈이다. 핵무기를 보유하고 있지 못하는 비핵국가의 경우에는 핵민방위 이외에는 선택할 수 있는 대안이 없을 수도 있다.

(2) 탄도미사일 방어

민방위는 아무리 노력해도 한계가 있고, 장기간에 걸친 대규모의 투자가 필요하며, 수세적이고, 국민 생활에 상당한 불편을 끼치게 된다

---

* 이탈(離脫, evacuation): 군에서는 소개(疏開)라고 하지만 국민 입장에서 손쉽게 사용할 수 있도록 이탈로 번역하고자 한다

는 단점이 적지 않다. 그래서 미국의 레이건 대통령은 1983년 소련의 핵공격에 대한 '전략적 방어'로 전환하면서 핵민방위 대신에 상대의 '핵미사일(핵무기를 탑재한 미사일)'을 공중에서 '요격'하는 방법을 제안하였다. 항공기 방어에 관한 개념을 상대 핵미사일의 방어에 적용한다는 개념이었다. 이 경우 대륙간탄도탄은 탄도미사일(ballistic missile)이기 때문에 이후부터는 그에 대한 방어, 즉 탄도미사일 방어 또는 BMD가 핵대응의 핵심적인 요소로 부각되었다. 다만, 탄도미사일은 음속의 20~30배에 이를 정도로 항공기나 순항미사일(cruise missile)에 비해서 속도가 빨라서 일반적인 레이더로는 잘 식별할 수 없고, 요격미사일로 맞추는 것도 쉽지 않다. 즉 BMD의 개념은 간단하지만 이것을 구현하는 기술을 개발하는 것은 쉽지 않고, 그래서 레이건 대통령의 구상이 구현되는 데는 상당한 시간이 소요되었다.

항공기와 달리 핵미사일은 파편에 의한 부분적인 타격으로는 완전한 무력화가 어렵다. 파편에 맞더라도 여전히 비행할 수 있고, 표적에서 다소 벗어나더라도 여전히 엄청난 피해를 끼칠 것이기 때문이다. 따라서 공격해 오는 핵미사일의 몸통을 공중에서 직접 가격하여 완전히 파괴시키는 '직격파괴'가 필수적이고, 그렇기 때문에 기술의 개발이 더욱 어려우며, 요격이 가능하다고 해도 완벽한 성공을 보장하기는 쉽지 않다. 그래서 '다층방어(multi-layer defense)' 개념을 채택하여 두 번, 세 번의 요격을 통하여 직격파괴의 확률을 증대시키는 개념으로 접근하게 된 것이다. 예를 들면, 최초에는 '국가미사일 방어(NMD: National Missile Defense)'로 명명되었던 본토 방어를 위한 미국의 BMD는 발사단계인 부스트 단계(boost phase), 대양을 횡단하는 중간경로 단계(midcourse phase), 목표에 진입하는 종말 단계(terminal phase)로 구분하여 단계별로 필요한 무기를 개발해 왔다. 또한 '전구미사일 방어(TMD: Theater Missile Defense)'로 명명되었던 해외주둔 미군 보호 또는 동맹국 보호를 위한 미국의 BMD는 적의 단거리와 중거리 핵미사일 위협에 대응해야 했기 때문에 중간경로 단계가 없고, 부스트 단계와 종말 단계 상층방어(upper-tier defense), 종말 단계 하층방어(lower-tier defense)로 구분하여 단계별로 필요한 무기체계를 개발해 왔다.

3) 공격적 방어이론

상대방의 핵공격을 억제하거나 방어하는 것이 현실적이기는 하지만 상당한 노력과 비용이 소요될 뿐만 아니라 수동적이라는 단점이 적지 않고, 궁극적인 해결책이 될 수는 없다. 따라서 핵위협에 노출된 국가들은 억제와 방어에 노력하면서도 공격적 방어를 통하여 단기간에 문제의 원천을 제거해 버리는 방안도 준비한다. 공격을 통한 방어는 상대방의 핵공격을 유발할 위험성도 있지만 효과가 높고, 특히 상대가 공격할 것이 확실할 경우에는 시행하지 않으면 안 되는 방법이기도 하다.

(1) 선제타격

국내에서 사용되는 선제(先制)의 사전적 의미는 "손을 써서 상대방을 먼저 제압"하는 것으로서, 적보다 미리 공격한다는 의미이다.

6 · 25전쟁이 북한의 선제공격으로 시작되었다고 말하는 경우이다. 이 경우 선제공격은 기습공격 또는 먼저 공격하는 '선공(先攻)'의 의미이다. 그러나 핵대응에서 사용되는 선제는 영어의 'preemption'을 번역한 개념으로서 선공과는 차이가 있다. preemption은 군사 분야에서 세계적으로 보편화된 전문용어로서 "상대의 공격적 행위가 임박한 상태"에서 먼저 행동하여 제압한다는 불가피성을 전제하고 있기 때문이다. 미군은 '선제공격(preemptive attack)'을 "적의 공격이 임박하였다는 논란의 여지가 없는 증거에 기초하여 시작하는 공격(An attack initiated on the basis of incontrovertible evidence that an enemy attack is imminent)"으로 정의한다(Department of Defense, 2016: 288). 선공을 의미하는 선제와의 구별을 위하여 한때 한국에서는 preemption을 '자위적 선제'라고 번역한 적도 있다.

선제와 관련하여 다양한 합성어가 사용되는데, '선제공격(preemptive attack)'의 경우 대규모 전쟁에서부터 전술적 행위에 이르기까지 폭넓게 적용되는 용어지만, 민주주의 국가에서는 공격이라는 용어에 대한 거부감이 존재하여 가급적 사용을 꺼리는 경향이 있다. 9 · 11 이후 미국에서는 '선제조치(preemptive action)'라는 용어를 통하여 공격적인 이미지를 최소하면서 방법과 수단의 융통성과 범위를 넓히기도 하였다. 군인들은 타격의 형태에만 치중하여 '외과수술적 타격(surgical strike)'이라는 용어를 사용하기도 한다. 한국의 경우에는 미리 행동한다는 의미와 공군기나 미사일로 정밀 타격한다는 의미를 결합하여 '선제타격(preemptive strike)'이라는 용어를 일반적으로 사용한다.

적의 핵무기 위협에 대한 선제타격을 보장하는 개념적 근거는 '예상 자위'*이다. "외국으로부터 급박 또는 현존하는 위법한 무력공격이 발생한 경우 공격을 받은 국가가 이를 배제하고 국가와 국민을 방어하기 위하여 부득이 필요한 한도 내에서 무력을 행사할 수 있는 권리"가 자위권(right of self-defense)인데(강영훈·김현수, 1996: 42), 핵무기와 같은 절대무기(absolute weapon)의 경우 공격을 받은 후 반격하는 것은 불가능하거나 의미가 없기 때문에 상대방의 공격이 예상될 경우 사전에 조치하는 것이 허용되어야 비핵국가의 자위권이 보장된다는 논리에서 제기된 개념이 바로 예상 자위권이다.

예상 자위권이 국제법에 의하여 보장되어 있는 것은 아니다. 자위권에 관한 국제적 합의는 유엔 헌장 제51조에 명시되어 있는데, 여기서는 "이 헌장의 어떤 규정도, 유엔 회원국에 대하여 무력공격(armed attack)이 발생할 경우, 안전보장이사회가 국제평화를 유지하기 위해 필요한 조치를 취할 때까지 개별적 또는 집단적 자위의 고유한(inherent) 권리를 침해하지 아니한다"라고 기술하고 있다. 즉 이 제51조를 보면 모든 국가는 실제 '무력공격'이 발생해야만 자위권을 발동할 수 있다. 다만, 위 제51조에서 '고유한 권리'라고 언급하였듯이 자위권은 유엔 헌장 이전부터 존재하는 개념으로서 유엔 헌장에 의하여 제한될 수 없고, 따라서 "어떤 공격이 임박(imminent)하다는 것이 만장일치가 아니더라도 광범위하게 수용될 경우 그 위협을 회피하고자 행동할 권리를 국가가 보유하고 있다"고 주장되기도 하는 것이다(Szabo, 2011: 2).

재래식 전쟁의 경우에는 역사적으로 선제공격이 적극적으로 사용

---

* 예상 자위(anticipatory self-defense): 한국에서는 이를 '예방적 자위'로 번역하여 사용하고 있지만, '선제'와 비교되는 중요한 개념인 '예방'과 혼동될 수 있다. 직역하면 '예상적 자위'지만, '예상적'이라는 말은 쓰지 않기 때문에 '예상 자위'로 번역하였다

되었고, 최근에도 이스라엘은 1967년의 제3차 중동전쟁(6일 전쟁)에서 아랍국가들이 총동원령을 선포한 상태에서 부대를 이동시키자 공격이 '임박'하였다고 판단하여 기습적인 선제공격을 실시함으로써 성공한 사례가 있다. 그러나 아직 핵무기로 공격하겠다고 직접 위협한 사례는 없었기 때문에 상대방의 핵능력에 대한 선제타격 또는 선제공격의 사례는 없었다.

(2) 예방타격

예방(prevention)과 관련하여 국제정치학에서 일반적으로 사용되는 용어는 '예방공격(preventive attack)'으로서, 당시의 국제질서에 도전하는 국가가 심각한 위협이 될 정도로 강해지기 전에 당시 국제질서를 지배하는 국가가 그 도전국가를 먼저 공격하는 경우를 말한다(Organski and Kugler, 1980: Levy, 1987: 84). 시간이 지나면 방어하기가 어려울 것으로 판단하여 상황이 유리한 지금 공격을 실시하는 행위이다. '예방타격'(preventive strike)은 동일한 논리에 근거하여 필요한 최소한의 표적을 사전에 파괴시킴으로써 미래에 상황이 더욱 불리해지는 것을 최소화하려는 의도가 포함되어 있는 용어이다(Renshon, 2006: 5).

예방공격이나 예방타격은 주로 선제공격이나 선제타격과 비교하여 설명된다. 선제공격(타격)은 먼저 공격을 받은 후에 반격하는 것이 불리하다고 판단하여 적의 공격을 사전에 차단하고자 먼저 공격 또는 타격하는 행위인 데 반하여, 예방공격(타격)은 "임박하지는 않지만 무력충돌이 불가피하고, 지체될 경우 상당한 위험이 있을 것이라는 믿음하에

서 시작하는 공격, 습격, 전쟁이다"(Lykke, 1993: 386). 즉 선제는 방어보다
는 공격이 유리하다는 판단에 의하여 시행하는 조치이지만, 예방은 나
중보다 지금 전쟁을 감수하거나 조치하는 것이 유리하다는 판단, 다시
말하면, 지금이 "나중보다 낫다(better-now-than-later)"는 평가에 기초하여
시행하는 조치이다(Mueller et al., 2006: 10; Levy, 2011: 88). 다만, 정당성을 주
장하는 논리의 설득력은 선제공격(타격)이 크기 때문에 대부분의 국가는
예방공격(타격)을 계획하거나 시행하면서도 외부적으로는 선제공격(타격)
이라고 말한다.

　　예방타격은 그 정당성을 인정받기는 쉽지 않지만, 사전에 충분히
준비하여 가장 적절하다고 생각하는 시간과 상황에 시행함으로써 성공
의 가능성을 높일 수 있다는 장점이 크다. 실제로 이스라엘은 1981년
이라크의 오시라크(Osirak) 발전소, 2007년 시리아의 데이르에즈조르(Deir
ez-Zor) 지역에 건설 중이던 발전소를 예방타격으로 파괴시켰다. 핵발전
소를 파괴시키는 것은 핵무기에 대한 예방공격과 거리가 멀다고 할 정
도로 매우 앞서 실시하는 조치이지만, 핵발전소를 가동시키도록 방치할
경우 결국은 핵무기를 개발할 것이고, 그렇게 되면 결국 예방타격을 실
시해야 하는데, 그것보다 더욱 미리 실시할 경우 성공의 가능성은 높아
지면서 그로 인한 위험은 매우 적다고 판단하여 미리 실시한 것이다. 이
와 같이 아주 조기에 예방타격을 실시하였지만 이스라엘은 국제사회로
부터 비난은 받았으되 제재는 받지 않았는데, 이것을 보면 핵위협에 대
한 예방타격의 필요성은 세계가 어느 정도 인식하고 있다고 볼 수 있다.
과감한 예방타격을 실시한 덕분에 이스라엘은 아직까지 주변국의 핵위
협은 받지 않고 있다. 미국이 2003년 이라크를 공격한 것도 당시 이라
크가 핵무기를 개발하였을지도 모른다는 불확실성이 기반이 되었다는

점에서 예방공격으로 평가된다(Silverstone, 2007: 1). 결과적으로는 이라크가 핵무기를 개발하지 못하였던 것으로 드러났지만, 전쟁이라는 위험한 대안을 시행할 정도로 이라크의 핵무기를 사전에 특히 조기에 제거하는 것을 미국이 중요시하였다는 점에 주목할 필요가 있다.

4) 주요 국가의 핵위협 대응사례

당연히 국가마다 핵위협에 대응하는 방법은 다양할 것인데, 한국과 동맹관계인 미국, 그리고 한국과 상황이나 여건 면에서 유사점이 적지 않은 일본과 이스라엘의 사례를 소개하고자 한다.

(1) 미국

미국은 현재 세계적으로 적용되고 있는 핵 억제 및 방어전략은 물론이고, 관련된 무기체계의 발전을 선도하고 있는 국가이다. 소련의 핵무기 개발로 핵경쟁 시대가 도래하자 미국은 '억제'를 적용하여 당시 아이젠하워(Dwight Eisenhower) 대통령은 소련이 핵무기로 공격할 경우 '대량보복(Massive Retaliation)'하겠다는 방안을 발표하였고, ICBM, 전략폭격기, 전략잠수함 등 3축 전력을 중점적으로 증강하였다. 이를 계승하여 케네디(John F. Kennedy) 대통령은 '유연반응전략(flexible response strategy)'이라는 명칭으로 상황에 따라 적절한 수준으로 대응한다는 개념을 정립하였고, 닉슨(Richard Nixon) 대통령 시절에는 '현실적 억제전략(realistic deterrence strategy)'의 구호하에 동맹국들과의 분담을 통한 억제를 추구하였다. 카터(Jimmy Carter) 대통령 시절에는 '상쇄전략(countervailing strategy)'이라는 명칭으로 민방위 등의 방어조치를 강화함으로써 핵전쟁에 대한 억제력의 실질성을 보강하고자 하였다.

미국은 억제와 동시에 방어조치도 강구하였다. 1949년 소련이 핵실험에 성공하자 트루먼(Harry S. Truman) 대통령은 '연방 민방위법'을 제정하여 '연방 민방위청'을 창설하였고, 1951년에는 CONELRAD(Control of Electromagnetic Radiation)라는 체계로 핵전쟁에 대비한 경보체계를 구축하였다. 1961년 취임한 케네디 대통령은 대통령 직속으로 '비상계획실'을 창설하였고, 카터 대통령은 '연방비상관리국(FEMA: Federal Emergency Management Agency)'을 창설하였는바, 지금도 이 FEMA가 민방위에 관한 미국의 제반 노력을 시행 및 통제하고 있다. 다만, 미국의 경우 필요성의 인식에 비해서 충분한 예산은 투입되지 않아서 민방위 조치가 의도만큼 강화되지는 못하였다.

핵전략과 관련하여 미국은 선제 또는 예방을 통한 공격적 방어도 적극적으로 고려하였다. 미국은 국가의 안전을 위하여 불가피하다고 판단할 경우 예방 차원의 조치도 강구한다는 인식이 전통을 형성하고 있었고, 비록 시행하지는 않았으나 소련이나 중국이 핵무기를 개발해 나가자 내부적으로 예방타격을 검토하기도 하였다(Delahunty and Yoo, 2009: 865). 특히 2001년 9 · 11 사태로 미국의 본토가 공격을 당하자 "적의 공격 시간과 장소에 관하여 불확실성이 크다고 하더라도 예상 차원의 조치(anticipatory action)를 강구해야 한다"는 내용을 2002년 발간된 『국가안보전략서』에 명시한 적도 있다(The White House, 2002: 15). 2003년 미국은 핵무기를 개발하였을 수도 있다는 의심에 근거하여 유엔의 충분한 동의도 얻지 않은 채 이라크를 공격하기도 하였다. 국제사회로부터 유엔을 무시한 채 일방주의(unilateralism)로 전쟁을 결정하였다는 비판을 받기도 했지만, 이 공격을 통하여 미국이 이라크의 핵무기 개발, 나아가 중동지역의 핵확산을 지연시킨 점은 인정할 필요가 있다. 앞에서 설명한 핵 억제 및 방어 이론에 근거하여 미국의 핵대응태세를 평가해 보면 〈표 1-1〉과 같다.

〈표 1-1〉 미국의 핵대응태세 평가

목표	방법	수단	충족	비고
억제	응징적 억제와 거부적 억제	대규모 핵전력, BMD	○	불량국가나 테러단체 등의 비합리적 판단이 문제
방어	민방위	대피소	△	체제는 구축되어 있으나 실제 투자는 제한
	BMD	- 국가 BMD: 알래스카와 캘리포니아에 ICBM 요격미사일 배치 - 해외주둔과 동맹국 보호를 위하여 SM-3, THAAD, PAC-3 개발 및 배치	△	- 대규모 핵공격으로부터 본토 방어 곤란 - 해외주둔 미군의 BMD는 동맹 및 우방국과의 협력 필수
공격	선제 또는 예방타격	자체의 첨단 공군 및 해군력	○	실행 명분 확보가 관건

(2) 일본

핵위협 대응을 위하여 일본이 채택하고 있는 대표적인 방법은 억제와 방어이다. 이 중에서 억제에 관해서는 스스로가 핵무기를 보유하고 있지 않기 때문에 한국과 마찬가지로 미국이 대신하여 대규모 응징보복을 해주겠다는 약속, 즉 미국의 '확장억제'에 의존하고 있다. 미일동맹조약의 제5조에 의하여 미국은 외부의 무력공격으로부터 일본을 방어한다는 의무를 부담하고 있기 때문이다. 따라서 핵 억제를 구현하는 일본의 수단은 미국이 보유하고 있는 대규모 핵전력이고, 일본의 입장에서 보면 미국과 강력한 동맹을 유지하는 것이다.

일본의 경우 냉전시대에는 핵전쟁 가능성을 직접적으로 인식하지 않아서 미국과 소련 또는 유럽의 경우처럼 민방위를 적극적으로 추진하지는 않았다. 얼마 전까지도 일본의 민방위는 쓰나미를 비롯한 자연재해에 대한 대응 위주였다. 다만, 내각에 민방위를 담당하는 부서가 편성되어 있고, 재래식 전쟁이지만 제2차 세계대전을 치르면서 민방위의 중요성을 충분히 인식하고 있었기 때문에 북한의 핵위협이 실체화되자 민방위를 집중적으로 강화하고 있다. 일본은 2012년 4월 북한의 탄도미사일 시험발사 시 관련된 상황을 국민들에게 즉각적으로 전파해야 할 필요성을 절감하였고, 2017년 7월과 9월 사이에 북한이 장거리 미사일 발사를 집중적으로 시험하면서 그중 일부가 일본 열도를 넘어서 태평양에 낙하하자 실제로 국민들을 대피시키기도 했으며, 그 결과 동경을 비롯한 주요 도시에서는 정례적으로 민방위 훈련을 실시할 정도로 상당한 보강조치를 강구하고 있다.

북한의 핵무기 위협으로부터 국가와 국민을 방어하는 노력에 있어서 일본은 BMD에 높은 우선순위를 두고 있다. 일본은 미국과의 긴밀한 협력을 통하여 일본의 상황과 여건에 부합되는 BMD 청사진을 만들었고, 체계적인 로드맵을 작성하여 그의 구현에 필요한 무기 및 장비를 확보해 왔다. 그 결과 일본은 SM-3 요격미사일을 장착한 해상의 이지스함으로 상층방어(upper-tier defense)를 담당하고, 지상의 PAC-3로 하층방어(lower-tier defense)를 담당하는 개념으로 전국적으로 2회의 요격 기회를 보장하고 있다. 나아가 2회의 요격으로도 불안하여 일본은 지상에서 상층방어를 한 번 더 실시하기로 결정하여 지상용으로 개조된 SM-3 요격미사일을 구매하고 있다. 일본은 현재 2회, 곧 3회의 요격 기회를 갖는 BMD를 구비하게 된다.

구체적인 계획으로 발전시키고 있는 정도는 아니지만 일본에서도 선제 또는 예방타격을 통한 공격적 방어의 필요성은 제기되어 왔다. 1998년 북한의 탄도미사일이 일본 열도 상공을 통과함으로써 북한의 핵미사일 위협이 가시화되자 일본에서는 적지(敵地) 공격이나 적 기지(敵 基地) 공격론이 적극적으로 제기되었다(남창희 · 이종성, 2010: 80). 일본은 인공위성은 물론이고, 다양한 정찰기, 전투기, 공중급유기, 조기경보기, 전자전기 등을 보유하고 있어 필요시 선제타격이나 예방타격 시행에 관한 상당한 능력을 보유하고 있다. 최근에는 정찰, 정보 · 감시 · 정찰(ISR), 지휘통제(C3I) 중심으로 전력을 증강하고 있고, F-35와 최신 정밀유도무기를 도입함으로써 이들을 위한 수단이 더욱 강화되고 있다. 미국이 북한의 핵무기에 대하여 선제타격이나 예방타격을 결심할 경우 일본이 적극적으로 협조할 가능성도 높고, 미일 전력이 통합될 경우 그 역량은 상당한 수준에 이를 것이다. 이러한 일본의 핵대응태세를 종합적으로 평가해 보면 〈표 1-2〉와 같다.

<표 1-2> 일본의 핵대응태세 평가

목표	방법	수단	충족	비고
억제	미국의 확장억제	미국 핵전력	○	미국의 확장억제 이행 가능성 높음
방어	민방위	대피소	△	체제 구축, 집중적 강화
	BMD	- 해상의 SM-3 - 지상의 PAC-3 * SM-3 Ashore 추가 확보	○	- 미국과의 긴밀한 협력 - 상당한 노력과 예산 투입 - 주요 도시 방어에 중점
공격	선제 또는 예방타격	자체 공군력 미일 연합전력	△	실행 의지 불확실

(3) 이스라엘

이스라엘은 미국이나 일본의 경우처럼 핵위협에 대한 억제와 방어에도 노력하지만, 공격을 통하여 핵위협의 대두 자체를 차단하는 노력을 선호하여 왔다. 그리고 억제의 방법에 있어서 이스라엘은 미국에 의존하는 것이 아니라 자체적으로 핵무기를 개발하였고, 대체적으로 80발 정도의 핵탄두를 보유하고 있다(Kristensen and Norris, 2018).

민방위의 경우 이스라엘은 1951년부터 이를 위한 법안을 만들어 대비하였고, 1992년에는 '이스라엘 가정전선 사령부(The Israeli Home Front Command)'를 창설하여 관련 노력들을 통합해 오고 있다. 2007년에는 '국가비상기관(National Emergency Authority)'을 신설하여 민간인과 군인의 노력을 조정하도록 임무를 부여하였고, 수시로 필요한 훈련을 실시하고 있다. 2011년 8월 22일 내각이 처음으로 핵대피소에서 비상시 임무를 수행하는 훈련을 하였다는 보도를 미루어 볼 때(Williams, 2011) 지금까지 핵민방위를 본격적으로 추진해 온 것은 아니라고 판단된다. 다만, 이란의 핵무기 개발 가능성이 높아지면서 핵민방위로 점차 전환해 나간다고 추정할 수 있다. 유비무환의 정신이 강한 이스라엘의 전통을 고려할 때 다양한 대피소가 구축되어 있을 것이고, 조금만 보완하면 금방 핵대피소로 전환할 수 있을 가능성이 높다.

일본과 유사하게 이스라엘이 중점을 두고 있는 방어의 방법은 BMD이다. 이스라엘은 1986년부터 미국과 공동으로 애로(arrow) 요격미사일을 개발하여 2000년부터 애로-2를 배치하였고, 2016년부터는 애로-3까지 배치하였으며, 순항미사일까지도 요격할 수 있으면서 사거리도 70~250km에 달하는 데이비즈 슬링(David's Sling)도 개발하여 2016년부터 배치해 나가고 있다. 이스라엘은 하층방어용으로 PAC-2와 PAC-3를 보유하고 있고, 로켓이나 포탄을 요격할 수 있도록 아이언 돔(iron dome)이라는 무기체계도 개발하여 배치한 상태이다. 이스라엘의 현 BMD는 두세 번의 요격이 가능한 수준이고, 자체적으로 축적된 기술이 많아서 핵위협 상황이 도래할 경우 BMD의 수준을 신속하게 강화할 수 있을 것이다.

이스라엘은 다른 국가에 비해서 공격적 방어를 선호한다. 아직 핵무기로 위협한 국가가 없었기 때문에 핵위협에 대한 선제타격을 실시한 적은 없지만, 예방타격은 실시한 적이 있을 뿐만 아니라 지금도 적극적 실행 의지를 과시하고 있다. 실제로 이스라엘은 나중에 핵무기를 개발하여 그들을 위협할 것이라는 판단을 바탕으로 1981년 6월 7일 건설 과정에 있던 이라크 오시라크의 핵발전소를 예방타격 하였고, 2007년 9월 6일 시리아의 데이르에즈조르에 건설되고 있던 핵무기 개발 관련시설도 예방타격 하였다. 이스라엘은 이란에 대해서도 예방타격을 시사한

<표 1-3> 이스라엘의 핵대응태세 평가

목표	방법	수단	충족	비고
억제	스스로의 보복	다수의 핵무기 개발	○	-
방어	민방위	– 전 국민을 위한 재래식 대피소 – 국가지도부를 위한 핵대피소	△	금방 격상 가능
	BMD	– 애로-3 – 데이비즈 슬링 – PAC-3 * 2~3회 요격	○	대부분 자체 개발 (미국의 재정지원)
공격	선제 또는 예방타격	– 자체 공군력 – 다양한 경험	○	적극적 수행 의지 과시

적이 있다.

이스라엘의 핵대응태세를 평가해 보면 〈표 1-3〉과 같다.

5) 결론

핵공격을 받으면 국민의 대량살상은 물론이고 국토가 불모지대화되어 민족의 영속 자체가 위협받기 때문에 이로부터 국가와 국민의 안전을 보장하는 것보다 더욱 중요한 일은 있을 수 없다. 인간의 암과 같이 국가의 생사를 좌우하는 도전이 핵위협이고, 이에 대한 대비는 암에 대한 치료처럼 절박한 과제가 된다. 특히 치열하게 대치하고 있는 상대 국가가 핵무기를 추가적으로 개발할 경우 군사력의 균형이 붕괴되면서 핵위협이나 핵전쟁의 위험성은 더욱 높아지고, 따라서 해당 국가는 그것을 억제하거나 그로부터 국가와 국민들을 보호하기 위하여 가용한 모든 방법과 수단을 동원하지 않을 수 없는 상황에 처하게 된다.

핵무기의 엄청난 파괴력으로 인하여 핵전쟁에서는 모두가 패배자일 가능성이 높다는 점에서 핵전쟁을 하지 않는 것이 최선임은 당연하다. 그러나 평화는 양측이 합의해야 하지만, 전쟁은 일방만 도발하면 가능하다는 점에서 누구도 전쟁을 하지 않을 확실한 방책을 갖고 있지는 못하다. 통상적으로 상대방이 핵공격을 하려 할 경우 엄청난 규모로 보복하겠다고 위협하여 억제하지만, 상대방이 보복을 개의치 않을 경우 억제는 작동하지 못할 수 있다. 따라서 핵위협에 대한 대비는 기본적으로는 억제를 추구하면서도 그것이 실패할 경우까지도 고려한 방어조치도 강구하지 않을 수 없다. 소련이 핵무기를 개발함으로써 핵무기에 대한 미국의 독점체제가 붕괴되자 미국은 대량보복의 개념을 통하여 억제를 추구함과 동시에 민방위라는 개념을 설정하여 핵공격을 받더라도 피해를 최소화하기 위한 조치들을 강구하였다. 다만, 민방위는 방어효과가 제한적일 뿐만 아니라 비용이 많이 들고, 수동적이어서 상대방에게 끌려갈 수밖에 없다는 결정적인 약점이 존재한다.

억제의 근본적인 불완전성과 민방위의 현실적 제한성으로 인하여 1980년대부터 도입된 핵대응 개념은 공격해 오는 상대방의 핵미사일을 공중에서 요격하는 방어, 즉 BMD이다. 최초에는 고속으로 비행해 오는 상대의 핵미사일을 요격하는 기술의 개발이 쉽지 않았으나 2000년대에 들어서면서 공격 미사일을 직격하여 파괴시키는 기술적 돌파(breakthrough)에 성공하였고, 따라서 미국이 선도하는 가운데 다른 국가들도 이의 구축에 집중적인 노력을 기울이고 있다. 다만, BMD의 경우 아직은 상대방의 핵미사일을 요격하는 기술이 완전하지 않고, 방어의 범위가 워낙 넓어서 완벽한 상태는 아니다. 또한 BMD는 상당한 비용이 소요되고, 상대방에게 방어 측면의 경쟁을 새로이 자극할 수 있는 단점이 있다.

결국 상대방의 핵위협으로부터 국가와 국민의 안전을 보장하고자 한다면 선제타격이나 예방타격과 같은 공격적인 방법도 검토하지 않을 수 없다. 상대방이 공격하기 전에 파괴하여 없애 버리는 것이 최선인 것은 분명하고, 아무런 조치도 강구하지 않은 채 상대방이 핵공격 할 때까지 기다릴 수는 없기 때문이다. 이 중에서 적이 공격한다는 증거를 확인한 후 공격이 가해지기 이전에 타격하는 선제타격은 시행을 위한 명분은 강하지만 성공을 위한 여건과 시간이 제한되는 단점이 있고, 상대방의 공격의사가 없는 상황에서 먼저 타격하여 파괴시키는 예방타격은 성공의 가능성은 높으나 국제 및 국내적으로 비판받을 소지가 크다는 단점이 있다. 다만, 어떤 대가를 치르더라도 핵공격을 허용해서는 곤란하다는 점에서 대부분의 국가들은 선제타격이라는 용어를 사용하면서도 실제로는 성공 가능성이 높은 예방타격의 시행 여부를 고민한다.

핵무기를 보유한 국가와 적대관계를 유지하고 있는 국가가 스스로를 보호하기 위하여 어떤 방안들을 어떤 형태로 적용하는 것이 최선이냐는 것은 그 국가가 처한 상황과 여건에 따라서 달라질 수밖에 없다. 어느 경우든 핵공격을 허용해서는 곤란하다는 차원에서 핵위협 대응은 만전지계(萬全之計) 차원에서 가용한 모든 방안을 동원해야 하고, 비용이나 명분 등에 지나치게 구애받을 경우 위험해질 수 있다. 핵공격을 당하는 결과보다 더욱 큰 비용은 없고, 따라서 핵공격이 불가피한 상황에서 그것을 회피할 수 있다면 어떤 방법과 수단도 정당화될 수 있다고 보아야 한다.

2.
북한 핵위협 평가

북한은 현재 수소폭탄을 포함하여 상당한 숫자의 핵무기를 보유하고 있고, 이를 기보유한 다양한 탄도미사일에 탑재하여 한국과 주변국들을 공격할 수 있다. 이에 반하여 한국은 핵무기를 보유하지 못한 상태라서 한반도의 전략적 균형은 한국에게 매우 불리한 상황이다. 그럼에도 불구하고 한국에서는 북한의 핵위협을 있는 그대로 직시하기보다는 회피하려는 경향이 존재한다. 직시하는 것이 힘들고, 마땅한 대책도 없을 것 같기 때문이다. 그러나 현실은 보지 않는다고 하여 달라지지 않는다. 북한의 핵능력뿐만 아니라 그것보다 더욱 상위에 있는 북한의 군사정책에 관한 사항까지 현실에 기초하여 파악하고, 북한의 핵무기 사용에 관한 전략까지도 분석함으로써 올바른 대응책으로 연결시켜야 할 것이다.

1) 북한의 군사정책

(1) 북한에서의 정치와 군사

공산주의 국가들은 클라우제비츠(Carl von Clausewitz)가 말한 "전쟁은 단지 다른 수단에 의한 정책(정치)의 연속(War is a merely the continuation of policy(politics) by other means)"(Clausewitz, 1984: 75)이라는 말을 즐겨 사용하듯이 군사적 수단을 통한 공산혁명을 당연시하고 있고, 그 결과로 발생한 것이 냉전이었다. 세계적 차원에서는 70여 년의 공산주의 광풍이 소련의 붕괴로 사라졌지만, 불행히도 한반도에서는 그렇지 않다. 북한은 과거의 공산주의적 특성을 그대로 고수하고 있고, 특히 군사적 수단을 통하여 정치적 목표를 달성하겠다는 집념을 버리지 않고 있다. "사회주의 국가에서 군대는 곧 당의 군대로서, 군대의 모든 활동은 당의 노선과 정책을 집행한다는 정치적 목적하에 이루어진다. 이러한 군대의 정치적 역할은 북한과 같은 상황에서는 더욱 강화된다"(이대근, 2006: 179).

실제로 북한은 군대의 제반 활동을 정치적으로 조정하기 위한 체제를 구축하고 있다. 인민무력부는 물론이고 예하 부대들까지 일반 군사지도 체제와 정치지도 체제로 이원화(二元化)되어 있을 뿐만 아니라, 실제로는 정치지도 조직이 군사지도 조직을 통제하고 있고, 이로써 당과 군의 일체화를 보장하고 있다. 집단군에서부터 사단 및 여단(독립연대 포함)까지 중앙당 비서국에서 선임되는 정치위원이 배치되어 있고, 이들의 비준과 서명이 없을 경우 군 지휘관의 명령이나 지시도 효력을 발휘하지 못한다. 국가안전보위부 요원들도 각급 제대까지 구성되어 군 활동에 관한 감시 역할을 담당하고 있다(차두현, 2006: 84-85).

이러한 정치의 군사 지배는 실제에 있어서는 군사가 정치를 지배하는 역전된 현상으로 나타나기도 한다. 군 간부들의 대부분이 당원이고, 이들은 당중앙위원회나 당정치국 등 당의 주요 정책결정에 당원의 자격으로 참여하여 정치적 결정을 내리기 때문이다. 이들은 군 간부이면서 당의 간부라는 '이중신분'을 보유함으로써 군에 당의 지침을 반영하기도 하지만, 당에 군의 의견을 반영하는 역할도 수행한다. 즉 형식의 측면에서 보면 군은 당이 주관하는 정치의 지배를 받지만, 혁명 완수의 핵심적인 수단이 무장력이라는 측면에서 보면 군이 정치를 좌우하는 것으로도 볼 수 있다. 가장 조직화된 상태에서 국가의 강제력을 독점하고 있는 것이 군대이기 때문이다.

이런 이유로 인하여 북한의 지도자들은 정치지도자임과 동시에 군사지휘관이다. 김정일은 '국방위원장'이라는 명칭으로 북한을 통치하였고, 김정은이 권력을 장악한 이후 가장 먼저 확보한 직책도 '인민군 총사령관'이었다. 지금도 "김정은은 국무위원회 위원장, 인민군 최고사령관, 당 중앙군사위원회 위원장을 겸직하면서 북한군을 실질적으로 지휘 통제하고 있다"(국방부, 2016: 23). 그래서 김정일 시대부터 주창된 북한의 중요한 목표는 '강성대국론'인데, 그의 핵심은 "'나라는 작아도 사상과 총대가 강하면 세계적인 나라가 될 수 있다'는 논리로서, 정치와 군대가 강성대국의 근본이다." 이에 따라 "인민군대를 기둥으로 믿고 그에 의거하여 사회주의 위업을 끝까지 이끌어 나가야 한다"는 '선군정치'가 등장하였고(문광건, 2006: 13), 지금도 이 기조는 유지되고 있다고 보아야 한다.

(2) 북한의 군사정책 목표

북한의 경우 정치와 군이 일체화된 정도가 크기 때문에 군사정책의 목표는 말할 필요도 없이 북한 공산당이 지향하고 있는 '전 한반도 공산화'이고, 이것은 처음부터 지금까지 변화하지 않고 있다(이윤식, 2013: 213; 김강녕, 2015: 4). 2010년 개정된 노동당 규약 서문에서도 "조선노동당의 당면 목적은 공화국 북반부에서 사회주의 강성대국을 건설하며, 전국적 범위에서 민족해방 인민민주주의 혁명과업을 실천하는 것"이라고 명시하고 있다. 여기에서 말하는 "전국적 범위에서 민족해방 인민민주주의 혁명과업"이 바로 '전 한반도 공산화'이고, 한국의 언어로 말하면 '적화통일'이다. 2010년 4월 9일 수정된 헌법의 제9조에서도 자주, 평화통일, 민족 대단결의 원칙에서 조국통일을 실현하기 위하여 '투쟁'한다고 되어 있다.

북한의 경우 정치와 군사가 일체화되어 있기 때문에 당이나 국가의 목표가 바로 국방정책 또는 군사정책의 목표가 되는데, 이것은 앞에서 설명한 바와 같이 "전국적 범위에서 민족해방 인민민주주의 혁명과업을 실천하는 것" 즉 '전 한반도 공산화'이다. 그렇기 때문에 북한의 군대는 '전 한반도 공산화'를 달성하는 데 적극적으로 기여해야 하고, 그것은 바로 군사적 방법과 수단을 통하여 전 한반도의 공산화를 달성하는 것이 된다. 북한의 군대는 통상적인 국가들이 표방하는 외부침략으로부터 국가를 보위하려는 임무에 추가하여 한반도의 무력통일을 달성해야 한다는 추가적인 임무도 부여받고 있다(함택영, 2006: 31). 즉 "북한 군사정책의 기본적 목표는 공산화 통일을 위한 혁명과업을 달성하는 데 있고, 통일로 가는 가장 확실하고 근본적인 수단으로서 대남 우위의 군사력을 바탕으로 혁명과업을 수행한다는 임무를 군에 부여하고 있는 셈이다"(문광건, 2006: 26). 공산주의 이론에 근거하여 말하면 북한의 대남전략 목표는 "민족해방 민주주의 남조선 혁명전략 실현"이다(김진하, 2017: 308).

당에서 군에게 요구하고 있는 바가 '전 한반도 공산화'이기 때문에 "'북한 내 자체 혁명역량의 구축', '남한 내 동조 혁명역량의 확대', '국제적 지원 혁명역량의 획득'이라는 3대 혁명역량 강화론이 북한 군사정책의 근간"이 된다(문광건, 2006: 26). 또한 북한군은 '사상에서의 주체, 정치에서의 자주, 경제에서의 자립, 국방에서의 자위'라는 김일성의 주체사상 중에서 '국방에서의 자위'를 보장하는 일을 중점적으로 담당한다. 이를 위하여 북한군은 1960년대부터 소위 '4대 군사노선' 즉 '전군의 간부화, 전군의 현대화, 전군의 무장화, 전국의 요새화'를 추진해 왔는데, 이 중에서 전군의 현대화는 "나라의 실정에 맞는 무기를 만들며 나라의 공업발전 수준에 따라 인민군대의 무기를 더욱 현대화하고 자연지리적 조건에 맞게 현대적 무기와 재래식 무기를 옳게 배합"하는 것으로서(함태영, 2006: 32-33), 핵무기 개발도 이러한 전군 현대화의 일환이라고 보아야 한다.

냉전 종식과 북한의 상대적 국력 저하로 인하여 북한이 '전 한반도의 공산화'에서 '체제 유지'로 목표를 전환하였다면서 북한의 제반 행동을 '체제 유지'목적으로 해석하려는 경향이 적지 않다(이미숙, 2011: 150). '전 한반도의 공산화' 또는 '적화통일'과 같은 목표는 구호일 뿐 현실적인 목표는 아니라는 시각이다. 이러한 측면이 전혀 없다고는 볼 수 없으나, 기본적으로 공산주의 국가들은 교조적인 특성을 지니고 있어서 이러한 국가 또는 당의 목표를 조정하는 것이 쉽지 않고, 특히 북한과 같이 지도자가 세습되는 경우에는 더욱 그러하다. '유훈정치'라는 말에서 보듯이 김정일은 김일성의 지시를, 김정은은 김일성과 김정일의 지시를 변함없이 계승할 때 정통성을 보장받을 수 있다. 더군다나 북한과 같이 폐쇄적이면서 권위주의적인 국가에서는 최고지도자의 개인적 성향이 국가의 외교정책에 미치는 영향이 매우 큰데, 김정은의 불안하고 공격적인 성향, 자주를 강조하는 노선은 위와 같은 전통적인 목표들을 더욱 고수하도록 만들 가능성이 높다(이창헌, 2015: 7-8).

일부 전문가들의 주장과 달리 '전 한반도의 공산화'라는 북한 군사 정책의 목표가 변화하였다는 증거를 찾기는 어렵다. 김정일 시대에 경제난을 타개하고자 남한의 화해 협력 제안을 수용하면서 기존의 목표가 일시적으로 동요되었을 가능성은 존재하지만, 핵무기를 개발하면서 그 목표의 달성 가능성은 높아졌을 것이고, 당연히 기존의 목표를 변화시킬 가능성은 더욱 적어졌다. 경제적 어려움에 처한 북한에게 오히려 핵전략은 "합목적적이고 실용적인 전략"인 셈이다(김동엽, 2015: 112). 2013년 2월 12일 제3차 핵실험을 통하여 핵무기 개발에 성공하였을 때는 확신하지 못하였을 수도 있으나 그 이후부터 지금까지 전개되는 상황을 통하여 북한은 핵무기의 위력을 실감하였을 것이고, 그것을 잘 활용하면 '전 한반도 공산화'를 달성할 것이라는 자신감을 갖게 되었을 가능성이 높다. 또한 남한을 지배할 수만 있다면 북한이 겪고 있는 경제적 어려움은 물론이고, 체제의 불안정성도 일거에 해결할 수 있고, 무엇보다 남한은 핵무기를 보유하고 있지 못할 뿐만 아니라 북한에 대한 경각심도 상당할 정도로 낮아진 상태이다. 지금 이 순간 북한의 수뇌부는 개발한 다수의 핵무기를 어떻게 활용하는 것이 '전 한반도 공산화'를 가장 효과적으로 달성할 수 있는 방법일 것인가를 고민하고 있을 가능성이 높다.

실제로 북한은 핵무기 개발 이후 통일을 부쩍 강조하고 있다. 제 4차 핵실험에 성공한 이후 2016년 5월 6일부터 개최된 제7차 북한 노동당대회에서도 김정은은 "동방의 핵 대국"이 되었음을 강조하면서 통일을 달성하는 것이 북한 노동당의 "가장 중대하고 절박한 과업"이라고 규정하였고, 그를 달성하기 위한 조치의 하나로 노동당 소속이던 '조국평화통일위원회'를 국가기구로 격상시켰다. 실제로 북한의 김정은은 2017년 8월 26일 선군절을 맞아 백령도와 연평도 점령을 위한 특수부대 훈련을 시찰하면서, "서울을 단숨에 타고 앉으며 남반부를 평정할 생각을 해야 한다"고 지시하기도 하였다. 북한이 수소폭탄과 장거리 미사일 시험발사에 성공한 이후부터 통일에 대한 언급이 더욱 강화되고 있다.

(3) 북한의 대남 군사정책 수단

북한이 전 한반도 공산화를 위하여 동원하는 수단은 당연히 군사력만은 아니다. 공산주의의 전통은 총력전 수행이기 때문에 국가의 모든 분야가 동원된다. 북한의 '전시사업세칙'을 보면, "전쟁은 정치, 경제, 군사적 힘의 대결이며, 전쟁의 승패는 정치, 경제, 군사적 준비를 철저히 갖추는 데 크게 달려 있다. 지상과 공중, 해상에서 입체적으로 진행되는 현대전쟁에 대처하여 전시사업세칙을 내오는 것은 유사시에 전당, 전군, 전민을 하나의 통일적인 지휘 밑에 움직이게 하고 나라의 인적, 물적 자원을 총동원하는 데서 매우 중요한 의의를 가진다"라고 언급하고 있다(문광건, 2006: 62-63). 그럼에도 불구하고 전쟁 승리에 가장 핵심적인 역할을 수행하는 것은 군사력이고, 그래서 북한은 오랫동안 선군정치를 주창해 왔던 것이다. 북한은 경제난이 심각하여 재래식 군사력을 지속적으로 강화하기 어려운 상황에서 핵무기 개발에 성공하자 핵무기의 활용도를 높이는 방향으로 전환한 것이지, 기존의 군사정책을 포기한 것이 아니다.

그렇다고 하여 북한이 전 한반도 공산화의 달성을 핵무기에만 의존하는 것은 아니다. 핵무기는 사용하지 않으면서 위협의 수단으로 활용하는 것이 최선이기 때문이다. 북한은 핵무기를 배경으로 한 상태에서 기존 재래식 전력을 통하여 전 한반도 공산화를 달성할 수 있는 창의적이면서 현실적인 방법을 끊임없이 모색할 것이고, 핵무기와 재래식 무기를 효과적으로 결합하여 그 성과를 극대화하고자 노력할 것이다. 남북한 간의 국방비 격차와 핵위협의 심각성으로 인하여 한국 국민들이 잊고 있지만, 북한의 재래식 전력도 상당한 수준이다. 북한의 총 군사력은 120만 명이 넘고, 엄청난 숫자의 전차와 야포를 보유하고 있다. 한국의 『국방백서』에서 밝히고 있는 남북한의 주요 군사력 규모를 비교해 보면 〈표 2-1〉과 같다.

〈표 2-1〉을 보면 북한은 육군의 규모, 해군의 전투함정이나 전투임무기 숫자에 있어서 남한에 비해 2배 이상의 우위를 보유하고 있다. 해·공군의 경우에는 질적인 우위가 갖는 유리점이 커서 숫자만으로 우열을 가늠하기는 어렵지만, 육군의 경우에는 수적인 우위가 차지하는 비중이 워낙 커서 남한의 부분적 질적 우위가 수적인 열세를 상쇄할 수 있다고 자신하기는 어렵다. 6·25 전쟁 시 유엔군이 해상과 공중을 완벽하게 장악하고 있었음에도 전선은 지상작전의 결과에 따라 이동하였다는 점에서 110만 명에 달하는 북한의 육군을 두려워하지 않을 수 없

<표 2-1> 남북한 주요 군사력 비교

구분		한국	북한
병력	육군	46.4만 명	110만 명
	해군	7만 명 (해병대 2.9만 명 포함)	6만여 명
	공군	6.5만여 명	11만여 명
	전략군	–	1만여 명
주요 전력	육군사단	40(해병대 포함)개	81개
	전차	2,300여 대 (해병대 포함)	4,300여 대
	전투함정	100여 척	430여 척
	잠수함정	10여 척	70여 척
	전투 임무기	410여 대	810여 대
	헬기	680여 대	290여 대
	예비병력	310만여 명	762만여 명

출처: 국방부, 2018: 244.

다. 남한의 수세 위주 전략을 북한이 알기 때문에 북한은 방어를 위한 군사력 소요를 최소화할 수 있고, 따라서 자신들이 선택한 시간과 장소에 필요한 병력을 집중적으로 운영할 수 있다. 북한군의 작전 지속능력이 문제가 된다고 하지만 단기전에는 그것이 크게 영향을 주지 않을 수 있고, 남한으로 진격하여 유류와 식량 등을 현지 조달할 경우 상당한 부분은 보완할 수도 있다. 실제로 북한은 지상군 전력의 70%, 해군 전력의 60%, 공군 전투임무기의 40%를 평양과 원산을 연결하는 선 이남으로 이미 배치해 둔 상태이다(국방부, 2018: 22-24). 특히 핵무기로 위협하면서 재래식 공격을 가할 경우 한국은 핵전쟁으로의 확전을 두려워하여 적극적으로 대응하지 못할 수 있고, 이러한 경우 북한군의 수적 우위가 갖는 이점은 더욱 커질 수 있다.

북한군의 재래식 전력에서 주목할 필요가 있는 것은 20만 명 정도에 이르는 특수전 부대들이다. 이들은 "11군단과 전방군단의 경보병 사·여단 및 저격여단, 해군과 항공 및 반항공군 소속 저격여단, 전방사단의 경보병연대 등 전략적·작전적·전술적 수준의 부대로 다양하게 편성되어 있다. 특수전 부대는 전시 땅굴과 비무장지대를 이용하거나 잠수함, 공기부양정, AN-2기, 헬기 등 다양한 침투수단을 이용하여 전·후방지역에 침투하여 주요 부대·시설 타격, 요인 암살, 후방 교란 등 배합작전을 수행할 것으로 판단된다"(국방부, 2018: 23). 이 외에도 북한은 "적공(敵攻)사업"이라는 명칭으로 한국에 대한 적극적인 심리전 및 공작활동을 수행하도록 되어 있다(문광건, 2006: 64-65). 따라서 핵무기 위협하에서 이러한 특수전 부대와 적공팀이 한국의 후방으로 침투하여 교란시킬 경우 한국 사회는 심각한 혼란상태에 빠질 수 있다.

북한의 경제적 취약성으로 인하여 전쟁이 오래 지속되면 북한이 불리할 가능성은 높다. 그러나 북한이 남한을 침공할 경우 남한에서 군사작전이 전개될 것이고, 북한은 남한에서 필요한 인원, 식량 및 유류를 현지 조달할 수 있기 때문에 북한의 전쟁 지속력이 낮다는 측면에 큰 기대를 걸 수는 없다. 실제로 북한은 '신(新)해방지역'에서의 병력 보충이라면서, 자신들이 점령한 지역별로 혁명조직을 구성하고, 이 혁명조직으로부터 추천받은 병력들을 보충하여 인민군을 강화한다는 개념을 보유하고 있다. 이를 위하여 북한은 해방된 지역에 군사동원부를 조직하게 되어 있고, 여의치 않을 경우에는 혁명조직의 추천을 받은 인원들을 군종(軍種, service), 군종사령부, 사·여단별로 먼저 입대시킨 후 최고사령부에 차후에 보고하도록 되어 있다(문광건, 2006: 64). 북한이 이와 같이 병력과 물자를 조달할 경우 남한의 인력과 물자는 북한에게 전쟁 지속력으로 활용되게 된다.

또한 북한은 핵무기에 못지않게 치명적일 수도 있는 화학 및 생물학 무기를 대량으로 보유하고 있다. "북한은 1980년대부터 화학무기를 생산하기 시작하여 현재 약 2,500~5,000톤의 화학무기를 저장하고 있는 것으로 추정되며 탄저균, 천연두, 페스트 등 다양한 종류의 생물학 무기를 자체 배양하고 생산할 수 있는 능력도 보유하고 있는 것으로 보인다"(국방부, 2018: 26). 북한의 경우 화학무기를 전방의 한국군 부대에 사용한 후 신속하게 돌파할 수 있고, 생물학 무기를 후방에 사용함으로써 사회를 혼란스럽게 만들거나 외국군이 한국을 지원하지 못하도록 만들 수 있다.

이 외에도 북한은 전 한반도 공산화에 도움이 된다고 한다면 가능한 모든 수단과 방법을 동원할 가능성이 높다. 예를 들면, 그동안 다양한 대비 노력을 경주하여 취약성이 낮아진 것은 사실이지만 한국은 컴퓨터로 연결된 정도가 매우 크기 때문에 북한은 대대적인 사이버전을 감행하여 한국의 사회와 경제, 나아가 한국군을 혼란시킬 수 있다. 특히 앞에서 소개한 군사력과 그 외의 다양한 수단들이 핵위협하에서 활용될 경우 한국은 핵전쟁으로 확전될 것을 우려하여 제대로 대응하기 어려울 가능성이 높다. 북한은 핵무기의 양과 질이 변화되는 정도를 감안하여 그 외 전력들의 운용방향을 조정할 것이다. 결국 핵무기의 양과 질의 정도가 향후 북한 대남 군사정책 및 군사전략의 변화를 주도할 것이고, 시간이 갈수록 핵무기의 역할은 증대될 것이다.

2) 북한의 핵무기 개발 경과와 능력

(1) 북한의 핵무기 개발 경과

　북한의 핵무기 개발 노력은 6 · 25 전쟁 직후부터 시작되었다. 북한은 1955년 3월 원자 및 핵물리학 연구소 설치를 결정하였고, 1956년에는 핵 관련 기술자들을 소련으로 보내어 학습시켰으며, 1959년 소련과 원자력의 이용에 관한 협정을 체결하였다. 1963년 소련에서 도입한 IRT-2000 연구용 원자로 건설을 시작하여 1965년부터 가동하기 시작하였고, 다른 국가로부터 추가적인 기술을 획득할 목적으로 1974년에 국제원자력기구(IAEA: International Atomic Energy Agency)에 가입하였다. IRT-2000 연구용 원자로에서 기술을 축적한 북한은 1980년 7월 자체 기술로 5MWe 원자로 건설에 착수하여 1986년 완공하여 가동하였고, 사용한 핵연료에서 플루토늄을 재처리하는 시설도 1989년부터 가동하기 시작하였으며, 다양한 기폭장치 실험도 추진하였다. 북한은 소련의 요청에 의하여 1985년 12월에 핵확산금지조약(NPT: Nuclear Non-Proliferation Treaty)에 가입하는 대신에 소련과 원자력 발전소 건설에 관한 원조 협정을 체결하였고, 소련으로부터 상업용 원자로 4기를 제공받았으며, 1986년 12월 소련과 핵기술 협정을 체결하였고, 정무원 내에 원자력공업부를 신설하기도 하였다(구본학, 2015: 3). 북한은 1980년대에 이미 핵무기 개발을 위한 제반 기초적인 조치들의 대부분을 완료한 상태였다.

　한국과 미국은 1980년대에는 북한의 핵무기 개발 의도와 추진 정도를 제대로 파악하지 못하였다. 그래서 미국은 냉전 종식이라는 해빙의 분위기에 고무되어 1991년 한반도에 배치되어 있던 전술핵무기를 모두 철수한다는 결정을 내렸고, 그해 한국은 북한과 '한반도 비핵화 공동선언'에 합의하기도 하였다. 북한은 그들의 핵무기 개발을 은닉하기 위하여 1992년 IAEA와 '핵안전조치협정'을 체결하여 핵사찰을 수용하기까지 하였다. 그러나 1992년 5월부터 이듬해 2월까지 6차례에 걸친 IAEA 사찰 결과 북한이 신고한 플루토늄 추출량과 IAEA 추정량 사이에 수 kg의 차이가 있음이 드러나 특별사찰 필요성이 제기되었다. 그러자 북한은 그들의 핵무기 개발 수준이 밝혀질 것을 우려하여 IAEA의 요구를 거부하면서 NPT를 일방적으로 탈퇴한다고 선언하였고, 이로써 북한의 핵무기 개발 사실이 국제적으로 노출되었다.

북한의 핵무기 개발을 심각하게 생각한 미국은 1994년 10월 북한과 '제네바 합의'를 체결하여 북한의 요구를 어느 정도 수용하는 대가로 북한의 핵무기 개발을 중단시키고자 하였다. 미국과 관련 국가들이 북한의 기존 흑연감속로를 대체할 수 있는 1천 MW급 경수로 발전소 2기를 건설하여 제공하고, 미국은 1기 완공 시까지 연간 중유 50만 톤을 제공하는 대신에 북한은 5MWe 원자로의 폐연료봉을 봉인 후 제3국으로 이전하며, IAEA의 특별사찰을 수용하기로 한 합의였다. 그러나 경수로 공사가 지연되면서 북한이 불만을 제기하기 시작하였고, 2002년 10월 제임스 켈리(James Kelly) 미 국무부 동아태 차관보가 북한을 방문한 기회에 북한이 고농축 우라늄(Enriched Uranium)을 이용한 핵개발 계획을 시인하는 발언을 듣게 되었다. 이에 따라 미국은 2002년 12월 중유지원을 중단하기로 하였고, 북한은 1994년 합의한 핵동결조치를 해제함과 동시에 IAEA 사찰단을 추방함으로써 제네바 합의는 파기되었다.

북한의 핵무기 개발을 어떻게든 막아야 한다고 판단한 주변국들은

2003년 4월 중국, 미국, 러시아, 일본, 한국과 북한으로 구성된 '6자회 담(six party talks)'을 진행하는 데 합의하였고, 2003년 8월부터 북경에서 회 담을 시작하였다. 그 성과로 2005년 9월 '9 · 19 공동성명'에 합의하여 북한이 "모든 핵무기와 현존 핵계획들을 포기"하면서 NPT 및 IAEA 안 전조치로 복귀하는 대신에 미국이 북한을 공격할 의사가 없다는 점을 명시하고 적절한 시기에 경수로를 제공하는 데 합의하였다. 2007년 2월 에는 '2 · 13 합의'를 통하여 북한은 "궁극적인 포기를 목적으로 재처리 시설을 포함한 영변 핵시설을 폐쇄 · 봉인하고, IAEA와의 합의에 따라 모든 필요한 감시 및 검증활동을 수행하기 위해 IAEA 요원을 복귀토록 초청한다"고 합의하였고, 2007년 10월 '10 · 3 합의'를 통하여 북한은 "9 · 19 공동성명과 2 · 13 합의에 따라 포기하기로 되어 있는 모든 현 존하는 핵시설을 불능화하고… 영변의 5MWe 실험용 원자로, 재처리 시설(방사화학실험실) 및 핵연료봉 제조시설의 불능화를 2007년 12월 31일 까지 완료"할 것을 약속하였다. 그러나 결과적으로 이러한 합의는 전혀 시행되지 않았고, 2008년 8월 26일 북한이 전격적으로 '핵 불능화 중단 성명'을 발표함으로써 6자회담을 통한 북한 핵문제 해결은 무산되고 말 았다.

6자회담이 진행되고 있었던 2006년 7월 5일 장거리 미사일 시험 발사를 실시한 북한은 10월 9일 제1차 지하 핵실험을 실시하였다. 당 시 주변 국가들이 북한의 핵실험 여부를 확신하지 못할 정도로 이 핵실 험의 위력은 1kt 이하에 불과하여 성공으로 보기도 어려웠다. 그러나 2009년 4월 5일 북한은 장거리 미사일 시험발사를 실시한 데 이어 5월 25일 제2차 핵실험을 실시하였다. 이 핵실험의 위력은 4kt 정도로서 성 공으로 평가될 수 있는 수준이었고, 특히 장거리 미사일 발사 후 핵실험이라는 패턴을 드러내 보임으로써 '핵미사일' 개발이라는 북한의 의도를 가늠할 수 있게 하였다. 그리고 2012년 4월 13일의 실패에 이어 12월 13일 장거리 미사일 시험에 성공한 후 북한은 2개월 후인 2013년 2월 12일 제3차 핵실험을 실시하였는데, 이때 북한은 "소형화·경량화된 원자탄을 사용하였고… 다종화(多種化)된 핵 억제력의 우수한 성능이 물리적으로 과시됐다"고 발표하였다. 한국의 국방부도 TNT 6~7kt의 위력으로 평가하면서 그 성공을 인정하였고, 이로서 북한은 핵무기 개발에 성공하게 되었다.

북한은 2016년 1월 6일 제4차 핵실험을 실시한 후 '수소탄'을 개발하였다고 발표하였다.* 겨우 8개월 후인 2016년 9월 9일 북한은 제5차 핵실험을 실시한 후 '표준화·규격화한 핵탄두' 개발에 성공하였다고 선언하였다. 더구나 2017년 9월 3일 북한은 제6차 핵실험을 실시한 후 "대륙간 탄도미사일 장착용 수소포탄 시험의 완전한 성공"이라고 주장하였다. 이에 대하여 한국, 미국, 일본의 정부는 각각 50kt, 120kt, 160kt 정도의 위력으로 평가하였지만, 200kt까지 추정한 한국 전문가도 있고(송호근, 2017: 30), 미국의 북핵 연구단체인 '38 North'에서는 그 위력을 108~250kt으로 추정하면서 서울에서 폭발할 경우 가능한 사상자의 숫자를 추정하여 발표하기도 하였다(Zagurek, 2017). 이제 북한은 수소폭탄을 포함한 명실상부한 핵보유국이라고 평가하지 않을 수 없다.

---

* 한국에서는 원자폭탄과 수소폭탄의 중간인 '증폭핵분열탄' 개발에 성공한 것으로 평가

(2) 북한의 핵능력

북한이 현재 어느 정도의 핵무기를 보유하고 있는지를 정확하게 파악하기는 어렵다. 북한이 최고의 비밀로 분류하여 은닉하고 있고, 워낙 폐쇄된 사회라서 정보수집이 어렵기 때문이다. 북한이 지금까지 추출했거나 농축했을 것으로 평가되는 플루토늄과 농축우라늄의 양으로 추정할 수밖에 없는데, 미국의 과학자협회에서는 25개로 추정하고 있고(Kristensen and Norris, 2019), 한국의 조명균 당시 통일부 장관은 2018년 10월 1일 북한이 20~60개의 핵무기를 보유하고 있다고 국회에 보고했다. 러시아의 전략미사일군 참모장을 역임한 빅토르 예신(Victor Yesin)은 2018년 6월 북한은 매년 7개 정도의 핵탄두 생산능력을 지니고 있으며, 조만간 매년 10개 생산능력을 갖게 될 것이라고 평가하기도 했다(유철종, 2018). 이렇게 볼 때 현재 북한은 수소폭탄을 포함하여 수십 개의 핵무기를 보유하고 있다고 평가해야 하고, 그것은 한국을 초토화시킬 수 있는 능력이다. 북한은 천연우라늄이 많은 국가이면서 우라늄 농축을 계속하고 있어서 시간이 흐를수록 북한의 핵무기 보유량은 늘어날 것이다.

핵무기를 개발하고 나면 그것을 다양한 운반수단을 통하여 적국에 투하해야 하는데, 항공기로의 운반은 무게가 문제가 되지는 않는 대신에 요격당하기 쉬워서 효과적이지 않기 때문에 요격이 쉽지 않은 탄도미사일에 탑재하여 공격하는 것이 보편적이고, 북한도 이를 지향해 오고 있다. 외국 전문가들은 북한이 수소폭탄에 성공하기 이전에 이미 탄두 중량 700kg 정도인 노동미사일에 탑재할 정도로 소형화한 것으로 평가한 바 있다(Phillip, 2016: 4: Richey, 2016: 2: Rinehart and Nikitin, 2016: 12). 제6차 핵실험 후 북한 스스로 ICBM에 장착할 수 있는 수소폭탄 개발에 성공하였다고 발표하였고, 한국의 송영무 국방장관도 500kg 이하로 소형화한 것으로 평가한 바 있다(엄보운, 2017. A5). 북한은 이제 ICBM을 비롯한 모든 탄도미사일에 핵무기를 탑재하여 필요시 발사할 수 있는 수준이라고 보아야 한다.

북한은 핵무기를 탑재하여 공격할 수 있는 다양한 종류의 탄도미사일을 보유하고 있다. 최소한 사거리 300~700km의 스커드 100기 이상, 사거리 1,300km 정도의 노동미사일 50기 정도, 사거리 2,000~4,000km의 다양한 중거리 미사일을 50기 정도 보유하고 있는 것으로 평가된다(Department of Defense, 2015: 19). 북한은 2017년 5월 21일 고체연료를 사용하는 '북극성-2형' 미사일의 시험발사에 성공함으로써 5분 이내에 기습적인 핵미사일 공격이 가능한 상태이다(유용원, 2017. A6). 또한 북한은 2019년 5월부터 한국 공격용의 다양한 단거리 미사일을 집중적으로 시험발사하여 그 능력을 개량하였다. 여기에는 요격회피용 기동이나 저고도 비행이나 연속발사가 가능한 미사일과 박격포가 포함되어 남안의 방어가 어려워지고 있다.

이제 북한은 미국의 본토를 공격할 수 있는 ICBM 개발의 성공을 위하여 노력하고 있다. 2017년 5월 14일 북한은 '화성-12형'을 부양(浮揚) 궤도(lofted trajectory)로 발사하여 2,111.5km 고도까지 상승한 후 787km 비행시켰는데, 이것을 통상적인 미사일 공격 때 사용하는 최소에너지 궤도(minimum energy trajectory)로 사격하였다면 미국의 알래스카(서울로부터 앵커리지까지 5,600km), 하와이(서울로부터 호놀룰루까지 7,100km)를 타격할 수 있다고 평가되었다. 이후에 북한은 2017년 7월 4일에 이어 7월 28일에 '화성-14형'을 역시 부양 궤도로 시험발사 하여 "LA, 덴버, 시카고는 물론이고, 뉴욕과 보스턴"에도 닿을 수 있다고 평가되기도 하였다(임민혁,

2017. A1). 특히 북한은 2017년 11월 29일 '화성-15형'을 시험발사 하여 고도 4,475km, 비행거리 950km를 기록했는데, 이것이 최소에너지 궤도로 발사될 경우 사거리가 1만 3,000km에 이르러 워싱턴과 뉴욕을 포함한 미 대륙 전역을 타격할 수 있을 것으로 평가되었다. 그래서 북한의 김정은 위원장은 이 시험발사 성공 후 "국가 핵무력 완성의 역사적 대업이 실현됐다"고 선언하였던 것이다. 2018년 2월에 미국이 발표한 '핵태세 검토보고서(NPR: Nuclear Posture Review)'에서도 북한이 "수개월 후 핵장착 탄도미사일로 미국을 타격할 수 있는 능력 구비 가능"으로 평가하고 있다(Department of Defense, 2018: 11).

동시에 북한은 은밀한 이동과 공격이 가능한 SLBM의 개발에도 노력하고 있다. 북한은 2016년 8월 24일 SLBM을 500km를 비행시키는 데 성공하였는데, 이때도 최소에너지 궤도였다면 2,500km까지 비행했을 것으로 추정되었다(이용수, 2016, A1). SLBM은 목표지역 근처까지 잠수함으로 은밀하게 이동하여 기습적으로 발사하기 때문에 전략적인 효과가 매우 크다. 북한은 2019년 7월 신형 잠수함 사진을 공개하였고, 11월 1일에는 '북극성-3형'이라는 신형 SLBM을 발사하기도 했다. 북한이 SLBM의 개발에 최종적으로 성공할 경우 한국, 일본, 괌 등을 기습적으로 공격할 수 있고, 태평양으로 진출하는 데 성공할 경우 미 본토의 주요 도시에 관하여 기습적인 핵미사일 공격을 가할 수 있다. 종합하면, 북한은 한국의 모든 지역, 일본, 괌을 비롯한 일부 미국의 영토에 대하여 현재도 핵미사일 공격을 가할 수 있고, 미 본토의 주요 도시에 핵무기 공격을 가할 수 있는 능력에 근접한 상태라고 할 것이다.

(3) 핵무기 사용 가능성

한국에서는 북한이 체제 유지라는 수세적 목적으로 핵무기를 개발한 것으로 인식하거나, 미국의 대규모 응징보복이 두려워 핵무기를 사용하지 못할 것으로 판단하지만, 북한이 공세적인 목적으로 핵무기를 개발한 정황이 더욱 많고, 누구도 실제적인 사용 가능성을 배제할 수는 없다. 북한은 2013년 4월 1일 채택한 "자위적 핵보유국의 지위를 더욱 공고히 할 데 대한 법" 제5조에서 "적대적인 핵보유국과 야합해 우리 공화국을 반대하는 침략이나 공격 행위에 가담하지 않는 한 비핵국가들에 대하여 핵무기를 사용하거나 핵무기로 위협하지 않는다"라고 밝힘으로써(권태영 외, 2014: 196), '적대적인 핵보유국'인 미국과 그에 '야합'하는 한국에 대해서는 핵무기를 사용할 수도 있다는 점을 시사하고 있다. 실제로 북한은 "강력한 핵 선제 타격", "핵전쟁 터지면 청와대 안전하겠나", "선제 핵타격은 미국의 독점물이 아니다" 등의 발언으로 위협한 적이 없지 않다. 외국에서도 북한이 상당한 숫자의 핵무기를 개발함으로써 미국의 응징보복에 재보복을 가할 수 있다고 판단할 경우 핵무기를 "먼저 사용(first use)"할 가능성도 인정하고 있다(Wit and Ahn, 2015: 29-30).

북한의 공세적 핵무기 사용은 다수의 저명인사에 의해서도 확인되고 있다. 한국으로 망명한 태영호 전 영국주재 북한대사관 공사는 북한의 핵무기가 한국을 겨냥한 것이라면서, "김정은(노동당 위원장)은 한국 국민에게 정말로 핵을 쓴다. … 2013년 채택한 핵·경제 병진노선은 핵무기와 같은 대량살상무기를 만들어 한국이라는 실체 자체를 불바다로 만들어 한국군을 순식간에 무력화시키려는 것"이라고 주장한 바 있다(김민서·김예진, 2017: 1). 송영무 국방장관도 2017년 9월 18일 국방위원회의 증언에서 "그것(체제 보장 위한 핵개발)은 핵개발 하려고 하는 의도에 10%밖에 안 되고 90% 이상은 군사적 위협으로 판단한다"고 답변한 바 있다. 미국 백악관도 북한 핵개발의 목표는 "한반도의 통일"이라고 판단하고 있다. 전 미국 합참의장이었던 멀린(Michael Mullen)은 북한이 핵무기 보유에 그치지 않고 "잠재적으로 사용할 수 있다"고 진단하기도 하였다(강영두, 2017). 당시 미국의 국가안보 보좌관이었던 맥매스터(H. R. McMaster)도 2017년 12월 3일 Fox news와의 인터뷰에서 북한의 핵보유 의도는 "핵협박에 사용하여 적화통일하기 위한 것(to use that weapon for nuclear blackmail and then to unify the peninsula under the red banner)"이라고 규정한 바 있다(Morris, 2017).

3) 북한의 핵전략

　　북한의 군사정책 목표가 전 한반도 공산화라면 핵무기도 그것을 달성하는 수단 중 하나일 것이고, 그렇다면 어떤 상황에서는 활용될 것이다. 다만, 주한미군을 인계철선(trip wire)으로 하는 한미동맹이 굳건한 상태에서는 북한이 전 한반도 공산화 목표를 추구하는 것이 어렵다. 북한이 남한을 공격하면 미군과의 교전이 불가피하고, 그렇게 되면 미군의 대규모 증원군이 참전할 것이며, 이러한 상황에서 승리하는 것은 거의 불가능하기 때문이다. 따라서 북한은 핵무기 위협을 통하여 주한미군을 철수시킴으로써 한미동맹을 와해시킨 다음에 전 한반도 공산화를 추구할 가능성이 높다. 이런 이유로 북한 핵전략의 목표는 일차적으로는 미국이 한반도 사태에 개입하거나 한국에게 확장억제를 제공하지 못하도록 미국을 억제하는 것이고, 그것이 달성되면 남한을 공산화하는 것으로 전환될 것이다.

(1) 대(對)미국: 신뢰적 최소억제

한국을 공격할 수 있는 핵무기를 2013년 제3차 핵실험을 통하여 확보하였음에도 북한이 수소폭탄까지 개발하고, ICBM의 완성에 진력하고 있는 것은 핵무기의 용도가 남한에 국한되지 않기 때문이다. 북한이 미국과의 1:1 핵전쟁을 감행할 정도로 무모하지 않다면, 북한이 수소폭탄과 ICBM을 개발하는 목적은 미국을 핵무기로 공격하겠다고 위협함으로써 주한미군 철수와 한미동맹 폐기를 강요하고자 하는 목적일 가능성이 높다. 북한은 자신의 초토화를 각오하면서 미국의 어느 도시에 핵공격을 가하겠다는 위협이 가능하기 때문이다. 북한을 초토화시키는 것보다 자신의 어느 도시가 핵무기 공격을 받는 것이 미국에게는 더욱 우려되는 사태일 수밖에 없다. 그래서 북한은 1990년대부터 핵 관련 협상을 할 때 언제나 평화협정 체결과 연계시킴으로써 주한미군 철수의 명분을 확보하고자 하였고, 핵능력 강화에 성공한 최근에는 더욱 직접적이면서 과감하게 미국과의 평화협정 체결을 압박하고 있다(김진하, 2017: 322-323). 얼마 전까지도 학자들은 북한이 실존적 억제능력 정도일 뿐 최소억제 능력에는 미달한다고 평가하였지만(최정민, 2014: 28-29: 김태현, 2016: 17), 2017년에 들어서 수소폭탄 실험과 ICBM에 근접한 '화성-15형'의 시험발사에 성공하였음을 감안할 때 이제 북한은 최소억제 능력에도 근접하였다고 평가하지 않을 수 없다. 영국이나 프랑스와 같은 수준의 최소억제를 구현하려면 핵추진 잠수함을 3~4척을 구비해야 하지만, 한국과 일본에 다수의 미군기지가 존재하고, 괌을 비롯한 미국의 영토도 현 북한 미사일의 사정거리 내에 있기 때문에 현재 상태에서도 초보적인 최소억제 효과는 가능하다고 판단된다.

북한은 미국에 대하여 핵무기를 사용할 수 있다는 의지를 적극적으로 과시하고 있다는 점에서 인도나 파키스탄의 경우처럼 "신뢰적 최소억제"라고 평가할 수 있다. 최소억제에 미달하는 능력을 적극적인 공격 의사로 보완하고 있기 때문이다. 김정은은 2017년 5월 14일 '화성-12형' 탄도미사일 시험발사에 성공한 이후 "미 본토와 태평양작전지대가 우리의 타격권 안에 들어 있다. 미국이 우리를 섣불리 건드린다면 사상 최대의 재앙을 면치 못할 것"이라고 공언하였으며, 2017년 7월 4일과 7월 28일 '화성-14형' 시험발사 이후에도 유사한 점을 강조하였다. 그리고 2018년 신년사에서는 미국을 겨냥하여 "핵 단추가 내 사무실 책상 위에 항상 놓여 있다는 것은 위협이 아닌 현실임을 똑바로 알아야 한다"고 위협하기도 하였다.

미국이 완벽한 BMD를 구축해 버리면 북한의 최소억제는 작동하지 않을 수 있다. 실제로 미국은 미 본토를 방어하기 위한 지상요격미사일을 44기 배치하고 있을 뿐만 아니라 2017년 5월 30일에는 북한의 ICBM을 가상한 실제 요격시험도 실시하였고, 2017년 7월에 북한의 중거리 미사일로부터 알래스카를 방어하기 위한 사드 요격미사일의 대응훈련을 수차례 실시하기도 하였다. 그러나 주한미군과 주일미군 기지 이외에도 북한은 미군이 집중적으로 주둔하고 있는 오키나와(평양에서 1,500km)를 노동미사일이나 '북극성-2형'으로도 공격할 수 있고, 미군의 영토이면서 주요 군사기지인 괌(3,400km), 알래스카(6,000km),

하와이(7,600km) 모두 화성 계열 미사일로 공격이 가능하다. 미국의 경우 SM-3 해상요격미사일과 사드로 괌, 알래스카, 하와이를 방어할 수는 있겠지만, 완벽성을 장담할 수는 없다.

실제로 미국 내에서는 북한의 핵동결과 ICBM 능력 포기를 조건으로 북한과 타결을 보는 다양한 협의안이 거론되고 있다. 주한미군 철수를 조건으로 중국과 타결해야 한다는 의견이나, 북한이 미국을 공격할 능력을 포기할 경우 주한미군 철수를 검토하자는 의견도 제시된 적이 있다. 또한 미국에서는 서울을 방어하기 위하여 뉴욕을 위태롭게 할 것이냐는 질문도 제기되고 있다. 이와 같은 논의가 벌어지고 있다는 사실이 북한의 신뢰적 최소억제가 어느 정도 기능하고 있다는 것이고, 북한의 핵능력이 강화될수록 그 효과는 더욱 커질 것이다.

(2) 대(對) 한국: 위협과 잠재적 사용

북한의 당=국가=군사의 목표가 '전 한반도 공산화'라면 남한이 통일의 대상이라는 점에서 우선은 핵무기를 적극적으로 사용하여 한국을 파괴시키기보다는 핵무기 사용의 위협을 통하여 그들의 연방제 통일 방안을 수용하도록 한국을 압박할 가능성이 높다. 그러나 북한이 요구하는 바대로 남한이 따라 주지 않을 경우에는 재래식 군사력으로 공격한 후 한미연합군 또는 한국군의 반격을 억제하는 수단으로 핵무기를 사용하거나, 아예 주요 도시에 핵공격을 가하여 위력 시범을 보인 후 항복을 강요할 가능성도 배제할 수는 없다. 전쟁이 발발하는 것 자체가 불법적이기 때문에 일단 침략한 이후에는 국제여론보다는 승리의 가능성에 모든 초점을 맞출 것이고, 핵무기를 사용해서라도 일단 승리한 후 기정사실화하여 시간을 끌면 국제사회가 수용할 수밖에 없다고 판단할 것이기 때문이다. 북한의 입장에서는 한미동맹만 폐기시키면 핵무기를 어떤 식으로 활용하든 한국을 굴복시킬 수 있다고 생각할 것이고, 이를 위한 다양한 방안들을 검토하고 있을 가능성이 높다.

북한은 평시에도 핵무기를 사용하겠다고 위협하면서 한국의 정치적, 경제적, 기타 양보를 요구할 수도 있고(권태영 외. 2014: 193), 이에 대하여 한국은 수용하는 자세를 취할 수밖에 없는 것이 현실이다. 핵보유국은 비핵국가에 비해 "전략적으로 압도적인 우위"를 갖게 되고, 비핵국가는 "핵보유국의 공갈에 좌우될 수밖에 없는 운명"에 놓이기 때문이다(우평균. 2016: 197). 북한이 구체적으로 어떤 요구를 할 것이냐는 것은 당시 상황에 따라서 달라지겠지만 처음에는 소규모의 경제적 지원을 요구하다가 점점 그 범위를 확대할 것이고, 결국은 다양한 내정간섭에 이를 가능성이 높다. 한국 내에서 "전쟁보다는 나쁜 평화가 낫다"는 식으로 전쟁을 두려워하는 여론이 증대될 경우 한국 정부가 선택할 수 있는 대안은 더욱 제한될 것이고, 그럴수록 북한의 입지는 강화될 것이다.

북한은 핵무기 위협하에 재래식 공격을 감행함으로써 지금까지 추구해 온 "기습전, 배합전, 속전속결전을 중심으로 하는 군사전략"을(국방부. 2016: 23) 효과적으로 구현할 수 있다고 판단할 가능성이 높다. 북한의 입장에서는 핵무기가 없을 경우라면 재래식 전력의 수적 우위를 바탕으로 기습공격을 실시하여 초기에 어느 정도 승리하더라도 한미연합군의 질적 우위와 막강한 전쟁 지속력으로 인하여 최종적인 승리로 연결시키기가 어렵다고 판단할 가능성이 높지만, 핵무기가 존재할 경우 그것을 사용하겠다고 위협하면 주한미군을 중심으로 한 한미연합군의 반격이나 미 증원군의 파견을 차단할 수 있어 최종 승리로의 연결도 가능하다고 생각할 것이기 때문이다. 북한은 재래식 전력을 집중적으로 활용하여 속전속결로 설정된 목표들을 달성하면서, 한미연합군 또는 한국군의 반격을 차단해야 하거나 불리해진 상황에서 반전을 도모하는 수단으로 핵무기를 사용할 수 있다. 즉 '핵위협하 기습적 재래식 공격'을 감행할 수 있다는 것이다.

유사한 논리에 근거하여 북한은 평시에 '핵위협하 국지도발'도 감행할 수 있다. 예를 들면, 서북도서에 기습적으로 상륙하여 점령한 후 한국이나 한미연합군이 반격하거나 보복공격을 가하면 한국의 주요 군부대나 도시에 핵무기 공격을 가하겠다고 위협하는 식이다(권태영 외, 2014: 194; 전호환, 2007: 60). 이 경우 한국에서는 탈환작전의 시행 여부를 두고 치열한 토론을 전개할 것이나 원거리 군사작전의 어려움과 북한의 핵사용 가능성을 우려하여 시행하지 못한 채 타협을 선택할 가능성이 높다. 특정지역에 대한 이러한 제한적 군사작전이 성공을 거둘 경우 북한은 다른 지역으로 확대할 수 있고, 한국의 소극적 대응이 반복될 경우 한국을 상대로 자유자재로 도발을 감행할 수 있게 될 것이며(우평균, 2016: 202), 결국은 전 지역 석권으로 도발의 범위를 확대할 것이다.

처음에 북한은 핵무기를 사용하겠다고 위협하는 방식을 주로 사용하겠지만, 그것이 효과가 없다고 판단할 경우 실제로 핵무기를 사용할 수도 있다. 북한이 지금껏 자행해 온 다양한 대남 도발과 북한 주민에 대한 비인도적 처사를 고려할 때 절체절명의 어려운 상황에 빠졌음에도 핵무기만은 사용하지 못할 것이라고 판단하는 것은 합리적이지 않다. 오히려 한국 국민들의 저항 의지를 약화시키고, 정부와 군대가 공황상태에 빠져 조직적인 방어를 못하도록 한국의 주요 도시에 조기에 핵공격을 가할 가능성도 배제할 수는 없다. 한국의 주요 도시에 핵무기를 투하하여 수많은 국민들이 사망 및 부상함으로써 극심한 혼란에 빠질 경우 북한군은 금방 진격하여 손쉽게 남한 전체를 석권할 수 있다고 판단할 수 있기 때문이다. 실제로 김정은은 집권 후 소위 "7일 전쟁" 계획을 만들었다는데, 그의 핵심내용은 핵무기를 사용하여 7일 만에 남한을 점령한다는 계획이라고 한다(김강녕, 2015: 3: 홍우택, 2016: 98).

북한의 핵전략에서 일차적인 대상은 미국이지만 궁극적인 목표는 한국이다. 핵위협이나 사용으로 주한미군을 철수시켜 한미동맹만 와해시키면, 핵무기가 없는 한국을 굴복시켜 북한 주도의 통일을 달성하는 것은 손쉬운 일이라고 생각할 가능성이 높다. 핵무기를 사용하겠다는 위협만으로도 그들의 목표를 달성할 수 있다고 판단할 수 있지만, 불가피할 경우에는 사용을 불사하더라도 그들의 목표를 달성하고자 할 것이다. 북한이 미국을 공격할 능력을 구비함으로써 미국의 확장억제 이행이 불안해질수록 북한의 공격적인 핵사용 가능성은 높아질 것이다(홍우택, 2016: 109-110). 또한 그만큼 북한이 대남전략의 구현을 위해 동원할 수 있는 방안도 다양해질 것이다.

4) 북한의 대남 핵사용 시나리오

앞에서 설명한 북한의 핵전략을 바탕으로 이제는 북한이 한국에 대하여 핵무기로 위협하거나 사용할 수 있는 시나리오를 더욱 구체적으로 예상해 볼 필요가 있다. 그래야 가능한 모든 상황에 대비하게 되기 때문이다. 지금까지 한국에서는 자기충족적 예언(self-fulfilling prophecy)이 될까봐 이러한 구체적 각본을 상정하지 않았지만, 국가안보는 냉정한 마음으로 최악의 사태까지 상정하여 대비해야 하는 사안이다. 심각성이 큰 순서로 몇 가지 가능한 시나리오를 열거해 보면 다음과 같다.

(1) 대규모 공격과 핵무기 사용의 위협 병행

현재 상태에서 가장 심각한 상황은 북한이 핵무기를 사용할 수도 있다고 위협하면서 전면전을 감행하거나 수도권에 대한 제한적인 공격을 실시하는 경우이다. 북한의 제한된 전쟁 지속능력을 고려할 경우 한반도 전체를 석권하기는 어려울 수 있지만, 수도권을 점령하는 정도는 크게 어렵지 않을 것이다. 수도 서울의 경우 휴전선에서 단거리라서 기습적인 방법을 사용할 경우 순식간에 점령할 수 있고, 서울은 남한의 정치 및 행정 중심지라서 점령 시 파급효과가 매우 클 것이다. 북한의 입장에서 서울에 대한 제한적인 공격은 군사력을 덜 투입하면서 성공 가능성을 높이면서 전면전과 유사한 효과를 산출할 수 있는 매력적인 방안일 수 있다.

북한은 서울을 점령한 후 군사행동을 중단한 상태에서 협상을 제안할 것이고, 한미연합군이 반격할 경우 핵무기를 사용하겠다고 위협할 가능성이 높다. 그런 다음에 서울에서 남한 정부를 민주정부로 교체한 후 며칠 후에 철수하겠다고 약속하는 등으로 한미연합군에게 반격 명분을 주지 않고자 노력할 것이다. 그러나 서울을 점령하였기 때문에 약속과 달리 물러나지 않으면서 시간을 끌 것이고, 그 상태를 기정사실화해 나갈 가능성이 높다. 그러다가 상황이 더욱 유리해졌다고 판단되면 더욱 남쪽으로 추가 공격을 실시하여 일정한 지역을 점령한 후 동일한 방식으로 협상을 제안하는 행태를 반복할 것이다. 한미 양국 정부는 반격 여부를 두고 격렬하게 토론할 것이나 북한의 핵무기 사용 시 예상되는 대량의 사상자에 대한 우려가 압도적이라서 시행하지 못한 채 협상을 선택할 가능성이 높고, 일단 한미연합군이 협상을 선택하면 북한은 협상을 계속 지연시킬 것이며, 결국 북한의 계획대로 서울 점령이 기정사실로 굳어질 가능성이 높다.

(2) 국지도발 후 핵무기 사용 위협

북한은 일정한 지역을 대상으로 국지적인 도발을 감행한 후 한국이 대응하면 핵무기로 공격하겠다고 위협할 수 있다. 예를 들면, 서북 5도를 비롯하여 다양한 지역에서 재래식 군사적 도발을 감행하고, 한국이나 한미연합군이 대응할 경우 핵무기를 사용하겠다고 위협하는 것이다. 그렇게 될 경우 한국 내부에서는 단호한 대응 또는 응징보복 여부를 격렬하게 토론하겠지만, 확전의 우려로 인하여 과감한 방안을 채택하지 못할 가능성이 높다. 북한은 전면전이나 서울에 대한 점령 이전에 남한의 의지를 테스트하는 차원에서 이러한 국지도발을 감행할 가능성이 높다.

북한의 핵무기 사용 위협에도 불구하고 한국이 국지도발에 적극적으로 대응할 뿐만 아니라 응징보복까지 실시하여 북한 측에 상당한 피해를 끼쳤을 경우 북한은 그에 대한 책임과 배상을 조건으로 핵무기를 사용하겠다고 위협할 수 있다. 한국 내부에서 격렬한 토론이 벌어지겠지만, 강경책보다는 유화책이 선택될 가능성이 높고, 그러면 북한은 또 다른 국지도발을 반복할 것이다. 한국에서 계속하여 강경하게 대응할 경우 북한은 핵무기를 실제로 사용할 수도 있다.

(3) 특정 도시에 대한 핵무기 공격

남북관계의 긴장 및 갈등이 극단적으로 악화될 경우 북한은 한국을 응징한다는 차원에서 어느 도시에 핵무기 공격을 가할 수 있다. 한국의 의지를 꺾거나 북한의 위세를 보이는 것이 필요하다고 판단할 경우이다. 남북한이 대화를 단절한 채 언론 등을 통하여 제한된 정도로만 소통을 하게 되고, 추가적으로 상호 간의 감정이 극단적으로 대립될 경우 북한이 갑자기 핵무기 사용 위협 또는 사용을 결정할 가능성도 배제할 수는 없다.

북한이 특정 도시에 핵무기 공격을 가한다고 하여 한국이 전면적 응징이나 전면전을 선택하는 것은 쉽지 않다. 북한은 한국이 반격하면 추가 핵무기 공격을 가하겠다고 위협할 것이기 때문이다. 미국 등도 확전을 회피하기 위하여 어느 선에서 봉합을 시도할 가능성이 높다. 결국 시간이 흐르면 그러한 공격이 없었던 상태로 환원될 것이고, 그렇게 되면 북한은 제반 분야에서 더욱 한국을 압박하게 될 것이다.

(4) 미국과의 직접 협상

　　이미 어느 정도 진행되고 있는 측면도 있지만, 미국 본토를 공격할 능력을 구비하게 될 경우 북한은 미국과의 직접 협상을 통하여 한반도에서의 대표성을 확보하고자 할 것이다. 2018년 6월과 2019년 2월 미국의 트럼프 대통령과 북한의 김정은이 정상회담을 가진 후 북한의 위상이 높아졌듯이 미국과 직접 협상을 시작하였다는 것만으로도 북한의 대표성은 점점 커질 것이고, 그것이 지속될 경우 한반도에서 한국의 위상은 상대적으로 점점 축소될 것이다. 북한은 미국과 협상을 진행하면서 핵무기의 양과 질을 더욱 강화할 것이고, 본토 공격능력을 확실하게 구비하게 되었을 경우 미 주요 도시에 대한 핵공격 가능성으로 위협하면서 주한미군의 철수를 요구하여 한미동맹을 와해시키고자 할 것이다. 그러다가 북한이 미국을 공격할 수 있는 능력을 폐기하는 대신에 한국에 대한 핵공격력은 보유하는 것을 제안하여 미국이 이에 동의할 경우 한국은 고립무원의 상황에 빠질 수 있다. 이러한 과정이 계속 악화될 경우 결국 미국은 1970년대에 타이완과 남베트남에 대하여 내렸던 결정처럼 한국을 포기할 수밖에 없다고 판단할 수도 있다.

　　미국의 경우 최초에는 북한과의 협상에서 한국을 배제시키지 않겠다고 약속할 것이나 북한이 주한미군 기지나 괌, 나아가 하와이나 본토까지도 공격할 수 있다는 점을 지속적으로 암시할 경우 한국을 배제시키면서 북한과의 협상 타결에만 총력을 집중할 가능성이 높다. 미국도 자국의 안전이 최우선시되는 상황이 되고 말기 때문이다. 그렇게 되면 한국에서는 미국에 대한 실망감이 증대될 것이고, 한국에서 반미 감정이 표출될수록 미국과 북한 간의 대화에서 한국이 배제될 가능성은 높아질 것이다. 북미 간의 협상이 북한의 의도대로 진행되지 않을 경우 북한은 미국이 아닌 한국에 핵무기를 사용하겠다고 위협할 수 있고, 상황이 악화되면 실제 사용할 가능성도 존재한다.

(5) 핵공격 위협하에서 정치적 · 경제적 양보 요구

북한은 핵무기의 사용으로 한국을 위협하면서 다양한 정치적, 경제적, 기타 분야에 대한 양보를 요구할 수 있다. 예를 들면, 한국에게 대규모 경제지원을 요구할 수 있고, 보안법 철폐나 친북 정치범의 석방을 요구하는 등으로 남한 내 친북세력의 활동을 지원할 수 있는 요구사항을 제시할 수도 있으며, 북한에게 불리하다고 생각하는 한국 정부의 정책방향 변경이나 정부가 임명하는 인사의 변경 등을 요구할 수 있다. 그러할 경우 한국의 국론은 극단적으로 분열될 것이고, 시간이 흐를수록 북한의 요구를 들어주자는 의견이 우세해질 가능성도 배제할 수 없다.

문제는 한국이 북한의 요구를 수용해 준다고 하여 위협이 종료되는 것이 아니라는 사실이다. 한 번 들어주면 북한은 한국에게 더욱 많은 사항을 요구할 것이다. 그러한 과정에서 북한의 자만심은 더욱 높아질 것이고, 그럴수록 핵위협은 더욱더 가중될 것이며, 그러다가 어떤 이유로 핵무기가 사용될 가능성도 배제할 수 없다.

5) 결론

핵무기는 참혹한 피해를 끼치는 너무나 무서운 무기이고, 따라서 통상적인 무기로는 대적할 수 없다. 다른 핵무기를 통하여 더욱 참혹한 피해를 끼치겠다고 위협함으로써 억제하는 방법 이외에 마땅한 대안이 없는 것이 사실이다. 이러한 심각한 상황을 인정하지 않으려고 한국에서는 북한이 체제 유지를 위한 수세적인 의도로 핵무기를 개발한 것으로 해석하고 싶어 하지만, 그런다고 하여 현실이 달라지지는 않는다. 북한이 6·25 전쟁 직후부터 핵무기 개발에 착수한 사실만으로도 무력 적화통일을 달성하려는 의도임을 알 수 있고, 수소폭탄과 ICBM까지 개발한 것을 보아도 결코 수세적인 목적이 아님을 알 수 있다. 북한의 당=국가=군사정책의 목표는 6·25 전쟁 때 한 번 과시한 적이 있듯이 '전 한반도 공산화'이고, 핵무기 개발 후 이것을 포기하였다는 추정은 근거도 없을 뿐만 아니라 논리적이지 않다.

북한은 그동안의 집요한 노력을 통하여 상당한 수준의 핵능력을 구비한 것으로 평가되고 있다. 정확한 숫자를 확인할 수는 없지만 최소한 30개 이상의 핵무기 개발에 성공한 것으로 평가되고 있고, 다수의 수소폭탄도 포함되어 있으며, 시간이 갈수록 그 숫자는 늘어날 전망이다. 북한은 다양한 탄도미사일에 탑재하여 공격할 수 있도록 핵무기를 소형화하는 데 성공하였을 뿐만 아니라 ICBM을 통하여 미 본토를 공격할 수 있는 능력에도 근접한 상태이다. 북한이 2017년 11월 28일 발사한 '화성-15형'의 경우 최소에너지 궤도로 발사되었다면 미국 전역을 공격할 수 있을 것으로 평가되었다. 북한은 SLBM의 개발도 지속적으로 추진하고 있어서 이에 성공할 경우 동북아시아 전역은 물론이고, 미국 본토도 북한의 기습적 핵공격에 노출될 수 있다.

북한의 핵전략을 분석해 볼 경우 미국에 대해서는 인도나 파키스탄과 같이 신뢰적 최소억제를 추구하고 있는 것으로 판단된다. 미국에 대한 부분적인 보복능력과 적극적인 핵무기 사용 의지를 과시하고 있기 때문이다. 이에 따라 미국은 이제 자국에 대한 북한의 핵공격 가능성을 고려하지 않은 채 한국에 대한 확장억제 이행을 결정하기는 어렵다. 앞으로 북한이 ICBM의 신뢰성을 더욱 향상시키거나 SLBM의 개발에 성공할 경우 영국이나 프랑스와 유사한 수준의 최소 억제전략을 구사할 수 있고, 그렇게 될 경우 북한은 한미동맹을 와해시킬 수 있다.

한국에 대하여 북한은 핵무기 사용으로 위협하면서 어떤 상황에서는 사용할 수 있다는 전략일 가능성이 높다. 남한은 핵무기를 보유하고 있지 않아서 북한 핵전략의 주된 고려 대상은 아니지만 미국에 대한 최소억제가 가능해질 경우 한국에 대하여 핵무기의 영향력을 시험해 보고자 할 것이다. 남한은 통일의 대상이라서 북한은 가급적이면 핵무기를 사용하지 않으려고 노력하겠지만 전 한반도 공산화라는 그들 목표를 달성하기 위하여 불가피하다고 판단될 경우에도 끝까지 사용을 자제할 것으로 보기는 어렵다. 우선은 핵무기로 위협함으로써 한국에게 다양한 정책적 양보를 강요하겠지만, 그것이 뜻대로 되지 않을 경우에는 재래식 군사력으로 공격한 후 한미연합군 또는 한국군의 반격을 억제하는 수단으로 핵무기를 활용할 수 있고, 그것도 기능하지 않으면 실제로 사용할 가능성도 없지 않다.

북한의 핵무기 위협이나 사용과 관련하여 한국에게 가장 위태로운 각본은 대규모 재래식 공격과 핵무기 사용 위협을 병행하는 것으로서, 6·25 전쟁을 핵위협 하에서 재현하는 형태이다. 이 외에도 일정한 지역에서 국지적인 도발을 감행한 후 한국이 대응하면 핵무기로 공격하겠다고 위협할 수 있고, 남북한 관계에서 갈등이 극단적으로 악화될 경우 한국을 응징한다면서 어느 도시에 시범적으로 핵무기 공격을 가할 수도 있다. 그러나 실행될 가능성이 높은 각본은 고도의 핵능력을 배경으로 미국과 협상하는 것으로서, 이를 통하여 북한은 한반도에서의 대표성을 확보하고, 주한미군 철수를 강요한 후 자신이 주도하는 통일을 시도할 가능성이 높다.

북한이 어떠한 핵전략을 채택할 것인지를 알았다고 하더라도 그에 대한 한국의 대응책 마련은 쉽지 않다. 핵무기가 없는 상태에서 상대방의 핵전략에 제대로 대응하는 것은 불가능하기 때문이다. 결국 한국은 미국의 핵무기를 자신의 핵무기처럼 활용하여 한반도에서 '핵균형(nuclear balance)'을 유지함으로써 북한의 핵사용을 억제하는 수밖에 없다. 상황이 이러하기 때문에 한국 정부에게는 한미동맹을 유지하는 것보다 더욱 중요한 과제는 있을 수 없다. 북한의 핵능력이 강화될수록 미국 핵무기에 대한 한국의 의존성은 커져야 하는 데 반하여 한미동맹의 '이완(decoupling)'을 위한 북한의 영향력은 점점 커질 것이기 때문이다. 북한의 핵위협을 제대로 평가하지 않을 경우 한미동맹의 중요성을 제대로 이해하지 못할 수 있고, 그렇게 되면 돌이키지 못할 상황에 직면하고 나서 무의미하게 후회할 수 있다. 북한 핵위협에 대한 정확한 평가가 중요한 이유이다.

3.
한국의 핵대응태세 분석

　　북한은 오래전부터 핵무기 개발을 추진하여 왔지만, 한국은 북한의 핵위협이 강화되는 수준에 부합되는 정도로 대응태세를 강화하지 못하였을 뿐만 아니라 핵무기 폐기만을 고대하면서 시간을 보내 왔다. 북한의 핵위협을 낙관적으로 인식하려는 심리가 작용하였고, 남북화해나 남북통일의 소망적 사고(wishful thinking)가 북핵 위협을 직시하지 않도록 만들었으며, 미국이나 중국을 비롯한 국제사회의 힘을 빌려서 해결한다는 의존적 사고가 컸기 때문이다. 한국이 제대로 대비하지 않는 동안에 북한이 수소폭탄을 개발하고 ICBM에 근접한 능력을 구비하게 되자 북한의 핵위협 수준과 한국의 대비 수준에는 엄청난 격차가 발생하고 말았다.

1) 핵위협 대응의 포트폴리오

핵위협은 워낙 심각한 사안이라서 가용한 모든 방법과 수단을 동원하여 대응해야 한다. 핵위협이 강화될수록 대응책은 더욱 다양해지면서 더욱 강화되어야 할 것이다. 핵위협에 대한 기본적인 대응은 군사적 수단을 사용하는 것이지만, 이것은 상대방을 자극하여 상황을 악화시킬 수 있는 위험도 지니고 있다. 그래서 대부분의 국가에서는 외교적인 방법을 통하여 핵위협을 감소 또는 해소하면서 위협의 수준에 맞추어 군사적 수단을 점진적으로 강화해 나가는 방식을 선택하게 된다.

(1) 핵대응의 기본적 형태

적대적 관계에 있는 국가가 핵무기를 개발함으로써 심각한 위협이 되었을 때 가장 먼저 동원하게 되는 방법은 핵무기를 포기하도록 설득하는 것이고, 이것은 주로 외교적 노력을 통하여 실행된다. 상대방에게 핵무기 보유가 국제규범에 맞지 않을 뿐만 아니라 평화를 보장하는 바람직한 방법이 아니고, 핵무기를 보유하는 것이 이익이 되지 않는다는 점으로 설득하여 포기시킨다. 이것은 평화적인 접근이라서 국민들과 국가들의 지지를 획득할 수 있고, 최소한의 비용만 소요되며, 성공할 경우 다른 핵대응 방법을 동원할 때 소요되는 막대한 비용과 노력을 절약할 수 있어 효과적인 방법이다. 다만, 이 방법은 성공을 보장하기 어렵고, 시간이 많이 걸리며, 상대방에게 핵무기 개발 또는 증강의 시간을 제공하는 결과가 될 수 있다. 외교적 해결에 대한 기대가 클 경우 군사적 대응책에 집중하지 않을 수 있고, 그 결과 도중에 잘못되어 핵공격을 받으면 속수무책의 상황이 될 수 있다. 즉 외교적 해결책은 군사적 대응책과 관련하여 상당한 기회비용(opportunity cost)을 발생시킬 우려가 있다.

외교적 비핵화에는 핵보유국과 직접적으로 대화하여 설득하는 방법이 있고, 다수의 국가가 참여하는 어떤 기구를 구성하여 논의하는 방법이 있다. 직접대화의 경우에는 상대방이 호응하지 않으면 대화 자체가 어려울 수 있고, 다수 국가가 참여할 경우에는 대화가 성사될 가능성은 높으나 책임 소재가 불분명하여 성과를 확신하기 어렵다. 어느 경우든 외교적 비핵화 노력은 핵보유국에게 주도권을 넘겨주는 결과가 되고, 어떤 합의에 성공하였더라도 상대방이 그 합의를 쉽게 깨어 버릴 수 있다는 취약성이 수반된다. 핵보유국이 진정한 비핵화 의지를 갖지 않을 경우 외교적 노력을 통한 비핵화에 성공하기는 어렵다.

예를 들면, 남아프리카공화국이 1989년 그동안 개발해 왔던 핵무기를 폐기하였지만, 이것은 외교적 노력에 의한 성과가 아니라 남아프리카공화국 정부의 자체 판단이었다. 우크라이나, 벨라루스, 카자흐스탄도 냉전 종식 후 독립하면서 자국 영토에 잔존하게 된 소련의 핵무기를 폐기시켰는데, 이것 역시 해당 국가의 결정이었지 외교적 설득이나 압력과는 상관이 없었다. 리비아가 외교적 노력의 영향을 받은 점이 있지만, 결정적인 요소는 당시 지도자인 카다피의 독자적 판단이었다. 따라서 외교적 노력은 평화적이고 포괄적이라는 장점은 있지만, 이것만으로 성과를 달성하기는 쉽지 않다.

외교적 비핵화 노력의 일환일 수도 있지만 독립시켜 토의할 필요가 있는 핵위협 대응방안은 경제적 제재를 통하여 핵보유의 비용을 증대시키거나 핵무기 개발의 속도를 지체시키는 것이다. 이것은 강대국일수록 풍부한 실행의 수단을 갖고 있어 시행이 용이하고, 전쟁에 의존하지 않는 평화적인 방법이라는 장점이 있다. 다만, 다수 국가가 협력해야 하는 일이라서 일치된 실행을 보장하는 것이 어렵고, 상당한 기간이 지나야 성과가 산출되며, 핵보유국의 국민 생활을 힘들게 만들기 때문에 비인도적인 조치로 비판받을 소지가 높다. 이 방안에만 의존할 경우 적절한 군사적 대응조치의 시기를 놓치게 만드는 기회비용을 야기할 수 있다.

경제적 제재조치의 위와 같은 약점에도 불구하고 이것이 보편적으로 활용되는 것은 비군사적으로 조치할 수 있는 그 외의 마땅한 수단이 없기 때문이다. 그래서 현재의 국제사회에서는 핵무기 개발은 물론이고, 국제적인 규범을 위반할 경우 대부분 이 경제적 제재조치를 강구한다. 이 조치는 유엔 헌장의 제41조에 의하여 보장되고 있는데, 이것이 제대로 효과를 거두지 못할 경우 군사적 제재가 후속되는 전제가 있을 때 효과를 거둘 가능성이 높다. 유엔 헌장 제42조에는 "제41조에 규정된 조치가 불충분할 것으로 인정하거나 또는 불충분한 것으로 판명되었다고 인정하는 경우에는, 국제평화와 안전의 유지 또는 회복에 필요한 공군, 해군 또는 육군에 의한 조치를 취할 수 있다. 그러한 조치는 유엔 회원국의 공군, 해군 또는 육군에 의한 시위, 봉쇄 및 다른 작전을 포함할 수 있다"라고 되어 있다.

핵무기 개발을 둘러싼 경제제재의 성공적인 사례로 평가되었던 것은 이란의 경우이다. 그 이전에도 있었지만 1995년부터 미국이 시행한 경제제재, 2006년부터 유엔에서 시행한 경제제재가 이란을 결정적으로 압박하였고, 그 결과로 이란은 핵무기 개발을 제한하는 국제사회의 요구에 동의하였기 때문이다. 2015년 6월 이란과 6개국(영국. 프랑스. 독일의 유

립 3개국과 미국, 러시아, 중국의 안보리 상임이사국)은 이란이 향후 15년에 걸쳐 우라
늄의 농축 정도를 3.7%로 유지하고(현재 20%), 재고도 300kg으로 줄이
며(현재 10,000kg), 1만 9천 기 정도의 원심분리기를 5천 기 정도로 유지하
는 등에 합의하였다. 이로써 이란의 핵무기 개발이 어려워졌다고 판단
하여 미국을 비롯한 국제사회는 이란에 부과하였던 경제제재를 해제하
였다. 다만, 2018년 5월 미국의 트럼프 대통령은 이란이 비밀리에 핵무
기를 개발하고 있고, 당시의 합의를 준수하는 것은 그것을 도와주는 것
이라면서 2015년의 합의를 파기함에 따라서 이란 사례의 성공 여부도
불투명해지고 있다.

　　외교적 비핵화 노력이나 경제적 제재조치에도 불구하고 상대방이
핵무기를 보유하게 되면 가장 먼저 동원되는 군사적 조치는 제1장에서
자세하게 설명한 바 있듯이 억제이다. 억제는 상대방이 하고 싶어 하는
바를 하지 못하도록 강요하는 방안으로서, 상대방에게 핵무기를 사용
하면 엄청난 피해를 각오해야 할 것임을 알리는 것이 중요하다. 이 방
법은 냉전시대부터 핵에 대하여 일반적으로 적용되어 왔고, 지금까지
핵전쟁이 발발하지 않고 있다는 점에서 어느 정도 효과가 있는 것으로
보아야 한다. 다만, 억제는 상대방보다 더욱 큰 피해를 끼칠 수 있는 능
력을 구비해야만 작동되기 때문에 핵보유국이 아니면 적용할 수 없고,
핵보유국이라고 하더라도 쌍방 간 치열한 핵 군비경쟁을 각오하지 않
고는 효과적 억제가 어렵다. 미국은 핵무기를 보유하지 못한 동맹국들
에게 자신의 핵무기를 동원하여 대신 보복해 주겠다고 약속하고 있고,
이것을 '확장억제' 또는 '핵우산'이라고 말한다. 이 경우 미국이 실제 상
황에서 약속한 확장억제나 핵우산을 실행할 것인지에 대한 불확실성이
문제이다.

억제와 동시에 동원되는 핵대응 방법은 방어이다. 억제가 실패하여 상대방이 공격하더라도 나를 보호할 수 있도록 필요한 대책을 강구해야 하기 때문이다. 방어는 자위권 차원에서 실시하는 것이라서 정당한 것으로 인정받을 수 있고, 노력하는 만큼 성과가 누적된다는 장점이 있다. 그러나 방어는 기본적으로 비용이 많이 들 뿐만 아니라 상대방에게 수동적으로 대응하는 방식이어서 전략적 열세에 처하게 된다는 단점이 크다. 방어에는 민방위가 가장 먼저 동원되었고, 최근에는 기술의 발달로 공격해 오는 상대방의 핵미사일을 공중에서 요격하는 BMD가 효과적인 방법으로 부상되고 있다.

핵위협에 대한 억제는 확신할 수 없고, 완벽한 방어체제를 구축하는 것이 어렵기 때문에 당연히 공격을 통한 방어도 동원하지 않을 수 없다. 이것은 주로 공군기와 미사일들을 이용하여 상대방의 핵무기를 사전에 파괴하는 행위로 구성되는데, 성공할 경우 가장 확실한 대책일 뿐만 아니라 순식간에 핵위협을 해소할 수 있는 매력적인 방법이다. 다만, 성공을 보장하는 것이 어렵고, 성공을 하지 못하여 공격받은 국가가 핵무기로 공격하면 핵전쟁을 발발하는 결과가 될 수 있으며, 공격적인 행위이기 때문에 국제사회에서 비난을 받거나 국민들로부터도 지지를 받기 어려울 수 있다. 핵위협에 대한 공격의 방법으로 가장 먼저 활용되는 것은 예방타격 또는 예방공격이고, 실제 국가들의 정책으로 자주 거론되는 것은 선제타격 또는 선제공격이다.

(2) 핵위협 강화에 따른 대응 포트폴리오 변화

핵위협에 직면한 모든 국가들은 앞에서 제시한 대응방법들을 다양한 방식으로 조합하여 사용하게 되기 때문에 대응방법들의 포트폴리오가 구성된다. 해당 국가의 대응 포트폴리오는 위협의 형태와 정도, 해당 국가의 상황과 여건, 그리고 국제적 환경에 따라서 달라질 것인데, 그중에서도 가장 결정적인 요소는 핵위협의 정도이다. 상대가 핵무기를 개발해 나가는 과정에 있다면 대부분의 국가들은 외교적 비핵화나 경제제재 등의 수단을 사용하겠지만, 상대방이 핵무기를 개발하였으면 억제, 방어, 공격의 다양한 방법을 사용해야 할 것이고, 억제, 방어, 공격이 각각 차지하는 비중도 상대방의 핵위협 강도에 따라서 달라질 것이다.

핵위협 강화에 따른 대응 포트폴리오의 변화에 관해서는 필자가 논문을 통해 발표한 바가 있다(박휘락, 2015). 필자는 핵개발 본격화, 핵개발 성공, 소형화·경량화, 다종화·다수화, 전략무기화로 핵위협의 수준이 점점 높아지는 단계로 구분하고, 각 수준별로 어떤 대응방안들을 조합해야 하는지를 제시하였다. 당시 논문에서는 경제제재를 외교적 비핵화에 포함시켰고, 공격적 방어도 넓은 의미의 방어로 간주함으로서 군사적 대응책에 대한 비중이 다소 낮아진 점이 있었다. 이러한 단점을 조정하여 이상적인 상황에서 핵위협 수준의 변화에 따른 대응 포트폴리오의 전형적 형태를 제시하면 〈표 3-1〉과 같다.

〈표 3-1〉을 보면, 첫 번째 단계로 상대의 핵무기 개발이 본격화되면 그에 대한 대응도 본격화되기 시작하는데 이 단계에서는 외교적 비핵화가 핵심이 되고, 예방타격도 중요하게 검토되며, 경제제재도 수반된다. 이스라엘이 1981년과 2007년에 실시하였듯이 이 상황에서 예방

<表 3-1> 핵위협 강화에 따른 대응방법의 포트폴리오

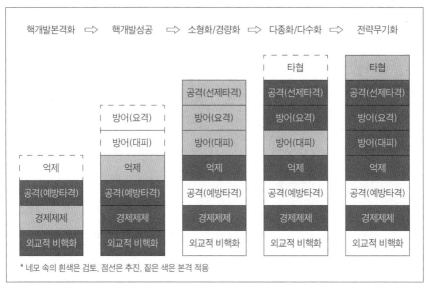

출처: 박휘락, 2015: 141을 보강

타격을 실시하면 성공의 가능성이 높으면서 위험은 적어서 시행이 유리하다. 둘째, 상대방이 핵무기 개발에 성공하였을 경우 외교적 비핵화도 지속되지만 경제제재가 차지하는 비중이 커지면서, 예방타격을 더욱 심각하게 고려해야 한다. 이후 단계에서는 예방타격이 어려울 수 있기 때문이다. 당연히 억제도 부분적으로 시행하게 된다.

셋째, 상대방이 핵무기를 탄도미사일에 탑재할 정도로 소형화 · 경량화하는 데 성공하면 경제제재가 더욱 강화되지만 억제의 비중이 절대적이 된다. 그리고 요격이나 대피와 같은 방어방법의 비중도 높아지고, 특히 예방타격의 비중은 줄어드는 대신에 선제타격의 중요성이 강조된다. 이 단계에 이르면 상대방이 핵무기를 포기할 가능성은 낮아져서 외교적 비핵화의 중요성은 감소된다. 넷째, 상대방이 수소폭탄을 비롯한 다양한 종류의 핵무기를 다수 보유하여 다종화나 다수화에 성공하게 되면 이전의 단계와 유사하게 경제제재, 억제에 크게 의존하지만, 동시에 탄도미사일 방어를 통한 요격과 유사시 선제타격을 위한 대비도 강조된다. 그리고 상대방이 다수의 핵무기를 보유하여 한 번의 타격으로 동시에 파괴시킬 수 없기 때문에 예방타격은 유효성을 상실하게 된다. 사실 이 단계에 이르면 비핵국가의 입장에서 핵국가의 위협에 단독으로 대응할 수 있는 유효한 방안을 찾기는 어렵고, 따라서 상대방과의 타협 가능성도 검토하지 않을 수 없다.

다섯째, 상대방이 ICBM을 개발하는 등으로 전략적 수준에서 핵무기를 사용할 수 있는 능력을 구비하게 되면 억제, 공격, 방어에서 가용한 모든 방법을 사용해야 하고, 국가의 총력을 동원하여 핵대응에 나서야 한다. 그러나 어느 방안으로도 국민들을 확실하게 보호할 수 없기 때문에 상대의 요구조건을 어느 정도 수용함으로써 핵공격을 방지하는 협상도 고려하지 않을 수 없다. 아무런 양보도 하지 않은 채 핵공격을 당하는 것보다는 상대방이 요구하는 것을 양보하면서 핵전쟁을 회피하는 것이 합리적일 수도 있기 때문이다.

2) 한국의 대응 실태와 평가

한국의 대응 실태가 적절하냐의 여부는 북한의 핵위협 수준이 어느 정도인가에 따라서 달라질 것인데, 2017년 9월 3일 수소폭탄 시험에 성공하고, 2017년 11월 28일 미국 전역을 타격할 수 있는 장거리 미사일 시험발사에 성공하였으며, 그 후 북한은 '국가 핵무력 완성'을 선포하였다는 점에서 북한은 전략무기화를 거의 달성한 수준으로 보아야 하고, 이를 기준으로 한국 대응태세의 적절성을 평가할 필요가 있다.

(1) 외교적 비핵화

북한의 핵무기에 대한 한국의 외교적 노력은 미국이나 '6자회담'을 통해 구현되었는데, 이들 모두 초기에는 성공하는 것처럼 보였지만, 결국은 북한에게 핵무기 개발을 위한 시간만 부여하고 말았다. 1993년 북한이 NPT 탈퇴를 선언함으로써 조성된 위기상황에서 미국은 북한과 1994년 10월 '제네바 합의'를 체결하였고, 그에 의하면 북한은 핵무기 개발을 포기하는 대신에 미국은 2기의 발전소와 그것이 건설되는 동안 전력생산에 필요한 중유를 제공하기로 하였다. 그러나 2002년 10월 북한 고위 인사가 고농축우라늄을 이용한 핵개발 계획을 시인함에 따라 미국은 중유 공급을 중단하였고, 이로써 합의는 붕괴되었다. 미북 간의 직접 협상을 후속한 것이 미국, 러시아, 중국, 일본, 한국, 북한이 참여하는 6자회담이었는데, 이 경우도 2005년 9월 '9 · 19 공동성명'에 합의하여 북한이 모든 핵무기와 핵 프로그램을 포기하면서 NPT 및 IAEA 안전조치로 복귀한다는 데 합의하였다. 그러나 북한은 2007년 12월 말까지 현존 핵 프로그램을 '완전하고 정확하게' 신고한다는 합의사항을 지키지 않았고, 2008년 8월 26일 '핵 불능화 중단 성명'을 발표하였으며, 이로써 6자회담도 중단되고 말았다.

문재인 정부가 들어서면서 북한의 핵무기 포기를 위한 외교적 노력은 더욱 강화되었다. 2018년 2월 평창올림픽에 북한 선수가 참가한 것을 계기로 남북 간 대화의 물꼬를 튼 후 2018년 4월 27일 판문점에서 남북 정상회담을 개최하였고, 2018년 6월 12일에는 미북 정상회담을 개최하도록 적극적인 중재 역할을 시행하였다. 그 결과 북한은 "완전한 비핵화"에 합의하였고, 한국과 미국은 이를 근거로 북한의 핵무기 폐기를 유도하기 위한 다각적인 외교 노력을 경주하고 있다. 그러나 세계와 국민들의 높은 기대에도 불구하고 비핵화를 위한 북한의 결정적 조치는 진행되지 않고 있고, 2019년 2월의 하노이 미북정상회담은 결렬되었으며, 미북 간의 추가회담 전망도 밝지 않다. 무엇보다 북한은 핵무기를 계속 생산하고 있고, 그만큼 위협의 강도는 커지고 있다.

한국은 지금까지 외교적 비핵화를 위한 노력을 끈질기게 경주해 왔고, 최근에도 남북 및 미북 정상회담을 통하여 북한의 핵무기 포기를 추진하고 있으나 이것은 〈표 3-1〉에서 제시하고 있는 일반적인 핵대응 포트폴리오에는 부합되지 않는다. 전략무기화에 거의 성공해 가는 북한이 외교적 설득에 의하여 핵무기를 포기할 가능성은 매우 낮기 때문이다. 앞으로도 외교적 비핵화에 지나치게 치중할 경우 다른 조치를 위한 명분과 기회를 상실하여 안보상 취약성이 커질 수 있고, 막강한 핵능력을 가진 북한의 처분만 기다리는 수동적인 입장에 처하게 될 위험이 적지 않다.

(2) 경제제재

한국은 2010년 3월 북한의 천안함 폭침에 대한 항의로 '5·24 조치'를 강구하여 북한과의 경제협력을 금지하였고, 북한이 2016년 1월 6일 제4차 핵실험을 실시하고 이어서 2월 7일 장거리 미사일 시험발사를 실시하자 2월 10일 마지막 남은 경제협력 사업인 개성공단을 폐쇄한다는 결정을 내렸다. 정부의 발표에 의하면, 당시까지 개성공단을 통하여 5억 6,000만 달러(약 6,160억 원), 2015년에만 1억 2,000만 달러의 현금이 북한에 유입되었고, 이것이 북한의 핵전력 강화에 활용되었다는 것이었다. 다만, 북한 경제가 한국에 의존하는 비중이 작아서 한국의 독자적 경제제재 조치가 의미 있는 영향력을 갖기는 어렵다.

북한에 대한 경제제재는 미국과 유엔을 중심으로 강력하게 시행되고 있다. 유엔에서는 북한이 핵실험이나 미사일 시험발사를 실시할 때마다 추가 결의안을 통과시켜 그 제제 강도를 높여 왔기 때문이다. 유엔 안보리에서 통과된 대북제제 결의안은 제825호(1993.5.11), 제1695호(2006.7.15), 제1718호(2006.10.14), 제1874호(2009.6.12), 제2087호(2013.1.23), 제2094호(2013.3.7), 제2270호(2016.3.2), 제2321호(2016.11.30), 그리고 2017년 12월 22일 통과된 제2397호로서, 이로 인하여 북한은 금융거래는 물론이고 철광석과 석탄을 비롯한 대부분의 수출이 금지되었고, 해외노동자들도 취직시킬 수 없게 되었으며, 중국과 러시아가 제공하는 원유량도 제한되고 있다. 특히 결의안 제2397호의 경우 북한의 정제유를 90% 줄이고, 원유를 현 수준에서 동결하며, 북한 해외 노동자를 1년 내 귀국시키는 등 북한 경제에 심각한 타격을 주도록 되어 있다.

북한의 경제가 자력갱생형이고, 주민들의 간난에 대한 북한 지도층의 관심이 적으며, 중국과 러시아가 비밀리에 지원할 수 있어 경제제재의 효과가 드러나는 데는 상당한 시간이 걸릴 수 있지만, 지속적으로 시행될 경우 언젠가는 효과를 발휘할 가능성이 높다. 이것은 〈표 3-1〉에 제시되어 있는 일반적인 핵대응 포트폴리오와도 일치하는 방법으로서, 얼마나 일관적이면서 철저하게 이행하느냐가 중요하다. 한국은 북한이 비핵화를 위한 결정적인 조치를 강구하기 이전에는 경제제재를 완화해서는 곤란하고, 특히 북한 주민들의 삶이 일시적으로 어려워지더라도 북핵을 제거하여 한민족이 장기적으로 공존공영 할 수 있는 기반을 이 기회에 반드시 조성해야 한다는 차원에서 냉정한 관점에서 경제제재를 지속할 필요가 있다.

(3) 억제

한국은 핵무기를 보유하고 있지 않아서 북한이 핵공격을 할 경우 더욱 심한 피해를 끼칠 수 없기 때문에 이론과 같은 응징적 억제는 불가능하다. 그래서 한국은 미국의 확장억제 즉 한국을 대신한 미국의 대규모 핵응징 보복 약속에 의거하여 북한의 핵사용을 억제하고 있다. 한국은 미국의 확장억제를 보장하기 위하여 2010년 한미 양국 국방부 간에 '한미 확장억제 정책위원회(EDPC: Extended Deterrence Policy Committee)'를 구성하였다가 2015년 4월 이를 '한미 억제전략위원회(Deterrence Strategy Committee)'로 격상시켰고, 2016년 10월에는 외교 및 국방의 차관급으로 구성된 '확장억제전략 협의체(EDSCG: Extended Deterrence Strategy and Consultation

Group)'까지 구성하여 그 이행을 보장하고자 노력하고 있다. 군에서도 '방어(Defend) · 탐지(Detect) · 교란(Disrupt) · 파괴(Destroy)'를 말하는 '4D 전략'의 개념에 근거하여 확장억제를 이행하고자 노력하고 있다. 미국은 한미 양국 간 안보에 관한 중요한 협의를 할 때마다 확장억제의 이행을 천명하고 있고, 북한이 도발할 때마다 폭격기와 잠수함 등 전략자산들을 한국에 전개하여 확장억제 이행을 보장한다.

그럼에도 불구하고 실제 북한이 한국을 핵무기로 공격할 경우 미국이 약속대로 확장억제를 이행할 것이냐에 대해서는 불확실성이 존재할 수밖에 없다. 미국의 입장에서는 중국이나 러시아와의 핵전쟁으로 확전될 가능성을 우려하지 않을 수 없고, 북한이 한국을 먼저 공격하였다고 해도 대규모 핵보복을 통하여 북한을 초토화한다는 것이 쉬운 결정은 아니기 때문이다. 확장억제는 동맹국들이 듣고 싶어 하는 수사(rhetoric)에 불과하다는 평가도 있듯이(김정섭, 2015: 8) 약속과 이행 사이에는 격차가 존재할 수밖에 없다. 더군다나 북한은 수소폭탄을 보유한 상태에서 ICBM 완성에 근접하여 미국이 확장억제를 이행하려면 자국의 도시에 대한 핵공격을 각오해야할 수도 있다.

남북 및 미북 정상회담을 통하여 북한의 비핵화를 위한 협상이 진행되면서 미국의 확장억제에 관한 협의가 다소 약화되는 현상을 보이고 있다. 확장억제를 협의하기 위하여 설치해 둔 기구의 가동이나 군사분야에서의 연합 억제태세 점검은 활발하지 않다. 현 정부의 자주적 성향과 핵전쟁에 연루되지 않으려는 미국의 입장이 결합되어 한미동맹 자체도 과거에 비해서 덜 긴밀해지는 모습을 보이고 있다. 비록 미국과 같은 세계 최강대국이 확장억제를 약속하고 있기 때문에 〈표 3-1〉에 제시된 일반적인 핵대응 포트폴리오에 비해서 억제가 차지하는 비중이 낮거나 미흡한 것은 아니지만, 확장억제에 관한 한미 양국 군 또는 정부 간의 협조가 계속 소극적이거나 한미동맹에서 불신이 발생할 경우 북한에게 오판의 소지를 제공할 수도 있다.

(4) 방어(대피)

북한의 항공기나 포병공격으로부터 국민들이 스스로를 보호할 수 있도록 한국은 1975년 "민방위법"을 제정하였고, 20세에서 40세까지의 남성으로 민방위대를 편성하고 있으며, 축소되었다고 하더라도 아직도 1년에 8회 국민들을 대상으로 민방공 훈련을 실시하고 있다. 다만, 아직은 핵공격에 대비한 민방위로 전환한 것은 아니다. 핵민방위의 핵심은 적시적인 경보와 핵폭풍이나 낙진으로부터 안전을 보장할 수 있는 대피소를 마련하는 것인데, 이와 관련하여 정부가 새롭게 추진하기로 결정하였거나 대대적으로 정비한 사항은 없다. 전국적으로 지정되어 있는 민방위 대피소의 기준도 핵폭발을 대비하여 격상시키지 않았다.

다만, 북한의 핵위협에 대응하여 2017년부터 미국과 일본이 적극적인 핵민방위 훈련을 실시하자 한국에서도 핵민방위에 대한 필요성은 인식해 나가고 있다. 2017년 후반기에 행정안전부에서는 '국민행동요령'이라는 제목으로 핵폭발 시 국민들이 조치해야 할 방향을 제시하기도 하고, 국민들도 생존 배낭을 구입하는 등으로 관심을 보인 적이 있다. 그러나 그 이후 북한과 비핵화 협상이 진행되면서 핵민방위는 국민들과 정부의 관심사에서도 다시 멀어지고 있다. 〈표 3-1〉에서 제시하고 있는 일반적인 핵대응 포트폴리오와 비교해 볼 때 핵민방위는 미흡한 수준이라고 평가할 수밖에 없다.

(5) 방어(요격)

　북핵 대응에 있어서 가장 안전하면서 신뢰성이 높은 방법은 북한이 핵미사일로 공격할 경우 그것을 공중에서 요격하는 것, 즉 BMD이다. 그러나 한국의 경우 '한국의 미사일 방어=미국 MD 참여'라는 왜곡된 주장에 영향 받아서 합리적이고 체계적인 BMD 청사진을 수립하지 못하였고, 다층방어가 아닌 종말단계 하층방어에만 의존함으로써 추진방향 자체가 불충분하였다. 그 결과로 현재 한국은 단거리 지상요격 미사일인 PAC-2 8개 포대를 확보하였을 뿐이고, 이것을 탄도미사일에 대한 직격파괴가 가능한 PAC-3로 개량해 나가는 과정에 있지만, 전국의 주요 도시를 방어할 수 있는 숫자로는 부족하다. 자체적으로 20km 고도에서 직격파괴할 수 있는 중거리 지대공미사일(M-SAM)과 장거리 지대공미사일(L-SAM)을 개발하고 있지만 그 성능에도 의구심이 있고, 전력화를 위해서는 추가적인 시간이 필요하다. 2017년 한국은 요격 고도가 40~150km인 미군의 사드 1개 포대를 성주에 배치하도록 허용하였으나 이것으로는 남한의 1/3 정도만 방어할 수 있고, 특히 한국의 행정 중심지인 수도 서울을 방어하는 것은 어렵다.

　북한의 핵위협에 비해서 한국의 BMD가 미흡해진 이유는 반미 감정과 BMD에 대한 오해를 근거로 일부 인사들이 미국과의 협력을 방해하였기 때문이다. 한반도의 전쟁 억제와 유사시 전쟁 승리를 위하여 한미연합사령부(CFC: ROK-US Combined Forces Command, 이하 한미연합사)까지 설치하여 긴밀하게 협력하고 있는 한미 양국 군이 유독 BMD에 관해서는 서로 협력하지 않는 기이한 현상이 발생한 것이다. 미국과의 긴밀한 협력을 바탕으로 최초부터 체계적인 BMD 청사진을 수립하여 노력한 결과 상당한 BMD 능력을 구비하게 된 일본과 비교해 보면 일부 인사들이 제기한 '한국의 미사일 방어=미국 MD 참여'라는 루머의 폐해를 확인할 수 있다. 나아가 "거리의 폭정(tyranny of distance)"이라는 표현처럼(Slocombe et al., 2003: 18) 한국의 경우 북한과 4km 비무장지대를 사이에 두고 접속하고 있어서 북한이 단거리 미사일을 통하여 낮은 고도로 공격할 경우 BMD의 효과를 보장하기가 어렵다는 근본적인 한계가 존재한다.

한국의 BMD 수준을 〈표 3-1〉의 일반적인 핵대응 포트폴리오와 비교해 볼 때 요망되는 정도에 비해서 미흡한 부분이 크다. 그동안 근거 없는 루머 때문에 상당한 시간을 낭비하였고, 미국과의 협력을 도외시함으로써 제대로 된 BMD 청사진을 수립하지 못했기 때문이다. 북한의 핵미사일 위협에 유사하게 노출되어 있는 일본의 BMD와 비교해 볼 경우 한국의 BMD는 상당히 잘못되어 있다고 평가해야 할 것이다.

(6) 공격적 방어(선제타격)

북한의 핵위협에 대한 군사적인 대응책으로서 한국이 가장 먼저 채택한 방법은 선제타격이었다. 미국의 확장억제에 의존하는 방법 이외에 한국이 자체적으로 구현할 수 있는 것이 이것이었기 때문이다. 2013년 2월 북한의 제3차 핵실험이 예상되자 당시 정승조 합참의장은 북한의 핵무기 사용에 대한 '명백한 징후'가 발견될 경우 선제타격하겠다는 의도를 표명하였고, 이것이 '킬 체인(kill chain)'이라는 명칭으로 발전되었으며, 한국군은 이를 구현하는 데 필요한 역량을 확보해 나가고 있다.

한국군의 경우 F-35, F-15 등의 공군기와 다양한 정밀탄약을 보유하고 있어서 타격능력은 충분할 수 있지만, 북한의 핵무기 사용 징후를 정확하게 파악한 후 표적을 선정하여 타격 지시까지 내리는 역량, 즉 정보와 지휘통제 측면에서 미흡함이 많은 것이 사실이다. 북한은 고속도로의 터널에서 액체연료를 주입한 후 나와서 발사하거나 단시간 내에 발사할 수 있는 고체연료용 탄도미사일을 늘리고 있어서 발사 징후나 표적의 파악은 점점 어려워지고 있다. 미군과 협력할 경우에는 신뢰성을 다소 높일 수 있으나 현재의 자체 능력만으로 선제타격을 구현하기는 어려운 실정이다. 〈표 3-1〉에서 제시하고 있는 일반적인 핵대응 포트폴리오의 비중에 부합될 정도로 한국군이 선제타격에 상당한 비중을 부여해 온 점은 있으나, 그의 시행능력 특히 정보능력이 미흡한 것이 문제라고 할 것이다.

(7) 공격적 방어(예방타격)

이스라엘의 사례를 참고하면 한국은 북한이 핵무기 개발에 성공하기 이전의 어느 시점에 예방타격을 실시해야 하지만, 실제로 한국은 지금까지 공식적으로 예방타격을 논의해 오지 않았고, 오히려 전쟁을 유발할 수 있다는 이유로 미국이 제기할 때마다 반대하였다. 1994년 페리(William Perry) 당시 미 국방장관이 북한 영변의 핵발전소를 '정밀타격(surgical strike)'하는 방안을 제시하였을 때 한국은 "미국이 우리 땅을 빌려서 전쟁을 할 수 없다"면서 극력 반대하였고, 최근에도 미국에서 군사적 옵션을 언급할 때마다 한국에서는 반대하는 여론이 급증하는 현상을 보였다.

이와 달리 미국은 '정밀타격', '선제타격', '군사적 옵션' 등의 다양한 용어를 사용하였지만, 북핵 대응방법의 하나로 예방타격을 포함시켜 왔다. 비록 최종적인 안으로 대통령에게 건의되지는 않았다지만 1994년 정밀타격을 계획하였고(Carter and Perry, 1999: 128), 2009년 북한의 제2차 핵실험 후에도 예방타격을 위한 '금지선(red line)'을 언급한 적이 있다. 트럼프 정부 출범 이후에도 미국은 "모든 대안을 논의한다(Put all options on the table)"라는 말로 예방타격의 가능성을 시사해 왔고, 다양한 전투기와 폭격기 등을 출동시켜 미국군 단독이나 한국군이나 일본군과 함께 관련된 훈련을 실시하기도 하였다.

문제는 북한이 전략무기화에 근접한 상태에서 미국이 예방타격을 실시하는 것은 쉽지 않다는 사실이다. 〈표 3-1〉의 일반적 핵대응 포트폴리오에서도 이 단계에서는 위험성이 워낙 커서 예방타격을 실시하는 것이 적절하지 않은 것으로 나와 있다. 북한의 핵능력이 한 번의 정밀타격으로 파괴하기 어려운 수준으로 강화되었기 때문이다. 한 번의 타격으로 북한의 모든 핵무기를 파괴시킬 수 있는 창의적이고 기습적인 방법이 마련되지 않는 한, 현 단계에서 예방타격을 결행하는 것은 쉽지 않고, 한국의 국민 정서도 수용하기 어렵다고 보아야 한다.

(8) 평가

지금까지 한국은 북한의 핵능력이 강화되어 가는 정도에 부합되는 수준으로 대응 포트폴리오를 변화시키지 못하였다. 처음부터 줄곧 외교적 비핵화에만 의존해 온 점이 있고, 특히 초기 단계에서 최적의 방법일 수 있는 예방타격은 전혀 고려하지 않았다. 억제는 미국이 담당하여 초기에서부터 적절하게 시행되었다고 하지만, 자체적으로 노력해야 하는 BMD의 수준은 낮고, 선제타격 태세에도 현실적 어려움이 적지 않다. 이로 인하여 북한이 전략무기화 수준으로 핵능력을 강화하였지만, 한국의 대응태세는 여전히 답보 상태에 머물고 있다.

북한의 핵능력이 전략무기화 수준에 이르렀다는 전제하에 〈표 3-1〉에서 제시하고 있는 일반적인 핵대응 포트폴리오와 한국의 그것을 비교해 볼 경우 각각이 차지하는 비중은 크게 다르지 않지만 그 내용에 있어서는 적지 않은 차이가 존재한다. 핵민방위를 통한 대피는 검토조차 되지 않고 있고, 통상적인 상황에서는 이미 포기했을 외교적 비핵화 노력이 지속되고 있다. 선제타격이나 BMD의 경우도 의존하고 있는 비중은 일반적 핵대응 포트폴리오와 유사할 수 있지만, 내용을 보면 한국은 선제타격의 성공을 위하여 필수적인 충분한 정보 역량을 보유하지 못하고 있고, BMD의 경우에는 전국적으로 1회의 요격도 보장하지 못하고 있다. 이 비교 결과를 도표로 정리하면 〈표 3-2〉와 같다.

〈표 3-2〉와 관련하여 추가적인 설명이 필요한 부분은 적과의 '타협'에 관한 사항이다. 핵무기의 피해는 워낙 참혹하기 때문에 적의 요구를 어느 정도 수용하더라도 핵공격을 회피할 필요성이 있다는 인식에서 요구되는 것이 타협인데, 현재 한국은 이 부분에 대해서도 진지하게 검

<표 3-2> 이상적 포트폴리오와 한국의 현 포트폴리오 비교

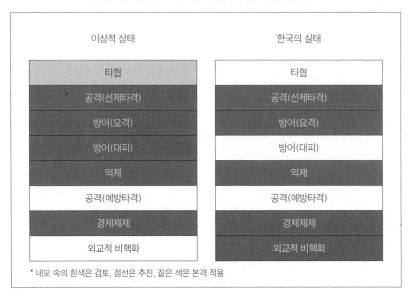

이상적 상태	한국의 실태
타협	타협
공격(선제타격)	공격(선제타격)
방어(요격)	방어(요격)
방어(대피)	방어(대피)
억제	억제
공격(예방타격)	공격(예방타격)
경제제제	경제제제
외교적 비핵화	외교적 비핵화

* 네모 속의 흰색은 검토, 점선은 추진, 짙은 색은 본격 적용

토하고 있지 않다. 대신에 외교적 비핵화 차원에서 남북관계 개선과 평화 정착을 위한 북한과의 대화와 협력을 강조하고 있는데, 앞으로는 이것을 유사시 핵전쟁을 회피하기 위하여 북한을 적절하게 관리해 나간다는 '타협' 차원에서 추진해 나갈 필요가 있다. 당연히 그러한 타협은 북한의 핵능력을 강화시키지 않는 방향으로 추진되어야 할 것이다.

3) 한국의 정책방향

이미 북한이 상당한 핵무기를 보유하게 되었기 때문에 이제 한국은 "북한이 핵무기로 한국을 위협하거나 실제로 공격할 경우 국민들을 어떻게 보호할 것인가?"라는 질문에 대한 해답을 찾는 데 총력을 집중해야 한다. 북한이 전 한반도 공산화를 달성하기 위한 수단으로 핵능력을 강화하고 있는 상황에서 한국이 외교적 비핵화에 지나치게 비중을 두는 것은 적절하기 않기 때문이다. 한국은 소망적 사고가 아니라 만전지계 차원에서 북핵 위협으로부터 국가와 국민을 보호할 수 있는 제반 조치를 강구해 나가야 한다.

(1) 기본방향

북핵 위협에 대한 한국의 대응은 국가의 생존을 확실하게 보장할 수 있도록 가용하거나 동원 가능한 모든 방안들을 최대한 동원하여야 한다. 최대억제 개념에 의하여 미국 핵무기의 응징력을 효과적으로 활용하되, 스스로의 역량 범위 내에서 최소억제 방안도 모색해야 한다. 장기적으로는 BMD와 민방위를 강화하여 방어력도 향상시켜 나가야 할 것이다. 동시에 억제가 실패할 경우를 대비한 조치 — 예를 들면, 북한의 핵무기 사용이 임박한 상황에서 선제타격을 통하여 사전에 무력화하는 방안 — 도 더욱 실질적으로 강화해 나가야 할 것이다.

한국은 핵무기를 보유하고 있지 않기 때문에 핵 억제전략의 핵심은 '한미연합 억제'가 될 수밖에 없다. 미국의 핵무기를 활용하지 않고는 북한의 핵사용을 억제할 방법이 없기 때문이다. 다행히 미국은 세계에서 가장 강력한 핵역량을 보유하고 있고, 한국이 핵공격을 받을 경우 대신하여 응징보복 하겠다고 약속한 상태이며, 주한미군이 한반도에 주둔하고 있어서 연합 핵 억제의 실효성은 적지 않다. 북한이 핵무기 개발

이후 주한미군 철수와 한미동맹 폐기를 더욱 집요하게 요구하고 있다는 것 자체가 한미연합 억제의 실효성을 반증하고 있다.

한국은 실제 북한이 한국을 공격할 경우 미국이 약속대로 확장억제를 이행하지 않을 수 있다는 점도 우려하지 않을 수 없다. 어느 나라에게나 핵전쟁을 결심한다는 것은 국가의 운명을 좌우하는 치명적인 사항이라서 미국도 당시의 국제 정세나 국내여론을 살펴서 신중에 신중을 기하여 결정해야 할 것이기 때문이다. 미국이 확장억제를 이행하지 않는다고 하여 한국이 국가의 생존을 포기할 수는 없다는 점에서 한국은 비핵무기에 의한 자체적인 응징보복 방안도 강구해 나갈 수밖에 없다. 따라서 한국은 국방부에서 추진하고 있는 KMPR(Korea Massive Punishment and Retaliation)의 목표와 수행방향을 확실하게 정립하고, 북한이 핵무기 공격을 가할 경우 최소한 북한 수뇌부는 확실하게 사살하겠다는 계획과 능력을 구비함으로써 재래식 무기를 통한 최소억제도 추진해야 한다.

장기적이면서 안정적인 방책으로서 한국은 북한의 핵미사일 공격에 대비한 방어전력을 확충해 나가지 않을 수 없다. 이의 핵심은 체계적인 BMD를 구축하는 것인데, 비록 상당한 비용과 고도의 기술이 소요되고, 북한과 접속하고 있어서 방어 효과를 보장하기 어려운 점은 있지만, 그렇다고 하여 BMD를 포기할 수는 없다. 한국은 이러한 제한사항까지 감안하여 최선의 BMD 청사진을 정립한 다음에 필요한 무기체계 확보를 위한 현실적이면서 체계적인 로드맵을 작성하여야 한다. 스스로만의 노력으로는 한계가 있을 것이기 때문에 미국이나 일본 등 우방국과의 협력을 통하여 구축에 따른 비용과 시간을 절약할 뿐만 아니라 기술적 지원을 확보할 필요가 있다.

한미연합 억제 차원의 다양한 응징보복 위협에도 불구하고 북한이 핵무기를 사용할 것 같다는 징후가 발견될 경우 선제타격을 시행하지 않을 수 없다. 아무런 조치도 강구하지 않은 채 핵미사일 공격을 허용할 수는 없는 일이기 때문이다. 어떤 것이 국제사회가 수긍할 수 있는 명백한 징후일 것이냐가 논란거리이기는 하지만, 논란이 두려워 지체하다가 자위권 행사의 기회 자체를 놓쳐서는 곤란하다. 북한 이동식 미사일발사대의 위치와 이동 상황을 적시에 파악하는 것이 쉽지 않은 만큼 유사시 선제타격을 실시 및 성공시키기 위한 평소의 준비는 더욱 철저해야 한다. 북한의 핵위협이 더욱 심각해질 경우에는 예방타격 차원의 선제타격이라도 실시하여 핵공격을 차단해야할 수도 있다. 한국은 결행해야만 하는 조건, 계획, 북한 반발 시의 대응책 등 선제타격과 관련된 제반 사항을 사전에 면밀하게 검토해 두어야 하고, 불가피할 경우에는 예방타격 차원으로 앞당겨 실시함으로써 성공 가능성을 높일 수 있어야 한다. 국제사회의 비난이 두려워 적시적인 자위권 행사를 미루어서는 곤란하다.

(2) 최대억제

핵무기를 보유하고 있지 않은 한국으로서는 지금 당장 북한이 핵미사일로 한국을 공격하겠다고 위협할 경우 미국의 확장억제, 즉 미국의 대규모 응징보복으로 역위협하는 방법밖에 없다. 그런데 북한이 미국 본토를 공격할 수 있는 ICBM의 개발에 근접한 상태라는 점에서 미국의 확장억제에 대한 신뢰성이 위협을 받고 있다는 것이 문제이고, 현재 상태가 지속될 경우 북한이 미국의 확장억제가 이행되지 않을 것이라고 오판할 가능성도 없지 않다. 이러한 차원에서 한국은 북대서양조약기구(나토, NATO: North Atlantic Treaty Organization)의 '핵계획단(Nuclear Planning Group)' 개념을 참고하여 한미 공동의 응징보복 계획을 평소부터 적극적으로 개발해 나갈 필요도 있고(전성훈, 2010: 81-84), 더욱 상황이 악화될 경우 나토에서 시행하고 있듯이 미국의 핵무기를 한국이나 한반도 근처 해역에 배치하는 방안도 적극적으로 검토할 필요가 있다.

한국에서는 미국 전술핵무기의 재배치 또는 전진배치에 관하여 찬반 양론이 존재하면서 정부에서는 검토하지 않는다는 입장이지만, 북한의 핵무기가 폐기되지 않은 채 심각한 위협으로 작용할 경우 미국 핵무기라도 전진배치하여 핵균형을 도모하지 않을 수 없는 것이 현실이다. 핵무기를 탑재한 전략잠수함을 상시 배치하는 것도 방법 중 하나이기는 하지만, 비용이 적지 않고 억제 효과가 불확실할 가능성이 높다. 미국의 전술핵무기를 한국에 전진배치할 경우 북한이 핵무기 위협하에서 서울을 기습공격 하더라도 후속 제대를 핵무기로 공격하여 차단할 수 있고, 한미연합군이 그러한 능력을 보유하고 있으면 북한은 그러한 도발 자체를 자제하게 될 것이다. 전술핵무기를 전진배치 한 다음에 상호 철수를 조건으로 북한과 비핵화 협상을 추진하는 것이 더욱 설득력이 있다. 북한의 핵위협이 더욱 강화되면서 중국이나 러시아와 연계될 경우 나토의 사례처럼 일본까지 포함하는 동북아시아의 미 핵무기 공유(nuclear sharing) 체제도 검토해볼 필요가 있고, 앞으로 미국이 잠수함발사 순항미사일(SLCM: Submarine Launched Cruise Missile)의 형태로 핵무기를 소형화 또는 정밀화할 경우 한국 또는 한국과 일본의 잠수함을 통하여 이러한 핵공유를 실행할 수도 있을 것이다.

미국의 확장억제가 확실하게 이행되도록 보장하는 실질적인 체제는 한미연합사령부이다. 한미연합사가 존재하고 그 사령관을 미군이 담당한다는 것은 미국이 한반도 방어의 주된 책임을 지겠다는 것이고, 이러한 메시지가 북한의 도발을 실질적으로 억제하고 있기 때문이다. 한국에서는 자주의식이나 오해에 의하여 전시에 한미연합사가 한국군에 대하여 작전통제권을 행사하도록 되어 있는 현 체제를 변화시키고자 하지만, 북핵 위협이 제거되지 않은 상태에서의 그러한 변화는 무척 위험하다. 한미연합사령관을 한국군이 담당함으로써 미군의 책임을 면제시켜줄 경우 미국 확장억제의 이행 가능성은 급격히 떨어지고, 북한도 그렇게 오판하여 도발을 검토할 수 있기 때문이다. 현재의 한미연합사를 더욱 강화함으로써 미군 개입의 정도를 높여야 할 위급한 상황인데, 한국군이 사령관을 담당하여 한반도 방어에 대한 미군의 책임을 경감시켜준다는 것은 합리적이지 않다.

미국의 확장억제 약속이 흔들리는 극단적 상황이 도래할 경우 한국은 자체적으로 핵무기를 개발하거나 단기간에 핵무기 제조가 가능한 핵잠재력을 확보함으로써 북한의 핵무기 사용을 억제해야 할지도 모른다. 국가의 생존은 어떤 경우에도 어떤 대가를 치르더라도 포기할 수 없기 때문이다. 한국은 북한의 핵위협 상황이 더욱 심각해져서 확장억제 이행을 위한 미국의 정책적 선택지가 제한될 경우 사용 후 핵연료의 재처리나 우라늄 농축 능력을 구비하는 문제를 미국과 협의할 필요가 있다. 나아가 일본은 상당한 플루토늄을 보유하고 있어 단기간에 자체 핵무장이 가능하고, 북한 핵위협에 공통적으로 노출되어 있다는 점에서 극단적인 상황에서는 일본과의 협력을 통하여 핵능력을 구비하는 문제도 검토할 필요가 있다. 국가의 생존이 위협받을 경우에는 어떤 대안도 논의에서 제외되어서는 곤란하다.

(3) 최소억제

미국의 확장억제라는 최대억제 개념에만 의존할 경우 자칫하면 미국에게 국가안보를 위탁하는 상황이 될 수 있다는 것이 문제이다. 따라서 한국이 이미 적용하고 있기도 하고 앞으로 더욱 체계적으로 활용 또는 발전시켜야 할 사항은 현재의 비핵 능력으로도 북한에 대한 최소억제의 효과를 기대할 수 있는 다양한 방법을 모색하는 것이다. 상대방보다 더욱 큰 피해를 끼치지 못하지만 상대방이 소중하게 여기는 최소의 표적만 확실하게 공격할 수 있다면 상대방의 핵공격을 억제할 수 있다는 것이 최소억제 핵전략인데, 비핵전력으로 동일한 효과를 북한에 대하여 시도하는 것이다. 예를 들면, 북한이 핵무기로 공격할 경우 한국은 어떤 방법과 수단을 동원하더라도 북한의 수뇌를 사살(de-capitation)하겠다고 위협할 경우 북한의 수뇌는 자신의 안위를 걸지 않고는 핵공격을 결심할 수 없고, 그렇게 되면 핵전쟁이 억제될 가능성이 높아질 수 있다. 한국군은 이미 'KMPR'이라는 명칭으로 이러한 개념을 구현해 오고 있고, 2017년 12월 1일부로 이 임무를 수행할 부대를 창설하기도 하였다. 따라서 한국은 북핵 공격에 대한 최소억제 차원에서 KMPR의 개념, 계획, 역량을 지속적으로 향상시켜 나가야 한다. 이 경우 북한 수뇌부를 사살하는 것이 중요한 것이 아니라 사살하겠다고 위협하여 억제시키는 것이 중요하다는 점에서 필요하다고 판단되면 이를 위한 능력과 의지를 북한에게 과시할 필요도 있다.

(4) 방어

다소 늦은 점이 있지만, 지금부터라도 한국은 적극적인 핵민방위 조치를 강구하지 않을 수 없다. 현재의 재래식 민방위를 핵민방위로 전환하고, 핵무기가 폭발할 경우에도 국민들을 보호할 수 있는 체제와 대피소를 마련하며, 이를 위한 법령과 제도를 확립할 필요가 있다. 최단시간 내에 핵공격 상황을 국민들에게 정확하게 알리는 경보체계의 구축과 연습도 필수적인 요소이다. 정부는 지하철 공간이나 대형빌딩의 지하시설을 대피소로 활용하는 방안을 검토하는 등 주어진 여건 속에서 최단시간에 최소한의 비용으로 핵대피소를 구축하는 방안을 검토해야 할 것이다. 대피소별로 국민들이 필요한 기간만큼 생활할 수 있도록 식수와 음식을 비롯한 필수적인 물자 및 장비를 사전에 비축해 둘 필요가 있다.

북한이 핵미사일로 공격하는 최악의 사태가 발생할 경우 기대할 수 있는 방어는 이를 공중에서 요격하는 것으로서, 최근 이에 관한 기술이 비약적으로 발전하고 있는 상황이다. 한국은 우선 '한국의 미사일 방어＝미국 MD 참여'라는 오해에서 벗어나 한국의 상황과 여건에서 최선이라고 판단되는 BMD의 청사진을 새롭게 정립하고, 미국과의 협력을 통하여 최단시간 내에 그 역량을 향상시켜 나갈 필요가 있다. 현재 통용되는 'KAMD'를 'KBMD(Korea Ballistic Missile Defense)'로 전환함과 동시에 이를 담당하는 조직을 강화함으로써 항공기 방어의 일부로 추진되던 비중을 독립적인 영역으로 격상시킬 필요가 있다. 동일한 남한 지역에 위치하고 있다는 점에서 한국군의 BMD와 주한미군의 BMD는 통합적으로 운영해야 할 것이고, 서로의 역할을 분담 및 조정함으로써 중복과 공백을 최소화해야 할 것이다. 한미 양국 군의 BMD 작전통제소를 일원화하고, 적 탄도미사일 요격 훈련을 연합 차원에서 정례적으로 실시할 필요가 있다. 한국군은 '합동BMD사령부'를 창설하여 더욱 격상된 위치에서 BMD에 관한 제반 임무를 담당하도록 하고, 유사시에는 이를 '연합BMD사령부'로 확대한다는 개념도 발전시켜야 할 것이다.

(5) 공격적 방어

북한의 핵공격이 임박할 경우 한국은 과감한 선제타격을 실시하여 가능한 한 많은 핵무기와 미사일을 북한 땅에서 사전에 파괴하는 것이 최선이다. 핵무기는 워낙 대량살상이 가능하기 때문에 단 1발도 놓치지 않아야 하지만, 어차피 핵공격을 받을 상황이면 핵무기 숫자를 줄이는 것도 매우 중요하기 때문이다. 핵공격을 받는 상황에서도 선제타격을 지속함으로써 추가 핵공격의 가능성을 줄여 나가야 한다. 선제타격의 경우 적시성이 중요하기 때문에 최초 선제타격을 시행해야 할 상황과 요망하는 조건을 구체적이면서 실질적으로 검토해 두고, 누가 건의하여 누가 결정할 것인가도 명확하게 규정해 둘 필요가 있다. 당연히 북한의 핵무기와 미사일에 관한 최선의 정보를 수집 및 분석해야 할 것이고, 미국을 비롯한 우방국과의 정보 협력을 강화해야 할 것이다.

한국군은 선제타격의 결정이 내려질 경우 100% 성공할 수 있도록 평소부터 체계적이면서 현실적인 계획을 발전시키고, 철저한 연습을 통하여 성공 확률을 높여 나가야 한다. 선제타격의 주력을 담당할 가능성이 높은 공군의 경우 공격대형을 어떻게 편성하고, 북한의 방공망을 어떻게 회피하며, 표적을 어떻게 할당하고, 타격 후 어떻게 귀환할 것인가에 대한 구체적인 계획을 작성하고, 시행을 연습하며, 계속적으로 보완하여 성공 가능성을 강화할 수 있어야 한다. 이러한 차원에서 F-35와 같은 스텔스기를 효과적으로 활용해야 할 것이고, 순항미사일의 정확도도 개선해 나가야 할 것이다. 또한 우리의 선제타격에 북한이 반발할 경우를 대비한 우발계획도 수립하고, 필요한 조치를 강구해 나가야 할 것이다. 특히 우리가 선제타격을 실시할 때 북한이 생화학 무기나 장사정포 공격으로 반발할 가능성이 높다는 점에서 이에 대한 대비책도 강구해 두어야 할 것이다.

한국군은 독자적으로도 선제타격을 실시할 수 있어야 하지만, 미군과 함께 실시하면 성공의 가능성이 무척 높아지고, 북한도 함부로 반발할 수 없을 것이며, 국제사회의 비판에도 대응하기가 용이하다. 한국은 선제타격이 불가피하다고 판단되는 구체적인 조건을 미국과 함께 사전에 협의하고, 그의 적시적 시행을 위하여 양국이 협의 및 시행하는 절차를 사전에 정립해 둘 필요가 있다. 한국군과 미군은 선제타격의 시행을 위한 공동계획을 수립하여 함께 연습함으로써 성공의 가능성을 높여 나가야 한다.

(6) 타협

한반도에서 핵전쟁이 발발하면 승패와 상관없이 민족이 공멸할 수 있다는 차원에서 핵전쟁을 회피하는 방안까지 모색하지 않을 수 없다. 북한의 핵능력이 막강하고, 이에 대한 한국의 방어태세가 불충분하며, 북한의 공격 의지가 강력하다고 할 경우 한국은 어느 정도 선에서 타협하면서 시간을 획득하거나 상황이 변화되기를 기다릴 수도 있어야 한다. 다소 불리한 조건을 감수해야 할 수도 있지만, 핵공격을 당하여 파괴된 이후에 타협하는 것보다는 유리한 결말로 종결지을 가능성은 높다.

무엇보다 한국의 정치지도자와 국민들은 이러한 타협의 불가피성까지도 냉정하게 이해하는 가운데 타협이 가능한 조건을 사전에 검토해 둘 필요도 있고, 그러한 타협을 어떤 방향으로 추진할 것인가를 고민해 두어야 할 것이다. 이러한 타협의 상황까지 고려할 때 그러한 상황에 직면하지 않고자 북핵 위협에 더욱 총체적으로 대비하게될 수도 있다. 대화의 기회가 가용해야 타협을 협의할 수 있다는 점에서 한국은 북핵 대비에 노력하면서도 남북관계를 지나치게 경색시키거나 대화채널마저 폐쇄하지 않도록 노력할 필요가 있다. 북한의 핵위협이 심각해지거나 한국 대비태세와의 격차가 커질수록 역설적으로 타협을 위한 대화채널을 증대시킬 필요가 있다.

4) 결론

북한의 핵무기 개발은 1950년대부터 시작되어 수십 년에 걸쳐 지속적으로 강화되어 왔으나 한국은 그에 부합되는 정도로 대응태세를 구비하지 못하였다. 위협을 있는 그대로 인식하지 않으려 하였고, 한미동맹에 의존해 온 관성이 컸기 때문이다. 최근에 북핵 위협이 심각해져서 전략무기화 단계로 진입하였지만, 여전히 한국은 철저하게 대비하지 못한 채 외교적 비핵화에만 치중하고 있다. 제3차 핵실험을 통하여 북한이 핵무기를 개발하자 '3축 체계'라는 명칭하에 선제타격, BMD, 응징보복을 위한 역량을 구비해 오고는 있으나 그동안 증강된 정도가 미흡하여 위협과의 격차는 여전히 크다.

북한의 핵위협이 고도화될수록 한국은 억제, 방어(대피), 방어(요격), 공격적 방어(선제타격)와 같은 군사적 대비태세를 더욱 강화하지 않을 수 없다. 국가안보는 상대의 호의에 의존하는 것이 아니라 어떤 상황에서도 스스로를 방어하기 위한 태세를 구비하는 것이 핵심이어야 하기 때문이다. 따라서 한국은 북핵 위협에 대한 억제를 위하여 미국의 확장억제가 확실하게 이행되도록 보장책을 강화하되 최소억제 개념에 의한 자체적인 응징보복 태세도 어느 정도 구비해 나가면서 창의적 개념을 발전시켜 효과를 극대화할 필요가 있다. 대피의 경우 국가 차원에서 대대적으로 정비할 필요가 있고, 요격의 경우에도 KBMD라는 명칭으로 새롭게 시작하면서 전체적인 개념과 편성을 근본적으로 재정립하고, 주한미군과의 통합성을 보장할 필요가 있다. 선제타격의 경우 타격력의 보강도 중요하지만, 정확한 정보수집과 적시성있는 결심과 조치를 위한 체제 구축에 더욱 집중적인 노력을 기울일 필요가 있다. 나아가 한국은 최악의 상황에서는 북한과 타협할 수밖에 없다는 인식까지 가질 필요가 있고, 동시에 그러한 상황이 도래하지 않도록 다른 가용한 방안들을 더욱 적극적으로 구비해 나가야 할 것이다.

북한의 핵위협은 너무나 엄청난 사안이고, 한국 스스로의 힘으로 대응하는 것이 어렵다는 것을 알기 때문에 대부분의 국민들은 직시하기보다는 회피하려는 경향을 가지기 쉽다. 그러나 현실은 회피한다고 하여 없어지지 않고, 소망한다고 하여 저절로 개선되지 않는다. 소망적 사고에 얽매어 북핵 위협에 소홀하게 대응하는 것은 국가와 국민의 안위를 위험하게 할 뿐만 아니라 북한으로 하여금 오판하도록 만들어 핵공격 하도록 유도할 수도 있다. 정부와 군대는 고도화되고 있는 북핵 위협으로부터 국가와 국민을 보호하기 위한 모든 방법을 개발 또는 동원하고, 국민들도 이에 적극적으로 동참해야 한다. 현 세대가 안일하게 대응하면 그만큼 미래 세대는 불안해질 것이고, 현 세대가 철저하게 노력하면 그만큼 미래 세대는 안전해질 것이다.

II

억제

4.
미국과 한미동맹

　한국은 지금까지 미국과 동맹관계를 맺음으로써 안보와 경제발전을 동시에 달성하는 데 성공하였고, 이러한 기조는 지금도 지속되고 있다. 그동안 미국이라는 외국에 안보를 지나치게 의존하거나 미국의 정책에 무조건 부응하는 태도를 보임으로써 국가의 자존심이 손상당해 왔다는 반성과 이를 교정하기 위한 시도도 적지 않았으며, 그로 인하여 대미 자주성이 상당 부분 고양되기도 하였다. 그러나 북한 핵위협이 심각해짐에 따라 대미 자주성을 더 이상 강조하기는 어려운 상황이 되고 있다. 북한 핵위협은 한미동맹의 중요성에 대한 객관적인 인식과 감정보다는 이성에 근거한 동맹 활용 노력을 다시 한 번 요구하고 있다.

1) 한미동맹의 내용과 수준

(1) 개관

한미동맹은 6 · 25 전쟁이 불완전한 상태로 휴전되자 불안을 느낀 한국이 요청하여 1953년 10월 1일 미국과 상호방위조약을 체결함으로써 시작되었다. 이 조약의 제2조는 "당사국 중 어느 일국의 정치적 독립 또는 안전이 외부로부터의 무력공격에 의하여 위협을 받고 있다고 어느 당사국이든지 인정할 때에는 언제든지 당사국은 서로 협의한다"라고 하여 외부의 위협에 대한 한미 양국의 공동 대응을 보장하고 있고, 조약의 제4조에서는 "미합중국의 육군, 해군과 공군을 대한민국의 영토와 그 부근에 배비하는 권리를 대한민국은 허여(許與)하고 미합중국은 이를 수락한다"라고 하여 미군 주둔에 대한 법적 근거를 제시하고 있다.

한미 양국은 양국 정상을 비롯하여 외교와 국방에 관한 양국의 관리들이 수시로 만나서 안보에 관한 양국 간 상호 관심사를 지속적으로 협의하고, 공동으로 대응해 오고 있다. 1968년부터는 '안보협의회의(SCM: Security Consultative Meeting)'라는 명칭으로 양국 국방장관이 연례적으로 만나서 안보에 관한 전반적인 사항을 협의해오고 있다. 1977년 7월 제10차 SCM에서는 '한미군사위원회 회의(MCM: Military Committee Meeting)'를 발족하여 양국 합참의장 간의 협의도 정례화하였고, 이 회의는 SCM에 군사적 사항을 건의하거나 연합작전에 관한 제반 사항을 협의한다. 정례화된 것은 아니지만 2010년부터 양국 외무 · 국방장관 간 연례 협의도 추진해 오고 있고, 2012년부터는 '한미통합국방협의체(KIDD: Korea-US Integrated Defense Dialogue)'라는 명칭으로 국방차관보급에 의한 협의를 추진해 오고 있다. 이 외에도 한미 양국 간에는 다양한 실무협의체가 필요에 따라 신설 및 폐기되고 있다.

한국에는 상당수의 주한미군(USFK: United States Forces Korea)이 주둔하고 있다. 주한미군은 1945년 8월 제2차 세계대전 직후 일본군의 무장해제를 위하여 진주하였다가 1949년 철수하였고, 1950년 6·25전쟁이 발발함에 따라 다시 전개하여 오늘에 이르고 있다. 6·25전쟁 휴전 직전에는 8개 사단 32만 5천 명에 이르렀으나, 그동안 지속적으로 감축되어 현재는 약 28,500명이 주둔하고 있다. 그 사이에 1969년 우방국의 방위는 우방국 스스로가 일차적인 책임을 져야 한다는 닉슨 독트린(Nixon Doctrine)이 발표됨으로써 1개 사단이 철수하였고, 1977년 출범한 카터(Jimmy Carter) 행정부도 3,400명을 감축하였으며, 1989년 '넌-워너 법안(Nunn-Warner Act)'에 의하여 7,000명을 추가로 감축하기도 하였다. 주한미군은 미 8군 소속의 육군이 다수를 차지하고, 미 7공군 예하 공군이 일부 주둔하고 있으며, 소수의 해군과 해병대도 포함되어 있다. 최근 수도권 북방에 있는 부대들이 평택과 대구 지역으로 통합되고 있는데, 평택 지역은 15km²의 넓이에 달하는 세계 최대 미군기지로서 향후 미국의 동북아시아 전략에서 중요한 역할을 담당할 가능성이 높다.

한미동맹의 실행을 위하여 대비하고 있는 핵심적인 조직은 한미연합사로 대표되는 연합작전 체제이다. 한미연합사는 한국군과 주한미군이 50:50의 비율로 참모부를 구성하면서 사령관은 미군, 부사령관은 한국군이 담당하도록 편성되어 있다. 전시(방어준비태세-3 발령 시)에는 한미연합사령관이 한미 양국 군을 작전통제(operational control) 하여 일사불란한 군사작전을 시행하도록 되어 있고, 미 태평양사령부 예하 전력을 비롯한 미 육·해·공의 다양한 부대도 증원되어 휘하로 편입되게 되어 있다. 평시에도 한미연합사는 한미 양국 군의 작전계획을 발전시키면서 그를 바탕으로 전시 상황에 대한 공동 대응을 연습하고 있다. 대규모 연습으로서 '키 리졸브(key resolve)' 연습과 '독수리(foal eagle)' 연습은 상반기에, '을지 프리덤 가디언(ulchi freedom guardian)' 연습은 하반기에 연례적으로 실시하여 왔으나, 현재는 북한의 비핵화를 위하여 이들을 중단하고 있다.

한국은 미군의 주둔을 위한 토지를 제공할 뿐만 아니라 주둔에 수반되는 추가비용 중 일부도 담당하고 있다. 1991년 1억 5,000만 달러를 시작으로 한국은 미군의 주둔비용을 분담해 왔고, 2~5년 단위로 금액과 조건을 변화시키면서 그 규모를 지속적으로 증대시켜 왔다. 한국은 2017년에는 9,507억 원, 2018년에는 9,602억 원을 제공하고 있고, 2019년에는 1조 389억 원을 제공했다. 이로써 한국은 미군이 한국에 주둔함에 따라 추가로 발생하는 비용 — '비인적(非人的) 주둔비용(NPSC: Non-Personnel Stationing Cost)'이라고 호칭한다 — 의 50~55%를 분담하고 있는 것으로 평가되고 있다. 방위비 분담금은 미군기지에 근무하는 한국인 고용원에 대한 인건비, 군인 막사, 환경시설, 하수처리시설 등 주한미군의 비전투시설에 대한 건축지원 자금을 지원하는 군사건설비, 그리고 탄약의 저장·관리·수송, 장비의 수리, 항공기 정비, 비전술 차량의 군수 정비, 창고 임대료, 시설유지비 등 용역 및 물자지원비로 사용되고 있다.

(2) 한미동맹의 성격: 비대칭 동맹

냉전시대에 미국과 소련을 중심으로 세계가 2개의 진영으로 구분 됨으로써 약소국들은 두 강대국과 동맹관계를 맺어서 자신을 보호하고 자 하였다. 미국과 소련은 국토가 넓을 뿐만 아니라 핵무기를 독점하고 있었기 때문에 '초강대국'으로 불렸고, 따라서 이들과의 동맹은 강대국 과 약소국 간 '비대칭 동맹(asymmetrical alliance)'의 성격을 지니게 되었다. 냉전 종식 후 소련과의 동맹관계는 대부분 폐기되었지만, 미국과의 동 맹관계는 대부분 존속하고 있는데, 나토와 미일동맹 등에서 보듯이 모 두 냉전시대 비대칭 동맹의 성격을 그대로 지니고 있고, 한미동맹도 예 외가 아니다.

그동안 한국의 눈부신 경제성장으로 미국과의 국력차가 줄어들기 는 했지만 강대국과 약소국이라는 본질이 변화되었다고 보기는 어렵다. 〈표 4-1〉에서 나타내고 있듯이 한국과 미국의 인구, 면적, 경제력, 국방 비를 비교해 보면 그 차이가 여전히 크다는 것을 알 수 있다. 러시아와 합의한 대로 2018년까지 핵전력을 감축하면 미국은 1,550발의 핵탄두,

〈표 4-1〉 한국과 미국의 주요 국력 요소 비교(2019)

항목	미국	한국	비율
인구	3억 2,926만 명	5,142만 명	6.4:1
영토(육지)	915만 km^2	9.7만 km^2	94:1
경제력(PPP)	19.5조 달러	2.0조 달러	9.7:1
국방비	6,489억 달러	431억 달러	15:1

출처: Central Intelligence Agency, 2019; 국방비는 SIPRI 2019.

대륙간탄도탄, 핵잠수함, 폭격기 등 800기의 다양한 핵무기 발사수단을 보유하게 되는데(Woolf, 2015: 8), 핵무기가 없는 한국과 같은 비핵국가를 압도할 수밖에 없는 수준이다. 미국의 세계적 영향력이나 기술력 등 연성국력(soft power)까지 고려할 경우 미국과 한국의 국력 격차는 더욱 커질 것이다. 따라서 한미동맹은 지금은 물론이고 앞으로도 비대칭 동맹일 수밖에 없다.

대등한 국력을 가진 국가끼리의 대칭동맹(symmetrical alliance)에서는 군사력의 상호 보완성이 중요하지만, 동맹국 간의 국력차가 큰 비대칭 동맹은 강대국이 국방의 상당 부분을 책임져 주는 대신에 약소국은 강대국의 정책방향에 순응해 주는 교환관계를 통하여 동맹이 유지된다. 알트펠드(Michael F. Altfeld)와 모로우(James D. Morrow)는 이것을 '자율성-안보 교환(autonomy-security trade-off)' 모델로 명명하여 이론화하였다(Altfeld, 1984: 523-544: Morrow, 1991: 904-933). 강대국은 막강한 군사력을 보유하고 있기 때문에, 약소국이 군사력으로 자신을 보완해 줄 것을 바라는 대신에 자신이 요구하는 정책이나 요구를 수용해 줌으로써 호혜적 대가를 제공하기를 원한다는 분석이다. 대신에 약소국은 자율성을 다소 양보하더라도 강대국의 안보지원을 받는 것이 더욱 유용하기 때문에 이러한 동맹관계를 지속하게 된다. 강대국과 약소국 간의 비대칭 동맹에서는 자율성과 안보의 교환을 통하여 호혜성이 분명한 상호 이익을 가져다주기 때문에 유사한 국력을 가진 국가 간의 대칭동맹보다 오래 지속되는 경향을 보인다(Altfeld, 1984: 523-544).

'자율성-안보 교환'의 모델에 근거하면 한국과 같은 약소국은 "안보와 자율성이라는 상충되는 목표"사이에서 선택하지 않을 수 없다(Morrow, 1991: 930). 약소국일수록 자주성에 대한 욕구는 강할 수 있지

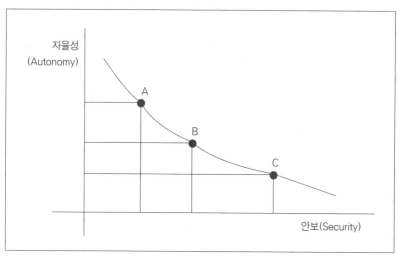

<그림 4-1> 비대칭 동맹에서 약소국의 자율성과 안보의 교환

출처: Morrow, 1991: 914. A, B, C 지점은 필자가 추가.

만, 약소국이 강대국의 외교정책을 지지하거나, 강대국에게 군사기지를 제공하거나, 강대국이 요구하는 방위비 분담 등을 적극적으로 부담하는 등으로 자율성을 양보하지 않을 경우 강대국은 안보지원을 제공하지 않을 것이기 때문이다. 약소국의 입장에서'자율성-안보 교환'의 모델을 도식화하면 〈그림 4-1〉과 같다.

모로우는 자율성과 안보 중 어느 것을 선택하느냐에 따라서 동맹이 체결되거나 파기될 수 있다는 식으로 설명하였지만(Morrow, 1991: 913-920), 현대의 동맹은 과거처럼 쉽게 파기되거나 쉽게 형성되는 것은 아니다. 약소국의 자율성 양보나 강대국의 안보지원의 정도에 따라 동맹의 견고성이 달라질 뿐이다. 〈그림 4-1〉에서 제시되고 있듯이 약소국이 자율성을 강화하려면 강대국의 안보지원이 약화되는 것을 각오해야 하고(지점 A), 강대국의 안보지원을 더욱 보장하려면 자율성을 약화시켜야 한다(지점 C). 당연히 이 두 가지의 절충점도 존재하겠지만(지점 B), 절충이 반드시 최선이라고 볼 수는 없다. 〈그림 4-1〉의 A, B, C 지점 중에서 어느 것을 선택하느냐는 것은 결국 약소국이 강대국의 안보지원을 어느 정도 필요로 하느냐에 달려 있다. 약소국은 자율성을 강화하면서도 강대국의 안보지원을 보장받고 싶지만, 이것은 수사적으로는 가능하더라도 현실상에서는 불가능하다. 따라서 이러한 교환의 불가피성을 이해하는 것이 비대칭 동맹의 약소국에게는 중요하면서도 어려운 사항일 수 있다.

(3) 한미동맹과 국내여론

한국과 미국 모두 자유민주주의 국가이기 때문에 한미동맹의 제반 결정은 양국 국내여론에 적지 않은 영향을 받게 된다. 미국이 1969년 7월 25일 '닉슨 독트린'으로 미 제7 보병사단 2만 명과 3개 공군 비행 대대를 철수시키기로 결정한 것이나, 그 후임인 카터 대통령이 주한 미군의 단계적 철수를 공약으로 내걸어 결국 3,400명을 감축한 것이나, 1989년 넌(Sam Nunn)과 워너(John W. Warner) 의원이 법안으로 강제하여 결국 7,000명을 철수시킨 것 등은 동맹 의무에 대한 미국 국민들의 부정적 여론을 반영한 것이었다. 미국 트럼프 대통령이 '미국 우선주의(america first)'를 주창하면서 대외 개입 축소를 주장하는 것이나, 우방국들에게 국방비나 방위비 분담금 증액을 요구하는 것도 미국 국내여론의 요구에 부응하기 위한 성격이 크다.

2000년대 이후 한미동맹에서는 한국 국내정치의 영향도 적지 않았다. 다만, 그의 바탕은 한국 내 반미 정서라고 할 수 있는데, 이것은 1980년대부터 표출되기 시작하여 1990년대에 들어서면서 급격하게 강화되었고(오창헌. 2015: 196), 이에 부응하기 위하여 당시 여당의 노태우 대통령 후보는 한미연합사령관이 행사하는 한국군에 대한 작전통제권을 환수하겠다고 약속하였고, 그 결과 1994년 12월 1일부로 전시 작전통제권만 방어준비태세-3(데프콘-3. DEFCON-3)에 이양하는 것으로 변경함으로써 평시 작전통제권을 환수하였다. 2002년 미군 장갑차가 여중생을 치어서 사망시킨 사고가 발생하자 한국 국민들의 반미 정서는 더욱 악화되어 당시의 조사에서는 59.6%에 달하는 한국인들이 미국을 싫다고 답하기도 하였다(20대: 70.3%, 30대: 74.0%, 40대: 55.3%, 50대: 39.4%)(오창헌, 2015: 195). 지금은 미국에 대한 한국 국민들의 우호적 감정이 75% 정도로 높아진 상태이지만(Wike, 2017), 일부 인사들은 여전히 극렬한 반미 감정을 지니고 있고, 이의 반미적인 주장들이 국민들에게 상당한 영향을 주고 있다.

한미동맹에서는 루머(rumor)도 적지 않은 영향을 끼쳤다. 예를 들면, 2014년부터 2017년까지 주한미군의 탄도미사일 요격용 미사일인 사드 배치를 둘러싸고 국내에서 찬반 논쟁이 격렬하게 벌어졌는데, 그 당시에 사드가 중국이 유사시 핵 억제 차원에서 미국을 향하여 발사하는 ICBM을 요격한다거나, 사드에 부착된 X-밴드 레이더가 중국의 군사활동을 탐지한다든가, 사드 배치의 비용을 한국이 부담해야 한다든가, 사드의 성능이 충분히 입증되지 않았다든가, 사드의 레이더에서 매우 유해한 전자파가 방사된다는 등의 주장이 난무하면서 국민들의 반대여론을 선동하였는데, 이러한 주장은 어느 것도 진실이 아니었다(박휘락, 2016a: 5-36). 마지막까지 전자파에 관한 사항이 논란이 되었지만, 환경부가 공개측정 후 무해한 것으로 발표함으로써(김경화·권광순, 2015, A8) 확실하게 루머인 것으로 드러났다. 이러한 근거 없는 루머로 인하여 사드 결정은 3년이나 지체되었고, 미국은 한국이 친중국 정책을 선택한 것으로 의심하기도 하였다.

나아가 한미연합사령관이 전시에 행사하도록 되어 있는 작전통제권을 환수해야 한다는 국민들의 요구는 지금까지 이어지고 있고, 현 정부는 '조속 환수'한다는 입장이지만, 여기에 관해서도 적지 않은 루머와 오해가 작용하고 있다. 작전통제권을 한미연합사령관에게 부여한 것이 군사 주권을 포기한다는 주장은 작전통제권을 지휘권으로 오해한 데서 비롯된 것이고, 한미연합사는 나토를 본받아서 만든 조직인데도 한국만 미군에게 작전통제권을 이양한 것으로 오해하고 있다. 현재는 현 한미연합사를 유지하면서 그 사령관만 한국군으로 교체하는 방향으로 축소하여 시행하고 있지만, 여기에도 문제점은 없지 않다. 불편한 진실일 수도 있지만 한미동맹 관계는 상황의 변화나 정부의 정책 변화보다는 루머와 오해에 의하여 왜곡된 부분이 더욱 컸다고 볼 수도 있다.

(4) 한미동맹의 작동

한국은 미국의 안보지원을 제공받는 대가로 미국에게 상당한 자율성을 양보해 왔다. 주한미군의 주둔을 위하여 토지를 비롯한 상당한 편의를 제공하고 있고, 1991년 1.5억 달러에서 시작하여 현재는 약 1조 원을 상회하는 수준으로 주한미군의 주둔경비를 지원하고 있으며, 그 외에도 세계나 지역적 차원에서 미국이 추진하는 정책은 가급적이면 지지 및 지원해 왔다. 한국은 단순히 미국이 요청하였다는 이유 하나만으로 1965년부터 1973년 파리 평화조약이 체결될 때까지 대규모의 현역 병력을 아무런 이해관계가 없었던 베트남에 파견한 적도 있다. '자율성-안보 교환'이론을 알았든 알지 않았든 지금까지 한국의 정부와 국민은 미국의 지원을 확보하고자 한다면 미국이 요구하는 사항을 가급적 들어주어야 한다고 생각하고 있다.

이에 대응하여 미군 또한 상당한 규모의 주한미군을 배치하여 현장 억제력을 제공한 상태에서 유사시 증원군 파견을 약속함으로써 확고한 안보지원을 제공해 왔다. 그동안 한반도에서 위기가 발생할 때마다 미국은 한국의 안보 요구를 적극적으로 지원하였는 바, 예를 들면, 1970년대 중반부터 유엔총회에서 공산 측이 유엔사의 해체를 요구하자 한미 양국은 나토를 참고하여 한미 양국 군으로 구성되는 한미연합사를 창설하였고, 이로써 미군 대장이 계속하여 한반도의 전쟁억제와 유사시 전쟁 승리를 책임지도록 하였으며, 이 체제가 현재까지 이어지고 있다. 최근 북한이 핵실험이나 미사일 시험발사를 실시하여 한반도 정세를 악화시킬 때마다 미국은 대규모 전략자산을 전개시켜 그들의 안보공약 이행태세를 과시하였다. 미국 역시 '자율성-안보 교환' 이론에서 분석하는 대로 비대칭 동맹 관계에서 규정하는 강대국으로서의 의무를 충실히 이행해 왔다.

지금까지 70년 가까이 동맹관계가 지속되면서 미국의 동맹공약 의지가 흔들렸던 사례가 없었던 것은 아니다. 예를 들면, 1968년 1월 21일 북한군 특수부대원 31명이 대통령을 암살하기 위하여 청와대로 침투하려던 사건이 발행하고, 그 이틀 뒤인 1월 23일에 83명이 탑승한 미 해군 정보수집 군함인 푸에블로호(USS Pueblo, AGER-2)가 북한에 의해 납치되는 사건이 발생하였을 때, 미국은 전자에 대해서는 큰 관심을 쓰지 않으면서 후자에 대해서는 대통령이 국민들에게 직접 설명하였을 뿐만 아니라 유엔 안전보장이사회에 회부하는 등 심각하게 대응함으로써 한국 국민들이 미국의 동맹공약을 의심하게 만든 적이 있다. 미국은 닉슨, 카터, 부시(George H. W. Bush) 때 한국과 상의 없이 일방적으로 주한미군 철수를 발표하였고, 그 이후 한국의 항의로 감축규모를 조정하였으나 한국 국민들은 미국이 언제나 떠날 수 있다는 의심을 갖게 되었다. 한국이 자주국방에 매진한 것도 미국의 안보공약 준수를 확신하지 못하였기 때문이다. 핵위협과 같이 미국이 사활을 걸어야 할 정도로 중대한 상황이 발생하였을 경우 과연 미국이 약속한 것처럼 안보공약을 철저하게 이행할 것인지에 대한 의심이 제기되는 것은 당연하다고 할 것이다.

2) 북핵 위협과 확장억제

(1) 확장억제의 개념

미국의 상호확증파괴 전략에서 드러나고 있듯이 상대의 핵공격 가능성을 억제하는 기본적인 논리는 더욱 강력한 핵무기 공격으로 보복하겠다는 위협인데, 이러한 보복의 위협을 동맹국에까지 확장하여 적용하는 것이 '확장억제'이다. 냉전시대에는 핵에 의한 대규모 응징보복을 강조하였기 때문에 핵무기에 의한 확장억제를 '핵우산(nuclear umbrella)'이라는 별칭으로 부르기도 하였다. 다만, 냉전시대에는 미국과 소련 간의 엄청난 대결이 핵심주제였기 때문에 핵우산이라는 용어를 부담없이 사용하였으나, 냉전 종식 이후 불량국가나 소규모 핵보유국의 핵위협이 대두되자 미국은 이를 대상으로 핵우산이라는 용어를 사용하는 것을 자제하는 모습을 보이고 있다. 핵전쟁에 자동적으로 연루되는 상황을 부담스럽게 생각하기 때문일 것이다.

실제로 2006년 10월 북한이 제1차 핵실험을 실시함으로써 한반도에서 핵전쟁의 가능성까지 상정해야 할 상황에 이르자 미국은 핵우산이라는 부담스러운 용어 대신에 재래식 무기의 사용까지도 포함하는 매우 넓은 범위의 용어인 '확장억제'를 더욱 자주 사용하기 시작하였다(김정섭, 2015: 14). 예를 들면, 최근의 한미 양국 국방장관 간 SCM 공동성명을 보면 "핵우산, 재래식 타격능력, 미사일 방어능력을 포함한 모든 범주의 군사능력을 운용하여 대한민국을 위해 확장억제를 제공"이라고 기술되어 있다. 핵우산에 비해서 확장억제는 범위가 더욱 넓은 개념인 만큼 핵무기 사용 의지는 약해졌다고 할 것이다. 그나마 2018년 SCM부터는 위 '핵우산'을 '핵능력'으로 교체하여 의지를 의심하게 만들고 있다.

북한의 핵위협이 증대됨에 따라 미국은 확장억제 약속의 이행을 보장하는 다양한 조치들을 과시 및 강구해 오고 있다. 북한이 핵실험이나 장거리 미사일 시험발사를 실시할 때마다 미국은 B-52와 B-1b 전략폭격기나 전략잠수함을 비롯한 다양한 전략적 자산들을 한반도로 전개하였고, 한국군과의 다양한 연합훈련을 적극적으로 실시해 왔다. 그래도 북한이 한국에 대하여 실제 핵무기 공격을 가하였을 때 미국이 약속 및 연습한 대로 확장억제 약속을 이행할지 여부는 누구도 확신할 수 없고, 이것이 바로 한국이 우려하고 있고 북한이 기다리고 있는 상황일 것이다.

실제로 6월 12일 미국의 트럼프 대통령이 싱가포르에서 북한의 김정은 국무위원장과 정상회담을 실시한 후 한미동맹에 관한 미국의 태도에서 변화가 초래되고 있다. 트럼프 대통령은 일방적으로 대규모 한미 연합연습을 중단시켰고, 장기적으로는 주한미군의 철수 가능성도 언급하였다. 이에 따라 한미 양국 국방부는 2018년 8월에 열릴 예정이었던 "을지-프리덤 가디언" 한미 연합연습을 중단하였다. 특히 트럼프 대통령은 비용이 많이 들어서 중단한다고 하였고, 추가로 상당한 방위비 분담을 요구하고 있다. 그리고 이러한 태도는 미국이 한미동맹을 '자율성-안보교환'으로 본다는 것을 드러내고 있고, 따라서 유사시 확장억제의 이행에도 영향을 줄 가능성이 높다. 북한의 핵위협이 심각해져서 다른 어느 때보다 미국의 확고한 안보지원이 요구되는 이 상황에서 한국은 한미동맹의 불안성을 관리해야 하는 추가적인 과제를 안게 되었다고 할 것이다.

(2) 미국의 확장억제 이행 가능성

미국은 그들의 확장억제 약속이 확실하게 이행될 것이라고 확언하고 있지만, 실제 이행 여부는 북한이 한국에 대하여 핵무기 공격을 가하는 그 당시에 미국이 상황과 여건을 고려하여 새롭게 판단하여 결정할 것이다. 미국이 약속한 대로 대규모 핵응징보복을 가하는 것은 핵전쟁을 수행하게 되는 심각한 사안이어서 약속하였다고 하여 판단 없이 이행할 사안은 아니기 때문이다. 북한이 수소폭탄은 물론이고 ICBM에 근접한 능력을 구비하게 되었기 때문에 확장억제를 이행하려면 미 본토의 주요 도시에 대한 핵무기 공격 위험을 감수해야 하는 상황이다. 그렇다면 미국의 확장억제 결정에는 어떤 요소들이 영향을 미칠까?

① 연루의 위험

미국이 확장억제를 시행할 경우 예상되는 가장 직접적인 위험은 동북아시아 지역에 배치된 미군에 대한 북한의 핵무기 공격이다. 북한은 스커드와 노동 미사일로는 한국에 있는 미군기지, 노동미사일로는 일본에 있는 미군기지에 핵무기 공격을 가할 수 있기 때문이다. 미군의 핵심 기지인 평택은 평양에서 330km, 동경은 1,300km, 오키나와도 1,700km 정도 이격되어 있을 뿐이다. 북한이 SLBM의 개발에 성공할 경우 동북아시아에 있는 모든 미군기지들은 북한 SLBM에 의한 기습공격을 우려해야 하고, 이것은 BMD로 요격하기가 어려워 더욱 취약해진다.

북한의 탄도미사일 능력이 강화됨으로써 미국은 본토의 주요 도시에 대한 북한의 핵미사일 공격 가능성도 우려하지 않을 수 없다. 북한은 2017년 7월 4일과 28일에 '화성-14형'과 2017년 11월 29일 '화성-15형'의 시험발사를 통하여 미 전역을 핵미사일로 공격할 수 있는 잠재력을 과시한 바가 있다. 실제로 2017년 9월의 수소폭탄 성공 이후 미국 내에서는 "서울이나 부산을 방어하기 위하여, 샌프란시스코, 로스엔젤레스, 또는 호놀룰루를 위태롭게 할 것인가?"라는 질문이 제기된 바 있다. 미국은 현재 알래스카와 캘리포니아에 44기의 요격미사일(GBI: Ground-based Interceptors)을 배치하고 있지만 북한 ICBM을 완벽하게 요격할 수 있다고 확신할 수 없고, 하와이와 같이 본토에서 이격되어 있는 지역은 미 본토 BMD의 보호를 받을 수 없다.

북한이 재래식 공격을 가한다고 해도 언제든지 핵전쟁으로 악화될 수 있기 때문에 미국이 우려해야 하는 연루의 위험은 과거보다 훨씬 커졌다. 북한은 128만 명 규모의 군대를 보유하고 있고, 그중에서 20만 명 정도의 특수부대를 보유하고 있으며, 전방지역에 대규모 포병전력과 화생무기를 전개해 둔 상태이다. 북한의 포병이나 로켓 사격만으로도 단기간에 상당한 사상자가 발생할 것이고, 핵전쟁으로 악화되면 수백만의 사상자가 발생할 수 있으며, 수십만에 달하는 한국 거주 미국인의 안전을 보장하는 것이 쉽지 않다. 북한은 서북 5개 도서를 기습적으로 점령하거나, 화학무기로 전방의 한국군 부대들을 무력화시킨 후 신속하게 전진하여 서울을 점령하거나, 또는 6 · 25 전쟁에서와 같이 전면전을 전개하는 등 다양한 형태로 전쟁을 발발할 수 있고, 어느 경우든 미국이 개입하면 핵전쟁으로 악화될 가능성이 크다. 북한의 핵능력이 강화되는 만큼 미국의 연루 위험은 커질 것이다.

② 한국의 가치

미국은 한국과의 동맹관계를 배경으로 동북아시아에 대한 미국의 연고권을 주장할 수 있고, 평택기지와 기타 군사기지들을 사용할 수 있다는 점에서 한국의 가치는 적지 않다. 그러나 이러한 가치가 핵전쟁을 불사할 정도로 크다고 판단할지 여부는 논란의 소지가 있다. "한반도의 분쟁으로 인하여 미국의 국가적 생존이 위협받는다고 보기는 어렵다"는 시각도 적지 않기 때문이다(Smith, 2015: 11). 실제로 6 · 25 전쟁 직전 미국의 국무장관이었던 애치슨(Dean G. Acheson)은 미국 태평양 방어선에서 한국을 제외하였고, 냉전기간에도 미국은 수차례에 걸쳐 주한미군의 철수를 추진한 바 있다. 일본에 대하여 미국이 방어선에서 제외하거나 주일미군을 대폭 감축한 사례가 없다는 점을 비교해 볼 때 한국의 가치가 일본에 비해 낮은 것은 분명하고, 사활적이지 않을 가능성도 배제할 수 없다.

　　최근 중국의 부상으로 동북아시아에서 세력균형의 변경 또는 세력전이(power transition)가 발생할 수 있다는 우려로 인하여 한국의 전략적 가치가 다소 높아졌을 가능성이 있다. 중국은 공세적인 국가전략과 군사력 증강을 지속하고 있고, 대부분의 영역에서 미국과 경쟁을 하고 있다. 이에 대응하여 최근 미국은 '인도-퍼시픽(Indo-Pacific)'이라는 용어를 사용하면서 중국을 포위하겠다는 의도를 드러내고 있고, 기존 태평양사령부를 "인도태평양사령부(Indo-Pacific Command)'로 명칭을 변경하기도 하였다. 미국은 최근까지는 중국의 부상에 대한 긍정적인 측면을 강조해왔으나, 트럼프 행정부가 등장한 이후부터는 인도-퍼시픽 지역에서 중국이 미국을 대체하거나 중국에게 유리한 방향으로 지역질서를 재편하려 한다면서 노골적인 경계심을 표현하고 있다(White House, 2017: 25). 한반도가 중국의 영향권하에 들어가서 부산에서 중국의 항공모함이 출항할 때와 현상태를 유지하여 한국의 평택기지에서 미 공군기가 이착륙하는 경우를 비교해 보면 미국이 한국을 쉽게 포기하기는 어렵다. 다만, 인도양과 태평양으로 미국의 활동범위가 넓어질수록 한국에 대한 미국의 관심도는 낮아질 수 있다. 또한 최근 한국은 미국과 중국 사이의 균형외교를 추구하고 있어 미국의 불신도 커지고 있다.

　　한국은 일본 방어를 위한 방파제 역할을 수행하기 때문에 일본에 대한 미국의 안보공약을 이행하고, 이로써 서태평양의 미국 이익을 수호하는 데 있어서도 한국의 가치는 매우 크다. 한미동맹이 유지되면 일본은 전방에 추가적인 방어선을 갖는 셈이고, 그렇지 않으면 한반도는 일본을 겨누는 단도가 될 것이다. 한국이 미국의 영향권에서 벗어나면 일본의 안전이 직접 위협받게 되어 미일동맹을 유지하는 비용 또한 기하급수적으로 증대된다. 한미동맹과 미일동맹을 동시에 유지하는 것이 미일동맹에만 의존하는 것보다 더욱 유리하거나 효율적일 가능성이 높다. 다만, 이것을 역으로 해석하면 미일동맹이 강해질수록 한국의 전략적 가치는 낮아진다는 추론도 가능하다. 미일동맹만으로 서태평양을 안전하게 방어할 수 있다고 미국이 판단할 경우 미국은 핵전쟁의 위험성을 감수하면서까지 한국을 방어하지 않아도 된다고 생각할 것이기 때문이다. 국내에서 미일동맹이 강해질수록 한국이 포기당할 위험성이 커진다는 분석도 제시된 바 있다(김준형. 2009: 111).

③ 중국과 러시아 반응

북한의 핵공격에 대하여 미국이 확장억제를 이행함으로써 대규모 핵응징보복을 가할 경우 미국이 중국과의 확전을 각오해야 할 가능성은 높다. 중국은 북한과 국경을 접하고 있을 뿐만 아니라 북한의 동맹국이기 때문이다. 중국은 미국의 제한적인 군사적 조치에는 중립을 취할 수 있을 것이나 핵우산까지 포함하는 대규모 확장억제를 시행할 경우에도 중립을 취하기는 어려울 가능성이 높다. 그래서 미국도 북핵에 대한 대응책을 논의하면서 중국이 어떤 반응을 보일 것인가를 언제나 주목하고 있고, 중국이 개입하지 않을 것으로 확신하기 어려워 군사적 조치를 감행하기가 쉽지 않은 것이다.

러시아 역시 미국의 핵응징보복에 반대할 가능성이 높다. 러시아는 미국이 곤란해지는 것이 자신에게 이익이 된다고 생각할 수 있고, 미국이 확장억제를 이행하지 않음으로써 나토의 미국 동맹국들이 미국의 안보공약을 의심하여 단결이 약화되는 것이 유리하다고 판단할 수 있기 때문이다. 비록 극동이 러시아의 핵심지역은 아니지만 러시아는 이 지역의 상황변화를 방관하지는 않을 것이고, 미국이 군사행동을 취하거나 북한이 붕괴될 경우 중국과 협력할 가능성이 높다. 만약 러시아가 미국 지원하에 한국이 한반도를 통일하는 것이 그들의 국익에 위배된다고 판단할 경우 이를 예방하기 위한 군사적 개입을 감행할 수도 있다.

다만, 북한이 한국을 핵무기로 공격한 데 대한 보복으로 미국이 확장억제 약속을 이행하여 북한에 대한 핵응징보복을 감행할 경우 반대로 중국이나 러시아도 북한 때문에 미국과의 핵전쟁에 연루되는 위험을 생각해야 하고, 따라서 그들의 개입도 쉽지는 않다. 중국과 러시아도 개입 여부를 결정하기 전에 연루의 위험, 북한의 가치, 미국의 반응, 국제정치적 영향, 국내적 요소 등을 종합적으로 고려하여 판단할 것이다. 또한 북한이 먼저 핵무기 공격을 가한 데 대하여 미국이 응징보복 한 것이라서 그들의 개입이 국제여론의 호응을 받기는 어려울 수도 있다. 특히 중국과 러시아가 개입 여부를 주저하고 있는 사이에 미국의 응징보복이 단기간에 종료할 경우 그들은 미국의 조치를 묵인하면서 사후 조치를 협의하여 그들 국익에 대한 손상을 최소화할 가능성도 낮지 않다.

II. 억제　139

④ 다른 동맹국에 대한 영향

핵전쟁에 연루될 위험이 크고, 한국의 전략적 가치도 높지 않으며, 중국과 러시아와의 충돌이 예상되더라도 미국으로 하여금 확장억제를 이행하도록 만드는 결정적인 요소는 다른 동맹국들에 대한 영향이다. 미국이 한국에게 약속한 확장억제를 지키지 않을 경우 다른 동맹국들은 그들에 대한 미국의 확장억제 약속도 신뢰하지 않을 것이고, 적대세력들 또한 미국의 개입 의지를 낮게 평가하여 도발할 수 있기 때문이다. 미국은 현재 나토의 29개국, 한국, 일본, 필리핀, 태국, 오스트리아 등 34개국과 상호방위조약을 맺고 있는데, 이들 국가들이 미국을 신뢰하지 않을 경우 미국의 세계적 지도력은 급격히 약화될 것이다.

미국이 한국에 대하여 확장억제를 이행하지 않을 경우 가장 불안해할 미국의 동맹국은 일본이다. 일본은 한국과 유사하게 북한의 핵공격 위협에 노출되어 있고, 상당한 수준의 BMD에도 불구하고 북한이 기습적으로 공격하거나 SLBM으로 공격할 경우 방어가 어렵기 때문이다. 일본이 미국의 확장억제를 불안해할 경우 핵무장에 착수할 수 있고, 그렇게 되면 일본은 미국의 영향력에서 벗어나는 것은 물론이고, 제2차 세계대전에서와 같이 미국에게 도전하는 상황이 발생할 수도 있다. 일본은 대량의 플루토늄을 보유하고 있어서 결심할 경우 핵무장이 그다지 어렵지 않다. 따라서 일본을 안심시키고, 미일동맹을 지속적으로 유지하려면 미국은 한국에 대한 확장억제 약속을 지켜서 북한에 대한 대규모 응징보복을 가하는 모습을 보여야 한다.

⑤ 국내적 요소

미국은 민주주의의 표상으로 인정되는 만큼 국민여론이 정책결정에 영향을 주는 정도가 큰데, 미국의 최근 여론은 타국의 문제에 개입하는 것에 긍정적이지 않다. 미국의 퓨연구소(Pew Research Center)가 2016년 5월 5일 발표한 자료에서는 대외문제 개입에 있어서 미국인의 37%(6%는 무응답)는 찬성, 57%는 반대이다(Drake and Doherty, 2016). 반대의 경우 2013년의 52%에 비해 증가하였고, 1970년대부터 2000년대 초반까지의 평균 30%와 비교하면 매우 높아진 상태이다. 2015년 미국인에 대한 조사에서 북한이 한국 침략 시 미국이 무력을 사용해야할 것인가에 관하여 찬성 47%, 반대 49%였는데(EAI 편집부 2015. 12), 훨씬 위험한 핵무기의 사용에 대한 지지율은 더욱 낮을 것이다. 2017년 6월 미국의 청년인 웜비어(Otto Warmbier)가 북한에 1년 이상 억류되었다가 복귀한 지 일주일 만에 사망하였지만 49%만 보복조치를 요구하였고(35%는 반대, 16%는 미결정), 그중 군사적 조치를 요구한 사람은 17%에 불과하였다(옥철, 2017).

제도적으로도 미 대통령이 핵응징보복을 결정하기는 쉽지 않다. 1973년 통과된 '전쟁권한 결의안(war power resolution)'에 의하면 "미국, 미국 영토, 소유물, 또는 미국 군대에 대한 공격으로 인하여 형성된 국가 비상사태" 이외에는 의회의 승인 없이 대통령이 전쟁을 결정할 수 없도록 되어 있기 때문이다(The United States Code in Title 50, Chapter 33, Sections 1541-1548). 북한의 핵공격에 대한 확장억제의 이행을 위해서는 미 의회의 승인을 얻어야 할 가능성이 높고, 미 의회에서 토의하게 되면 확장억제 이행으로 결정될 가능성은 낮아진다. 2017년 5월 민주당 의원 64명은 핵무장 국가인 북한에 대하여 선제타격을 실시할 경우 의회의 승인을 얻어야만 한다는 서한을 트럼프 대통령에게 보내기도 하였다.

(3) 평가

다양한 문서, 성명, 발언을 통하여 반복적으로 약속하고 있지만, 북한의 핵위협 하에서 미국이 한국에 대하여 약속하고 있는 확장억제를 실제로 이행하는 것은 단순하지 않다. 연루의 위험, 한국의 가치, 중국과 러시아의 반응, 다른 동맹국의 영향, 국내적 요소 등의 다섯 가지로 구분하여 평가해 본 결과 '다른 동맹국의 영향' 요소 이외에는 미국의 확장억제 이행을 확신하게 하는 요소가 없다. 북한이 수소폭탄을 개발하고, ICBM의 완성에도 근접한 상태라서 핵전쟁 연루에 대한 위험이 커지고 있고, 중국과 러시아도 부정적으로 반응할 가능성이 높으며, 국내여론의 지지도 확신하기 어렵다.

2017년 8월 트럼프 대통령의 수석전략가 시절 배넌(Steve Bannon)은 언론인터뷰에서 중국이 북핵을 동결시켜 주는 대가로 주한미군을 철수하는 방안을 언급한 바 있다(Johnson, 2017). 닉슨 대통령 시대 미국의 베트남 철수를 주도하였던 키신저(Henry Kissinger)도 7월 28일 북한 '화성-14형' 시험발사 후 중국의 협력을 끌어내기 위하여 주한미군 철수를 약속해야 한다고 조언하였다고 보도되기도 하였다(이상은, 2017. A4). 6명의 전문가들이 함께 작성한 미 의회조사국의 보고서에서도 북핵에 대하여 미국이 선택할 수 있는 방안의 하나로 주한미군 철수와 비핵화를 교환하는 방안을 포함시키고 있고, 그렇게 하더라도 다른 지역의 미군이 유사시 즉각 개입할 수 있어 문제가 없다고 설명하고 있다(McInnis et al., 2017:

31-32). 이것은 1973년 파리협정을 맺을 당시 미국이 남베트남에게 제안한 것과 유사한 논리이고, 북핵 위협이 심각해질수록 이러한 주장은 더욱 강화될 것이며, 그럴수록 미국 확장억제의 이행 가능성은 낮아질 것이다.

3) 한미동맹에 관한 한국의 정책방향

한국이 자체 핵무기 없이 북한의 핵위협에 노출되어 있는 한 미국의 확장억제에 의존해야 하고, 그러면 한미동맹을 강화하는 수밖에 없다. 한미동맹은 북한의 오판을 방지하는 데 결정적으로 중요하고, 국가안보를 잃으면 모든 것을 잃는다는 차원에서 자존심이 손상되더라도 노력하여 확보해야 할 요소이다. 불편한 진실이지만 확장억제의 이행 여부는 미국이 결정하는 것이기 때문에 한국은 어떤 상황하에서도 미국이 그것을 이행하도록 미국과의 신뢰를 강화하는 것 이외에 다른 방법이 없다. 이것은 정부만 노력한다고 가능한 것이 아니고, 클라우제비츠가 삼위일체를 강조하였듯이 정부, 군대, 국민 모두가 노력해 나가야 하는 과제이다.

(1) 정부 차원

정부는 한미동맹 강화를 최우선 과제로 설정하고, 이를 위한 단기 및 장기 정책과제들을 염출하여 추진해 나갈 필요가 있다. 당연히 미국이 확장억제 이행을 결심할 확률을 높일 수 있도록 한미 양국 간의 상호 신뢰도를 향상시키고, 국내여론을 안정시키며, 필요한 조치들을 제도화해 나가야 한다. 감성적인 자주를 강조하는 데서 벗어나 한미동맹의 효과적 관리에 국정의 최우선순위를 부여하고, 필요하다면 우리의 자율성을 과감하게 양보하여 미국의 요구를 수용할 수 있어야 한다. 한미 정상 간은 물론이고 외교 및 국방장관이나 실무자들이 미국 관리자들과의 소통을 강화하고, 책임 있는 언행으로 신뢰를 강화해야 한다. 한미동맹 현안에 있어서 미국의 관리들과 신뢰와 정직을 바탕으로 협의하고, 원만한 타결에 최대한의 노력을 경주해야 한다.

중국은 북한의 동맹국이어서 한국이 안보 또는 군사적 협력을 기대하기는 어렵다는 냉정한 현실을 직시할 필요가 있다. 한중관계는 한미동맹을 저해하지 않는 범위 내에서 추진한다는 기조하에, 정경분리(政經分離) 원칙을 바탕으로 경제·사회·문화적 협력에 충실하고, 안보 및 국방 분야에서 협력을 추진할 경우 미국과 사전에 협의할 필요가 있다. 중국에 지나치게 의존할 경우 한미동맹을 약화시킬 수 있다는 점을 인식해야 하고, 6자회담을 통한 북핵 문제 해결에 대한 기대도 낮추어야 할 것이다. 한국이 한미동맹과 한중관계의 우선순위를 분명하게 제시할수록 한중 상호 간에 지나친 기대를 갖지 않음으로써 오히려 한중관계의 실질적 발전을 보장할 수 있다.

당연히 북핵 대응에 있어서 미국과 철저한 공조체제를 유지 및 강화해 나가야 한다. 북한에 대하여 한국이 어떤 조치를 강구할 때 미국 정부와 적극적으로 협의함으로써 미국도 그렇게 하도록 만들어야 한다. 북핵 문제 해결이나 한국의 안보에 관하여 미국이 확실한 책임의식을 갖도록 만들어야 할 것이고, 북한이 미국과 직접 접촉하여 한국을 소외시키지 않도록 주의해야 한다. 북한에 대한 경제적 제재, 접촉과 대화, 군사적 조치 등 가용한 모든 대안들을 한미 양국이 함께 검토할 때 북한은 한미동맹을 균열시키는 것이 불가능하다고 판단할 것이고, 진정한 비핵화만이 그들의 생존방책이라고 결정하게 될 것이다. 과거사나 국민감정에 지나치게 좌우되지 않도록 노력하면서, 필요하다면 일본과도 북핵 대응을 위한 협력을 강화하고, 이로써 한미일 간에 공고한 협력관계를 형성해 나갈 필요가 있다.

미국과의 동맹을 관리하는 데 있어서 일본의 사례를 적극적으로 파악하여 참고할 필요가 있다. 태평양 전쟁 직후 점령시기부터 지금까지 일본은 미일동맹을 현명하게 관리함으로써 재기와 발전에 성공하였기 때문이다. 북핵 대응에 관해서도 일본은 미국과 철저히 협력하여 2006년과 2014년에 미국의 사드 레이더를 배치하면서도 한국에서와 같은 논란이 없었을 뿐만 아니라 BMD에 관해서는 미국과 철저히 협력함으로써 동일한 기간 동안에 상당한 방어력을 확보할 수 있었다. 일본은 2015년 4월 '미일방위협력지침'을 개정할 때 '동맹조정 매커니즘'을 설치함으로써 오히려 한미연합사와 같은 단일지휘 효과를 지향하고 있다. 일본의 방위비 분담도 한국보다 많은 액수일 뿐만 아니라 적극적으로 지원한다는 태도를 과시한 후 실무적으로 협상해 나감으로써 미국으로부터 긍정적 반응을 얻고 있다. 그 결과 미국은 센카쿠열도에 대한 외부의 공격에 대하여 일본을 위한 지원 및 보완작전을 수행한다는 점을 명시하게 되었고, 미일동맹의 필수성을 높게 평가하고 있다.

(2) 군 차원

최우선적으로 우리 군은 미국이 약속하고 있는 확장억제가 체계적으로 이행될 수 있도록 제도적 장치를 강화할 필요가 있다. 미 국방부 및 합참과 '한미 억제전략위원회'를 수시로 개최함으로써 확장억제 이행을 위한 세부적인 계획을 발전 및 점검하고, 한반도에 대한 미국의 '맞춤형 억제전략'이 개념대로 구현될 수 있도록 '4D 전략', 즉 '탐지(Detect) · 교란(Disrupt) · 파괴(Destroy) · 방어(Defend)'를 구현할 수 있는 세부계획과 능력을 발전시켜야 할 것이다. 한국군이 독자적으로 발전시키고 있는 킬 체인, KAMD, KMPR의 개념과 계획이 '4D 전략'에 의한 계획과 일관성을 갖도록 조정하고, 북한군의 동태나 도발에 대하여 한미 양국 군이 긴밀하게 협의하며, 가급적이면 연합 차원에서 대응할 필요가 있다.

특히 한국군은 제한된 자원과 시간 속에서 북핵 대응태세를 조기에 완비해야 한다는 점에서 한미 간 분업 개념을 적용할 필요가 있다. 북핵 대응을 위하여 동원해야 하는 방법 중에서 미국이 제공해 줄 수 있는 것은 일단 미국에게 의존함으로써 노력과 시간을 절약하고, 미군이 제공할 수 없거나 한국이 담당하는 것이 효과적인 것부터 한국군이 전담해 나가는 방식으로 접근해야 한다는 것이다. 이러한 접근방식으로 조기에 한미연합 북핵 대응태세를 완비한 다음에 점차적으로 한국군의 역할을 확대해 나가야 할 것이다. 북핵 위협에 대한 대응방법별로 한미 양국의 분업 방향을 제시하면 〈표 4-2〉와 같다.

〈표 4-2〉에서 제시하고 있듯이 한국은 북한의 핵위협에 대한 최대 억제는 미국에 의존하되, 최소억제, 예방타격, 민방위는 전담한다는 자

<표 4-2> 한국의 핵위협 대응실태와 한미 분업

대응방법		실태	추진과 보완방향	한미 분업	
				대미 요구	한국의 과제
억제	최대	충분	미국 의존	– 핵보복계획 공유 – 전술핵 전진배치	– 북핵 대응 한미 협의 강화 – 적극적 자율성 양보
	최소	매우 미흡	한국 전담	– 한국의 계획에 대한 동의 – 정보 및 타격능력 일부 지원	– 대북 인적정보 자산 확충 – 유사시 북한 수뇌부 사살을 위한 계획과 능력 집중 발전
탄도 미사일 방어		미흡	한국 주도 미국 지원	– 사드로 상층방어 제공 – 위성 및 레이더로 북한 핵미사일 탐지	– 주요 도시 방어 가능한 PAC-3 확보, M-SAM, L-SAM 조기 전력화 – 서울 방어를 위한 중층방어무기 개발 – BMD작전통제소 한미 통합
타격	선제	미흡	미국 주도 한국 지원	– 북한 핵공격 활동에 대한 기술정보 제공 – 타격 주도	– 인적정보 제공 – 타격 지원
	예방	매우 미흡	한국 전담	– 한국의 결정 동의 – 필요시 동참	– 개념 정립 – 정보 확충
민방위		매우 미흡	한국 전담	– 일부 관련 지식 제공	– 경보체제 구축 – 대피소 정비 및 강화

출처: 박휘락, 2016b: 100-101.

세를 가질 필요가 있다. BMD와 선제타격의 경우는 시행의 정당성이 크다는 점에서 한미연합으로 구축해 나가되 전자는 한국이 주도하고, 후자는 미국이 주도하는 것이 효과적일 것이다. 이러한 분업 개념을 통하여 미국의 간섭을 최소화하면서도 한미연합 북핵 대응 역량을 극대화해야 하고, 이로써 단기간에 북핵의 위협으로부터 국민들을 보호할 수 있는 태세를 극대화할 수 있어야 한다.

현실적으로 시급하기도 하고 생산적인 성과를 도출할 수 있는 한미 양국 군의 조치는 BMD 분야이다. 한미 양국 군은 북한의 핵미사일 공격 가능성을 전제로 하여 최선의 BMD 청사진을 재정립한 후 그것을 신속하게 구축해 나가기 위한 로드맵을 확정해야 한다. 현재 양국 군이 보유하고 있는 BMD 자산들의 배치를 조정하여 방어 효과를 증진시키고, 미흡한 부분은 미군의 자산을 추가로 배치하거나 한국군이 조기에 구매하여 보충할 수 있어야 한다. 현재 분리되어 운영하고 있는 한미 양군의 BMD 작전통제소를 통합시키고, 한미연합 BMD 대응 및 훈련을 적극적으로 실시하여야 할 것이다. 필요할 경우에는 일본 BMD와의 협력체제도 모색하고, 이를 통하여 BMD의 방어력을 향상하거나 BMD 구축을 위한 시간과 예산을 절약할 수 있어야 할 것이다.

한국군은 한미연합사를 더욱 효과적으로 활용하고자 노력할 필요가 있다. 한미연합사령관은 한미 양국 정부로부터 한반도의 전쟁 억제와 유사시 전쟁 승리를 위한 책임을 부여받은 상태이고, 한국은 그에 대하여 50%의 지휘권을 지니고 있으며, 한미연합사령관이 건의하는 사항은 미 정부가 수용할 가능성이 높기 때문이다. 미군에게 한반도 방어에 대한 확실한 책임을 부여하는 것이 중요하다. 한국의 국방장관과 합참의장은 필요한 사안이 있을 경우 수시로 한미연합사령관을 불러서 지시할 수 있어야 하고, 그에게 북핵 위협으로부터 한국을 보호할 수 있는 대책을 준비하도록 요구해야 한다. 현재 추진하고 있는 한국군 대장의 한미연합사령관 임명은 북핵 문제가 해결될 때까지 유예할 필요가 있다.

(3) 국민 차원

민주주의 국가에서 국민들은 투표와 국민여론을 통하여 국가의 정책 형성과 시행에 영향을 주기 때문에 한미동맹, 특히 확장억제의 보장을 위해서는 국민들의 협조도 필수적이다. 국민들은 북핵 위협의 심각성과 한미동맹의 필수성을 이해한 바탕 위에서 자주라는 감정적 접근보다 동맹을 통한 안전보장이나 민족의 영속을 더욱 중요시할 필요가 있다. 북핵 대응, 전시 작전통제권 문제, 방위비 분담 등 한미 현안의 의미, 내용, 영향을 정확하게 이해함으로써 반미를 선동하는 루머에 현혹되지 않아야 할 것이다.

이제는 국민들도 북핵 위협에 대한 대비책을 각자가 적극적으로 토의 및 강구할 필요가 있다. 핵무기는 국민들을 직접 공격하고, 핵전쟁에 대한 국가와 군의 대비 수준은 국가사회의 일체감과 정치적 의지, 즉 국민과 직접적으로 관련되어 있기 때문이다(Howard, 1979: 983). 국민들의 결의가 확고할수록 한미연합군은 북핵에 대한 과감한 조치를 계획 또는 결정할 수 있고, 그렇게 되면 해결의 가능성도 높아질 것이다. 국민들은 북한에 대하여 한미가 공세적인 군사작전을 계획 및 수행하고자 할 때 다소 간의 피해가 수반되더라도 감수한다는 의연한 자세를 가져야 할 것이다. 핵무기로 위협하더라도 굴복하지 않는다는 단호한 의지를 북한과 미국에게 과시할 수 있어야 한다. 정부에게 민방위 활동을 핵대비 수준으로 격상시킬 것을 요구하고, 각자가 핵폭발 시 생존에 필요한 방안을 학습함으로써 최악의 사태에도 대비한다는 자세를 가져야 한다.

한미동맹과 이에 근거한 확장억제의 이행이 한국이 필요로 하는 가장 중요한 사항이라면 국민들은 미국인들이 다소의 위험을 감수하더라도 한국을 방어해야 한다는 점을 그들 정부에게 요구하도록 미국인들의 대한국 인식도 향상시킬 필요가 있다. 미국 국민들이 확장억제 이행을 요구하거나 동의해야 미국 정부는 북한의 본토 공격 위협을 무릅쓰면서까지 확장억제를 감행할 것이기 때문이다. 반미 의식이 부각되어 미국에게 전달되지 않도록 하고, 한국을 방문하는 미국인들에게도 친절하며, 주한미군을 위한 다양한 한미 친선활동 행사도 증대시키고, 국민 각자가 우호적인 한미관계 형성에 적극적으로 참여할 필요가 있다. 미군이 주둔하는 자치단체별로 미군과 주민의 유대감 강화를 위한 다양한 행사를 개최하는 것도 필요할 것이다. 미국인이나 미군에 대한 국민들의 우호적인 태도가 북한의 핵공격 예방과 억제, 그리고 우리의 생존 보장에 결정적인 기초라는 점을 유념할 필요가 있다.

4) 결론

그동안 한국은 미국으로부터 '방기'되는 위험은 그다지 걱정하지 않은 채 '연루'의 위험을 줄이는 데 치중하여 왔다. 그러나 북한의 핵무기 개발 및 위협으로 이러한 방식은 위험해졌고, 지속되어서는 곤란하다. 한국은 핵무기를 보유하지 못한 상태라서 단독으로는 북핵에 대한 유효한 억제책이 없고, 미국의 확장억제가 불안해질 경우 북한이 오판하여 핵무기로 위협하거나 공격할 수 있기 때문이다. 북한이 미국 본토를 공격할 수 있는 ICBM의 완성에 근접함으로써 미국의 확장억제는 더욱 불안해진 상태이고, 그만큼 미국으로부터 한국이 방기될 위험도 높아지고 있다. 실제로 미국 내부에서는 확장억제의 약속을 부담스러워 하고 있고, 주한미군 철수나 북한의 핵무기를 용인하자는 의견도 제시되고 있다.

지금 당장 북한이 핵무기로 한국을 공격할 경우 미국이 확장억제를 이행할 것이냐를 평가해 본 결과는 그다지 낙관적이지 않다. 미국의 입장에서는 한반도의 핵전쟁에 연루될 위험성이 클지, 아니면 나토나 일본을 비롯한 다른 동맹국에게 미국 확장억제에 대한 불신을 초래하지 않아야 한다는 당위성이 클지를 판단하지 않을 수 없는 상황이다. 그런데 현재 북한은 수소폭탄을 개발한 상태에서 ICBM과 SLBM의 개발을 지속하고 있어 미국이 인식하는 연루의 위험은 점점 커지고 있고, 다른 동맹국에 대한 신뢰의 경우 잠시 상실하더라도 나중에 회복하면 된다고 생각할 수 있다. 그 외에도 미국이 확장억제의 이행 여부를 검토할 때는 미국에 대한 한국의 가치, 중국과 러시아의 반응, 미국 국내적 요소들도 고려할 것인데, 이들의 경우 긍정과 부정의 측면이 공존하지만 확장억제 이행에 부정적인 측면이 다소 커지고 있는 상황인 것은 분명하다.

이제 한국은 미국이 약속하고 있는 확장억제의 이행을 보장하기 위하여 미국이 인식하는 한국의 전략적 가치를 높이거나, 미국의 대중국 전략에 적극 협력하거나, 한국에 대한 미국 국민들의 부정적인 인식을 감소시키기 위한 노력을 경주해야 한다. 미국이 핵공격을 당할 수 있는 우려를 해소하기 위한 대책까지 한국이 마련 및 강구함으로써 연루의 위험을 감소시켜 주어야 할 것이다. 이러한 점에서 한국은 주한미군의 생존성을 강화할 수 있도록 자체의 BMD 능력 강화에 더욱 매진할 필요가 있다. 유사시 미국을 직접 위협할 수 있는 북한의 핵기지에 대한 제한적 정밀타격이나 특수팀을 통한 적시적인 파괴작전을 시행할 수 있도록 계획하고, 사이버나 전자기파(EMP: Electro-Magnetic Pulse) 무기와 같은 창의적인 북핵 대응수단을 개발함으로써 북한의 대미 공격력을 무력화시켜 나가야 할 것이다. 미군이나 미국이 공격당할 우려를 해소하기 위하여 한국이 적극적으로 노력하는 것은 미국의 확장억제 이행을 보장할 뿐만 아니라, 한미동맹을 종속이 아닌 호혜와 평등으로 발전시키는 조치일 수도 있다.

북핵 위협으로 인하여 한미동맹과 미국의 확장억제는 한국의 생존을 좌우하는 사활적인 중요성을 지니게 되었다는 점에서 한미동맹의 강화에 정부와 군대는 물론이고, 국민까지도 동참할 필요가 있다. 정부는 중국과의 관계를 적절하게 조정하면서 대북정책에 관하여 미국과 철저한 공조를 유지하고, 일본과의 협력도 추진해 나갈 필요가 있다. 한국군은 미군이 약속하고 있는 확장억제가 체계적으로 이행될 수 있도록 제도적 장치를 강화하고, 미군과의 분업 개념에 근거하여 한미연합 북핵 대응태세를 체계적으로 강화할 수 있어야 한다. BMD 구축에 있어서 그동안 회피해 왔던 미군과의 협력을 적극적으로 추진해 나가야 할 것이다. 국민들은 확장억제의 이행이 갖는 중요성을 인식하는 가운데 정부에게 한미동맹 강화를 요구하고, 한미연합 차원의 군사적 조치들을 적극적으로 지원하며, 미국인이나 주한미군들이 친한 감정을 갖도록 각자가 유용하다고 판단되는 바를 실천해 나가야 할 것이다.

5.
중국과 전략적 협력

  통일과 북한 문제 해결에 활용하고자 한국은 1990년대부터 한중관계 개선에 노력해 왔고, 최근에는 하나의 사조로 정착되고 있다. 오랫동안 지속되어 온 한미동맹에 대한 피로감의 반작용일 수도 있다. 다만, 그동안 한국이 기울인 노력에 비해서 한중관계가 깊어지거나, 개선된 한중관계가 한반도의 평화와 안정을 증진해 온 바는 적다. 중국은 북한의 핵무기 개발을 적극적으로 차단하기는커녕 북한을 통하여 한국과 미국을 곤란케 하려는 의도를 보이고 있다. 중국의 실체와 한중관계의 한계에 대한 냉정한 인식이 필요한 상황이다.

1) 한중관계의 성격과 발전 가능성

(1) 한중관계 경과

한민족은 중국과 국경을 마주한 상태에서 동양의 문화를 공유함으로써 오랜 역사에 걸쳐서 관련을 맺어 왔다. 고대에 한민족이 강성할 때는 중국과 대등한 입장에서 투쟁하기도 했으나, 중국이 통일 및 강대국화하면서 한민족과의 국력 격차는 커졌다. 결국 중국의 명(明)과 청(淸)을 상대하였던 조선은 "작은 나라는 큰 나라를 섬기고(事大), 큰 나라는 작은 나라를 돌보아야 한다(字小. 事小)"는 중화사상(中華思想)을 수용해야 하였다(이상익. 2017: 195). 그래서 조선은 왕이 즉위한 후 승인을 받거나 수시로 조공(租貢)을 제공하였다. 중국과 조선은 명문화되지는 않았지만 현재의 동맹관계와 유사한 관계였다. 그래서 1592년 일본이 침략하자 중국은 조선으로 출병하였고, 한말에도 동학혁명 진압을 위하여 중국군이 한국으로 출동한 것이다.

제2차 세계대전의 부산물로 한반도가 남북한으로 분단되고, 이어서 자유민주주의 진영과 공산주의 진영으로 세계가 양분된 냉전기간에 한국과 중국은 진영을 달리하여 대결하는 관계였다. 1950년에 발발한 6·25 전쟁에서 중국은 북한의 침략을 지원하였을 뿐만 아니라 유엔군이 북한 지역으로 진격하자 대규모 군대를 보내어 이를 차단하면서 북한을 구원하였고, 그 과정에서 30만 명 이상의 사망자를 내기도 하였다. 한국군과 중국군은 서로를 상대로 직접적인 전투를 벌였고, 그러한 상태가 휴전으로 현재에 이르고 있다. 법적으로 보면 한국과 중국은 적대국이다.

한국은 한미동맹에 의존하여 안보 불안을 해소함과 동시에 경제성장에 매진한 결과로 어느 정도 국력이 축적되자 자신감을 바탕으로 1990년대부터 '북방정책'이라는 슬로건을 통하여 중국과의 관계 개선에 나서기 시작하였다. 한국은 상호 불가침, 상호 내정 불간섭, 중국의 유일 합법정부로 중화인민공화국 승인 등에 합의함으로써 1992년 중국과 수교하였다. 이로 인하여 한국은 대만과 단교하였고, 중국과는 다양한 분야에서 협력을 강화해 왔다. 이후 한중 간에는 경제 분야에서 긴밀한 협력이 이루어져 상호 무역이 급격하게 확대되었다.

한중관계는 2003년 출범한 노무현 정부에 의하여 다시 한 번 도약하게 된다. 노무현 정부는 미국으로부터의 자주성 확보를 강조했는데, 그 대안을 중국이라고 판단하였다. 노무현 대통령은 2005년 3월 21일 3사관학교 졸업식에서 '동북아시아 균형자론'을 제기하면서 중국과의 관계 개선을 강조하였다. 이에 대하여 비판론도 상당하였지만, 한중관계 개선이라는 정책방향은 국민들에게도 확산되었고, 이후 정부들도 계승하였다. 후임인 이명박 대통령은 노무현 대통령이 추진해 놓은 중국과의 동반자 관계를 취임 후 6개월이 지난 2008년 8월 25일 체결하였고, 박근혜 대통령은 2015년 9월 3일 중국의 전승절 행사에 미국의 동맹국으로서 유일하게 참석하는 등 한중관계 개선에 특별한 관심을 기울였다.

한국의 이러한 적극적인 노력에 힘입어 한국과 중국의 경제적 관계는 매우 활발해졌다. 1992년 수교 당시 중국에 대한 한국의 수출은 26억 5,000만 달러에 불과하였으나 2016년에는 1,244억 달러로 47배가 증가하였다. 수입의 경우에도 1992년 37억 3,000만 달러에 불과하였으나 2016년에는 862억 달러로 23배 증가하였다. 그 결과 한국은 1992년 10억 7,000만 달러의 무역적자를 보고 있었으나, 2016년에는 374억 5,000만 달러의 흑자를 기록하였고, 수교 이후 누적된 무역수지 흑자액은 수천억 달러를 상회하고 있다(KOTRA, 2017). 한국에서 균형외교의 필요성이 제기되었던 2002년부터 대중 수출이 급증하기 시작하여 2003년에는 전년에 비해 47.8%가 증대되기도 하였다. 한중관계 개선 노력이 우리의 경제에 상당한 기회를 제공한 것은 부인할 수 없는 사실이다.

2008년 중국과 동반자 관계를 체결함에 따라 한국은 안보 차원의 협력까지도 기대하였지만, 이것은 충족되지 않았다. 한중 양국이 동반자 관계를 맺은 2년 후 북한에 의한 천안함 폭침과 연평도 포격이 발생하였지만, 중국은 철저히 북한 편을 들면서 유엔에서 제재결의안이 합의되지 못하도록 방해하였고, 지금도 북핵 문제 해결을 위하여 한국을 배려하는 측면을 찾기는 어렵다. 그래서 지금까지의 한중관계는 "경제·교역 > 사회·문화 > 정치·외교 > 군사·안보"의 협력 수준(김태호, 2013: 15) 또는 "정냉경열(政冷經熱)"로(서정경, 2014: 263) 평가되고 있다. 그럼에도 불구하고 아직도 한국에서는 중국과의 관계 개선을 통하여 북한 문제를 해결하려는 기대를 갖고 있고, 중국도 한미동맹에 대한 한국의 의존성이 감소되지 않았다는 점에서 불만이 있을 것이다. 이런 점으로 인하여 한중 간에는 인식의 차이(perception gap)와 기대의 차이(expectation gap)가 적지 않다(이희옥, 2011: 49).

한중 간 인식과 기대의 격차가 극명하게 노출된 것은 주한미군의 BMD 무기 중 하나인 사드 배치를 둘러싼 중국의 반대이다. 중국은 사드의 배치가 북한 핵미사일에 대한 방어가 아니라 중국 포위를 위한 미국의 전략적 접근으로 인식하여 반대하였고, 이에 대하여 한국은 내정 간섭으로 인식하거나 북한의 핵미사일 위협에 직면하게 된 한국의 상황을 중국이 이해해 주지 않는다면서 중국에 대해 불만이었다. 한국이 결국 사드 배치를 결정하자 중국은 다양한 경제적 보복조치를 강구하기도 하였다. 사드 배치를 반대하던 문재인 정부도 출범 후 사드 배치를 허용한다는 결정을 내리자 중국은 더욱 한국에 대하여 격양된 태도를 보였다. 문재인 정부가 2017년 10월의 외교장관 회담과 2017년 12월의 정상회담을 통하여 중국의 입장을 무마시킴으로써 다소 진정되기는 하였으나 2000년대와 같은 한중관계로의 회복에는 상당한 시간이 걸릴 가능성이 높다.

(2) 한중관계의 성격

한국과 중국은 2008년 '전략적 협력 동반자' 관계를 체결하였다. 그러나 '전략적 동반자' 또는 '동반자' 관계는 그 성격이 명확하게 정의되어 있거나 상호 간이 준수해야 할 구체적인 의무가 명시되어 있는 관계는 아니다. 동맹은 동맹국이 다른 국가의 공격을 받을 경우 군사력을 동원하여 지원한다는 의무가 명시되어 있는 관계이지만, 동반자 관계는 그러한 것이 없이 국가 간의 상호 협력을 강조하는 관계로서, 굳이 평가하자면 동맹과 보통관계 사이에 있는 중간 형태라고 할 수 있다. 이것은 중국이 냉전시대에 견지해 온 비동맹 정책에 뿌리를 두어 발전된 형태라고 할 수 있는데, 중국의 경우 1993년 브라질과 동반자 관계를 시작한 후 미국, 소련, 한국을 포함한 50개국 정도의 국가들과 동반자 관계를 체결한 상태이고, 한국도 다수의 국가들과 유사한 동반자 관계를 체결하고 있다. 동반자 관계의 경우 보통의 관계에 비해서 더욱 적극적으로 협력하겠다는 의지는 표명하고 있지만, 상호 간의 실행 정도에 따라서 성과가 크게 달라지는 임의적인 관계이고, 본질적으로는 보통관계와 다른 점이 없다고 할 수 있다.

나토에서는 그나마 동반자 관계를 분명하게 정의하여 사용하고 있다. 나토 국가들은 1994년 1월 브뤼셀 정상회담을 통해 과거 공산권에 속하였던 국가들을 나토에 편입하기로 하였는데 그 방법으로 '평화를 위한 동반자 관계(PfP: Partnership for Peace)'를 새롭게 설정하였다. 이것은 나토 조약의 제5조 즉 회원국에 대한 무력공격이 있을 경우 이를 지원한다는 조항은 적용되지 않는 관계이다(이수형, 2010: 5). 이를 근거로 비교해 보면 동맹에서 전제하고 있는 상호 지원의 의무가 없는 것이 동반자 관계이다. 현재 나토는 이러한 동반자 관계를 유럽 국가 이외까지도 확대하고자 '지구적 동반자 관계(global partnership)' 개념을 발전시키고 있다. 중국의 동반자 관계도 나토의 동반자 관계와 유사하거나 오히려 그보다 더욱 구속력이 없는 관계라고 보는 것이 현실적일 것이다.

한중 간에 동반자 관계를 체결함으로써 서로에 대한 인식도는 상당히 달라졌고, 따라서 이전의 관계에 비해서 한 차원 격상된 것은 분명하다. 다만, 동반자 관계의 성격에 대한 명확한 정의가 내려져 있지 않기 때문에 상호 간에 오해가 발생할 소지도 증가하였다. 한국은 한중관계를 발전시켜 한미동맹을 대체할 수도 있다는 기대를 가졌다는 점에서 동반자 관계를 유사시 안보지원까지 기대할 수 있는 관계로 인식해 온 측면이 있다. 동시에 중국도 한국이 동반자 관계를 수용함으로써 과거 중화질서를 복원하는 것에 동의한 것으로 인식한 측면이 있다. 따라서 한국은 중국과 동반자 관계를 체결한 이후 중국의 요구를 가급적이면 수용하거나 중국의 기분을 상하지 않도록 노력하면서 중국이 남북 문제 해결에 더욱 기여해 주기를 바랐고, 중국은 과거의 역사에서처럼 한국에게 필요한 요구를 제기할 수 있는 것으로 인식하는 경향을 보였다. 이것은 2014년 이래 아직도 완전히 해소되지 못한 상태에 머물러 있는 사드 배치를 둘러싼 한중관계의 전개 양상에서 그대로 나타나고 있다.

이러한 인식들을 바탕으로 한중관계를 평가해 보면 현재 한국과 중국 간에는 비대칭 동맹에 적용되는 '자율성-안보 교환' 대신에 '자율성-경제협력 교환'의 관계가 형성된 것으로 볼 수 있다. 한중 양국이 이러한 관계를 체결하지는 않았지만, 한국이 중국과의 관계 개선에 집착하여 중국의 제반 요구를 수용하고자 노력하고, 이에 대하여 중국은 경제협력을 지렛대로 활용하여 한국에게 필요한 조치를 요구하는 모습을 보여 왔기 때문에 결과적으로 이러한 관계로 발전되었다는 것이다. 즉 현재의 한중관계는 한국이 중국에 대하여 어느 정도의 자율성을 양보하고, 중국은 한국에게 경제적 이익을 제공하는 형태로 단순화해 볼 수 있다는 것이다. 그렇기 때문에 중국은 미군의 사드 배치를 한국이 허용하지 않도록 압력을 가할 수 있다고 판단하였고, 한국도 중국이 그러한 요구를 할 수 있을 뿐만 아니라 한국이 어느 정도 수용해야 하는 것으로 인식하였다. 객관적으로 보면 내정간섭에 해당될 정도로 중국이 사드 배치에 관하여 한국 정부에게 강한 압력을 가하였음에도 한국 정부는 항의하기보다는 중국의 반대를 무마시키는 데 노력하였고, 한국이 최종적으로 사드 배치를 허용한 데 대하여 중국이 경제적 보복을 가하자 역시 한국은 항의보다는 무마에 치중하였다. 한중 간에 작용하고 있는 '자율성-경제협력 교환'의 관계를 도식화하면 〈그림 5-1〉과 같다.

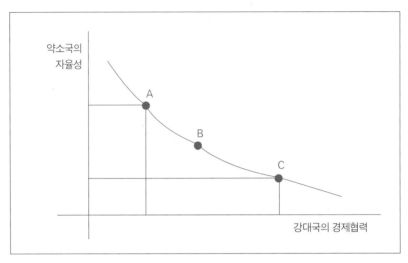

약소국의
자율성

A

B

C

강대국의 경제협력

〈그림 5-1〉 한중관계의 자율성과 경제협력의 교환

　〈그림 5-1〉을 보면 한국이 자율성 양보를 하지 않으면 (한국이 자주성
을 강화하면) 중국과의 경제협력은 약화되어 한국의 경제적 이득은 줄어들
고(지점 A), 자율성을 양보하면 중국과의 경제협력은 활성화된다(지점 C).
다만, 중국이 요구하는 자율성과 미국이 요구하는 자율성이 상충될 경
우 한국은 고민할 수밖에 없고, 따라서 현실에서 한국은 A와 C사이의
어느 지점인 B를 선택하게 될 것이다. 이론적으로 보면 중국과의 경제
협력은 미국의 안보지원에 비해서 우선순위가 낮기 때문에 미국과 중
국 사이에서 선택이 불가피할 경우 한국은 당연히 미국을 선택해야 한
다. 그러나 미국의 안보지원은 위기나 전쟁 시에 나타나는 것이라서 발
생하는 시점이 불확실하거나 먼 미래일 뿐만 아니라 안보지원이 약해
진다는 인과관계를 확신하기가 어렵다. 대신에 중국과의 경제협력이
잘못되어 발생하는 경제적 손해는 지금 발생할 뿐만 아니라 인과관계
도 명확하다. 따라서 이론과 달리 한국은 미국과 중국 사이에서 어느

편을 선택해야 할지 망설이게 되고, 오히려 중국을 우선시하는 경향도 보이는 것이다.

(3) 한중관계의 발전 가능성

현재 한국과 중국은 '전략적 협력 동반자 관계'를 체결하고 있기 때문에 동맹 또는 그와 유사한 수준으로 격상되는 것이 발전일 것인데, 이에 대한 해답을 찾기 위해서는 한중관계가 동맹관계로 발전할 수 있는 조건인지를 평가해 볼 필요가 있다. 동맹관계로 발전될 여건이라면 한중관계는 현재에 비해서 더욱 강화될 것이고, 그렇지 않다면 현재 수준보다 나쁜 상태로 변화될 가능성이 높을 것이기 때문이다. 특정 국가들이 동맹관계로 발전하려면 여러 가지 조건이 구비되어야 하겠지만 공통의 위협, 예상되는 상호 이익, 상호 간의 신뢰 정도는 필수적일 것이라는 점에서 이 세 가지 조건을 적용하여 한중관계의 발전 가능성을 평가해 보고자 한다.

첫째, 현재 또는 가까운 장래에 한국과 중국 사이에 동맹 정도의 협력을 요구할 공통의 위협이 존재할 것으로 보기는 어렵다. 중국이 위협으로 인식하는 국가는 미국, 러시아, 일본일 것인데, 이 중에서 미국은 한국의 동맹국이라서 한중 간의 공통위협이 될 수 없고, 러시아도 한국과 국경을 접하지 않아서 한국의 직접적인 위협으로 인식하기는 어렵다. 과거에 한때 그러한 사례도 있었듯이 유일하게 중국과 한국의 공통위협이 될 수 있는 것은 일본이다. 한중 양국은 일본에 대하여 상당한 경계심을 지니고 있고, 한국은 독도, 중국은 센카쿠열도(댜오위다오)의 영유권을 둘러싸고 일본과 다툼을 벌이고 있으며, 앞으로 일본이 군사적 팽창주의를 다시 선택할 가능성도 배제할 수는 없기 때문이다. 그렇지만 현 상황에서 보면 한국과 일본은 미국을 중심으로 간접적인 동맹관계로 연결되어 있고, 자유민주주의의 가치를 공유하고 있으며, 양국은 오히려 북한의 핵공격 가능성이라는 공통위협을 지니고 있다. 중국은 한국에게 일본의 잠재적 위협에 함께 대응하기를 바라겠지만, 한국이 이에 동의하기는 어려운 이유이다. 공통위협 측면에서 중국과 한국이 동맹관계로 발전될 가능성은 매우 낮다.

둘째, 예상되는 이익의 경우 한중 양국의 경제력과 군사력이 결합한다면 그 위력은 적지 않고, 상호 보완 효과도 클 가능성이 높다. 특히 중국이 한국을 군사적으로 활용할 수 있다면 한반도는 중국에게 일본 견제, 서태평양으로의 진출, 미국과의 경쟁과 관련하여 결정적인 유리점을 제공할 것이다. 중국은 한반도를 전통적으로 순망치한(脣亡齒寒)의 관계로 인식해 왔듯이 해양세력에 대한 방어의 측면에서도 한국은 매우 유용할 수 있다. 만약 한중관계가 동맹관계로 발전된다면 한국은 중국의 대북한 지원을 중단시킬 수 있고, 중국 역시 한국의 미국 지원을 중단시킬 수 있다는 장점이 크다. 지금도 중국은 "한미일 공조에서 비교적 약한 고리로 인식되는 한국을 점차 자국 세력권으로 끌어가려는 의도를 숨기지 않고 있다"(서정경, 2014: 275). 대신에 한국이 한중관계를 동맹 수준으로 격상시킬 경우 현재 한미동맹을 통하여 획득하고 있는 모든 이익을 포기해야 한다. 그리고 동맹이 될 경우 한중관계는 비대칭 동맹일 것이라서 중국이 안보를 제공하는 대신에 한국은 자율성을 양보하는 형태로 진행될 것인데, 과거 조선이 명나라나 청나라와 가졌던 관계나 최근 사드 배치를 둘러싼 중국의 압력을 생각하면 한미동맹보다 훨씬 더 노골적이거나 과도하게 한국의 자율성 양보를 요구할 가능성이 높다. 중국의 입장에서 한국과 동맹관계를 체결하면 이익이 상당하겠지만 한국의 입장에서는 현재보다 나쁠 가능성이 높고, 이와 같이 이해가 상충되기 때문에 동맹관계 형성은 어려울 가능성이 높다.

셋째, 한중 양국이 동맹을 맺을 경우 중국이 안보를 제공하는 역할을 담당하게 될 것이라서 동맹의 신뢰성은 주로 중국이 안보공약을 지킬 것으로 신뢰할 수 있느냐에 관한 의문일 것인데, 한미동맹에서의 미국보다 중국이 더욱 신뢰할 만하다고 판단하기는 어렵다. 한미동맹의 '4개의 기둥'이라고 표현하듯이(문영한, 2007: 16-17), 현재의 한미동맹은 동맹조약, 양국 간의 다양한 협의체, 주한미군, 한미연합사를 통하여 매우 체계적으로 구축 및 유지되고 있다. 한중관계가 더욱 발전할 경우 조약의 체결과 연례적 안보협의체 가동까지는 예상할 수 있지만, 중국군이 한국에 주둔하거나 한국과 중국군이 평시부터 또는 유사시에 단일의 지휘체제를 형성할 가능성은 매우 낮다. 지금까지 중국이 해외에 주둔시키고 있는 군사력은 없고, 연합 지휘체제를 구성하거나 적용해 본 전례도 없다. 한국과 중국이 동맹과 유사한 관계였을 때(조선이 중국에 대하여 가진 사대를 상하관계가 아니라 전략적 방편으로 본다면, 중국의 군사적 지원도 일방적 시혜가 아니라 동맹에 의한 지원으로 해석할 수 있다), 중국이 약속을 철저히 준수했거나 한국을 존중하였다고 보기는 어렵다. 임진왜란 때 중국이 출병하였으나 일본군을 조기에 축출하지 못하였을 뿐만 아니라 오히려 조선 내정에 간섭하는 모습을 보였고, 1882년 임오군란을 진압하기 위하여 청나라 군대가 한반도에 진주하였으나 3천 명 정도가 진주하면서 내정간섭을 일삼았으며, 1894년 동학혁명 시에는 조선 정부의 요청으로 청나라 군대가 진주하였으나 일본에게 패하고 말았다. 한국이 약소국으로서 믿고 따라야 한다는 점에서 미국에 비해서 중국이 훨씬 불안한 것이 사실이고, 이런 상황에서 동맹을 체결하는 것은 쉽지 않다.

종합적으로 판단해 볼 경우 한국과 중국이 동맹의 수준으로 관계를 강화할 수 있는 상황은 아니고, 가까운 미래에 그러한 상황이 도래할 가능성도 낮다. 기본적으로 공통의 위협이 존재하지 않고, 한국의 입장에서 예상되는 이익도 크지 않으며, 중국의 신뢰성도 높지 않기 때문이다. 한국의 입장에서는 동맹이 없는 상태에서 중국과 동맹 또는 그에 준하는 관계를 발전시키는 것이 아니라, 60년 이상 한반도의 전쟁억제와 한국의 번영에 결정적으로 기여해 온 한미동맹을 포기하면서까지 한중관계를 발전시켜야 하는 것이기 때문에 미국을 포기하면서 중국을 선택하기는 어렵다. 한국이 통일된 상태에서 일본의 군사력 팽창이 재현될 경우 중국과 한국에게 공통 위협이 존재할 수 있고, 그러할 경우 한중 간 동맹의 형성이 논의될 수 있겠지만, 그렇지 않는 한 현재의 '전략적 협력 동반자 관계'에서 더 이상 진전되기는 어려울 것으로 판단된다.

2) 한중 안보협력관계의 실태

불편한 진실이지만 한국이 애써 체결한 중국과의 '전략적 협력 동반자 관계'가 안보 차원에서 한국에게 기여한 바는 거의 없다. 오히려 서로에 대한 기대만 높임으로써 실망감을 키운 측면이 적지 않다. 한국이 중국과 동반자 관계를 체결한 이후 야기된 안보 관련 사태는 2010년의 천안함 폭침과 연평도 포격, 그리고 사드 관련 논란인데, 여기에서 중국이 보여 준 태도를 분석해 보면 한중관계의 한계를 분명하게 인식할 수 있다.

(1) 천안함 폭침

천안함 사태는 2010년 3월 26일 오후 9시 22분경 백령도 인근 해상에서 임무 수행 중이던 한국 해군의 천안함이 북한의 어뢰 공격에 의하여 침몰되고, 이로써 승조원 총 104명 중 46명이 전사한 사례이다. 두 달에 걸친 국제적인 합동조사단의 조사결과 "천안함은 북한에서 제조한 감응어뢰의 강력한 수중폭발에 의해 선체가 절단되어 침몰"된 것으로 드러났고, 그 감응어뢰는 백령도 근처까지 침투한 북한의 소형 잠수함에 의하여 발사된 것으로 추정되었다(국방부 민군합동조사단, 2010: 266). 2010년 5월 24일 이명박 대통령은 이 조사결과에 근거하여 북한 선박의 한국 해역 사용을 금지하였고, 앞으로 한국의 영해, 영공, 영토를 무력 침범할 경우 즉각 자위권을 발동할 것이며, UN 안전보장이사회에 회부할 것임을 천명하였다.

천안함 폭침에 대한 주변국들의 반응은 냉전시대에 존재하였던 남방 3국(한국-미국-일본)과 북방 3국(북한-중국-러시아)의 대결 양상을 그대로 드러내었다. 미국과 일본은 합동조사단의 결론을 신뢰하면서 북한을 강력하게 규탄함과 동시에 제재해야 한다고 주장하였지만, 중국과 러시아는 미국, 일본과 전혀 반대되는 태도를 취하였기 때문이다. 중국의 원자바오(溫家寶) 총리는 "한반도의 평화와 안정을 파괴하는 어떤 행동에도 반대하고 규탄한다"라는 원론만 되풀이하였고, 러시아는 자체 조사단을 보내어 일주일 정도 조사하고도 결과는 발표하지 않았을 뿐만 아니라 메드베데프(Dmitry Medvedev) 러시아 대통령은 2010년 6월 18일 "천안함 사건과 관련해 오직 하나의 버전(version)만 있지는 않다"고 말하기도 하였다. 유엔안보리에서 북한에 대한 제재를 논의할 때도 미국과 일본은 한국의 입장을 적극적으로 지지하였지만, 중국과 러시아는 거부권을 무기로 방해하였고, 결국 유엔안보리 결의안이 아닌 의장성명(presidential statement)에 그치면서 제재가 무산되었을 뿐만 아니라 무관함을 주장하는 북한의 입장까지 포함되었다.

한국과 중국은 2008년 '전략적 협력 동반자 관계'를 체결하였지만, 천안함 사태를 둘러싼 반응이나 처리에 있어서 중국은 한국의 입장이나 요청을 전혀 고려하지 않았을 뿐만 아니라 오히려 이전보다 더욱 비협조적인 태도를 보였다. 중국 외교부의 경우 조사 이전에는 "객관적인 사건 조사"를, 이후에는 "각국의 냉정하고 자제하는 태도"를 강조하였고, "한반도의 평화와 안정 유지"라는 틀에서 문제를 해결해야 한다는 원론만 되풀이하였다(한광희, 2010: 9-10). 중국의 주요 일간지인 『인민일보』는 천안함 폭침 이틀 후 한차례 사실보도를 한 다음 1개월간 관련 뉴스를 보도하지 않았고, 북한의 소행이라는 조사결과가 발표된 이후에는 북한 조선중앙통신의 말을 인용하는 형식으로 북한의 입장을 대변하였다(유세경 외, 2010: 137-138). 전략적 협력 동반자 관계 체결에도 불구하고 중국이 한국의 입장을 배려하거나 과거와 다르게 대응한 것은 전혀 없었다고 평가하지 않을 수 없다.

(2) 연평도 포격

연평도 포격은 2010년 11월 23일 오후 2시 34분부터 오후 3시 41분까지 북한이 해안포와 방사포를 동원하여 한국의 영토인 연평도의 군부대와 민간지역에 170발 정도의 포탄을 발사한 사태로서, 한국군 해병 2명 전사 및 16명 중경상, 민간인 2명 사망 및 다수의 부상자, 그리고 건물 133동(전파 33, 반파 9, 일부파손 91)과 전기·통신시설 파손 및 산불 발생 등의 피해를 야기하였다(국방부, 2010: 266-267).

연평도 포격에 대해서도 한국의 우방인 미국과 일본은 천안함 폭침 때보다 더욱 강력하게 북한을 규탄하였고, 러시아까지 "한국의 연평도에 대한 공격 행위는 비난받아 마땅하며 공격한 측은 응분의 책임을 져야 한다"고 말하였다(강준영, 2010: 39). 그러나 중국만은 여전히 북한을 옹호하는 입장을 보였다. 중국 언론은 천안함과 달리 남북한 양측의 입장을 전달하는 태도를 보이기는 하였으나 중국 정부의 공식 입장은 천안함 사건 때와 유사하게 관련 국가들의 냉정과 자제를 요청하는 것이었고, 문제의 원인이 분쟁지역 내에서 한국이 실행한 군사훈련 때문이었다면서 중국은 중립으로서 분쟁의 무력 해결을 반대한다는 내용이었다(정재호, 2012: 35). 중국은 생중계되는 대낮의 포격이었음에도 "조사 확인이 필요하다"는 유보적인 입장을 보였고, 양제츠(楊洁篪) 당시 중국 외교부장은 2010년 12월 1일 북한의 연평도 포격과 관련하여 "중국은 남북한 어느 편도 들지 않을 것"이라고 말하였다. 중국은 남북한 대사들을 동시에 불러서 상호 자제를 주문하였을 뿐만 아니라 한국군의 연평도 해상사격훈련에 대한 반대 논평을 외교부 홈페이지에 올리기도 하였다. "연평도 사건으로 인해 한국과 중국 사이에는 인식의 차이(perception

gap)와 기대의 차이(expectation gap)가 구조화되었다"고 평가되는 이유이
다(이희옥, 2011: 49).

(3) 사드 배치

사드는 해외주둔 미군 보호를 위한 BMD 중에서 종말 단계 상층
방어(Upper-tier Defense)를 담당하는 무기로서 요격 고도가 40~150km 정
도이고, 비행기로 수송되며, 15~20km 고도에서 종말(終末)단계(terminal
stage) 하층방어(lower-tier defense)를 담당하는 PAC-3요격미사일보다 앞서서
공격해 오는 상대방의 탄도미사일을 요격하는 무기이다. 2014년 3월
북한이 1,300km의 사거리의 노동미사일을 부양궤도로 650km만 비행
시키는 시험을 하자 PAC-3로는 불안하다고 판단하여 미군은 사드의 한
국 배치를 요청하였고, 그 사실을 2014년 6월 3일 당시 한미연합사령
관이었던 스캐퍼로티(Curtis Scaparrotti) 미군대장이 한국국방연구원 주최의
조찬 강연에서 언급함으로써 논란이 되었다.

사드의 한국 배치에 대하여 한국 내에서도 치열한 논쟁이 전개되
었다. 반대론자들은 사드를 배치하면 미국 범세계적 BMD의 일부로 한
국이 편입되고, 이에 대하여 중국이 반발할 것이며, 결국 한국은 미국
과 중국 간 전쟁에 휘말리게 될 수밖에 없다는 논리를 유포하였다(정욱식,
2014). 이러한 논리는 중국으로도 전파되어 2014년 7월 서울에서 개최된
한중 정상회담 때 시진핑 중국 국가 주석은 사드 배치를 허용하지 말 것
을 한국의 박근혜 대통령에게 요구하였다고 보도되었고(이용수, 2015, A1),
이후부터 중국의 언론과 관리들은 한국에게 사드 배치를 허용하지 말

것을 지속적으로 요구하였다. 결국 한국 정부는 '3 No', 즉 사드 배치에 관한 "(미국의) 요청, 협의, 결정이 없었다"는 모호한 입장을 유지하면서 결정을 미루게 되었다. 다만, 북한이 지속적으로 핵실험과 장거리 미사일 시험발사를 실시하자 한국은 2016년 2월 한미 양국 군 실무자들에게 사드 배치를 협의하도록 하였고, 실무자들의 건의안을 수용하여 7월에 사드 배치를 결정하였으며, 2017년 4월에 배치를 시작하여 2017년 9월에 완료하였다.

사드 배치를 둘러싼 논란이 진행되는 과정에서 중국은 한국에게 사드 배치를 허용하지 말 것을 적극적으로 요구하였고, 한국이 결국 배치를 허용하자 노골적인 불만을 노출하면서 경제적 보복까지 감행하였다. 2016년 7월 8일 왕이(王毅) 중국 외교부장은 "사드 배치는 한반도의 방어 수요를 훨씬 초과하는 것"이고, "(사드가 중국을 겨냥한 게 아니라는) 그 어떤 변명도 설득력이 없다"면서 한국에게 결정 번복을 요구하기도 하였다. 2017년 2월 28일 롯데가 소유하고 있는 골프장을 사드 배치 장소로 제공한다는 결정을 내리자 중국은 롯데의 중국 내 기업 활동을 제약하였고, 그 외에도 중국인의 한국 단체여행이나 한국 화장품 수입을 금지하거나 한국 연예인들의 중국 활동을 제약하는 등 다양한 방법으로 사드 배치에 대한 보복을 가하였다.

사드 배치에 관한 중국의 반대는 한국 내에서 벌어진 사드 논란에 영향을 받아서 촉발 또는 강화된 측면도 없지 않다. 2014년 6월 스캐퍼로티 사령관이 본국에 사드 배치를 건의하였다는 사실을 공개한 이후 한국에서는 사드가 중국의 ICBM을 요격할 수 있고, 그 레이더가 중국의 군사활동을 모두 탐지할 수 있으며, 따라서 사드를 배치하면 중국과 미국 간의 전략적 경쟁에서 한국의 입장이 곤란해질 것이라는 주장이

만연하였고, 이것이 중국으로 전달되었을 가능성이 높기 때문이다. 한국 내부의 정제되지 못한 논란이 중국의 압력과 간섭을 촉발한 셈이다.

(4) 평가

2008년 중국과 전략적 협력 동반자 관계를 체결한 이후 이명박 대통령은 "정치·안보 분야로까지 확대" 가능성까지 언급하면서 상당한 기대감을 표명하였고, 다수의 국민들도 그러하였다. 청와대 국가안보실에서 2014년 발간한 『국가안보전략』에서도 "북핵과 통일 문제 등 한반도의 핵심 사안에 대한 전략적 소통과 협력 강화"를 중국에 관한 목표의 하나로 제시하고 있다(국가안보실, 2014: 87). 그러나 천안함 폭침, 연평도 포격, 사드 배치, 나아가 북핵 문제 해결 등 안보 관련 사안과 관련하여 한국에 대한 중국의 태도는 과거와 전혀 달라지지 않았다. 북한이 연평도를 포격하는 것이 텔레비전을 통하여 생중계되었음에도, 미군의 사드가 그들의 핵대비 태세에 영향을 줄 수 없다는 것이 논란의 과정에서 분명하게 드러났음에도 중국은 한국의 입장을 고려하기는커녕 북한을 옹호하거나 한국에게 압력을 행사하는 것을 중단하지 않았다.

안보 관련 사안을 둘러싼 한중 간의 갈등은 한국의 일방적 기대 때문일 수도 있다. 중국은 한국이 휴전선을 사이에 두고 대치하고 있는 북한과 동맹관계이고, 한국과 강력한 동맹관계를 맺고 있는 미국과 전략적 경쟁관계에 있기 때문에 안보적으로 한국을 지원할 수 있는 여건이 아니다. 그럼에도 불구하고 한국은 중국에게 안보 사안에 관한 협력까지 일방적으로 기대하였고, 그것이 가능하다는 전제 하에 미국과 중국 사이에서 균형외교를 추진하였다. 이와 같이 기대가 컸기 때문에 한국은 중국에게 단호한 태도를 보이지 못하였고, 그것이 오히려 중국의 간섭을 초래하여 '전략적 협력 동반자 관계'를 체결하기 전보다 갈등의 소지가 많아진 것이다. 지금까지 한국이 중국에 대하여 가져온 기대는 소망적 사고(wishful thinking)의 성격이 크다. "안보동맹을 유지하는 미국과의 관계를 대외관계에서 가장 우선적인 순위로 규정하고 있는 한국과, 군사동맹을 체결하고 있는 북한과 특별한 이념적 우호관계를 유지하는 중국 사이에서, 정치적 군사적 혹은 안전방면의 협력관계는 여전히 한계가 있을 수밖에 없다"(이규태, 2013: 63).

사드 배치를 둘러싼 논쟁에서 중국이 보인 고압적인 태도는 한중관계에 '자율성-경제협력 교환'의 측면이 적지 않다는 점을 보여주고 있다. 사드는 배치된 지역을 공격해 오는 상대방의 탄도미사일을 종말단계에서 요격하는 순수한 방어무기이고, 한국이 동맹국의 무기를 배치하는 것은 주권에 관한 사항인데도 중국이 지속적이면서 노골적으로 반대한 것은 한국의 자율성 양보를 요구할 자격이 있다고 판단한 결과일 것이기 때문이다. 중국의 입장에서는 한국에게 동반자 관계를 허용한 것 자체가 큰 혜택을 베푸는 것이고, 동반자 관계를 먼저 요청함으로써 한국은 과거에 있었던 사대의 방식을 수용하였다고 판단하였을 수 있다. 그래서 중국 정부는 구체적인 설명도 없이 사드 배치가 그들의 '핵심이익', '전략이익', '안보이익'을 훼손하기 때문에 배치되어서는 곤란하다는 입장만 반복적으로 주장하였던 것이다. 군사기술적으로 사드가 중국의 안보에 전혀 위해가 되지 않는다는 한국 정부의 설명에는 귀를 기울이지도 않았다. 한국이 사드를 배치하자 중국은 다양한 경제적 보복조치를 가함으로써 '자율성-경제협력 교환'의 모델대로 행동하였다.

사드 배치에 대한 중국의 반대는 "중국의 외교적 힘이 어느 정도로 한국 외교의 선택과 결정에 영향을 미치는지를 확인하려는 의도"가 있다고 분석되는 이유이다(이기완, 2015: 337).

중국의 고압적인 사드 배치 반대에 대하여 한국이 보인 순종적인 태도 또한 '자율성-경제협력 교환'의 성격에 부합된다. 한국은 중국의 반대에 대하여 내정간섭이라면서 극력 항의해야 하지만 '3 No' 입장을 표명하면서 3년 정도 배치 결정을 미루었고, 오로지 중국을 설득하려고 노력하였기 때문이다. 자율성을 양보해야 하는데 그렇지 못함을 미안해하는 태도로 평가해도 크게 잘못된 것은 아닐 것이다. 사드는 상대의 미사일이 목표를 향하여 돌입하는 종말 단계 요격용이라서 미국을 공격하는 중국의 ICBM을 요격할 수 없고, 사드에 부착된 X-밴드 레이더도 탐지거리가 짧을 뿐만 아니라 요격을 위하여 전자파를 공중으로 방사하기 때문에 중국의 군사활동을 탐지할 수 없는데도(박휘락, 2016a: 23-24), 한국 정부는 논리적으로 반박하기보다는 오로지 중국의 반대를 무마하는 데만 치중하였다. 사드를 최종적으로 배치한 후에도 한국 정부는 다양한 채널을 통하여 중국의 불만을 무마시키고자 노력하였고, 추가 사드 불(不)배치, 미국 BMD 불(不)참여, 일본과의 군사협력 불(不)추진 등 소위 '3불(不)'을 요구하는 중국의 입장을 수용하는 태도를 보였다.

후견편향(後見偏向, hindsight bias)에 불과하지만, 한국이 최초부터 단호하게 사드 배치가 불가피하다면서 중국의 반대를 내정간섭으로 일축했더라면 사드 배치를 둘러싼 한중 간의 갈등이 실제처럼 악화되지는 않았을 수도 있었다. 한국이 '3 No'와 같은 소극적 태도를 취하자 중국은 사드 문제를 활용하여 한국을 압박할 수 있다고 생각하였고, 이를 통하여 한미일 3국 간의 안보적 불신을 조장하는 것이 유리하겠다고 판단하여 집요하게 반대하였다는 분석도 존재한다(이기완, 2015: 337). 일본이 미국의 X-밴드 레이더를 수용하였을 때 중국은 "지역의 평화와 안정에 도움이 안 된다."며 반대하였지만(홍제성, 2014) 일본은 이를 일축함으로써 아예 쟁점으로 만들지 않았고, 결과적으로 일본과 중국의 관계도 이로 인해 손상되지는 않았다. 사드 배치의 경우 한국은 좌고우면(左顧右眄)할 필요가 없는 문제를 좌고우면함으로써 문제를 키운 측면이 없지 않다.

3) 한중관계 발전 방향

북한의 핵위협이라는 심각한 안보상황으로 인하여 한국은 이상이나 낭만에 근거하여 한중관계를 관리할 수 있는 여유를 갖지 못하고 있다. 북한의 핵위협으로부터 한국을 지키는 데 유용한지 여부를 한중관계의 기준으로 삼을 수밖에 없기 때문이다. 한중관계 발전을 위한 몇 가지 제안은 다음과 같다.

(1) 균형외교의 한계 인식

핵무기가 없는 한국이 북한의 핵위협으로부터 국가와 국민을 보호할 수 있는 유일한 방책은 미국의 확장억제, 즉 한미동맹에 의존하는 것이다. 이로 인하여 북핵 위협이 존재하는 한 한국의 대중국 정책은 한미동맹을 손상시키지 않는 범위일 수밖에 없다. 한미동맹은 안보적 이익에 기반한 동맹관계이고, 한중관계는 경제적 이익을 추구하는 협력관계인데, 핵위협에 직면하는 상황에서 경제적 이익을 안보적 이익과 유사한 비중으로 간주할 수는 없기 때문이다. 미국과의 안보협력을 위하여 중국과의 경제적 협력은 희생할 수 있지만, 반대는 곤란하다. 일부 정치인들이 미국과 중국 사이에서 균형외교를 강조하거나 미국의 요구보다 중국의 요구를 더욱 우선시하기도 했음에도 결국 한중관계가 더 이상 진전되지 않은 것은 한중관계로는 북핵 위협을 처리할 수 없기 때문이다. 또한 한국에게 미국은 동맹국이지만 중국은 동반자국이라서 미국과 중국을 동등하게 볼 수 없다. 오히려 중국은 북한과 동맹관계를 유지하고 있어서 안보적으로는 북한을 지원해야 하는 입장이고, 이것은 천안함 폭침, 연평도 포격, 사드 배치, 북핵 문제에서 분명하게 노출되었다.

이론적으로 보아도 한국이 균형외교 또는 균형자 역할을 수행한다는 것은 타당하지 않은 점이 많다. 한국의 국력이 균형자(balancer) 역할, 즉 미국과 중국 간의 전략적 균형을 바꿀 수 있을 정도로 크지 않고, 미국과 중국 사이에서 필요에 따라 동맹을 수시로 바꿀 수 있는 외교적 자율성을 가진 상황도 아니기 때문이다. 노무현 대통령의 동북아 균형자론이 한국의 상황에 부합되는 외교정책 방향이 아니고, 한국의 힘이나 능력이 균형자 역할을 수행하기에 역부족이며, 한미동맹과 균형자론은 공존할 수 없는 이상일 뿐만 아니라 준비되지 않은 서투른 수사(修辭)라면서 비판을 받은 이유이다(배종윤. 2008: 98-99). '전략적 협력 동반자 관계'라고 하지만 본질적으로는 통상적 관계에 불과한 중국과의 관계를 동맹관계인 미국과 동등하게 인식한다는 것 자체가 현실에 부합되지 않는다. 한국이 상황에 맞지 않는 균형외교 노선을 지속할 경우 미국으로부터 확장억제도 제대로 제공받지 못하고, 중국으로부터도 존중받지 못하는 결과를 초래할 우려가 크다.

 이제 한국은 한미동맹과 한중관계의 차이를 분명하게 자각하고, 차별성을 대내외에 명확하게 인식시킬 필요가 있다. 중국에게 상호관계의 현실을 분명하게 이해시킴으로써 지나친 기대를 갖지 않도록 해야 사드 배치와 같은 과도한 간섭이 발생할 가능성이 줄어들 것이기 때문이다. 주한미군의 사드 배치에 관하여 중국이 그렇게까지 집요하게 압박을 가한 것은 그동안 한국이 균형외교를 표방하였고, 2008년 중국과 동반자 관계도 맺었으며, 박근혜 대통령이 중국의 전승기념 행사에도 참석하는 등으로 중국의 기대를 높였기 때문일 수 있다. 한국과 중국이 냉전시대와 같은 적대적 관계였다면 중국은 한국에게 사드 배치를 불허하도록 요청하지 않았을 것이고, 그랬다면 배신감도 없었을 것이다. 한국이 한미동맹을 우선시하는 태도를 분명하게 밝힐 경우 중국은 한미동맹을 약화시키고자 노력해 봐야 소용이 없다고 생각하여 시도하지도 않을 것이고, 오히려 한중관계는 경제, 사회, 문화 분야에서 바람직하게 발전할 수 있을 것이다.

(2) 실리 위주의 조용한 한중관계 발전

 한국 역시 기대와 당위에 근거하여 중국에 접근할 것이 아니라 중국인의 의식과 문화를 깊게 이해한 상태에서 현실적인 대중국 정책을 구현하고자 노력할 필요가 있다. 예를 들면, 중국은 서구적 합리주의처럼 그들의 정책을 명확한 문서로 공증하여 시행하기보다는 묵시적인 양해나 분위기로 변화 또는 발전시키는 경향일 수 있고, 그렇다면 중국에 대한 한국의 접근은 더욱 은밀할 필요가 있다. 단기적으로 접근하기보다는 장기적으로, 이벤트보다는 실질적인 노력으로, 이성적 계산보다는 감성적 신뢰를 중요시하는 방식이 더욱 효과적일 수 있다. 따라서 정책 결정자들은 중국을 제대로 이해하는 전문가들을 중용하고, 과시성보다는 실질성에 중점을 두어 한중관계를 관리해 나갈 필요가 있다.

한국은 북핵 문제 해결이나 통일 등 안보에 관하여 중국의 협력을 기대하거나 요구하지 않고자 노력할 필요가 있다. 지금까지의 경험으로 보면 그런다고 하여 중국이 협력해 줄 가능성은 높지 않고, 오히려 중국에게 한국의 약점만 노출하는 결과가 되기 때문이다. 한국이 의연한 모습을 보일 때 오히려 중국은 한국의 안보적 과제들에 협조함으로써 한국에 대한 자신의 영향력을 확대하고자 노력할 것이다. 정부나 군의 주요 인사들은 중국과 대화는 하더라도 안보협력에 관한 토의에는 신중하고, 상호 교류와 신뢰의 형성에 주안점을 둘 필요가 있다. 안보는 미국과 협력하고, 중국과는 경제, 사회, 문화 분야의 협력에 만족한다는 태도를 과시할 필요가 있다. 한국과 중국은 위기 시에 친구가 될 수는 없더라도 평화 시에는 훌륭한 친구가 될 수 있다.

이러한 점에서 한중 간 실질적 협력의 증진에는 지식인들의 역할이 중요하다. 지식인들이 정확한 사실에 근거하여 양국 간의 상호 관심사를 토론하고, 문화적이거나 감성적인 공감대를 강화해 나갈 때 한중 간 신뢰가 깊어질 것이기 때문이다. 사드 배치를 둘러싸고 수많은 한중의 지식인들이 토론을 했지만 견해차를 좁히지 못하면서 상호 경계심만 증대시킨 것은 그만큼 지식인들 간의 신뢰가 얕기 때문일 수 있다. 또한 중국의 경우 아직은 정부의 방침에 상반되는 입장을 지식인들이 자유롭게 발표하지 못하는 경우가 많다는 점도 감안해야 할 것이다. 중국 관련

연구를 수행하는 한국의 지식인들이 중국으로부터 불이익을 받을까 우려하여 한국의 국익을 손상시키는 방향으로 발언 및 행동하지 않도록 주의시킬 필요도 있다.

(3) 중국에 대한 지렛대 확보

북한의 핵위협이 심각해질수록 한국은 한중관계보다 한미관계를 더욱 중요시하지 않을 수 없지만, 사드 배치에서 드러났듯이 이에 대하여 중국이 보복조치를 강구할 수 있다. 따라서 한국은 중국에 대해서도 외교적 지렛대를 만들고자 노력할 필요가 있다. 중국에 대한 한국의 취약성을 완화시키는 방향으로 역(逆)균형 외교를 모색할 필요가 있는 것이다.

중국에 대한 역균형책으로는 당연히 한미동맹 강화가 유용하다. 한미동맹 강화는 중국의 이익에 부합되지 않기 때문에 중국은 한국에게 한미동맹을 강화하지 못하도록 강력하게 압박하거나 유화적으로 설득하는 두 가지 중에서 한 가지를 선택할 것인데, 한국의 입장이 단호하여 압력이 효과가 없을 것으로 판단하면 설득을 선택할 수밖에 없고, 그렇게 되면 한국은 중국에 대하여 지렛대를 갖게 되기 때문이다. 중국은 한미동맹이 더욱 강화되는 것이 불리하다고 판단하여 북핵 위협 해소에 적극적으로 동참하거나 북한의 도발을 견제하고자 노력할 수 있다. 미국에 철저하게 결속된 한국보다 다소 중립적인 한국이 중국에게 더욱 유리하다고 판단할 것이기 때문이다. 반대로 한국이 한미동맹에서 이탈하여 단독으로 행동할수록 중국이 한국을 만만하게 볼 가능성은 높아질 수 있다. 미국과 연결되어 있지 않은 한국의 가치는 크지 않을 것이기 때문이다.

　중국에 대한 역균형책에는 한일관계의 증진도 포함될 수 있다. 세계적 차원에서 보면 중국의 경쟁 상대국은 미국이지만 동북아시아에서는 일본이기 때문이다. 일본은 과거에 중국을 침략하여 정복한 적이 있고, 지금도 중국과 서로를 견제하고 있으며, 센카쿠열도 등에서 보듯이 분쟁의 요소도 지니고 있다. 동북아시아 지도를 보아도 한국은 중국과 일본 사이에 위치해 있고, 따라서 한국이 중국과 일본 간에 균형외교를 추진하는 것은 자연스럽다. 한국이 일본과의 관계를 강화해 나가면 중국은 한국이 지나치게 일본으로 경사되지 않도록 노력해야 하고, 그러려면 한국을 존중하지 않을 수 없다. 한국이 일본과 계속적으로 불편한 관계인 한 중국은 한국을 무시할 수 있다고 판단할 것이고, 이것이 현재의 상황일 수도 있다.

　이 외에도 중국 견제를 위하여 한국은 러시아 및 아세안 국가들과의 관계도 계속하여 증진해 나가야 할 것이다. 러시아의 경우 표면적으로는 중국과 협조적인 관계라고 하지만, 내면은 복잡할 수 있기 때문이다. 남중국해 문제를 둘러싸고 아세안 국가들과 중국의 갈등이 점점 악화될 것이라고 한다면 아세인 국가와 한국 간의 관계 발전은 한국에게 대중국 외교에 관한 지렛대를 증대시키는 결과가 될 것이다. 한국이 이와 같이 다양한 지렛대를 확보하여 가지고 있을 경우 중국도 한국과 협조적 관계로 가는 것이 유리하다고 판단할 것이고, 그렇게 되면 한국을 존중할 뿐만 아니라 한국의 요구사항을 적극 수용하고자 노력할 것이다. 결과적으로 대중국 관계도 좋아질 것이고, 북한 핵문제 해결을 위한 중국의 협조도 기대할 수 있을 것이다.

4) 결론

오랫동안 한미동맹을 계속해 온 데 따른 반작용과 새로운 관계에 대한 호기심으로 인하여 최근 한국은 '균형외교'라는 명분으로 중국과의 관계 개선을 적극적으로 추구해 왔다. 한국이 이룩한 경제성장이나 높아진 위상을 활용하여 균형자 역할을 수행함으로써 동북아시아의 국제관계에서 자주성을 확대하고자 하는 희망도 작용했을 것이다. 활발한 한중관계는 한국의 경제성장은 물론이고, 북한의 개혁 개방이나 통일에도 도움이 될 수 있다고 판단하였을 것이다. 그래서 한국은 1992년 중국과의 수교에 이어 2008년 '전략적 협력 동반자 관계'를 체결하였고, 중국과의 우호적 관계 형성에 상당한 노력을 투입하였다.

안타깝게도 한중관계의 실상은 한국이 노력해 온 바에 훨씬 미치지 못하는 것이 현실이다. 무역을 통하여 적지 않은 경제적 이익을 획득한 것은 사실이지만, 그 반면에 사드 배치의 사례에서 보듯이 중국에게 무시당해 온 점이 있고, 한미동맹을 손상시키는 부작용을 감수해야 했기 때문이다. 기대와 달리 북핵 문제 해결 등 중국으로부터의 안보적 협력은 성과가 없었다. 한국과 중국은 공통의 위협을 공유하지도 않고, 상호간의 보완적 이익도 크지 않으며, 신뢰성도 낮아서 한국이 노력한다고 하여 안보협력이 증진될 수 있는 상황이 아니라는 것이 드러나고 있다. 한국의 적지 않은 노력에도 불구하고 2010년 발생한 북한의 천안함 폭침, 연평도 포격의 사례에서 중국은 철저하게 북한의 입장을 지지하였고, 북핵 대응에 필수적인 미군 사드의 한반도 배치를 중국은 극력 반대하였다. 한미동맹에 전적으로 의존하였던 과거에 비해서 외교만 복잡해진 채 성과는 없는 상태가 되고 말았다.

이제 한국은 한중관계의 현실을 있는 그대로 냉정하게 인식하지 않을 수 없다. 한국이 어떻게 노력하든 중국이 한국 입장을 적극적으로 지지하기는 어렵고, 북한과의 동맹관계를 폐기하지도 않을 것이다. 한국도 중국과의 동반자 관계로써 한미동맹을 대체할 수는 없다. 현재 중국이 한국에 대하여 관심을 갖는 것도 한국의 독자적 가치가 높아서가 아니라 한미 간의 동맹관계를 약화시키는 것이 그들에게 이익이 되기 때문일 가능성이 높다. 중국과의 경제적, 사회적, 문화적 교류와 협력이 아무리 강화되더라도 안보 분야 협력으로 전환되기는 쉽지 않다는 점을 인식할 필요가 있고, 오히려 한국이 한미동맹 관계를 확고하게 발전시킴으로써 미국의 영향력을 확실하게 활용할 수 있을 때 중국은 한국을 무시하지 못할 것이다.

한중관계의 한계를 직시한다고 하여 한중관계 발전 노력을 중단해야 한다는 것은 아니다. 경제, 사회, 문화 분야에서의 대중국 협력은 지속되어야 하고, 북한 문제 해결을 위한 중국과의 협력도 계속 모색해 나가야 한다. 다만, 한중관계의 한계를 냉정하게 인식함으로써 기대와 현실 간 괴리가 발생하지 않도록 유의해야 하는 것이다. 중국과의 안보협력에서는 과장된 기대에서 벗어나 냉정하면서도 현실적으로 접근해야 할 것이고, 그러할 때 오히려 중국의 협조를 확보할 수 있을 것이다. 한국과 중국이 상호관계에 대한 한계를 명확하게 인식할 때 서로에 대한 기대와 현실의 격차가 발생하지 않을 것이고, 결과적으로 그 한계 속에서 실질적인 관계 증진을 보장할 수 있다.

6.
일본과 안보협력

한국과 일본은 일본의 식민지 지배로 인한 잘못된 역사도 있었지만 현재로 보면 인접국가일 뿐만 아니라 자유민주주의 이념을 공유하고 있고, 동일하게 미국과 동맹관계를 맺고 있으며, 안보 이외의 모든 분야에서는 긴밀하게 협력하고 있다. 양국은 북한의 핵위협에 공통적으로 가장 직접적이면서 노골적으로 노출되어 있다. 이로 인하여 안보적으로 보면 한일 양국 간의 협력은 당연할 뿐만 아니라 더욱 긴밀해야 하지만, 과거사로 인하여 그의 구현이 쉽지 않다. 다만, 북핵 위협이 점점 심각해지고 있어 한국의 입장에서도 안보와 역사를 구분하는 접근이 필요한 상황이다.

1) 한일관계의 성격과 실태

(1) 한일관계의 경과

일본은 1951년부터, 한국은 1953년부터 미국과 동맹관계를 체결함으로써 외형적으로 보면 한일 양국은 간접적 동맹관계라고도 할 수 있는 긴밀한 관계이다. 그러나 실제를 보면 일본이 과거 한국을 식민지로 지배하였던 부정적 역사와 그 역사의 상처를 적절하게 치유하지 못한 탓으로 외형에 부합되는 수준의 안보협력은 이룩하지 못하였다. 다만, 경제발전을 위한 투자재원이 필요하였던 한국이 먼저 양국 간 관계 개선을 시도하였고, 그 결과 1965년 한국과 일본은 국교를 정상화하였으며, 군사 분야의 교류와 협력도 계속 확대시켜 왔다. 한일 양국은 1966년부터 양국 대사관에 무관(武官)들을 파견하기 시작하였고, 양국의 참모총장, 합참의장, 국방차관, 국방장관이 점진적으로 격을 높여 방문함으로써 간접적 동맹관계에 부합되는 군사 분야의 교류와 협력을 정례화하게 되었다. 특히 냉전기간에 미국을 중심으로 한 자유진영의 일원으로서 한국과 일본은 소련·중국·북한으로 결속된 공산진영에 대항한다는 목적하에 단결하지 않을 수 없었고, 따라서 양국은 '반공'이라는 자유진영의 가치하에 미국을 매개로 협력하였으며, 양국의 지도자들도 활발한 인적 교류를 가졌다.

지금까지 한일관계는 경제협력 위주로 추진되었지만, 안보 차원에서의 상호 보완성도 크다는 인식은 공유하고 있었다. "한반도의 안전과 번영이 일본의 그것에 중대한 영향을 지니고 있다"는 소위 '한국조항'

이 한일관계의 기본인식으로 인정되기도 하였다(조세영, 2014: 81). 전두환 정부는 한국이 방파제처럼 전방에서 공산권의 위협을 방어해 줬기 때문에 일본이 국방비를 절약할 수 있었다면서 '안보경협'으로 100억 달러를 요구하여 실제로 40억 달러를 획득하기도 하였다(조세영, 2014: 100-104). 1993년 북한이 NPT 탈퇴를 선언함으로써 북핵 위기가 야기되자 한일 양국은 다양한 안보적 협력방안을 적극적으로 모색하기도 하였다. 1994년 4월 처음으로 한일 국방장관 회담이 열렸고, 이를 통하여 국방 최고위급 교류, 국방당국자 간 정기 협의, 군부대 간 교류, 유학생 및 연구 교류 등이 점진적으로 시행되었다. 다만, 북핵 대응의 방향에 있어서 한국의 온건과 일본의 강경으로 차이를 보임에 따라 안보협력의 누적적 성과는 크지 않았다(조세영, 2014: 224-226).

2005년 8월 26일 노무현 정부가 박정희 정부의 한일 국교정상화 교섭에 관한 외교문서를 공개함으로써 한일관계는 과거사에 얽매이는 방향으로 후퇴하기 시작하였다. 2006년과 2009년 북한의 핵실험 후 한일 양국 사이에 북핵 대응에 관한 협력체제가 구축되는 모습을 보였으나 이명박 대통령이 2012년 8월 10일 공군 헬기를 이용하여 독도를 방문하고, 일본 천황에 대하여 언급함에 따라 양국관계에서는 오히려 갈등의 소지가 증대되기 시작하였다. 이에 따라 양국 국민들의 감정도 악화되었고, 따라서 어느 누구도 쉽게 방향을 바꾸기 어려운 상황이 되었다.

박근혜 정부도 초기에는 강경한 대일 자세를 견지하였으나 북한의 핵위협이 점점 심각해지자 일본과의 협력을 진전시켜 공동대응을 강화해야 한다고 판단하였다. 2015년 5월 한미 외교장관 회담과 2015년 10월 한미 정상회담에서는 미국이 한일관계 개선을 요구하기도 하였다. 결국 박근혜 대통령은 2015년 11월 2일 아베 총리와 정상회담을 가졌고, 2015년 12월 28일 한일 외교장관 회담을 개최하여 일본군 위안부 문제에 관한 합의를 도출하였으며, 이로써 한일관계 진전을 위한 여건이 조성되었다. 또한 2012년 6월 이명박 정부 때 체결하기로 하였다가 하루 직전에 포기한 한일 양국 군 간의 군사정보 보호협정을 2016년 11월 23일에 체결함으로써 북핵 대응과 관련하여 양국이 정보공유를 할 수 있는 제도적 장치를 마련하였다.

문재인 정부가 출범하면서 한일관계는 또다시 안보협력보다는 과거사를 중시하는 방향으로 회귀하는 모습을 보이고 있다. 박근혜 정부에서 체결한 위안부 합의를 적극적으로 수용하지 않고 있고, '소녀상' 설치 등으로 과거사를 강조하는 입장이 부각되고 있기 때문이다. 재협상은 하지 않기로 하였으나 2015년 12월 박근혜 정부가 일본 정부와 체결한 위안부 협상에 '중대 흠결'이 존재한다고 발표하기도 하였고, 2018년 3.1절 기념사에서는 "전쟁 시기에 있었던 반인륜적 인권범죄행위는 끝났다는 말로 덮어지지 않는다"고 언급하기도 하였다. 또한 일제 강점기의 징용에 대한 배상과 전략물자의 관리를 둘러싸고 갈등이 발생하여 양국의 무역 및 안보협력에 다소 불편한 측면이 야기된 상태이다.

(2) 한미동맹과 미일동맹

한국과 일본은 각각 미국과 동맹관계를 맺고 있고, 자유민주주의 이념을 공유하며, 북한의 핵무기 위협이라는 공통위협까지 지니고 있다. 1950년에 발발한 6·25 전쟁에서도 그러하였지만 한반도에서 미군이 원활한 군사작전을 수행하는 데 있어서 일본과 주일미군은 매우 중요하다. 한반도 증원을 위한 미군의 대기 장소, 물자 및 장비의 집적장소로서 일본의 역할은 필수적이기 때문이다. 지금도 미군이 지휘하는 유엔군사령부(UNC: United Nations Command, 이하 유엔사)는 일본에 있는 7개의 미군기지*를 유엔사의 작전을 지원하기 위한 기지로 활용할 수 있다. 냉전시대의 시각으로 한미일 3국을 볼 경우 한국은 일본과 미국의 안보를 전방에서 담당하고, 일본은 그 중간기지의 역할을 수행한다고 할 수 있다.

미국을 중심으로 하는 현대의 동맹이 모두 그러하지만, 한미동맹과 미일동맹은 미국과의 '비대칭 동맹'으로서 '자율성-안보 교환'의 원리에 의하여 유지되고 있다. 양국 공히 미국으로부터 안보를 지원받는 대신에 미군 주둔 허용, 방위비 분담, 미국 대외정책의 적극적 수용 등을 통하여 자율성을 일부 양보하고 있고, 이러한 교환관계에 의하여 미국과 호혜성을 보장함으로써 동맹을 지속하고 있기 때문이다. 한일 양국은 미국과의 동맹관계를 활용하여 효율적인 국방이 가능하였고, 그 덕분으로 냉전의 위협 속에서도 눈부신 경제적 성장을 이룩할 수 있었다. 그렇기 때문에 한미동맹과 한일동맹은 빈번히 비교되고, 서로 자극하면서 발전해 왔다.

동맹의 원리도 그러하지만, 유지되는 내용에 있어서도 한미동맹과 미일동맹의 공통성은 크다. 두 동맹 모두 상호방위조약, 주둔 미군, 연례적인 안보협의체라는 요소들을 중심으로 미국과 긴밀하게 결속되어 있기 때문이다. 일본의 경우 공식적인 군대를 보유하지 못하기 때문에 미일 동맹조약은 일본에게 유사시 미국을 지원할 임무를 부여하

---

* 유엔사 후방지휘소인 자마기지, 주일미군사령부와 미 5공군이 주둔하고 있는 요코다 공군기지, 미7함대의 모항인 요코스카 해군기지, 사세보 해군기지, 오키나와 지역에 있는 가데나 공군기지, 후텐마 해병항공기지, 화이트 비치를 포함한 7개 기지

고 있지 않으나, 한국이나 일본의 정치적 독립 또는 안전이 외부로부터의 무력공격에 의하여 위협을 받을 경우 "언제든지 당사국은 서로 협의한다"는 기술의 내용은 동일하다. 현재 한국에는 28,500명, 일본에는 54,000명 정도가 주둔하고 있고, 이들 미군은 한국군 또는 미군과 각각 다양한 연합훈련을 실시하고 있다. 한국은 매년 양국 국방장관과 합참의장 간에 안보협의회의(SCM)와 군사위원회 회의(MCM)를 개최하고 있고, 일본은 다양한 실무협의를 활성화하면서 '2＋2 회담'이라고 하여 미일 국방장관과 외교장관이 연례적으로 만나 안보에 관한 광범한 사항들을 협의한다.

한미동맹과 미일동맹은 공통성과 함께 차별성도 지니고 있는데, 대표적인 차이는 한미연합사령부이다. 한국군과 미군은 평시부터 단일의 사령부를 형성하여 작전계획 작성이나 다양한 연합연습 등 연합 차원의 군사작전을 준비하고 있고, 전쟁이 임박해지면 미군대장인 한미연합사령관이 대부분의 한미 군사력을 작전통제 하여 일사불란한 군사작전을 수행하도록 되어 있다. 대신에 일본에서는 미일 양국 군이 별도의 지휘체제를 유지하도록 되어 있다. 다만, 미일 양국 군은 주요 사령부들을 동일한 기지에 위치하도록 하여 자연스러운 협조를 보장하고 있고, 2015년 4월 방위협력지침 개정을 통하여 양국 군 간에 '동맹조정 매커니즘'을 설치함으로써 평시 양국 군 노력의 유기적 통합은 물론이고, 유사시 한미연합사와 같은 조직으로 보강할 수 있는 기초를 구축한 상태이다. 일본이 침략을 받을 경우 미국과 일본은 금방 연합사령부를 구성할 수 있고, 현재의 '동맹조정 매커니즘'이 그를 위한 기초로 작용할 것이다.

(3) 북핵 관련 한미일 협력 사례

냉전 종식 이후 안보 문제와 관련하여 한국과 일본이 긴밀하게 협력한 사례는 거의 없다. 다만, 1993년 제1차 핵위기 이후에 외교관들 사이에서 잠시 가동된 대북정책 조정감독그룹(TCOG: Trilateral Coordination and Oversight Group)의 사례는 있었다. 이것은 미국을 포함한 한미일 3개국 실무자들의 자연스러운 모임이 확대된 협의체였는데, 나중에 그 유용성이 인정되어 차관보급으로 격상되었다. 이 기구의 활동도 한일 간의 상호 신뢰 미흡으로 결국 중단됨으로써 한일 안보협력의 한계를 드러내기도 하였다.

1993년 북한이 NPT 탈퇴를 선언함으로써 핵무기 개발을 노골화하자 미 국무부와 워싱턴 주재 한국과 일본 대사관 관계자들은 북핵 대응에 관한 제반 사항들을 협의할 필요성을 인식하였고, 따라서 자연스러운 모임을 갖게 되었다. 이러한 한미일 3국 실무자들의 모임과 논의는 1998년 북한이 대포동 미사일을 발사하자 더욱 활발해져서 1999년 'TCOG'라고 명명되었다. 당시 미국의 대북정책조정관 임무를 수행하던 페리(William Perry)가 북한에 대한 미국의 대응전략을 작성하는 과정에서 한미일 3국 간 협력의 중요성을 강조하면서 그를 위한 유용한 기구로 추천한 것이 TCOG이었다(Perry, 1999: 11). 이후부터 TCOG는 주기적인 회합을 가지면서 북한 핵문제를 조율하게 되었고, 그 위상도 높아졌다.

1999년 5월 도쿄에서 공식 기구로서의 제1차 회의를 개최한 이후 TCOG는 주요 사안이 발생할 때마다 수시로 개최되었다. 수석대표는 각국의 차관보급 또는 국장급이었는데, 한국에서는 외교통상부, 통일부, 국방부, 청와대의 실무자들, 미국에서는 국무부, 국방부, 국가안전

보장회의 실무자들, 그리고 일본에서는 외무성과 방위청의 실무자들이 참석하였다. 결국 최종적인 결정은 각국의 수석대표가 참여하는 본회의에서 내려졌지만, 실무자들은 그 사이에 3개국 또는 2개국 간 의견을 조율하였다(전진호, 2003: 58-59). 비록 북핵 개발을 차단하지는 못하였지만, 이러한 회의를 통하여 북핵 대응을 위한 한미일 3국 간의 공조를 제도화할 수 있었고, 정보와 상호 간의 인식을 교환한 성과는 적지 않았다.

TCOG는 공식화되어 비중이 커지면서 오히려 허심탄회한 토의가 어려워지는 모습을 보였다. 공식화될수록 한국과 일본은 서로의 국민적 감정을 의식하게 되었고, 솔직한 논의나 합리적인 결정에 주저하게 되었기 때문이다. 결국 한미일 3국의 회의에서 제대로 된 합의를 도출하지 못하였고, 따라서 타개책으로 미일, 한미, 한일의 2자 간 실무토의를 활용하게 되었으며, 이러한 이중구조는 또다시 합의도출을 어렵게 만드는 악순환을 초래하였다. 결국 '3개의 양자회담과 하나의 회의(three bilaterals and a plenary)'라는 농담이 생겨날 정도로 TCOG는 제대로 된 성과를 달성하지 못한 채 지지부진하게 되었다(CSIS, 2002: 8). 2003년 1월 7일 마지막 회의(미국에서는 James A. Kelly 국무부 차관보, 한국에서는 이태식 차관, 일본에서는 미토지 아시아·호주 국장 참가) 후 발표문을 보면 총 7개 문장으로 구성된 1쪽 정도의 발표문에는 회의 개최에 대한 사실을 밝히는 첫 문장 이외에는 모두 3명의 대표들이 "북한에게 요청하였다. …우려를 표명하였다. …강조하였다. …지속적인 지원을 표명하였다. …강조하였다. …재확인하였다" 등으로 표현하는 데 그치면서 공동행동을 규정하는 합의는 없다(Ministry of Foreign Affairs of Japan, 2003). 결국 TCOG는 2003년 1월 7일 회의 이후 중단되었고, 2005년 6월 재개를 시도하였으나 당시 한국에서 노무현 정부가 출범하면서 반미와 반일 의식이 적극적으로 표출되고 있는 상황이어서 한국의 추진력이 떨어져 결국 중단되고 말았다.

TCOG의 경우 한미일 3개국 관리들이 북핵 대응 문제를 협의하였다는 것 자체만으로도 의미는 없지 않다. 앞으로 북핵 위기가 더욱 심각해져서 한미일 간의 긴밀한 협의가 필요해질 경우 TCOG가 유용한 전례로 활용될 수도 있을 것이다. 또한 한일 간의 국민감정으로 인하여 TCOG의 협의가 생산성을 입증하지 못함으로써 한일 안보협력을 위해서는 양국 국민들 간의 감정을 먼저 정리해야 한다는 점을 인식하게 만들었다.

2) 한일 안보협력에 관한 구심요소와 원심요소

다른 사안과 마찬가지로 한국과 일본 간에도 안보협력을 필요로 하는 구심요소와 그것을 어렵게 하는 원심요소가 공존하고 있다. 현재 안보협력이 부진한 것은 구심요소에 비해서 원심요소가 강하기 때문이겠지만, 북핵 고도화가 더욱 진전될 경우 구심요소가 더욱 커질 가능성도 부정할 수는 없다.

(1) 구심요소 평가

한일 안보협력의 구심요소는 당연히 동맹을 필요로 하는 요소이다. 양국이 동맹관계로 전환할 수 있는 잠재성이 크다면 구심요소 또는 구심력이 큰 것이기 때문이다. 따라서 중국과의 관계 발전 가능성을 평가하기 위하여 적용한 공통위협, 상호 안보이익, 신뢰성의 측면에서 한일 간의 상황을 평가해 보고자 한다.

① 공통위협

한일 간의 공통위협은 북한의 핵위협으로서 너무나 분명할 뿐만 아니라 매우 심각하고, 앞으로 더욱 심각해질 가능성이 높다. 북한의 핵미사일은 한국은 물론이고, 일본까지도 바로 타격할 수 있기 때문이다. 북한은 현재 수소폭탄을 포함한 수십 개의 핵미사일을 보유한 상태에서 스스로 '국가 핵무력 완성'을 선언하였고, 특히 북한의 노동미사일(사거리 1,300km)과 그 외 중거리 미사일들은 핵무기를 탑재하여 일본을 공격할 수 있다. 북한이 SLBM을 개발할 경우 해양으로 둘러싸인 일본의 취약성은 더욱 커질 것이다. 일본에게 한국은 북한의 핵미사일을 전방에서 막아 주는 방파제일 수 있고, 한국에게 일본은 정보의 정확성을 증대시키면서 대응력을 강화시켜 주는 원천이 될 수 있다. 한국과 일본이 협력할 경우 한미일 3국의 북핵 대응력은 상당한 승수효과를 산출할 것이다.

중국의 팽창주의적 정책과 군사력 증강도 한일 양국에게 잠재적인 공통위협이 될 수 있다. 한일 양국은 사회주의 대국인 중국의 잠재적 위협으로부터 자유민주주의와 시장경제의 이념을 수호하는 데 이해를 함께하고 있기 때문이다(이상우, 2010: 17). 실제로 중국은 오랜 기간에 걸쳐 군사력을 증강해 왔고, 2013년 11월에는 한국이나 일본과 일부 중복되는 중국 방공식별구역(CADIZ: China Air Defense Identification Zone)을 일방적으로 선포하였으며, 수시로 침범하고 있다. 특히 일본은 센카쿠(尖閣列島, 중국명 댜오위다오)를 둘러싸고 중국과 영토분쟁의 소지가 있고, "1972년 국교정상화 이래 최악"(이인호, 2015: 98)이라고 평가되기도 하듯이 상호 간의 관계가 좋지 않다. 또한 중국은 수백 발의 핵무기를 보유하고 있어 언제 한국과 일본을 위협할지 알 수 없다.

다만, 한국의 경우 북한 문제 해결에 관한 중국의 역할을 기대하면서 가급적이면 중국과 적대적이지 않은 관계를 유지하고자 노력하고 있어서 중국 위협을 일본과 공유하기는 어려운 점이 있다. 그렇지만, 앞으로 미국과 중국 간의 세계적 전략 경쟁이 더욱 심화되고, '신냉전'이 시작되어 동북아시아에서 과거와 같은 북방 3국(북한, 중국, 러시아)과 남방 3국(한국, 미국, 일본)의 대결구도가 확연해질 경우 한일 간에 중국을 공통 위협으로 간주할 가능성도 배제할 수는 없다.

② 상호 안보이익

한일 양국이 긴밀한 안보협력을 추진할 경우 기대되는 최대의 안보이익은 한미일 3국의 역량을 효과적으로 통합함으로써 창출되는 시너지 효과이다. 한일 간에 안보협력이 강화될 경우 미국은 그들의 군사력을 한반도에 더욱 효과적으로 투사할 수 있고, 일본의 안보력을 활용함으로써 한미동맹의 역량이 강화되는 효과가 산출될 것이기 때문이다(남창희, 2009: 82-83). 미국이 한일 간의 관계 개선을 지속적으로 요청하는 것도 이러한 시너지를 기대하기 때문이다. 한국으로서는 일본의 팽창주의적 정책을 미국을 통하여 견제할 수 있고, 일본으로서는 중국과 북한의 위협에 사전에 대응할 수 있는 효과적인 장치를 마련하는 효과를 기대할 수 있다(CSIS, 2002: 29).

한일 양국 군대 간의 상호 보완성도 적지 않다. 한국군은 지상군이 60여만(일본의 경우 15만 명)으로서 강하지만, 일본의 경우에는 잠수함 19척, 주요전투함 47척 등의 해군전력과 정찰기 17대와 조기경보기 17대를 포함하는 542대의 전투기를 보유하고 있으면서 그 질도 높아서 전력이 막강한 수준이다(IISS, 2018: 270-273). 한일 양국의 공통위협인 북한의 핵미사일에 대하여 일본은 PAC-3를 중심으로 하는 하층방어 이외에 고도 160km, 사거리 500km에 달하는 SM-3 미사일을 장착한 구축함 8척을 보유하고 있고, SM-3의 능력을 훨씬 확대한 SM-3 Block IIA도 개발을 거의 완료했으며, 지상용 SM-3(SM-3 Ashore)도 구입을 결정하여 획득하는 과정에 있다. 대신 한국은 북한과 4km 사이를 두고 대치하고 있어서 일본을 공격하는 북한의 핵미사일에 관한 제반 정보를 신속하면서도 정확하게 제공해 줄 수 있다. 한일 양국 군이 공동으로 대응할 경우 북한 핵미사일에 대한 방어력은 분명히 크게 향상될 것이다.

한국과 일본이 동맹 수준의 안보협력을 체결하는 것에 대하여 양국이 가질 부담도 있다. 일본은 한반도에서 어떤 사태가 발생할 경우 연루될 위험이 커지고, 한국은 일본에게 식민지로 점령당하였던 역사가 재현될 가능성을 배제할 수 없기 때문이다. 일본에게는 연루의 위험보다 중국 대응을 위한 연합전선 형성의 이점이 클 수 있겠지만, 한국에게는 일본 안보 역량의 활용이라는 장점보다 일본의 한반도 진출 허용이라는 위험성이 더욱 클 가능성이 높다. 그래서 향후 한일 안보협력의 정도는 한국이 중국 또는 미국과의 협력 중에서 어느 것을 더욱 결정적이라고 판단하느냐에 따라서 좌우될 것이라고 전망되는 것이다(박영준, 2015: 166-167).

③ 신뢰성

한국과 일본이 긴밀한 안보협력 관계를 맺을 경우 양국이 어느 정도 신뢰성을 갖고 지원할지 판단하는 것은 쉽지 않다. 이 경우 한국이 일본을 지원할 가능성보다는 일본이 한국을 지원해야 할 가능성이 높은데, 역사적으로 한반도에 대한 이해관계가 크다는 점에서 일본이 약속한 바를 성실하게 이행할 가능성은 낮지 않다. 국제문제 처리의 책임감과 관련하여 일본 국민들은 25%만 한국을 신뢰한다고 답하였지만, 한국 국민들의 48%는 일본을 신뢰한다고 답한 여론조사 결과가 있다(EAI 편집부, 2015: 4). 다만, 한국 국민들의 상당수는 일본이 한국을 지원한다는 명분으로 영향력을 확대한 후 과거 역사를 재현할 것을 우려하여 일본을 전적으로 신뢰하기는 어려울 수 있다. 일본이 미일동맹을 강화하고자 '집단자위권(right of collective self-defense)'에 근거하여 11개의 법안들을 통과시켰을 때 한국에서 "일본 자위대가 우리 영해나 영공에 진출할 가능성에 대한 우려"가 심각하게 제기된 것이 이러한 이유 때문이다.

한일 양국의 신뢰성과 관련하여 미국의 존재가 중요할 수 있다. 한일 안보협력은 결국 한미일 안보협력의 틀 속에서 추진되는 것이라서 미국이 한국과 일본 간의 약속이 이행되도록 또는 범위를 초과하지 않도록 보장하는 역할을 수행할 수 있기 때문이다. 실제로 한국과 일본 국민들은 국제문제 처리에 관한 책임성에 있어서 앞에서 제시되었듯이 서로에 대한 신뢰성은 낮지만(각각 25%와 48%만 신뢰), 미국에 대한 신뢰성은 일본 국민의 77%, 한국 국민의 87%로 높다(EAI 편집부, 2015: 4). 즉 한국은 미국에게 일본을 한국에 대한 우호세력으로 묶어 두는 안전판 역할, 즉 일본의 행동반경을 제한하는 닻(anchor)의 역할을 기대할 수 있다(남창희, 2009: 83).

(2) 원심요소

특정 국가들이 안보협력을 강화하고자 할 경우 그것을 어렵게 만드는 원심적 요소도 존재할 것이고, 결국 구심요소보다 이것이 더욱 클 경우 긴밀한 안보협력 관계는 형성되기 어렵다. 한일 양국의 경우 대내적으로는 부정적인 국내여론, 대외적으로는 주변국가들의 견제가 대표적인 원심요소일 것이다.

① 국민여론

한일 양국의 안보협력 강화를 둘러싼 양국 국민들의 여론은 긍정적이지 않다. "한국과 일본 사이에 정치적, 외교적, 군사적 협력을 더 이상 높은 차원으로 확대할 수 없도록 하는 장애요인은 불행하였던 과거사이다"(이상우, 2010: 15). 양 국민 간에는 뿌리 깊은 상호 불신이 존재하고, 위안부 문제는 소강상태라고 하더라도 일본이 독도를 자국의 영토로 명시한 상태에서 학교에서 교육까지 실시함으로써 절충의 소지를 줄이고 있기 때문이다. 따라서 군사정보 보호협정의 경우에서처럼 이성적으로는 분명히 필요하다고 판단되는 사안이라도 양국 국민 간의 부정적 감정으로 인하여 실제 추진하는 것은 어려워지고 있다.

여론조사를 보아도 양국 국민들의 상호 간 불신은 심각한 수준이다. 2014년『요미우리신문』과『한국일보』가 공동으로 실시한 여론조사에 의하면 당시 양국 관계에 대하여 일본 국민들의 87%, 한국 국민들의 86%가 '나쁘다'고 답할 정도로 양국 관계는 "국교 정상화 이후 최악의 상태"라고 평가된 바 있다(박진우, 2014: 12). 2015년 6월 9일 일본의 『요미우리신문』이 공개한 여론조사에서도 한일 관계가 '나쁘다'고 대답한 비율이 일본인 85%, 한국인 89%였고, 일본 국민의 73%는 한국을 '신뢰할 수 없다'고 답하였으며, 한국 국민의 85%는 일본을 '신뢰할 수 없다'고 답하였다(문재연, 2015). 2013년부터 2016년까지 한국의 동아시아연구원(EAI)과 일본의 언론기관이 공동으로 조사한 결과를 보아도 다소 개선되는 경향을 보이기는 하지만 한국 국민의 경우 2013년의 75.5%, 2014년 70.9%, 2015년의 72.5%, 2016년에는 51.1%가 일본에 대하여 부정적으로 인식하고 있다. 일본 국민들의 한국에 대한 인상은 그만큼 나쁘지는 않지만 2013년의 37.35%, 2014년 54.4%, 2015년의 52.45%, 2016년에는 44.5%로 1/2 정도가 부정적으로 인식하고 있다(동아시아연구원, 2016). 양국 국민들의 감정을 고려한다면 안보협력은커녕 기존의 협력마저도 어려워질 가능성이 있다.

② 국제정치

현재 동북아시아는 '신냉전'이라고 불리기도 하듯이 과거 냉전시대 때 적용되었던 한국·미국·일본 대(對) 북한·중국·러시아의 대결 구도가 존재하고 있고, 이러한 구도는 북한 핵문제로 인하여 점점 강화되고 있다. 이전까지 미국은 중국과 러시아를 우호적으로 인식하고자 노력하였으나, 2018년 국가안보전략에서는 중국과 러시아를 분명하게 경쟁국으로 명시하고 있다. "중국과 러시아가 미국의 안보와 번영을 잠식하고자 시도함으로써 미국의 힘, 영향력, 이익에 도전하고"(The White House, 2017: 2), "강대국 경쟁이 복원(The Return of Great Power Competition)"되었다는 시각이다(Department of Defense, 2018: 6). 이러한 강대국 대결의 구도는 미국에게 한국이나 일본과의 동맹을 절실하게 만들고 있고, 따라서 한일 양국의 안보협력도 증진될 수 있다. 반면에 이러한 대결구도로 인하여 한일 양국의 안보협력에 대한 중국과 러시아의 반발도 커질 가능성이 높다.

한국의 경우 위와 같은 신냉전 구도의 도래를 예감하고는 있지만, 핵위협을 비롯한 북한 문제 해결을 위하여 중국을 활용하고자 하기 때문에 한일 안보협력에 대한 중국의 간섭을 무시하기는 어려운 상황이다. 한국은 '균형외교'를 명분으로 중국과의 관계를 개선함으로써 한미동맹에서 상실하고 있다고 생각하는 자율성을 회복하겠다는 의지가 아직도 적지 않기 때문이다. 그래서 한국은 내정간섭에 해당되는 내용임에도 중국의 사드 배치에 대한 반대를 무시하지 않은 채 중국을 설득하는 데 노력을 기울였고, 3년 정도 결정을 미루었으며, 배치 후에도 문제인 대통령이 직접 중국을 방문하여 악영향을 차단하고자 하였다.

실제로 중국은 한국에게 일본과의 협력을 더 이상 추진하지 말도록 요구하고 있다. 사드 배치 후 한국이 한중관계 복원을 시도하자 중국은 '3불(不)'을 요구하였는데, 그 내용 중 하나는 일본과의 안보협력을 추진하지 않는 것이었다. 즉 중국은 '3불1한(三不一限)'이라는 표현으로 사드의 추가 배치 불가, 미국과의 미사일 방어협력 불가, 한미일 간 군사협력 불가와 배치된 사드의 사용 제한을 요구하였는데(윤완준·신나리, 2017. A6), 이 중에서 가장 중요한 요소가 세 번째로서, 한미동맹과 미일동맹이 이미 존재하기 때문에 그것은 바로 한일 간의 안보 또는 군사협력을 하지 말라는 내용이 된다. 한일 안보협력을 추진할 경우 한국은 중국의 상당한 압력에 직면할 가능성이 높다.

러시아의 경우에도 한국과 일본의 안보협력을 반대할 가능성이 높다. 러시아는 현재 중국과 함께 미국에 대적하고 있고, 일본과는 북방 4개 도서 등의 영유권 문제로 다툼의 소지를 지니고 있기 때문이다. 1905년의 러일전쟁과 태평양 전쟁에서 러시아는 일본과 전쟁을 수행한 적도 있다. 러시아는 중국과 함께 유엔안보리에서 거부권을 활용하여 한일 양국, 특히 한국에게 압력을 넣을 수 있고, 그러할 경우 한국으로서는 어려움에 처할 수 있다. 북핵 문제 해결에 관하여 한국에게는 러시아와의 협력도 중요하기 때문이다.

(3) 평가

북한의 핵능력과 공격적 의도라는 공통위협이 워낙 심각하여 한국과 일본의 안보협력을 위한 구심요소는 강화되고 있다. 미국을 중심으로 하는 한미동맹과 미일동맹의 효과를 극대화한다는 점에서 한일 안보협력을 통하여 예상되는 상호이익도 적지 않다. 신뢰성의 경우에도 미국이 보증하는 역할을 수행하고 있어서 우려할 사항은 아니다. 다른 어느 때보다 한일 안보협력의 필요성은 커진 상태라고 보아야 한다.

문제는 안보협력에 관한 원심요소를 극복하는 것이 쉽지 않다는 것이다. 원심요소 중에는 한일 양국 국민들의 상호 부정적 인식이 가장 결정적인 사항인데, 이러한 감정적 사항은 논리로 극복되지 않기 때문이다. 국민들의 표를 최우선시하는 정치인들의 입장에서는 국민감정에 편승할 가능성이 높고, 그러한 경향은 또다시 국민감정을 악화시키는 악순환을 초래한다. 국제적으로는 중국의 반대 가능성이 높은데, 사드 배치 문제에서 드러났듯이 한국은 중국의 의견을 가급적이면 존중한다는 입장이고, 한일 안보협력이 한중관계와 바꿀 정도로 절실하다고 생각하지 않고 있다. 한일 안보협력의 성과는 나중에 나타나지만 한중관계가 잘못되는 부작용은 무역 등에서 금방 나타나기 때문에 국민들의 지지를 획득하는 측면에서도 위험을 감수하기는 어렵다. 이러한 내용들을 종합적으로 정리하면 〈표 6-1〉과 같다.

〈표 6-1〉을 보면 한일 안보협력에 대한 구심요소는 지금도 강한 편이지만 북핵 위협이 심각해질 경우 더욱 강해질 수 있다. 따라서 북핵

〈표 6-1〉 한일 안보협력에 관한 요소별 평가 결과 종합

안보협력 판단 요소		평가 결과		비고
		현재	미래	
구심요소	공통 안보위협	중	강	– 단기: 북한의 핵위협 강화 – 장기: 북한 핵위협의 지속 강화, 중국의 팽창주의적 정책 강화
	상호 안보이익	상	중	– 단기: 북한 핵위협 대응에 관한 공동대응 – 장기: 중국 위협 대응의 강도를 두고 한일 양국 견해차 발생 가능
	신뢰성	중	중	– 단기: 한일 모두 건전한 법치국가, 미국의 보장 – 장기: 일본의 한반도 침탈 우려
원심요소	국민여론	중	약	– 단기: 과거사와 독도 문제 작용 – 장기: 북한 핵위협 증대 및 양국 정부의 설득 노력으로 약화 가능
	국제정치	중	강	– 단기: 중국의 적극적 반대 – 장기: 중국과 러시아의 적극적 반대

위협으로부터 국가와 국민을 보호하고자 한다면, 한국 정부는 어떻게든 원심요소를 극복하고자 노력할 필요가 있다. 실제로 일본에 대한 한국 국민들의 부정적 감정은 정부가 차분하게 관리해 나갈 경우 낮아질 가능성이 없는 것이 아니다. 냉전시대에 한국과 일본은 우방으로서 긴밀하게 협력한 적이 있고, 북핵 위협이 더욱 심각해지면 그에 대응하기 위한 일본과의 협력 필요성을 국민들도 수용할 가능성이 높기 때문이다. 또한 국제정치 측면에서 중국의 반대를 극복하지 못할 수준은 아닐 수 있다. 중국이 북핵 문제 해결에 협조하지 않기 때문에 일본과 협력할 수밖에 없다는 논리는 충분히 합리적이기 때문이다. 한국이 일본과의 안보협력을 추진할 경우 중국은 그것을 회피하기 위하여 북핵 문제 해결에 적극적으로 나설 가능성도 있다. 특히 북한이 미국 본토를 공격할 수 있는 능력을 구비함으로써 미국의 확장억제 이행에 관한 불확실성이 증대될 경우 일본과라도 협력하여 북핵 위협으로부터 생존 가능성을 높여야할 당위성은 커진다.

3) 한일관계의 발전방향

프러시아의 전쟁이론가인 클라우제비츠가 국민들은 감정에 흔들리기 때문에 정부가 이성을 견지해야만 전쟁에서 승리할 수 있다고 주장한 바와 같이 정부는 국민감정에 지나치게 민감하기보다는 상황과 현실에 대한 냉철한 판단에 근거하여 한일 간의 협력을 추진할 필요가 있다. 국가의 존망이 위태로워서 한일 안보협력에라도 의존해야 할 상황임에도 국민감정 때문에 정부가 머뭇거려서는 곤란하기 때문이다. 한국 정부의 입장에서 한일관계 개선을 위하여 노력해야 할 몇 가지 과제를 제시하면 다음과 같다.

(1) 반일 감정과 그 영향력의 감소

한일관계 개선을 위하여 가장 필요하면서도 어려운 과제는 양국 국민 간의 부정적인 감정을 진정시켜 나가는 일이다. 국가의 안위를 최우선시해야 하는 정치인들이라면 정치적 계산하에 국민들의 반일 감정 또는 혐한 의식에 편승할 것이 아니라 국익을 최우선시하여 양국 간 안보협력이 필요하다면 그러한 방향으로 국민들을 선도할 수 있어야 한다. 정치인들이 짐작하는 것과 다르게 국민들도 감정적으로는 일본을 싫어하면서도 한일 안보협력의 필요성은 인식하고 있다. 2014년 양국 국민들의 상호 인식이 매우 부정적이었을 때도 한국 국민들의 88.3%는 "한일 양국이 서로 돕고 협력하는 관계로 발전해야 한다고 생각"하였고, 76.2%는 "일본은 한국에게 중요한 국가라고 생각"하였다(박진우. 2014: 124). 오히려 한일 양국 간의 관계가 악화되고 있는 것은 국민감정보다는 정치인들의 선동이나 정치적 계산에 기인한 측면이 더욱 클 수 있다. 정치인들이 국가안보 차원에서 필요하다고 판단하여 노력한다면 한일 양국의 관계는 충분히 발전할 수 있을 뿐만 아니라 국민들도 수용해 줄 수 있을 것이다.

북한이 ICBM과 SLBM을 개발하여 미국의 확장억제 약속이 불확실해질 경우 일본과의 안보협력은 한국의 안보를 위한 유일한 희망일 수도 있다. 혼자서 상대하기 보다는 2개 국가가 함께 상대한다면 대응력이 강화될 뿐만 아니라 일본의 군사력이 막강하기 때문이다. 한국은 일본에 대한 북한의 핵위협을 전방에서 차단하는 역할을 수행하기 때문에 한국이 요청할 경우 일본은 전력을 다하여 한국을 지원할 가능성이 높다. 이러한 이유로 북핵 위협이 심각해질수록 한국의 정부와 정치인들은 국내적 저항보다 국제적 필요성에 근거하여 한일관계를 증진해 나가겠다는 전략적 선택을 통하여 안보를 우선시해야 한다. "역사인식 등 과거사를 잊어서는 안 되지만 그것이 모든 것을 좌지우지하도록 방치해서는 안 된다"(유명환, 2014: 23). 1960년대에 김종필과 박태준을 중심으로 형성 및 가동되었던 한일 정치인 간의 네트워크를 복원하고, 이를 통하여 양국 간 안보협력을 위한 여건을 조성하면서 정부에게 필요한 조치를 건의하여 시행되도록 만들 필요가 있다.

한일 양국 국민들의 부정적 정서를 개선하는 데는 양국 지식인들의 역할도 긴요하다. 그들이야말로 객관적인 입장에서 정확한 분석과 사실을 통하여 국민들을 설득시킬 수 있기 때문이다. "일본 국민들이 지혜로운 판단을 할 수 있도록 선도할 수 있는 지식인 집단이 형성되어야 하고, 한국 국민들이 일본에 대하여 감정적 대응을 자제하고 지역평화를 위해 일본과 협력을 용인하도록 지식인 집단이 인내심을 가지고 설득해 나가야 한다"(이상우, 2011: 20). 한일 간의 역사를 둘러싼 갈등 과정에서 "한국과 일본의 미디어가 그 갈등을 증폭시키거나 상대방에 대한 부정적인 이미지를 조장하는 측면도 있다"는 평가에서 나타나고 있듯이(양기웅, 2014: 174) 언론도 선동성의 기사를 자제할 필요가 있다. "한일관계를 바라보는 패러다임을 애증이 아닌 화해라는 큰 틀에서 회복적 정의(피해자가 용서함으로써 확립되는 정의: 필자 설명)에 기반해야 한다"(천자현, 2015:

48-49)는 충고를 유념할 필요가 있다.

일본에 대한 한국 국민들의 부정적 감정을 약화시키고자 한다면, 과거 역사에 대한 합리적인 정리에도 노력하지 않을 수 없다. 한국은 일본이 과거사에 대하여 더욱 진심으로 사과하기를 기대하고 있고, 일본은 이미 충분히 사과하였다는 인식이라서(박진우, 2014: 123) 접점을 찾지 못할 경우 상호 반감이 계속 증폭될 수 있기 때문이다. 양국 정치지도자들은 과거사에 대한 사과나 보상의 적절한 수준을 합의하고, 이에 대하여 국회와 국민들의 동의를 받을 필요가 있으며, 그다음에는 양국이 더 이상 거론하지 않는다는 약속을 명문화함으로써 과거에서 벗어나 미래를 지향할 필요가 있다.

(2) 북핵 대응 위한 협력 확대

한국은 국민감정의 변화에 노력하면서도 북핵 위협에 대한 한일 간의 공동대응 태세를 확대하기 위한 노력을 강화하지 않을 수 없다. 북한은 수소폭탄을 개발한 후 ICBM의 성공에 근접한 상태로서 한국과 일본의 공동대응이 시급한 수준이기 때문이다. 한국이 효과적으로 대응하면 일본을 공격하는 핵미사일을 사전에 탐지 또는 방어해 줄 수 있고, 일본은 북한 핵위협에 대한 추가적인 정보를 제공하거나 SM-3 요격미사일을 장착한 구축함을 한반도 해역에 전개시켜 줄 수 있다. 한일 양국의 협력에 근거하여 한미일 3국이 체계적으로 역할을 분담할 경우 북핵에 대한 대응 및 방어태세는 크게 향상될 것이다. 북한의 핵위협이 더욱 심각해질 경우 한일 양국은 분업 차원에서 공동대응을 위한 군사적 조치와 협의도 추진해 나갈 필요가 있다.

북핵 대응을 위하여 한일 양국이 당장이라도 협력할 수 있는 사항은 북한의 핵위협에 관한 정보의 공유이다. 일본은 인공위성은 물론이고 다수의 레이더를 보유하고 있어서 기술정보(techint) 수집 능력이 좋고, 수집된 정보를 체계적으로 분석해내는 능력이 탁월하다. 대신에 한국은 북한과 접촉하고 있을 뿐만 아니라 문화와 언어가 같아서 인적 정보(humint) 수집과 분석에 강점이 있다. 정보의 원천이 많을수록 그 정확성이 증대될 것이고, 북핵에 대한 양국의 절박성이 커서 협력의 당위성은 크다. 정보 분야에 관한 협력은 일본의 군국주의 부활과 가장 관계가 적은 분야이고, 따라서 국민들의 반감도 적을 수 있다.

북핵 대응을 위하여 한일 양국이 실질적으로 협력해야 하는 분야는 BMD이다. BMD는 공격해 오는 북한의 핵미사일을 공중에서 요격하는 것이기 때문에 방어적이고, 따라서 이 분야에 대한 일본의 증강 노력이나 한국과의 협력이 나중에 한국에 대한 군사적 위협으로 전환될 가능성이 낮기 때문이다. 일본은 그동안 미국과의 긴밀한 협력을 바탕으로 BMD에 관하여 상당한 능력과 기술 수준을 확보한 상태라서 한국이 학습하거나 협력을 통하여 도움을 받을 사항이 많다. 국방부는 지금까지의 오해를 불식시킬 수 있도록 BMD 구축의 필요성, BMD 구축의 청사진과 무기체계 획득의 로드맵, 주한미군 BMD와 한국 BMD의 관계, 일본 BMD의 실태, 한일 BMD 협력의 필요성과 그 이점 등을 국민들에게 자세하게 설명하고, 필요한 분야별로 일본 BMD와의 협력을 추진해 나갈 필요가 있다.

(3) 한미동맹과 미일동맹의 보완성 강화

북한의 핵미사일 위협을 억제하는 유일한 방편은 미국의 확장억제, 즉 북한이 핵무기로 공격할 경우 미국의 대규모 핵무기로 보복하겠다는 위협이라는 점에서 한국은 한미관계를 강화해 나갈 수밖에 없고, 이것은 일본도 유사하다. 최근 '균형외교'라는 명분으로 한국이 중국과의 관계 개선을 통하여 북한 핵문제를 해결한다는 기대를 갖기도 했지만, 성과를 달성하지는 못하였다. 이러한 점에서 한국은 일본이 미일동맹을 어떻게 관리하고 있는지를 분석한 후 필요한 교훈을 도출하여 활용할 필요가 있다. 일본은 미국과의 동맹에 있어서 한국보다 '자율성-안보 교환'의 원리에 더욱 충실하고, 정치인들은 국민들의 반미 감정에 동요되지 않은 채 미일동맹을 강화하는 데 일치단결하고 있으며, 그 결과 미국으로부터 상당한 신뢰관계를 획득하고 있기 때문이다. 또한 북핵 대응에 있어서도 미일 양국은 공통된 전략을 도출하여 시행하고 있고, BMD에서 보듯이 일본은 미국의 발달된 기술과 방법을 적극적으로 도입하여 상당한 시간과 비용을 절약하였다. 한국이 미국과의 동맹에 관한 일본의 정책과 조치의 방향을 파악하여 참고할 경우 시행착오를 상당할 정도로 줄일 수 있을 것이다.

한국은 일본과의 관계 개선이 한미동맹에도 필수적이라는 점을 인식하고, 이를 통하여 한미일 안보협력을 완성한다는 자세를 가질 필요가 있다. 미국이 유사시 한국을 효과적으로 지원하려면 일본의 기지와 지원이 필수적이기 때문이다. 한미일 3국 간의 협력이 공고해져야 한미동맹과 미일동맹이 유기적으로 병립될 수 있고, 유사시 미국의 효과적인 한반도 지원이 보장될 것이다. "한일 간의 긴장 관계는 결국 한미관계에도 영향을 미칠 수밖에 없다"는 점을 유의하여(유명환, 2014: 24) 한일 관계를 추진해 나가야 할 것이다. 한일관계의 불편이 지속될 경우 미국 은 미일동맹만으로 중국을 견제하겠다는 생각을 가질 수도 있다(김준형, 2009: 111). 미국으로서는 본토에 대한 핵위협을 감수하면서까지 한미동 맹을 유지해야겠다고 생각하지 않을 수 있기 때문이다. 미일동맹이 강 할수록 한미동맹의 가치는 낮아진다는 점을 인식하지 않을 수 없다.

(4) 간접적 협력관계의 강화

일본과의 직접적 안보협력 증진이 어려울 경우 국제기구나 국제회 의 등을 통하여 일본과의 협력 사례를 누적해 나가는 것도 유용할 수 있 다. 현재도 한국은 ASEAN+3, 동아시아 정상회의(EAS: East Asia Summit), 아시아·태평양 경제협력체(APEC: Asia-Pacific Economic Cooperation), G20 정상 회의와 같은 다양한 다자안보 협력체제에 일본과 함께 가담하고 있고, 한일 양국 정상은 이러한 다양한 회의에서 간편한 회담을 갖기도 한다. 제3차 회의가 2015년 10월 31일부터 11월 2일까지 서울에서 개최된 이 후 중단되어 있지만, 한중일 정상회의가 2008년부터 개최되기도 하였 다. 이러한 회의를 통하여 한일 양국의 정상과 관리들이 빈번하게 조우 하고, 시급한 현안을 중심으로 협력을 모색해 나간다면, 양국 간 협력의 범위와 깊이는 자연스럽게 확대될 수 있을 것이다. 외교부 차관을 역임 한 김성한 교수는 한미동맹과 관련하여 한국은 "양자동맹-소다자주의- 다자주의 간 3중 네트워크(three-tier network) 정립"이 필요하다고 주장하였 는데(김성한, 2015: 89), 이러한 접근을 한일관계에도 적용할 수 있다. 한일 간의 직접적 관계, 한미일 협의나 한중일 협의와 같은 소다자주의, 그리고 위에서 설명한 더욱 큰 범위의 다자주의가 복합적으로 가동될 때 국내의 부정적 여론과 국제사회의 저항이라는 한일관계의 구조적 장애도 극복이 가능해질 것이다.

한국이 일본과의 관계를 적극적으로 추진하기 어려운 결정적인 국제정치적 이유는 중국에 대한 고려이다. 한국은 중국과 우호적 관계를 유지하는 것이 한국의 경제, 안보, 통일에도 유리하다고 생각하고, 대일 안보협력이 대중관계를 악화시킬 수 있다고 우려하기 때문이다. 그러나 중국과의 '전략적 협력 동반자 관계'는 동맹과는 전혀 다르다는 점을 분명히 직시해야 한다. 안보에 관한 한 동반자 관계는 수사(修辭, rhetoric) 이상을 벗어나기 어렵기 때문이다. 한국은 한미동맹의 의무에 충실할 것이라는 점과 북핵 위협으로 인하여 일본과의 안보협력을 더욱 강화할 수밖에 없다는 점을 중국에게 분명히 전달할 필요가 있다. 한국이 이와 같이 단호한 태도를 보일 때 중국은 사드 사례에서와 같은 일방적인 내정간섭을 자제하는 대신에 한미일 결속의 원인인 북핵 해결에 나설 것이다.

4) 결론

한일관계를 가장 적절하게 표현하는 말은 '가깝고도 먼 나라'라는 묘사일 것이다. 일본과는 미국을 통하여 간접적인 동맹관계를 형성하고 있고, 자유민주주의라는 동일한 이념을 추구하며, 활발한 사회적, 경제적, 문화적 교류를 시행하고 있지만, 과거사로 인하여 국민들끼리 부정적인 감정이 존재하고 있고, 따라서 서로 경계하면서 안보협력은 기피하고 있기 때문이다. 북핵 위협이라는 공통의 위협이 점점 심각해져 가는데도 한일 간의 안보협력은 거의 진전되지 않고 있고, 이로 인하여 한미동맹에도 부정적인 영향이 우려되고 있다.

한일 양국의 안보협력과 관련하여 구심요소와 원심요소로 나누어서 분석해 볼 경우 북핵이라는 공통위협, 협력을 통한 상호 안보이익의 증대 가능성, 상호 간의 신뢰성 등 구심요소가 적지 않고, 북핵 위협으로 이것은 점점 커지고 있다. 따라서 한국은 북핵 대응을 위한 양국 간 정보를 활발하게 교환하고, BMD에 관하여 일본이 적용하거나 발전시킨 개념과 기술을 활용하는 등 북핵이라는 공통위협을 통한 상호이익을 증대시켜 나가고자 노력할 필요가 있다. 일본과의 안보협력이 한미동맹 강화에 필수적임을 이해하고, 한일 협력을 통하여 한미일 3국 간 긴밀하면서도 체계적인 대북정책 협의와 협조된 시행을 보장할 필요가 있다. 1999년부터 2004년까지 존재하였던 TCOG와 유사하게 북핵 대응을 위한 공동협의 또는 대응 기구를 구성하여 운영해 보고, 성과가 좋을 경우 그 범위와 규모를 확대할 수도 있다. 북핵 위협 대응을 양국관계의 최우선 과제로 격상시켜야 한다.

그러나 한일 안보협력의 실제적 구현을 위해서는 그것을 어렵게 만드는 몇 가지 원심요소들을 극복해야 하는바, 이 중에는 중국의 반대와 같은 국제정치적 요소도 있지만, 양국 국민들의 부정적 감정이 가장 결정적인 요소이다. 당연히 일본 정부부터 과거사에 관하여 진정성 있는 태도를 보여야 하겠지만, 한국 정부도 과거사에 대한 끝없는 요구와 주문을 자제하는 등 상호 간의 노력이 필요하다. 위안부 문제의 경우 현재의 합의에 기초하여 정리해 나가고, 독도의 경우에는 서로가 언급을 자제하는 방향으로 합의해 나가야 할 것이다. 정치인들이나 언론에서는 서로의 감정을 상하게 할 수 있는 언행을 자제함으로써 양국의 극단적 민족주의자들이 영향력을 발휘하지 못하도록 하고, 지식인들은 양국 국민들의 감정적 화해를 위하여 최대한 노력해 나가야 할 것이다.

국제관계에서는 "영원한 우방도 영원한 적도 없다"는 말은 국가 간의 관계에서는 내부적인 거부감보다는 외부적인 필요성에 우선하여 접근해야 한다는 뜻이다. 마음속으로 밉게 생각하는 국가라고 하더라도 국익에 보탬이 된다면 협력할 수 있어야 한다는 말이다. 심각해진 북핵 위협으로부터 국가와 국민을 보호하기 위하여 필요하다고 인식하면서도 과거사나 국민적 감정으로 인하여 일본과의 안보협력을 계속 지체한다는 것은 합리적인 태도가 아니다.

III

방어

7.
선제타격

　　북한이 자발적으로 핵무기를 포기하지 않을 경우 북한의 핵위협으로부터 국가와 국민의 안전을 보장할 수 있는 가장 단순하면서도 효과적인 대책은 사전에 공격하여 파괴해 버리는 것이다. 이것은 강제적이고 외과적인 핵무기 폐기라고 할 수 있는데, 한국에서는 외교적 비핵화에만 의존해 옴으로써 지금까지 이러한 적극적 방안은 제대로 검토되지 않았다. 북한이 현재처럼 핵무기를 증강하기 이전에 이와 같은 적극적 파괴 방안을 사용하였다면 위험이 적은 상태에서 북한의 핵무기 개발을 조기에 차단할 수 있었을 것이다. 북한이 상당한 숫자의 핵무기를 개발한 상태라서 위험이 커진 것은 분명하지만, 그렇다고 하여 아무런 조치도 강구하지 않은 채 북한의 핵공격을 기다릴 수는 없다는 것이 문제이다.

1) 선제타격의 정당성과 사례

(1) 선제의 정당성

일반적으로 선제공격은 기습적으로 또는 적보다 먼저 공격하는 '선공(先攻)'의 의미이지만, 핵대응과 관련하여 '선제(先制)'로 번역하여 사용하는 영어의 'preemption'은 명확한 조건이 전제되어 있는 군사 분야의 전문용어이다. 이것은 "적의 공격이 임박하였다는 논란의 여지가 없는 증거에 기초하여 시작하는 공격"으로서(Department of Defense, 2010: 288), 상대방이 곧 공격할 것이 확실할 때 먼저 공격하여 차단하는 조치이다. 선제는 공격, 조치, 타격 등과 결합하여 사용되는데, 북한의 핵무기와 같이 특정한 표적을 제한적으로 공격해야 하는 경우에는 주로 '선제타격(preemptive strike)'이라는 용어를 일반적으로 사용한다.

선제는 상대방이 공격할 것이 명백한 상태에서 미리 행동하는 것이기 때문에 개념적으로는 분명히 정당성이 높다. 그러나 현실에 있어서는 상대방 공격의 임박성이나 공격 징후의 명백성을 객관적으로 입증하거나 제3자가 인정해주는 것은 어렵다. 유엔 헌장 제51조에서도 '무력공격(armed attack)'이 실제로 발생해야 자위권 발동이 정당하다고 규정하고 있어 적 공격 임박성에 대한 명백한 징후가 존재하더라도 선제가 국제사회에서 정당하게 인정되는 것은 아니다. 허용 가능한 상황을 사전에 정해 둘 경우 공격자들은 모두 그러한 상황이라서 어쩔 수 없이 선제 차원의 조치를 취하였다고 변명할 가능성이 높다. 다만, 국제법의 경우 궁극적으로는 사안별로 국제사회가 합의하여 결정할 수밖에 없다는 점에서 적 공격 임박성에 대한 설득력 있는 증거를 제출할 경우 정당하게 인정받을 가능성은 없지 않다.

실제로 2004년 유엔 사무총장실의 보고서에서는 "위협되는 공격이 임박하고, 다른 수단으로 그것을 완화시킬 수 없으며, 행동이 비례적일 경우" 위협받은 국가가 군사적 조치를 강구할 수 있다는 입장을 표명한 적이 있다(United Nations, 2004: 63). 일부 국제법학자들도 '자위권에 의한 국가의 군사력 사용에 관한 국제법 원칙'을 설정하면서 "어떤 공격이 임박하다는 것이 만장일치는 아니지만 광범위하게 수용될 경우 그 위협을 회피하고자 행동할 권리를 국가가 보유하고 있다"는 의견을 발표한 바 있다(Szabo, 2011: 2). 유엔 헌장 제51조가 제정될 당시에는 핵무기나 화생무기와 같은 대량살상무기를 고려하지 못하였다면서, 그 필요성이 즉각적이거나 압도적이고 다른 수단을 선택할 수 있는 여지가 없을 경우에는 자위권 차원의 선제적 무력 사용이 필요하다고 주장되기도 한다(Arend, 2003: 102).

북한의 핵무기 개발이 확실시해지자 국내에서도 선제의 필요성을 인정해야 한다는 견해가 제시되기 시작하였다. 급박한 무력공격의 위협이 객관적으로 존재하거나 공격징후가 확실할 경우에는 사전에 자위권을 행사할 필요가 있다는 의견들이다(제성호, 2010: 73; 김현수, 2004: 260). 한국 정부도 북핵 대응을 위한 중요한 방안의 하나로 선제타격에 중점을 둔 '킬 체인(kill chain)'이라는 용어를 정립하고, 그의 시행을 위한 능력을 강화하기 위하여 노력하고 있다. 국가의 생존을 위태롭게 만드는 핵공격에 대해서는 더욱 적극적으로 자위권을 행사하고자 노력하지 않을 수 없기 때문이다.

(2) 선제의 사례

국가적 정책 충돌을 해결하는 수단으로 전쟁이 공인되었던 과거의 국제관계에서는 선제적 조치가 빈번하였겠지만, 전쟁이 불법화된 이후 이행된 선제 차원의 전쟁 사례는 많지 않다. 제2차 세계대전은 물론이고, 이후에 발생한 6·25 전쟁이나 베트남 전쟁을 선제공격이라고 볼수는 없다. 다만, 이스라엘과 아랍국가들 간의 전쟁에서는 선제적인 요소가 많이 포함되어 있다. 예를 들면, 1956년 이집트가 수에즈 운하를봉쇄하자 이스라엘은 이집트를 선제공격하여 성공하였고, 1967년의 제3차 중동전쟁 또는 '6일 전쟁'에서도 이스라엘은 선제공격의 진수를 과시하였다. 당시 이집트는 시나이반도 주둔 병력을 증강하고, 시리아군과 요르단군도 준비태세를 갖추었으며, 알제리는 총동원령을 선포하였고, 리비아와 수단도 전시태세로 전환하였으며, 사우디아라비아, 튀니지, 쿠웨이트 등도 동참하기 시작하였다. 이스라엘에 우호적이었던 요르단마저 5월 30일 이집트와 상호방위조약을 체결하였고, 6월 2일 아랍연합군 사령관이 전투명령을 하달하여 부대들의 이동이 개시된 상황이었다. 이에 이스라엘은 거국내각을 구성하여 다얀(Moshe Dayan) 장군을국방상으로 임명하였고, 다얀은 군사적으로 더욱 불리해지기 전에 선제공격할 것을 승인받아 시행하였다(권혁철, 2012: 89-90). 이스라엘군은 6월5일 아침 7시 45분 이집트, 시리아, 요르단 비행장에 주둔 중인 항공기들에 대한 기습공격을 시작으로 선제공격을 실시하였고, 이의 효과에힘입어 6일 만에 전쟁에서 승리한 후 정전에 합의하게 되었다.

아직 임박한 핵무기 공격의 위협에 직면하였던 국가는 없었기때문에 핵무기 위협에 대한 선제공격의 사례는 없었다. 이스라엘이

1981년 이라크와 2007년 시리아의 핵발전소를 사전에 타격하여 파괴한 적은 있지만, 이것은 핵발전소를 건설하는 단계에서 타격한 것이지 핵공격이 임박한 상황에서 실시한 것은 아니었다. 2003년 이라크의 핵무기 개발 가능성에 근거하여 미국이 이라크를 공격한 것도 핵공격이 임박한 상황은 아니었다. 다만, 핵무기에 의한 공격은 반격 자체가 불가능할 정도로 피해가 클 뿐만 아니라 위법이기 때문에 핵공격이 임박하거나 임박성에 관한 명백한 증거가 존재할 경우 선제적인 조치를 강구해야 할 필요성은 재래식 전쟁에 비해서 더욱 크고, 그것을 국제사회가 정당하게 인정해 줄 가능성도 높다고 할 것이다.

2) 예방의 필요성과 사례

(1) 예방의 필요성

'예방(prevention)'은 일상 생활에서도 자주 사용되는 용어로서 어떤 사태가 발생하기 이전에 방지하는 활동을 말한다. 군사적으로 보면 예방은 "혹시나 있을 수 있는 상대의 행위나 의도를 방지하기 위해 지나쳐 버릴 수도 있는 기회를 활용하려는 것"(강임구, 2009: 46)이고, 미래에 공격하거나 피해를 끼칠 수 있는 적의 수단에 대하여 미리 군사력을 사용하는 것이다(Sofaer, 2003: 9). 앞에서 설명한 선제에 비해서 예방은 훨씬 그 범위와 내용이 광범위하다고 할 수 있는데, 미래에 위협이 될 것으로 판단되는 적의 능력을 사전에 파괴시킴으로써 위협이 되지 않도록 하는 모든 노력이 예방이고(박준혁, 2007: 141), 그중에서 임박한 적의 공격에 대해서 시행하는 특수한 형태의 예방이 선제라고 할 수 있다.

상대의 핵위협으로부터 안전을 보장하고자 한다면, 선제타격보다는 예방타격이 합리적이다. 선제나 예방이나 현행 국제법에서는 모두 허용되지 않기 때문에 국제적으로 비난을 받는 것은 마찬가지이지만, 후자가 전자에 비해 성공 가능성이 높기 때문이다. 또한 공격의 임박성이나 징후의 명백성을 평가해 주거나 어떤 국가의 조치가 선제 또는 예방에 해당된다고 결정해 줄 수 있는 기구도 세계에는 없다. 따라서 개념적으로는 공격을 위한 징후의 명백성 유무에 의하여 선제와 예방을 구분할 수 있겠지만, 현실의 조치 중에서 어떤 것이 선제이고, 어떤 것이 예방이라고 판정하는 것은 쉽지 않다. 그렇기 때문에 대부분의 국가들은 선제라고 주장하지만 현실적으로는 예방을 고려하고, 예방적인 조치를 취하고 나서도 선제적인 조치라면서 그 정당성을 주장하고 변명한다.

핵위협에 대한 예방타격의 필요성을 주장하는 학자들도 적지 않다. 핵공격의 가능성과 같은 엄청난 위협에 대해서는 위협의 임박성 이외에도 그 심각성, 발생할 확률, 지체의 비용도 고려해야 한다고 주장되고(Walzer, 2000: 74), 임박성 이외에 공격의 개연성, 개연성의 증대 가능성, 피해의 규모까지도 고려할 것을 요구하기도 한다(Yoo, 2004: 18). 핵무기와 같은 대량살상무기의 공격을 회피하기 위하여 불가피하다면 사전의 군사조치는 정당하게 인정되어야 한다는 학자들도 적지 않다(Dipert, 2006: 39: Silverstone, 2007: 5: Brailey, 2005: 153: Ulrich, 2005: 3-4).

핵무기를 보유하지 못한 비핵국가가 핵보유국에 의한 핵공격 위협에 직면하게 되었을 경우 예방적 조치를 강구해야 할 필요성은 매우 크다. 비핵국가는 핵무기로부터 국민을 보호할 수 있는 유효한 다른 방안을 보유하고 있지 못하기 때문이다. 이 경우 적의 공격이 임박할 때까지 기다리다가 선제타격을 하면 된다고 하지만, 상대방 공격의 임박성에 대한 증거를 확보 및 입증하기도 어려울 뿐더러, 그러한 증거를 찾다가 선제타격의 적정 시기를 놓쳐서 핵공격을 받을 경우에 속수무책이 될 수 있다. 조치의 정당성에 치중하여 국민의 대량살상과 국토의 불모지대화를 방관하거나 전쟁에서 패배할 수는 없다. 자위권은 각 국가의 '고유한(inherent)' 권리라고 유엔 헌장 제51조에 기술한 의도를 고려할 때 핵공격 국가로부터 협박을 받는 비핵국가가 예방타격과 같은 조치를 취하는 것을 자위권 행사로 인정하는 것은 충분히 합리적이라고 할 것이다.

군사적인 성공의 가능성만 고려한다면 선제타격에 비해서 예방타격이 훨씬 유리하다. 예방타격은 충분한 정보를 수집한 후 정밀한 계획을 세우고, 다양한 모의(simulation) 기법을 통하여 성공 가능성을 확인한 다음에 시행할 수 있기 때문이다. 또한 개념적으로는 선제타격과 예방타격을 구분할 수 있지만, 실제적인 조치에 대해서는 구분이 쉽지 않다. 상대방이 기도하고 있었던 공격적 행위를 사전에 차단 또는 파괴시키는 과정에서 상대의 공격이 임박했었다는 데 대한 증거도 없어질 가능성이 높기 때문이다. 대부분의 경우 자국이 실시하는 것은 선제타격, 타국에 의하여 공격받으면 예방타격이라고 주장하는 것이 현 국제사회의 현실이다(한인택, 2010: 194). 결국 예방타격의 실시 여부는 그것을 실시함으로써 받는 비난과 실시함으로써 달성하는 효과를 비교하여 해당 국가가 결정하는 수밖에 없다.

(2) 예방타격의 사례

상대방이 핵무기를 개발하는 데 성공해 버린 상황에서 예방타격을 실제로 시행한 사례는 없었다. 예방타격이 실패할 경우 핵전쟁을 유발할 위험성이 너무나 크기 때문이다. 핵무기를 먼저 개발한 미국이 소련이나 중국의 핵무기 개발 성공 직후 이를 파괴시키는 문제를 검토하였다고 하지만, 실제로 시행되지는 않았다. 대신에 핵무기를 개발하는 과정에 있는 국가를 대상으로 예방타격을 실시하여 핵무기 개발을 중단시킨 사례는 존재한다.

핵무기를 개발하는 과정에 있는 국가에 대한 예방타격의 전형은 1981년 6월 7일 이스라엘이 이라크의 오시라크(Osiraq) 핵발전소를 타격하여 파괴한 사례이다. 이스라엘은 이라크가 핵발전소를 건설하여 가동하면 사용 후 연료를 재처리하여 플루토늄을 추출함으로써 핵무기를 개발할 것이고, 그렇게 되면 이라크가 이스라엘을 핵무기로 공격할 것이라는 판단에 근거하여(Mueller, 2006: 213) '바빌론작전(Babylon operations)'이라는 명칭으로 공군기를 동원하여 2,000km 정도 떨어진 이라크의 핵발전소를 파괴시켰다. 이스라엘이 파괴시키지 않았을 경우 오시라크 발전소는 1년여 만에 간단한 폭발장치를 위한 플루토늄을, 2년 이내에는 정교한 핵무기 2개를 제조할 수 있는 플루토늄을 공급하였을 것이라고 미국이 평가한 바 있다(Braut-Hegghammer, 2011: 112). 예방타격 후 이스라엘 정부는 그들의 타격이 자위권에 의한 불가피한 조치였다고 설명하였고, 다수의 국가들이 비난하였지만 유엔 차원의 개별적 또는 집단적인 제재조치는 이스라엘에 가해지지 않았다. 이스라엘의 예방타격이 장기적으로는 이라크의 핵무기 개발 의지를 오히려 강화시키고, 더욱 체계적이면서 비밀리에 개발하도록 만들었다는 비판도 있지만(Braut-Hegghammer, 2011: 129), 이라크의 핵무기 개발을 지체시킨 것은 분명하고, 어쨌든 현재까지 이라크는 핵무기를 개발하지 못하였다.

이스라엘은 2007년 9월 6일에도 '과수원 작전(operation orchard)'이라는 명칭 하에 시리아의 데이르에즈조르(Deir ez-Zor) 지역에 건설 중인 핵발전소를 공군기로 파괴하였다. 핵무기 개발과 상관없는 시리아의 발전소를 이스라엘이 타격하였다는 비난도 제기되었지만, 미국 중앙정보국장은 시리아의 핵발전소가 1년에 1~2개의 핵무기를 제조할 수 있는 플루토늄을 생산할 수 있는 시설이었고, 수 주 또는 수개월 내에 완공될 수준이었다고 평가한 바 있다(Mikkersen, 2008). 특이하게 시리아는 그들의 불법적 핵무기 개발이 알려질까 봐 폭격받은 사실을 공개하지 않았다. 다른 경로로 과수원 작전의 시행 사실이 2개월 후 알려지자 유엔에서는 이스라엘 예방타격의 불법성보다는 시리아의 불법적 핵무기 개발 문제를 중점적으로 논의하였고, 국제원자력기구(IAEA)는 시리아에 대한 사찰을 요구하였으며, 시리아가 협조하지 않자 이 문제를 안전보장이사회에 회부하기도 하였다. 이스라엘의 과수원 작전은 국제적 비난도 받지 않은 채 시리아의 핵무기 개발을 중지시킨 셈이다.

미국도 2003년 이라크가 핵무기를 개발하였을 수도 있다는 의심을 근거로 국제사회의 동의도 얻지 않은 채 이라크를 침공하였다. 여기에는 9·11 사태 후 테러분자들의 근거지를 제거한다는 목적도 포함되었지만, 핵무기 개발에 대한 의심이 더욱 결정적인 요소였다. "냉전 이후 대량살상무기에 대응한 예방공격의 최고 사례는 의심할 것도 없이 2003년 3월의 이라크에 대한 전쟁이다"(Sauer, 2004: 136)라고 평가되는 이유이다.

예방타격의 논리는 분명하지만 실제 이행하는 것은 쉽지 않다. 핵 보유가 공인되는 5개국 이외에 인도, 파키스탄, 이스라엘, 북한이 핵무기를 보유하고 있지만, 관련국가들이 예방타격을 시행한 사례는 없다. 도덕적 우월성과 이상주의적 사명감에 바탕을 둔 이스라엘과 미국의 예외주의(exceptionalism)가 아니면 예방타격과 같은 과감한 공격작전을 시행하지 못할 것이라고 평가되기도 한다(이명희, 2006: 75-77). 실제로 북한의 핵무기 개발에 대하여 한국은 예방타격을 아예 검토조차 하지 않았지만, 미국은 언제나 대안 중 하나로 포함시키는 모습을 보여 왔다고 할 것이다.

3) 북핵에 대한 논의 현황

(1) 한국의 경우

한국은 북한의 핵위협에 대한 예방타격 논의는 거의 금기시해 왔지만 선제타격은 중요한 대응방법으로 포함시켜 왔다. 미국의 확장억제에 의존하는 것 이외에 한국이 자체적으로 실행할 수 있는 당장의 대응책은 이것밖에 없기 때문이다. 따라서 한국은 '킬 체인'이라는 명칭으로 북한의 핵미사일 발사가 임박한 상황에서 30분 이내에 "탐지 → 식별 → 결심 → 타격"한다는 목표를 설정하여 필요한 능력을 구비해 왔다(권혁철, 2013: 38).

한국의 정부나 군대는 예방타격에 대해서도 그 위험성에만 주목하여 제대로 논의조차 하지 않았다. 1993년 북한이 NPT 탈퇴를 선언함으로써 발생한 제1차 북핵 위기에서 미국이 영변의 핵발전소를 예방타격 차원에서 '정밀타격' 하는 방안을 검토하였을 때 김영삼 대통령과 대부분의 국민들은 한국에서 전쟁이 발생한다면서 극력 반대하였다(조남규, 2013: 30). 북한이 2016년 9월 9일 제5차 핵실험을 실시한 후 미국 내에서 예방타격 차원의 선제타격 필요성이 제기되자 야당과 시민단체들은 전면전으로의 확전을 우려하여 극력 반대하였다. 2017년 4월 13일 개최된 대통령 출마자들의 토론회에서도 대부분은 예방타격에 부정적인 입장을 표명하였고, 미국이 실시할 경우 중단하도록 조치하겠다는 입장도 많았다. 실제로 문재인 대통령은 2018년 1월 1일 국회 시정연설에서 "어떠한 경우에도 한반도에서 무력충돌은 안 된다. 대한민국의 사전 동의 없는 군사적 행동은 있을 수 없다"면서, 이것을 한반도 평화 실현을 위한 5대 원칙 중 제1원칙으로 강조하기도 하였다.

후견편향(後見偏向, hindsight bias)이지만, 1994년 한미 양국이 협력하여 북한 영변의 핵발전소를 파괴시켰다면 현재 한국이 직면하고 있는 북핵 위기는 예방되었을 것이다. 당시는 북한이 핵무기를 개발하지 않은 상태여서 위험도 적었다. 한국은 북핵에 대한 예방타격을 적시에 고려하지 않음으로써 북한이 현 수준으로 핵능력을 증강하는 것을 방치한 셈이다. 북한이 상당한 핵무기를 개발한 상황이라 지금은 예방타격을 실시할 경우 성공의 가능성은 낮아진 반면에 위험은 훨씬 더 클 수밖에 없다. 다만, 예방타격은 언제나 지금보다는 이전에 실시할 경우 위험이 적고, 지금보다 이후에 실시할 경우 위험이 더욱 커진다. 북한이 수십 개의 핵무기를 개발한 상태라서 예방타격의 위험성은 너무나 커졌지만,

성공 가능성과 위험성을 한 번도 제대로 검토 및 비교해 보지 않은 채 예방타격을 포기하는 것은 합리적이지 않다.

(2) 미국

시행하지는 않았지만 미국은 북한에 대한 예방타격을 지속적으로 검토해 왔다. 1994년 당시 미국의 페리(William Perry) 국방장관은 북한의 영변 지역 핵시설에 대한 예방타격 차원의 정밀공격을 진지하게 검토하였고, 언론 등에 광범하게 공개되기도 하였다. 비록 북한의 반발과 전면전쟁으로의 확전을 우려하여 대통령에게 건의하지 않았다고 하지만(Carter and Perry, 1999: 129), 구체적인 시행 방안까지 검토하였던 것은 사실이다. 또한 미국은 2009년 북한의 제2차 핵실험 후 '금지선(red line)'이라는 말을 제시함으로써 예방타격의 가능성을 제시한 바 있다. 이때까지 북한은 핵무기를 개발하지 못한 상태였고, 따라서 예방타격이 실패하더라도 위험부담은 크지 않았다.

2013년 북한이 제3차 핵실험을 실시하여 핵무기를 보유하게 되면서부터 미국은 예방타격 방안을 회피하는 경향을 보였다. 핵전쟁으로의 확전 가능성이 우려되었기 때문일 것이다. 오바마(Barack Obama) 대통령은 '전략적 인내(strategic patience)'라는 말로 북핵 문제 해결을 미루게 되었고, 결과적으로 북한은 핵무기를 집중적으로 강화할 수 있는 시간을 벌었다.

2017년 1월 취임한 트럼프 대통령은 과거 미국 정부들의 북핵 해결 노력을 실패로 규정하면서 예방타격을 포함한 군사적 대안을 적극적으로 검토하기 시작하였다. 그 이후로 미국 정부와 군에서는 "모든 대안을 고려한다(Put all options on the table)"는 말이 회자되었다. 특히 2017년 9월 3일 북한이 수소폭탄을 개발하고, 2017년 11월 29일 미국 전역을 타격할 수 있는 ICBM의 잠재력을 과시하자 미국은 예방타격이 불가피하다고 판단하게 되었다. 합리적이라고 확신하기 어려운 북한이 어떤 동기와 계획으로 미국의 주요 도시에 핵무기 공격을 가할지 알 수 없었기 때문이다. 미 정보부에서는 2017년 12월 초 미국에게 가용한 시간이 3개월이라고 진단하였다는 사항이 보도되기도 하였고, 'ICBM 완성 수 개월 이전'이라는 표현이 등장하였다. 북한이 자국의 도시에 핵미사일 공격을 가할 수 있는 상황을 허용할 수 없다는 것이 미국의 입장이 되었고, 따라서 예방타격을 염두에 둔 '군사적 옵션'이라는 말이 빈번하게 사용되었다.

실제로 미국은 그들의 전투기와 폭격기를 북한 영공 근처에서 다수 비행시키기도 하였고, 2017년 11월 중순에는 미국의 로널드 레이건함(CVN 76), 시어도어 루즈벨트함(CVN 71), 니미츠함(CVN 68) 등 미 항공모함 3척을 포함한 대규모 해군전력이 한반도에 전개하여 한국 해군 함정과 연합훈련을 실시하기도 하였다. 2017년 12월에는 미 공군의 첨단 F-22와 F-35 전력들이 한국으로 전개하여 한국 공군과 연합훈련을 한 적도 있었다. 매티스(James Mattis) 국방장관은 2017년 12월 21일 쿠바 관타나모 미 해군기지를 방문한 자리에서 외교적 수단이 실패할 경우 김정은이 보유하고 있는 모든 선박과 잠수함을 가라앉힐 것이라면서 "북한 사상 최악의 날로 만들겠다"고 경고하기도 하였다.

2018년 3월 북한이 남한 정부 관리들을 통하여 비핵화 용의를 표명한 이후 남북 및 미북 정상회담이 실시되는 등 북핵 문제 해결을 위한 외교적 협상이 재개되자 미국의 예방타격 방안은 잠시 보류되고 있다. 그러나 북한이 미국의 적극적인 예방타격 의지에 겁먹은 나머지 비핵화 협상을 제안하였다는 점에서 회담이나 협상의 결과가 좋지 않을 경우 예방타격 방안이 대두될 가능성은 매우 높다. 그렇지만 북한이 이미 다수의 핵무기를 개발한 상태여서 실패할 경우 핵전쟁으로의 확산이 너무나 명확하다는 점에서 미국으로서도 예방타격을 쉽게 결행하기는 어려운 상황이 되었다.

　　미국은 1941년 일본에게 당한 진주만 기습이나 2010년 9·11사태를 반복해서는 곤란하다는 인식을 바탕으로 불가피하다면 예방타격도 감행한다는 자세이다. 2018년 4월 미 국가안보 보좌관으로 임명된 볼턴(John Bolton)의 경우에도 2018년 2월 28일 *Wall Street Journal*에 기고한 칼럼에서 북한의 핵능력을 정확하게 파악하지 못한 상태에서 임박한 순간까지 기다린다는 것은 너무나 위험하다면서 예방타격을 실시할 것을 강조한 바 있다(Bolton, 2018). 동시에 북한으로 하여금 핵무기를 포기하도록 압력을 가하고자 미국이 예방타격을 적극적으로 검토하는 측면도 없지 않다. 스스로가 비핵화하지 않으면 미국이 예방타격으로 비핵화시키겠다는 메시지를 허풍으로만 간주하여 북한이 무시할 수는 없기 때문이다. 어느 경우든 미국의 입장에서는 철저한 예방타격 시행능력을 구비해야 하고, 한편으로는 그의 시행능력을 과시하는 것이 중요하기 때문에 그동안 다양한 계획을 수립하고, 훈련을 실시해 온 것이다.

4) 예방타격의 현실성

예방타격의 위험성이 큰 것은 분명하지만, 북한이 자발적으로 핵무기를 폐기하지 않을 경우 예방타격 이외에는 북한의 핵위협을 해소할 수 있는 현실적 방안이 없다는 것이 문제이다. 예방타격이 최선은 분명 아니지만, 핵공격을 받거나 항복하는 것보다는 나을 것이기 때문이다. 예방타격조차도 실시할 수 없을 정도로 북한의 핵능력이 강화될 경우 미국은 한국을 포기해야 할 수도 있다. 한국에게는 예방타격이 단 한 번의 유의미한 저항 기회일 수 있다. 따라서 미국이든 한국이든 예방타격의 위험성에만 경도될 것이 아니라 차악(次惡)의 대안으로서의 사용 가능성도 면밀하게 평가해 보아야 한다. 절박성, 실행 가능성, 그리고 위험으로 구분하여 한국의 입장에서 예방타격의 현실성을 평가해 보면 다음과 같다.

(1) 절박성

핵무기는 '대량살상무기'또는 '절대무기(absolute weapon)'라고 불릴 정도로 치명적 피해를 야기한다. 제2차 세계대전 시 히로시마에 15kt 위력의 핵무기가 투하되어 90,000~166,000명이 사망하였지만(허광무, 2004: 98), 동일한 규모의 핵무기가 서울에서 폭발하면 6~10배 정도로 많은 사상자가 발생할 것으로 추정하기도 한다(McKinzie & Cochran, 2004: 12-15). 수 개의 핵무기 또는 수소폭탄이 동시에 투하될 경우 그 피해는 상상을 초월할 것이다. 핵공격을 당할 위험성이 커질 경우 예방타격으로 북한의 핵무기를 제거하는 방안을 검토하지 않을 수 없는 이유이다.

예방타격의 절박성은 다른 대응방법들의 신뢰성이 낮을수록 강화된다. 한국의 경우 외교적 비핵화는 지금까지 그랬던 것처럼 성공을 기약할 수 없을 뿐만 아니라 북한에게 핵무기를 더욱 고도화할 수 있는 시간을 허용하는 결과를 초래할 수 있다. 북한이 미국을 직접 공격할 수 있는 ICBM이나 SLBM을 보유하게 될 경우 미국이 본토공격의 위험을 감수하면서 한국에게 확장억제를 제공하기는 어려울 수 있다. 한국군이 구비해 나가고 있는 '킬 체인'은 정보력이 미흡하고, 정확한 정보가 확보되어도 공격이 임박해진 시점부터 실제 공격이 개시되는 시점 사이의 짧은 시간 내에 성공적으로 시행되기는 어렵다. 'KAMD'는 요격 능력이 턱없이 미흡하고, 핵공격을 상정한 대피소가 구축된 상태도 아니다. 어느 방안도 북한의 핵위협으로부터 국민들의 안전을 보장할 수 없고, 그렇다면 위험하더라도 예방타격까지 검토하지 않을 수 없다.

북한이 핵무기의 숫자와 질을 계속 증대시킬 경우 어느 시점에서는 예방타격조차도 시행할 수 없는 상황이 될 것이다. 전문가들이 전망하듯이 앞으로 북한이 100개 이상으로 핵무기를 늘려서 도처에 은닉해 둘 경우 한꺼번에 그 핵무기를 모두 파괴시킬 수 없을 것이기 때문이다. 1981년과 2007년 이스라엘이 실시한 예방타격, 2003년에 미국이 실시한 예방공격에 비하면 늦은 시점이지만, 그래도 예방타격이 불가능할 정도로 북한이 핵무기를 증강하기 전까지는 예방타격은 가능하다. 불가능하다고 판단될 시점까지의 몇 년 사이에 예방타격을 감행하지 않을 경우 한국은 마땅한 조치를 제대로 강구해 보지도 못한 채 북한의 핵위협에 굴복해야 할 수 있다.

(2) 실행 가능성

군사적으로 볼 때 예방타격의 성공 가능성은 선제타격에 비하여 높다. 상당한 시간적 여유를 갖고 충분히 준비하여 결행하기 때문이다. 예방타격은 '탐지-식별-결심'의 과정을 오랜 기간에 걸쳐 수행함으로써 완성도를 높일 수 있고, 성공이 확실할 때까지 지속적으로 검증 및 보완할 수 있다. '타격'의 경우에도 한국이 보유하고 있는 F-15, F-16, F-35 공군기, 현무-2A(사거리 300km)와 현무-2B(사거리 500km), 현무-3(순항미사일. 사거리 1천km), 그리고 타우루스(TAURUS)와 같은 정밀유도탄을 효과적으로 활용할 경우 다수의 표적을 동시에 타격할 수 있다. 미군의 역량까지 활용할 수 있게 된다면 성공의 가능성은 더욱 높아진다.

예방타격 성공의 관건은 '탐지-식별'의 정확성일 것인데, 이것은 상당한 노력이 필요하다. 북한은 핵무기에 관한 사항을 최고의 기밀로 철저하게 관리할 것이어서 그 위치와 기타 결정적인 정보를 파악하는 것이 무척 어려울 것이기 때문이다. 북한은 상상하지도 못하는 지역이나 장소에 핵미사일을 은닉해 둘 수도 있다. 북한의 핵무기를 한꺼번에 파괴시켜야 하기 때문에 표적의 정확성이 높아야 하고, 의심나는 지역까지 포함할 경우 동시 타격해야 하는 표적의 수는 무척 많아질 것이다. 한국군은 정찰항공기 금강(RC-800)과 새매(RF-16), 신호정보 탐지용 항공기 백두(RC-800B)를 운용하고 있는 상태에서 고성능의 무인 정찰기(global hawk)를 도입하고, 2023년까지 5기의 독자적인 정찰위성을 확보하며, 그 사이에 이스라엘의 정찰위성을 임대하는 등 정보의 정확성 향상을 위해 노력하고 있지만(이정진. 2016), 예방타격의 성공을 위해서는 인적정보 자산까지 동원하여 행동 가능한 정확한 정보를 충분히 확보하여야 한다.

예방타격의 성공 가능성은 한국군 중심으로 결행하느냐와 미군 중심으로 결행하느냐에 따라서 큰 차이가 난다. 전자의 경우에는 한국군이 주도할 수는 있지만 성공의 가능성은 낮고, 후자의 경우에는 성공의 가능성은 높지만 한국군은 수동적 역할에 머물게 된다. 한국군은 자체 역량의 수준을 냉정하게 평가한 다음 미군 지원의 활용 정도를 판단할 필요가 있다. 미군이 예방타격을 주도하거나 일본까지 참여한다면 예방타격의 성공 가능성은 매우 높아질 것이다. 유사시 예방타격을 통하여 북한의 핵능력을 제거하는 것보다 더욱 중요한 사항이 없다는 점에서 한국은 미국 및 일본과 함께 예방타격에 관한 사항을 긴밀하게 협의하고, 필요시에 예방타격에 동참함으로써 실패의 위험과 함께 성공의 성과도 공유할 필요가 있다.

예방타격을 위해서는 군사적 측면과 함께 법적 및 국민여론도 고려하지 않을 수 없다. 예방타격이 실패할 경우 결정적인 피해를 입는 것은 국민이라서 정부 단독으로 책임질 수 없기 때문이다. 예방타격은 평시에 기습적으로 적의 특정 시설을 공격하여 파괴시키는 것이라서 침략전쟁으로 인식될 가능성이 높다. 한국의 경우 헌법 제5조에 "침략적 전쟁을 부인한다"라고 되어 있고, 지금 공격하지 않으면 나중에 속수무책으로 핵공격을 당하거나 굴복할 수밖에 없다는 점을 입증하기는 어렵기 때문이다. 다만, 동일한 조항에 "국군은 국가의 안전보장과 국토방위의 신성한 의무를 수행함을 사명으로 한다"가 있어 불가피한 최후의 수단임이 명백하다면 국군통수권자인 대통령이 결심을 내릴 근거가 전혀 없는 것은 아니다. 그러나 법적인 측면보다 더욱 중요한 사항은 국민여론일 것인데, 한국의 경우 예방타격에 대해서는 부정적인 여론이 형성될 가능성이 높다. 1994년 북한 영변 핵시설에 대한 정밀타격에 대해서도 그러하였고, 최근 미국의 선제타격 논의에 대해서도 확전의 가능성으로 인한 국민들의 우려가 크다. 예방타격 성격의 선제타격에 대하여 한국 국민들은 2013년에는 찬성 36.3%:반대 59.1%였고, 2016년 9월 9일 북한의 제5차 핵실험 직후에는 찬성 43.2%:반대 50.1%로 다소 높아졌지만 여전히 찬성보다는 반대가 많다(조준형, 2017). 북한의 핵능력이 증대되어 예방타격의 위험성이 커진 만큼 국민들의 반대여론도 커질 것이다.

예방타격과 관련한 국제적 요소의 경우 원칙적으로 예방타격은 국제법 위반이다. 다만, 앞에서 논의한 바와 같이 비핵국가가 상대방의 핵공격을 허용할 경우 반격의 기회 자체가 없게 된다는 점에서 예상 자위권의 발동이 불가피하였다고 주장할 수는 있고, 그 불가피성을 국제사회가 감안해 줄 가능성도 낮지 않다. 또한 남북한은 유엔에 함께 가입하고 있기는 하지만, 아직 서로를 국가로 인정하지 않고 있고, 법적으로도 6·25 전쟁의 휴전상태라서 남한의 예방타격은 북한이 지금까지 감행해 온 대남 도발과 유사한 성격일 수 있다. 1981년 오시라크 공격 시 이스라엘은 이라크가 이스라엘을 정식 국가로 인정한 적이 없기 때문에 양국이 전시 상태라면서 타격의 합법성을 주장하기도 하였다(Ford, 2004: 30). 또한 이 당시에 국제사회가 이라크의 핵위협이 제거된 데 대하여 안도했듯이(Ford, 2004: 31), 한국이 예방타격에 성공해 버릴 경우 국제사회는 외부적으로는 비난하더라도 제재까지는 이르지 않은 채 봉합해 버릴 가능성도 낮지 않다.

(3) 위험

예방타격과 관련하여 가장 심각한 것은 그에 수반되는 위험이다. 북한은 이미 수십 개의 핵무기를 보유하고 있어서 예방타격이 실패할 경우 감당해야할 위험은 남한에 대한 핵공격일 것이기 때문이다. 1981년과 2007년의 이스라엘이나 2003년 미국의 예방전쟁은 상대가 핵무기 개발을 완료하지 않은 상태라서 핵무기에 의한 보복을 우려할 필요는 없었다. 그래서 서방에서는 "생산단계에 이르기 전에 대량살상무기의 프로그램을 파괴하는 것"으로 예방타격을 이해하기도 한다(Sauer, 2004: 133). 핵무기를 개발한 상대에 대한 예방타격은 핵전쟁으로 상황을 악화시킬 위험성이 너무나 크기 때문에 다수의 한국 국민들도 반대해 왔고, 미국도 함부로 시행하지 못하고 있는 것이다.

예방타격을 통하여 핵무기를 모두 파괴시켰다고 하더라도 북한은 생물학 무기나 화학무기, 또는 이와 결합된 재래식 전면전으로 반격할 수 있다. 북한은 2,500톤~5,000톤의 화학무기를 저장하고 있고, 탄저균, 천연두, 페스트 등 다양한 종류의 생물학 무기를 자체적으로 배양 및 생산할 수 있는 능력을 보유하고 있다. 또한 100만 명 이상의 지상군으로 10개의 정규군단, 2개의 기계화군단을 편성하고 있고, 그 70% 이상을 평양-원산 이남지역에 배치해 둔 상태이며, 전방지역의 170mm 자주포와 240mm 방사포, 최근 개발 중인 300mm 장사포로 수도권에 대한 집중사격을 가할 것이다(국방부, 2016: 24). 이들 전력에 의한 대규모 보복까지 차단할 수 있는 대비책이 필요하지만, 현실적으로 그것은 쉽지 않다.

(4) 평가

북한 핵위협에 대한 한국의 예방타격 결행과 관련하여 한국이 처한 상황을 몇 가지 요소를 적용하여 평가해 보면, 예방타격을 실행해야 할 절박성은 낮지 않고, 실행 가능성 측면에서 국내 여건과 국제여론이 긍정적이지는 않지만 군사적으로는 충분히 시행할 수 있다. 군 경험을 가진 전문가들은 대부분 예방타격의 필요성과 성공 가능성을 낮지 않게 평가하고 있다(박휘락. 2017b: 83). 다만, 그 위험성이 문제인데, 이 경우 예방타격 자체의 위험성만을 고려해서는 곤란하다. 핵무기를 개발한 상대에 대한 예방타격은 타격 자체의 위험성보다 필요성이 더욱 커서 실시하는 것이 아니라, 그것밖에 대안이 없는 상황에서 실시하는 것이기 때문이다. 북한이 자발적으로 핵무기를 포기하지 않는 상태에서 핵미사일에 대한 완벽한 방어력이 없다면 예방타격 이외에 국가와 국민을 보호할 수 있는 방법은 없다. 예방타격은 최선 또는 차선이라서 결행하는 것이 아니라 예방하지 않을 경우 결과가 감당할 수 없을 정도로 위험하고, 예방타격을 결행함에 따른 이점이 결행하지 않음에 따른 손실보다 더욱 크기 때문에 실시하는 것이다. 결국 핵무기를 보유한 상대에 대한 예방타격을 논의함에 있어서 핵심적인 사항은 결행하지 않으면 안 되는 절박성과 그것이 실패할 경우 초래될 위험 간의 균형 또는 그 둘 중에서 어느 것에 초점을 맞출 것이냐는 것이 된다. 어떤 방법과 수단을 동원하더라도 북핵 위협으로부터 국가와 국민을 보호해야 한다면, 지레짐작으로 위험하다고 판단하여 예방타격에 관한 논의를 회피할 것이 아니라 최악의 상황을 예방하기 위한 차악의 대안이라는 차원에서 제반 요소들을 종합적으로 평가해 볼 필요가 있다. 평가 결과 시행의 타당성이 매우 낮다면, 타당성을 높일 수 있는 요소를 찾아내어 개선함으로써 성공의 가능성을 높이거나 위험을 줄여 나갈 수도 있다.

실제 예방타격의 결행 여부는 당시 상황을 고려하여 국가지도자가 신중에 신중을 기하여 결정해야 하지만, 평시에는 예방타격의 성공 가능성을 높이기 위한 조치와 실패 시 감당해야 하는 위험을 줄이기 위한 다양한 조치들을 강구해 나가야 한다. 예를 들면, 한국은 북한이 잔존한 핵무기를 이용하여 반격할 경우 이를 요격할 수 있는 BMD를 구축해 두어야 하고, 생물학 무기와 화학무기까지 동시에 타격할 수 있도록 준비해야 할 것이다. 최악의 상황을 가정하여 국민들의 대피소를 확충하거나 대피훈련도 실시해야 한다. 미국을 비롯한 동맹 및 우방국과 협력하여 실시함으로써 성공의 가능성을 높이고, 국내적 및 국제적으로도 필요한 지지 여론을 형성하거나 위험을 감소시킬 수 있는 대책을 강구해 나갈 필요가 있다. 누구도 예방타격을 감행해야 할 상황을 바라지는 않지만, 그것 이외에는 다른 대안이 없는 상황이 초래될 수도 있다는 것이 문제이다.

5) 한국의 정책과제

(1) 적극적 논의와 준비

핵공격을 받을 경우 예상되는 엄청난 살상과 피해를 고려할 경우 선제타격 또는 예방타격을 통하여 필요시 북한의 핵능력을 제거하는 것을 도외시할 수만은 없다. 북한의 핵위협이 강화될수록 예방타격의 위험도 커지지만 절박성도 커진다. 정부와 군은 선제타격과 예방타격의 개념과 장단점을 분명하게 이해한 상태에서, "모든 대안을 강구하겠다"는 정책방향으로 전환함으로써 불가피한 상황이 되면 선제타격은 물론이고 예방타격도 배제하지 않겠다는 입장을 천명해야 한다. 그런 다음에 선제타격과 예방타격에 관한 제반 사항들을 진지하게 토론하고, 필요한 사전조치들을 강구해 나가야 한다.

내용상에서는 예방타격을 포함하더라도 공식적으로는 '선제타격'을 명분으로 논의해 나가는 것이 현실적이다. 국제적으로나 국내적으로 선제타격에 대해서는 어느 정도 불가피성을 인정하기 때문이다. 미국도 실제로는 예방타격을 검토하면서도 선제타격이라는 용어를 사용한다. 또한 선제타격과 예방타격은 결행의 시점만 다를 뿐 시행되는 방식과 필요한 역량은 동일하기 때문에 선제타격을 위하여 발전시킨 계획이나 전력은 예방타격을 위하여 그대로 사용될 수 있다. 다만, 북한의 핵위협이 심각해질수록 예방타격 차원의 조치가 차지하는 비중을 높여야할 것이다.

선제타격의 경우에도 어떤 조건이 되었을 때 실행할 것이냐에 대한 분명한 논의가 선행될 필요가 있다. 한국은 북한이 핵무기를 사용한다는 '명백한 징후'가 있을 때 선제타격 하겠다는 입장이지만, 어떤 것을 그러한 상태로 판단할 것이냐를 결정하는 것은 쉽지 않다. 어떤 사람은 북한이 핵미사일로 공격하겠다고 위협하면서 미사일 발사를 위한 가시적인 준비를 갖출 때, 어떤 사람은 북한이 핵미사일에 연료를 주입하기 시작하였을 때, 또 어떤 사람들은 연료 주입이 종료된 후 로켓에 점화하고자 할 때를 명백한 징후로 판단할 수 있다. 이른 시기에 선제타격을 할수록 성공의 가능성은 높아지지만, 성급하게 실시함으로써 상황을 악화시키거나 국제적 및 국내적 여론의 지지를 상실할 우려도 있다. 기다릴수록 징후는 더욱 명백해지지만 그만큼 성공의 가능성도 낮아지고 위험해진다.

예방타격의 결행을 위한 조건은 선제타격의 그것보다 더욱 판단하기가 어렵다. 결행의 시기가 빠를수록 성공의 가능성은 높아지지만, 국내적으로나 국제적인 지지를 받기는 그만큼 어려워질 것이기 때문이다. 따라서 국가 차원에서 어떠한 상황이 조성되거나 조건에 도달하면 예방타격을 결행할 수 있다는 방침을 정해 두고, 누가 어떻게 건의하여 결정할 것인지에 대한 절차를 발전시킨 후, 이를 사전에 규정화하여 준비해둘 필요가 있다. 북한 핵미사일 위협의 절박성을 평가하는 데 활용할 수 있는 척도를 설정하고, 그러한 척도를 종합적으로 평가한 결과가 일정한 수준에 이르게 되면 예방타격을 고려하도록 할 수도 있다. 예방타격을 결행할 수밖에 없는 조건을 금지선(red line) 개념으로 설정하여 북한에게 알림으로써 북한 핵공격을 사전에 억제하는 효과도 달성할 수 있을 것이다.

(2) 충분한 작전정보 획득

선제타격이나 예방타격의 성공을 위해서는 북한의 핵무기나 미사일 개발에 대한 구체적이면서 행동 가능한(actionable) 정보, 즉 확실한 작전정보를 확보해야 한다. 북한이 몇 개의 핵무기를 개발하여, 어떤 형태로, 어디에 배치 또는 보관하고 있고, 그것을 어떻게 운용할 계획인지를 파악해야 한다. 선제타격을 감행하고자 한다면 특정한 시점에 특정한 핵미사일을 북한이 어디로 이동시키고 있는지까지도 정확하게 알아야 할 것이다. 한국은 가용한 국가 및 군 정보자산들을 최대한 활용하여 이러한 정보의 수집과 분석을 보장해야 하고, 국제적인 정보협력도 전개하며, 필요할 경우 첨단의 새로운 정보 역량도 확충하여야 할 것이다. 북한의 핵무기에 대해서는 세계 어느 국가보다 한국이 가장 정확한 정보를 확보하고 있어야 주도적인 조치가 가능하다.

이러한 측면에서 한국 정부 또는 군이 최우선적으로 관심을 가져야 할 사항은 북한의 핵위협에 대한 정확한 정보를 획득할 수 있는 체제를 구축한 상태에서 지속적으로 강화해 나가는 것이다. 국가정보원과 군 정보기관의 활동은 북핵 정보 수집과 평가에 최우선 순위를 두어야 하고, 그를 위한 전문가들을 확보하여야 하며, 역동적으로 운영해야 한다. 미국과 일본을 비롯한 외국의 정보기관들과 협조체제를 구축해야 함은 물론이다. 이와 같은 체계적이면서 적극적인 활동으로 필요한 정보를 충분히 수집 및 분석한 후, 예방타격과 선제타격에 관한 절박성과 위험성을 종합적으로 평가하고, 최종적으로 그 시행 여부를 판단해야 할 것이다.

핵미사일에 관한 작전정보는 인적정보 자산의 적극적 운영 없이는 어려울 가능성이 높다. 핵무기와 같은 극비의 정보를 영상이나 신호와 같은 기술정보만으로 획득하기는 쉽지 않을 것이기 때문이다. 기술정보는 편리하지만 세부적이거나 내밀한 정보를 획득하기 어렵고, 적의 기만작전에 취약할 수 있다. 한국은 국가의 존망을 좌우할 중대한 사항이라는 인식하에 북한의 핵무기 및 미사일의 위치, 수량, 변동사항에 관한 종합적인 데이터베이스를 구축하고, 적극적인 인적정보 활용을 통하여 한 가지 한 가지씩 파악 및 누적하여 나가야 할 것이다. 하나의 핵무기, 1기의 미사일도 놓치지 않도록 철저한 정보력을 구비해야 할 것이고, 그러할 때 예방타격의 위험성도 줄일 수 있을 것이다.

(3) 계획과 전력 발전

국가지도부에서 선제타격이나 예방타격을 실시하는 것으로 결정할 경우 군은 100% 성공을 보장해야 하기 때문에 평소부터 철저하게 대비하지 않을 수 없다. 한국군은 선제타격 또는 예방타격의 결정을 즉각 이행할 수 있도록 체계적이면서 현실적인 계획을 작성해 두고, 필요 시 연습하며, 이를 구현하는 데 필요한 첨단의 전력을 확보해 나가야 한다. 공격대형을 어떻게 편성하고, 북한의 방공망을 어떻게 회피하며, 표적을 어떻게 할당하고, 타격 후 어떻게 귀환할 것인가에 대한 구체적인 계획을 작성하고, 시행을 연습하며, 현실성 측면에서 계속적으로 보완하여 성공 가능성을 높여 나갈 수 있어야 한다. 선제타격 또는 예방타격의 성공을 위한 계획의 수립과 발전이 군내에서 가장 중요한 논의 주제가 되어야 할 것이다.

당연히 한국군은 선제타격 또는 예방타격의 성공을 보장할 수 있는 제반 전력을 증강하는 데 집중적인 노력을 기울일 필요가 있다. 창의적인 방법을 동원하여 공격계획을 발전시킬 경우 F-15 2개 대대를 포함한 한국의 현 공군력으로도 어느 정도의 선제타격은 가능하지만, F-35와 같은 스텔스는 상당한 전력 상승요소(multiplier)로 기능할 것이다.

탄도미사일의 경우 정확도가 낮다는 점에서 순항미사일과 공군기를 효과적으로 조화시키는 것에 높은 관심을 두어야 할 것이다. 정밀탄약의 확보도 증대시키고, 다양한 무인기도 적극적으로 개발해 나갈 필요가 있다. 북한 지역에서 정확한 표적 정보를 획득하려면 다양한 무인 및 정찰기, 인공위성, 그리고 레이더도 필요할 것이다.

특히 선제타격이나 예방타격의 성공과 관련하여 앞으로 높은 관심이 투입되어야 할 분야는 북한의 핵무기 위치를 정확하게 파악할 뿐만 아니라 물리적 파괴력을 동원하지 않고도 무력화시킬 수 있는 첨단의 기술을 모색하는 것이다. 그것이 가능하다면 선제나 예방의 결행에 따른 위험성은 무척 줄어들기 때문이다. 한국은 국가의 존망이 걸려 있다는 자세로 총력을 기울여 북한 핵무기를 효과적으로 무력화시킬 수 있는 창의적인 방법과 기술을 찾아내고자 노력할 필요가 있고, 이를 위하여 동맹국인 미국이나 우방국인 일본과도 비밀리에 적극적으로 협력해 나가야 할 것이다.

선제타격이나 예방타격에 대한 북한의 반발도 예상하여 철저한 대비책을 강구하지 않을 수 없다. 한국이 북한의 핵무기나 그 시설을 타격할 경우 북한은 잔존한 핵무기로 한국을 공격할 수 있고, 모든 핵무기가 파괴되었다고 하더라도 갱도포병 및 장사정포로 전방지역의 표적은 물론 수도권까지 공격할 수 있으며, 화포와 미사일에 화생무기를 탑재하여 공격할 수 있다. 이러한 반발에 대한 우려가 커서 1994년 페리 국방장관은 북한의 영변 핵시설에 대한 정밀타격 방안을 대통령에게 건의하지 않은 것이다. 반복적으로 설명한 바와 같이 선제타격이나 예방타격은 최선의 대안이 아니라 불가피하여 실시하는 것이라는 점에서 북한의 반발에 따른 위험까지도 고려하지 않을 수 없고, 그러한 반발을 억제하거나 조기에 무력화시킬 수 있는 방안까지 강구하며, 상황이 더욱 어려워질 경우에는 계산된 위험(calculated risk) 차원에서 어느 정도의 피해는 감수하겠다는 각오를 할 필요도 있다.

(4) 한미연합 대응 노력

북한의 핵무기는 국가의 존망이 달린 심각한 위협이라는 점에서 선제타격이든 예방타격이든 불가피하다면 결행하겠다는 각오를 가져야 한다. 그러나 동맹관계로서 세계 최강의 군사력을 가진 미국과 연합으로 시행하는 것이 더욱 바람직한 것은 말할 나위가 없다. 미국과 연합으로 수행할 경우 한국의 주도성이 약화되거나 미국이 나름대로의 국익을 고려하여 선제타격이나 예방타격의 결행 여부와 시행 방향을 조정할 수 있는 단점이 있지만, 대신에 실패의 가능성은 낮아질 것이고, 추가적인 위험도 최소화될 것이기 때문이다. 특히 한미연합으로 예방타격을 실시할 수만 있다면 국제적 비난을 무마하거나 북한의 반발을 억제하는 데도 매우 유리할 것이다.

미국도 수만 명의 주한미군과 한국에 거주하는 수십만의 자국민 안전을 보장해야 한다는 점에서 북한이 핵무기를 사용하겠다고 위협할 경우 선제적이거나 예방 차원의 조치를 적극적으로 강구할 가능성이 낮지는 않다. 트럼프 대통령을 비롯한 미국 수뇌부도 예방타격의 가능성을 배제하지 않고 있다. 다만, 미국의 예방타격에 대하여 한국은 그것이 전쟁을 초래하는 위험한 방안이라면서 우려 또는 반대하는 입장인바, 이것은 현재의 심각한 북핵 위협 상황을 감안할 때 적절한 입장이 아니다. 한국은 미국에게 예방타격을 적극적으로 고려하도록 요청해야 하는 것이 합리적이기 때문이다. 한국은 예방타격에 대해서도 논의할 수 있다는 입장하에 예방타격이 불가피해지는 구체적인 조건들을 미국과 협의하고, 유사시에 양국이 협의 및 시행하는 데 필요한 절차를 정립해 두어야 할 것이다.

이제 한국은 한미 양국 정부와 군대 간에 설치되어 있는 확장억제에 관한 제반 협의기구를 더욱 활성화하여 예방타격을 포함한 실질적인 북핵 제거 방안까지 충분히 논의할 필요가 있다. 북한의 핵미사일 도발에 대하여 한국이 어떤 전력으로 어떻게 대응하겠다는 내용을 미국에게 알려 주면서 미국의 그것을 한국 수뇌부가 보고받도록 협조해야 할 것이고, 한국군은 북핵 위협에 대한 평가와 미 핵전력의 운용까지도 포함하는 한미 양국 군의 구체적인 대응방안을 실질적으로 논의해 나가야 할 것이다. 한미 양국이 긴밀하게 협의할수록 예방타격을 비롯한 적극적인 방안의 성공 가능성은 높아지고, 북한이 진정한 핵무기 폐기에 나설 가능성도 높아질 것이다.

6) 결론

북한의 핵위협은 지속적으로 강화되어 왔지만, 그에 대하여 한국이 느끼는 절박성의 정도나 조치한 내용의 범위는 그에 부합되게 개선되지 못하였다. 지금까지도 외교적 비핵화에 전적으로 의존하고 있고, 선제타격, 미사일 방어, 응징보복 등에 관한 논의나 대비는 충분하지 않았다. 군사적 대응 중에서 한국이 높은 비중을 두고 있는 것은 '킬 체인'을 통한 선제타격인데, 아직 그를 성공시킬 수 있는 충분한 정보와 지휘통제 역량을 구비하지 못한 상태이고, 선제타격의 한 부분이라고 할 수 있는 예방타격의 경우 제대로 논의하지도 않은 상태이다.

훨씬 전에 시행했어야 하지만 한국은 지금이라도 예방타격에 관하여 진지하면서도 심층 깊게 검토할 필요가 있다. 아무런 조치도 취하지 않은 채 핵공격을 당하거나 핵위협에 굴복해서는 곤란하기 때문이다. 북한이 고속도로 터널 안에서 발사 준비를 마친 후 기습적으로 핵미사일 공격을 감행하거나 고체연료를 사용하는 미사일을 활용할 경우 선제타격의 시행 자체가 불가능해질 수 있다면, 예방타격을 통해서라도 최악의 상황 직전에 북한의 핵능력을 제거 또는 약화시킬 수밖에 없다. 예방타격 자체의 이점과 위험만을 비교할 것이 아니라 북한으로부터의 핵공격을 예방하는 이점과 방치함에 따른 위험성을 비교해야 하는 이유이다. 위험성 때문에 예방타격을 아예 검토하지 않을 것이 아니라 위험을 낮출 수 있는 다양한 방안들을 개발 또는 강구해 나가고, 선제타격이 갖는 명분과 예방타격이 갖는 성공의 가능성을 조화시키고자 노력해야 한다. 즉 북한의 핵위협이 심각해질 경우 선제타격을 실시한다는 방침을 설정하되 그 시점을 상당할 정도로 앞당길 수 있다는 융통성을 강화할 필요가 있다.

정부와 군은 예방타격성의 선제타격이 불가피해질 경우 확실한 성공을 보장할 수 있도록 사전에 충분한 준비조치를 강구해야 한다. 북한 핵미사일의 수량과 질, 배치 현황, 이동 상태, 취약성 등을 포함하는 구체적이면서 실질적인 작전정보를 확보해야 하고, 이에 근거하여 유사시 타격을 위한 구체적인 계획을 수립하며, 그러한 계획을 구현할 수 있도록 연습을 실시하고, 부족한 전력이 있다고 판단할 경우 최우선 순위를 부여하여 증강하여야 할 것이다. 군대는 정치지도자가 결정을 내릴 경우 실행하여 성공시킬 수 있는 만반의 준비를 갖추어 나가야 한다.

국가의 생존을 위하여 불가피하다면 독자적인 조치도 과감하게 결행해야 하지만, 탁월한 정보력과 막강한 첨단군사력을 보유한 미국과의 연합 선제타격이나 예방타격이 최선인 것은 말할 나위가 없다. 한국 정부는 이에 관한 한미 간 협의를 활성화하고, 역할분담을 논의하며, 한미 연합사령관에게 그를 위한 세부적인 계획을 검토 및 작성하도록 요청해야 한다. 다만, 독자적인 결행 가능성도 배제할 필요는 없다. 2012년경 이스라엘이 이란의 핵시설에 대한 예방타격을 공언하자 미국은 그것을 자제시키기보다는 오히려 이란의 보복을 약화시키거나 확전을 방지하는 데 노력한 것처럼(Eisenstade and Knights, 2012), 한국이 적극적인 대안을 강구할 경우 미국이 반드시 반대할 것으로 단정할 필요는 없다. 미국이 예방타격 성격의 선제타격을 실행하겠다고 할 경우에는 한국이 적극적으로 지원하여 성공의 가능성을 높여야 하는 것은 당연하다.

북한이 핵미사일로 언제든 어디든 한국을 공격할 수 있는 현재의 상황은 통상적인 접근으로 대응할 수 있는 수준의 상황이 아니다. 지금까지와는 전혀 다른 패러다임(paradigm)을 적용해야 하거나 게임의 차원이 달라진(game changer) 절박한 상황이다. 개별 대안의 필요성과 위험을 비교하여 실행 여부를 판단할 수 있는 상황이 아니다. 상대방의 핵공격이 가해지기 전에 실시하는 모든 대안의 위험도는 핵공격을 허용함으로써 초래되는 위험도에 비하여 작다. 핵공격을 방지할 수 있다면 어떠한 방법과 수단의 사용도 주저하지 않아야 하는 이유이다.

8.
탄도미사일 방어

　북한의 핵미사일 위협에 대한 가장 안정적인 대비는 탄도미사일 방어(BMD: Ballistic Missile Defense)이다. 비록 개발되어야 할 기술이 적지 않고, 상당한 규모의 예산할당도 필요하지만, 공격해 오는 상대방의 미사일을 공중에서 요격하는 것만큼 합리적인 방어는 없기 때문이다. 한국의 경우 BMD에 관한 오해로 인하여 필요한 수준만큼 강화해 오지 못하였기 때문에 보완해야 할 부분이 더욱 많다. 한국과 여건이 유사한 일본과 이스라엘의 BMD 사례로부터 교훈을 도출하여 참고해야 할 필요성도 크다.

1) BMD의 발전 경과와 개념

(1) BMD의 발전 경과

최근에 부각되고 있지만 BMD를 추진해 온 역사는 짧지 않다. 이를 선도해 온 국가는 미국으로서, 미국은 소련이 핵미사일을 개발하자 대량보복(massive retaliation)의 위협을 통한 억제전략을 구사하면서도 공격 가능성에 대한 방어책도 강구하기 시작하였는데, 기본적인 개념은 항공기에 대한 방어의 개념을 미사일에 확장하는 방식이었다. 다만, 너무나 빠르게 공격해 오는 상대방의 핵미사일을 요격하는 기술의 개발이 쉽지 않았다. 따라서 미국은 1956년부터 나이키 제우스(Nike Zeus)라는 명칭으로 소규모 핵폭탄을 상대방 핵미사일 주변에서 폭발시켜 파괴시킨다는 개념을 적용하고자 하였다. 이것은 'Sentinel'이나 'Safeguard'로 프로그램 명칭이 바뀌면서 지속되었지만 핵무기 폭발로 인한 부작용이 너무나 커서 결국은 중단되고 말았다. 대신에 미국은 1972년 소련과 대탄도탄(ABM: Anti-Ballistic Missile) 조약을 체결하여 서로가 국토 전체에 대한 방어망을 구비하지 않기로 약속함으로써 BMD를 중단하였다.

그럼에도 불구하고 미국은 상대방이 공멸을 각오하거나 예상치 못한 어떤 동기로 핵공격을 감행할 경우 속수무책이라는 불안한 상황을 계속 방치할 수는 없었다. 핵폭발에 대비한 대피소를 보강하기도 했지만, 비용 소요도 적지 않았을 뿐더러 보호 정도가 미흡하여 안심할 수 없었다. 특히 소련이 전체주의의 장점을 활용하여 전국적으로 광범한 핵대피소를 구축하자 상호 공멸의 위협을 전제로 하는 억제의 효과조차 불확실해지기 시작하였다. 결국 1983년 레이건 대통령은 '전략적 방어 구상(SDI: Strategic Defense Initiative)'이라는 명칭으로 응징보복이라는 공격에서 요격을 중심으로 하는 방어로 전환하였고, 이것이 현 BMD의 실제적인 시작이라고 할 수 있다.

이후 미국은 부시(George H. W. Bush)와 클린턴(Bill Clinton) 대통령을 거치면서 미 본토 보호를 위한 '국가미사일 방어(NMD: National Missile Defense)'와 해외주둔 미군 보호를 위한 '전구미사일 방어(TMD: Theater Missile Defense)'로 구분하여 추진하면서 필요한 기술을 개발하는 데 집중적인 노력을 기울였다. 1991년 걸프 전쟁에서 재래식이지만 이라크의 미사일 공격으로 27명이 사망하고 98명이 부상하는 사고가 발생하자 TMD의 필요성과 그에 대한 국민적 공감대는 커졌고, '탄도미사일 방어실(BMDO: Ballistic Missile Defense Organization)'이 설치되었다. 다만, NMD의 경우 미국이 추진하면 소련도 뒤따를 것이라서 새로운 군비경쟁의 가능성을 우려하지 않을 수 없었고, 따라서 공화당 주도 의회의 집요한 압력에도 불구하고 클린턴 대통령은 끝내 NMD를 추진하지 않았다.

미국의 BMD는 부시(Goerge W. Bush) 대통령 시대에 본격적으로 구현되었다. 그는 선거공약에 NMD의 추진을 포함시킨 후 이에 대한 적극적 옹호론자인 럼즈펠드(Donald H. Rumsfeld)를 국방장관으로 임명하였다. 럼즈펠드 장관의 주도에 미국은 BMD를 본격적으로 추진하면서 소련과 1972년에 체결한 ABM 조약을 일방적으로 폐기함으로써 법적인 제약에서 벗어났다. 럼즈펠드 장관은 NMD에 대한 야당의 반대를 약화시키고자 'MD(Missile Defense)'라는 용어로 TMD와 통합시켰고, '탄도미사일 방어실'(BMDO)을 '미사일 방어국(MDA: Missile Defense Agency)'으로 개편하면서 그 위상과 역량을 강화시켰다. 그 결과 완벽하지는 않지만 미국은 2004년 최초의 요격미사일을 배치할 수 있었고, 이로써 미국의 핵전략에서 BMD가 차지하는 비중이 커지기 시작하였다. 럼즈펠드 장관 사임 이후 'MD'라는 용어는 'BMD'로 환원되었다.

현재 미국이 보유하고 있는 BMD 수준은 불량국가나 테러분자들의 제한된 미사일 공격으로부터 미 본토와 해외에 배치된 미군을 방어하는 정도의 능력이다. 미국은 캘리포니아와 알래스카에 44기의 지상배치 요격미사일(GBI: Ground-Based Interceptor)을 배치해 두고 있는데, 이 숫자로는 러시아나 중국이 발사할 수 있는 다수의 핵미사일을 방어할 수 없다. 대신에 미국은 해외주둔 미군 보호에 집중적인 노력을 기울여 SM-3 해상요격미사일, 사드(THAAD), PAC-3 등의 요격미사일들을 필요한 지역에 배치하거나 유사시에 바로 전개할 수 있도록 준비해 왔다. 이를 위해서는 미군 주둔지역 동맹국들과의 협력이 필수적이기 때문에 미국은 '단계별 적응적 접근방법(PAA: Phased Adaptive Approach)'이라는 정책하에 우방국들의 상황과 요구에 맞추어서 다양한 형태로 BMD 협력을 추진하고 있다.

미국의 BMD 추진에 자극받아서 러시아와 중국도 이 분야의 기술개발에 집중적인 노력을 기울이고 있다. 러시아는 초음속 공격용 미사일인 '킨잘'의 개발을 비롯하여 미국의 BMD를 무력화시키고자 첨단의 공격용 핵미사일을 개발해 나가면서 자체적인 요격미사일도 개발하고 있고, 중국도 유사한 기술 개발에 노력하고 있다. 미국의 BMD 노력은 미국의 동맹국 또는 우방국으로도 확산되어 한국은 물론이고, 일본, 이스라엘, 오스트레일리아, 바레인, 체코, 덴마크, 프랑스, 독일, 이태리, 요르단, 쿠웨이트, 오만, 폴란드, 카타르, 루마니아, 타이완, 우크라이나, UAE, 영국 등이 각자의 상황과 여건에 부합되는 BMD를 구축해 나가고 있다(Missile Defense Advocacy Alliance, 2018). 이들 국가들의 대부분은 PAC-2 또는 PAC-3 지상요격미사일을 미국으로부터 구매하고 있지만, UAE의 경우에는 2개 포대 규모에 해당하는 사드를 미국으로부터 도입하기도 하였다. 이제 BMD는 전 세계적으로 확산되고 있고, 이를 둘러싼 공격과 방어의 경쟁이 세계 군사력 경쟁의 새로운 영역으로 부상되고 있다.

(2) BMD의 기본개념

미국이나 러시아와 같은 핵강대국 이외 대부분의 핵보유 국가들은 핵무기 공격에 주로 탄도미사일을 사용한다. 탄도미사일은 순항미사일에 비해 탑재중량이 커서 핵무기를 소형화해야 할 정도가 적고, 장거리 타격이 가능하기 때문이다. 탄도미사일은 속도가 빠르고 레이더에 나타나는 면적이 매우 작아서 X-밴드 레이더와 같은 특수한 레이더가 아니면 탐지가 불가능하고, 고도의 기술 없이는 요격할 수 없다. 따라서 핵방어의 핵심은 핵미사일 방어, 즉 탄도미사일 방어이다.

현재 세계적으로 적용하고 있는 탄도미사일 방어는 미국 BMD 개념에 기초하고 있다. 즉 공격해 오는 상대의 탄도미사일을 공중에서 직격파괴 하고, 다층방어(multi-layered defense) 개념을 적용하여 100% 요격을 누적적으로 달성한다는 방향으로 노력하고 있다. 미국의 본토 방어는 발사단계인 '부스트 단계(boost phase)', 대양을 횡단하는 '중간경로 단계(midcourse phase)', 목표에 진입하는 '종말 단계(終末段階, terminal phase)'로 구분하여 필요한 무기체계를 개발하여 배치하고 있다. 해외 미군 보호,

즉 단거리 및 중거리 탄도미사일 위협에 대한 방어를 위해서는 중간경로 단계가 없다고 보아야 하기 때문에 '부스트 단계', '종말 단계 상층방어(upper-tier defense)', '종말 단계 하층방어(lower-tier defense)'로 구분하여 단계별 무기체계를 구비하고 있다. 인접국가로부터의 미사일 위협에 직면하고 있는 국가들의 대부분은 미군이 해외주둔 미군을 위하여 개발한 개념을 적용하게 된다.

여기에서 종말 단계 하층방어는 표적지역에 요격미사일을 배치해둔 상태에서 상대방의 탄도미사일이 표적을 향하여 돌입할 때 요격한다. 이를 위하여 미군이 개발한 기초적인 무기가 PAC-3 요격미사일인데, 이것은 표적으로부터 약 15km 정도의 상공에서 공격해 오는 상대의 탄도미사일을 요격한다. 적의 탄도미사일이 대기권을 비행하면서 속도가 늦어진 상태라서 탐지와 요격이 용이하다는 장점이 있다. 다만, 공격해 오는 탄도미사일이 대기와의 마찰로 불규칙적으로 움직일 가능성이 있고, 요격하였다고 하더라도 그 잔해가 피해를 끼칠 수 있다는 단점이 있다. 하층방어는 미사일 기지와 같은 전략적 비중이 있는 시설, 국가행정의 중심부 등 특별한 지역이나 시설을 보호하는 데 활용되고, 사거리가 짧아서 많은 숫자의 요격미사일이 필요해진다.

동일한 종말 단계이지만 하층방어보다 높은 고도에서 요격하는 것이 종말 단계 상층방어이다. 이를 위하여 미군이 개발한 것이 사드인데, 이것은 150km의 고도에서 공격해 오는 상태방의 탄도미사일을 요격한다. 상층방어는 방어범위가 넓다는 장점은 있지만, 최저교전고도(最低交戰高度, minimum engagement altitude, 사드의 경우 40km) 이하로 공격해 오는 상대의 탄도미사일은 요격하기 어렵다. 따라서 적과의 거리가 가까울 경우 하층방어와 상층방어를 동시에 구비함으로써 높은 고도와 낮은 고도의 공격에 모두 대응할 수 있어야 한다.

　미국은 부스트 단계의 요격을 위한 무기 개발도 추진한 적이 있다. 레이저 무기를 항공기에 탑재하여 체공하다가 요격하는 방안이었는데, 우주를 무기화할(weaponization of space) 위험성으로 인하여 의회의 지지를 받지 못하였다. 또한 이 단계에서 상대의 공격미사일을 요격하려면 레이저와 같이 빠른 속도를 가진 요격수단이 있어야 하는데, 그동안 미국과 이스라엘이 상당한 노력을 기울였으나 순간적인 타격으로 상대의 탄도미사일을 파괴시킬 수 있을 정도의 출력을 보장하지 못하여 진전을 보지 못하고 있다. 부스트 단계 요격은 개념상으로는 존재하지만 실제 배치되어 활용되는 무기는 없다. 다만, 앞으로 기술이 더욱 개발될 경우 이 단계의 비중도 높아질 것이다.

2) 유사 국가들의 BMD 사례

　중 · 단거리 탄도미사일 위협에 노출되어 있는 약소국의 입장에서는 미국과는 상황과 여건이 달라서 미국 BMD로부터 차용할 수 있는 사항은 일부일 수 있다. 이러한 점에서 중 · 단거리 탄도미사일 위협에 대한 실제적 대비에 관해서는 이스라엘과 일본이 모범적이고, 한국이 교훈을 도출하여 적용할 부분도 적지 않을 것이다.

(1) 이스라엘

이스라엘은 1980년에서 1988년까지 수행된 이란과 이라크 전쟁에서 탄도미사일의 위력을 목격한 이후 BMD의 필요성을 인식하였고, 1991년의 걸프전쟁에서는 이라크로부터 직접 탄도미사일 공격을 받기도 하였다. 그리고 이란, 시리아, 리비아, 이집트, 파키스탄 등 주변 아랍 국가들이 다수의 탄도미사일을 보유하고 있어 이에 대한 대비책을 강구하지 않을 수 없었다. 특히 이란은 평화적 이용에 국한한다고 하지만 원자로를 계속 가동하고 있고, 비밀리에 핵무기 개발을 추진하고 있을 가능성도 있다. 이란과 이스라엘 간의 최단거리는 1,400km 정도에 불과하여 Shahab-3을 비롯한 다수의 미사일은 이스라엘을 타격할 수 있다. 헤즈볼라(Hezbollah)나 하마스(Hamas)와 같은 팔레스타인 무장단체들의 로켓도 중요한 위협이어서 대비책 마련이 요구되었다.

이스라엘의 경우 2만km² 정도밖에 되지 않는 좁은 면적의 국토라서 최초에는 부스트 단계와 종말 단계 상층방어를 결합하는 BMD를 구상하였다. 그러나 레이저 무기의 기술적 한계를 극복하는 것이 어려워 이스라엘은 종말 단계 상층방어와 종말 단계 하층방어를 통하여 두 번 요격한다는 개념으로 전환하였고, 상층방어의 애로(arrow)를 지속적으로 발전시키되 하층방어는 미국이 개발한 PAC-3 요격미사일을 구매하여 충당하였다. 동시에 PAC-3와 애로 사이에서 한 번 더 요격할 필요성이 제기되어 데이비즈 슬링(David's Sling)이라는 요격미사일을 자체적으로 개발하게 되었다.

이스라엘이 개발하여 배치하고 있는 애로-3는 90~150km의 사거리(고도는 50~60km)를 담당할 수 있고, 99% 이상의 요격률을 자랑하고 있다. 2016년 배치한 데이비즈 슬링은 탄도미사일은 물론 항공기와 순항미사일도 요격할 수 있고, 사거리가 70~250km로서 하층방어의 윗부분과 상층방어를 동시에 담당할 수 있다. 이스라엘은 로켓이나 포탄을 요격하는 하층방어 체계도 구비하고 있는데, 이것은 2007년부터 개발에 착수하여 2011년 배치한 아이언 돔(iron dome)으로서, 4km~70km의 범위 내에서 항공기는 물론이고 포병탄도 요격할 수 있다(Jewish Virtual Library, 2018).

이스라엘의 경우 BMD에 관한 무기들을 독자적으로 개발하였지만, 미국으로부터 상당한 재정적 지원을 받았다. 미국의 입장에서도 이스라엘을 통하여 새로운 기술을 개발한다는 장점이 적지 않았을 것이다. 아이언 돔의 경우 미국은 개발단계에는 지원하지 않다가 그 능력이 입증되자 공동생산 체제를 구축하기도 하였다. 추가적으로 미국의 X-밴드 레이더가 2008년부터 이스라엘에 배치되어 있고, SM-3미사일을 장착한 미 이지스함 2척도 지중해에서 이스라엘의 BMD를 지원하고 있다. 이스라엘과 미국은 2009년부터 'Jupiter Cobra'라는 명칭으로 BMD 훈련을 함께 실시하고 있다.

(2) 일본

일본에게는 북한의 탄도미사일, 특히 핵미사일이 직접적이면서 심각한 위협이다. 일본과 북한은 적대적 관계일 뿐만 아니라 핵미사일은 대량살상이 가능한 무서운 무기여서 대비하지 않을 수 없기 때문이다. 평양에서 동경까지는 1,300km 정도지만, 북한의 남단에서 일본의 서남

단까지는 600km 정도에 불과하여 북한의 노동미사일이나 무수단미사일은 물론이고, 스커드미사일의 경우에도 사거리를 조금만 늘리면 일본을 공격할 수 있다. 일본은 중국 및 러시아의 탄도미사일 전력도 잠재적 위협으로 고려하지 않을 수 없다. 상해에서 동경까지 1,500km가 되지만, 일본 본토 서남단의 나가사키까지는 800km밖에 되지 않아서 중국은 다수의 탄도미사일로 일본을 손쉽게 타격할 수 있다.

일본은 처음부터 미국과 공동연구를 통하여 그들의 BMD 청사진을 구축하였다. 처음에는 SM-3 요격미사일을 장착한 해상의 이지스함이 종말 단계 상층방어를 담당하고, 지상의 PAC-3가 종말 단계 하층방어를 담당하는 2중 방어로 개념을 설정하였다. 최근 일본은 지상용 SM-3를 구입하여 지상에서 한 번 더 상층방어를 수행하는 것으로 결정하였고, 따라서 3회의 요격 기회를 보장하여 일본의 전역을 방어한다는 개념으로 BMD를 구축해 나가고 있다. 이것을 가능하게 할 수 있도록 다양한 레이더도 개발하면서 JADGE(Japan Air Defense Ground Environment)를 통하여 BMD를 종합적으로 통제하도록 지휘통제 체제를 구축하였다.

BMD를 위한 무기체계로서 일본은 PAC-3 요격미사일을 면허 생산으로 제작하여 20여 개 포대를 동경을 비롯한 주요 도시를 방어하도록 배치해 둔 상태에서 그 성능을 향상해 나가고 있고, SM-3 미사일을 장착한 이지스함을 8척 운영하고 있다. SM-3 지상용 요격미사일도 수년 내에 배치될 예정이다. 그리고 일본은 미래의 탄도탄 위협에도 대응할 수 있도록 SM-3 Block IIA를 미국과 공동으로 개발하여 왔고, 이것은 3단 로켓을 장착하여 상층방어나 그보다 더욱 높은 고도(중간경로 단계)에서 타격할 수 있도록 설계되었고, 개발이 거의 완료된 상황이다.

일본의 BMD 구축에는 미국과의 협력이 결정적인 요소였다.

1993년 북한이 NPT 탈퇴를 선언함으로써 핵위협이 가시화되자 일본은 미국 정부와 실무단을 구성한 후 수년에 걸쳐 일본의 상황과 여건에 부합되는 BMD 청사진과 관련 무기체계 획득을 위한 로드맵을 작성하였고, 2003년 12월 일본 정부는 이를 승인하였으며, 그에 따라 지금까지 BMD 능력을 체계적으로 향상시켜 왔다. 특히 SM-3 Block IIA 공동개발의 경우 필요한 예산의 대부분을 미국이 담당할 정도로 미국의 지원이 컸다. 대신에 일본은 주일미군의 BMD와 적극적인 협력을 추진하여 미국의 'X-밴드 레이더(AN/TPY-2 레이더)' 2식(式)을 배치하였고, 2005년부터 미일 양국의 BMD 작전을 조율하기 위한 연합작전 통제소를 설치하여 운영하고 있으며, 미국과 공동으로 BMD 훈련을 실시하고 있다. 일본은 이스라엘보다 더욱 미국과의 협력을 체계적으로 추진하였고, 이로써 단기간에 시행착오 없이 상당한 BMD 역량을 구축하는 데 성공하였다.

3) 한국의 BMD 현황

북한은 현재 수소폭탄을 포함하여 상당한 숫자의 핵무기를 개발하였고, 이를 다양한 탄도미사일에 탑재하여 언제 어디서든 한국을 공격할 수 있다. 위협의 강도 측면에서 보면 한국은 다른 어느 국가에 비해서 수준이 높은 BMD를 구축해 둔 상태여야 하지만, 실제는 그렇지 않고, 따라서 BMD 개선을 위한 한국의 과제는 적지 않다.

(1) 개념

한국은 현재 'KAMD(Korea Air and Missile Defense)'라는 명칭으로 독자적인 BMD를 추진하고 있는데, 명칭에서 나타나고 있듯이 이것은 항공기에 대한 방어의 일부분으로 탄도미사일 방어를 인식하는 것이고, 한국의 자체적인 개념과 노력에 의한 BMD 구축을 지향하고 있다. Korea를 강조한 것은 1990년대 후반에 한국 내에서 제기되었던 오해, 즉 한국이 BMD를 구축하면 미국 BMD에 통합된다는 일부 인사들의 우려를 회피한다는 의도였다. 『2014 국방백서』부터 종말 단계에서 2회 요격하는 것으로 개념은 수정하였으나 지금까지 한국의 BMD는 하층방어 위주로 추진되어 왔다. 국방부가 밝히고 있는 KAMD의 기본개념도는 〈그림 8-1〉과 같다.

〈그림 8-1〉을 보면 한국은 종말 단계의 상층에서 1회 요격하고, 하

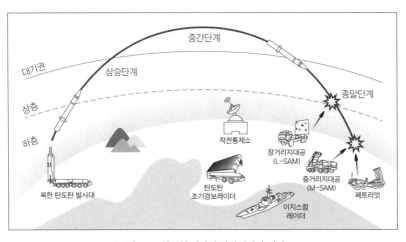

〈그림 8-1〉 한국형 미사일 방어체계의 개념도

출처: 국방부, 2016: 60.

층에서 1회 요격한다는 개념인데, 상층방어는 자체 개발 예정인 장거리 지대공미사일(L-SAM)이 담당하고, 하층방어는 미군의 PAC-3로 우선 담당하면서 자체의 중거리 지대공미사일(M-SAM)을 개발하여 보충해 나간다는 개념이다. 한국의 경우 해상에서의 요격은 한계가 있어 정보수집 정도만 기여하는 것으로 표시되어 있다.

(2) 능력

한국은 북한과 근접한 상태에서 국토도 좁기 때문에 종말 단계 상층방어에 필요한 고도와 거리가 허용되지 않는 지역이 많고, 따라서 종말 단계 하층방어의 비중이 커질 수밖에 없다. 따라서 한국은 하층방어에 중점을 두어 BMD를 구축해 왔는데, 이를 위하여 보유하고 있는 무기체계는 2008년경 독일로부터 도입하여 배치한 PAC-2 요격미사일 2개 대대 48기이다. 다만, PAC-2는 공격해 오는 탄도미사일 몸체를 직접 타격하여 파괴하는 직격파괴 능력이 없어서 BMD에는 불충분하다. 그래서 한국은 2020년까지 현재의 PAC-2를 직격파괴 능력을 구비한 PAC-3로 개량해 나가는 과정에 있다.

한국은 현재 상층방어 능력은 구비하지 못한 상태이다. 2020년대 중반까지 장거리 지대공미사일(L-SAM)을 개발하여 이를 담당시킨다는 계획이지만 아직 개발과정에 있고, 그 성능이 상층방어로서 충분할 것인가에 대해서도 의문이 없지 않다. 한국의 이지스함 역시 직격파괴 능력이 없는 SM-2 요격미사일로 무장된 상태라서 상층방어를 담당할 수가 없고, 북한과 육지로 연결되어 있다는 점에서 이지스함을 활용한 상층방어 자체에 한계가 있을 수 있다. 결국 한국은 2017년 미군의 사드를 배치하여 일부 지역에 대한 상층방어를 제공하고 있는데, 국토의 1/3 정도만 방호할 수 있을 뿐이고, 특히 수도권에 대한 방호는 어렵다는 한계가 있다.

(3) 평가

한국은 모든 북한 탄도미사일의 공격 범위 내에 위치하고 있고, 행정과 경제의 중심도시인 서울이 휴전선으로부터 40km 정도밖에 떨어져 있지 않아서 탄도미사일 공격에 매우 취약하다. 그럼에도 불구하고 한국은 지금까지 BMD 구축을 적극적으로 추진하지 못하였는데, 한국이 BMD를 구축하면 북한을 자극하여 남북한 화해 협력의 분위기를 저해한다고 생각하였고, '한국의 미사일 방어 구축＝미 MD 참여'*라는 일부 인사들의 루머에 휘둘렸기 때문이다.

한국의 BMD에서 가장 문제가 되는 것은 하층방어에만 중점을 두어 추진해 왔다는 점이다. 이 역시 '한국의 미사일 방어 구축＝미 MD 참여'라는 비판을 회피하는 과정에서 발생한 착오인데, 국방부에서 상층방어와 관련될 수 있는 조치를 검토하기만 하면 시민단체들이 '미 MD 참여'라면서 극력 비판하여 추진하지 못했기 때문이다. 항공기 방어용으로 도입한 PAC-2를 PAC-3로 개량해 나가는 과정에 있지만, 8개 포대 정도의 현 규모로는 전국의 주요 도시들을 방어하기 어렵다. 20km

---

* 미국을 비롯한 세계에서는 BMD라는 용어를 사용하지만 한국의 일부 인사와 언론은 아직도 MD라는 말을 사용한다.

고도에서 직격파괴 할 수 있는 중거리 지대공미사일을 자체 개발하여 2019년부터 실전배치 하면 다소 개선되겠지만, 근본적으로 1회의 하층 방어로는 상대의 핵미사일을 효과적으로 방어할 수 없다.

한국의 BMD가 미흡해진 결정적인 요인은 미국과의 BMD 협력을 회피해 온 것이다. 국방부에서 조금만 요격거리가 긴 요격미사일을 검토하면 일부 시민단체들은 '미 MD 참여' 의도라면서 극렬하게 반대하였고, 국방부도 그 비판을 정면돌파 하지 않은 채 전전긍긍하기만 하였다. 그 결과 한국은 처음부터 올바른 BMD 청사진을 정립하지 못하였고, BMD 구축의 범위도 제한되면서 시행착오를 겪게 되었다. 항공기 요격용인 PAC-2를 구매하였다가 미사일 요격용인 PAC-3로 개량하는 것이나, 이지스함을 구매하면서 SM-3 대신에 SM-2를 장착한 것은 미군과의 협의가 없어서 초래된 실수이다. 이스라엘이나 일본의 사례와 비교해 보면 미군과의 협력 부재가 끼친 시간적이거나 비용적인 손해는 매우 크다.

(4) 오해

인정하고 싶지 않은 진실이지만 현재와 같이 한국의 BMD가 미흡해진 더욱 결정적인 요인은 한국이 BMD를 구축하면 남북한 간의 대화 분위기가 저해될 수 있다는 우려와 '한국의 미사일 방어=미국 MD 참여'라는 루머였다. 1991년 걸프전 직후에 한국은 미국의 요격미사일 구매를 검토할 정도로 BMD에 적극적이었으나 김대중 정부부터 북한을 자극할 수 있다는 이유로 소극적 추진으로 전환하였는데, 이로 인하여

BMD 구축도 지체되었을 뿐만 아니라 미국과도 협력하지 않는다는 방침이 설정되고 말았다. 1999년 3월 5일 외신과의 회견에서 천용택 당시 국방장관은 "TMD는 북한의 미사일에 대한 효과적인 대응수단이 아닐 뿐만 아니라 한국은 TMD에 참여할 경제력과 기술력이 없다"고 말하면서 미국 BMD와 협력하지 않는다는 방향을 설정하였고, 김대중 대통령도 1999년 5월 5일 CNN과의 회견에서 TMD 불참 입장을 확인하였다(동아일보, 1999.08.15, A8). 이후부터 한국 정부는 북한의 미사일 위협과 방어책에 관하여 "발언을 자제하거나 드러난 사실만을 언급"하는 수준에 그치면서 제대로 된 대응책을 마련하지 않았다(이상훈, 2006: 153-154).

2001년 출범한 미국의 부시 행정부가 BMD를 적극적으로 추진하면서 한국을 비롯한 동맹국들과의 협력 필요성을 언급하자, 반미 의식을 가진 일부 지식인들은 이에 참여하지 않아야 한다는 입장을 정부에게 강요하기 시작하였다. 이들은 한국이 BMD를 추진하면 그것은 범세계적인 미국 BMD 체제의 일부분이 된다는 인식하에 BMD에 대한 검토와 추진 자체를 극렬하게 반대하였다(정욱식, 2003). 미국의 'MD'에 참여하거나 자체적인 탄도미사일 방어체제를 구축할 경우 주변국을 자극하여 동북아시아의 긴장과 군비경쟁을 촉발하거나 북한을 자극하여 남북관계의 진전을 방해할 수 있고, 탄도미사일 방어는 대규모 예산과 고도의 기술이 소요되는 사업으로서 현실성이 없다는 주장이었다(평화와 통일을 여는 사람들, 2008). 이러한 주장은 다수의 국민들은 물론이고 야당에게까지 확산되어 국방부의 BMD 노력을 차단하게 되었다. 결국 국방부는 '미 MD 참여'가 아니라는 사실을 강조하고자 KAMD라는 용어와 하층 방어에 국한된다는 점을 강조하게 되었고, 이로써 한국의 BMD는 잘못된 방향으로 추진되기 시작하였다.

일부에서는 '한국의 미사일 방어＝미 MD 참여'라고 말하지만, 이 것은 '참여'가 무엇을 의미하는지부터 정의해야만 하는 애매한 주장이다. 참여라는 말이 미국을 공격하는 다른 국가의 탄도미사일을 한국이 대신 요격해 주는 것을 의미한다면 현실적으로 그것은 불가능하고, 한국이 구축한 BMD를 미국이 통제하는 것을 의미한다면 이는 사실이 아니다. 일본이나 이스라엘은 미국과의 협력을 전제로 그들의 BMD를 구축했지만, 그들의 BMD가 미 BMD의 일부가 되거나 미군에 의하여 조종되지 않는다. 미국은 전 세계적으로 일원화된 BMD를 구축하고 있는 것이 아니라, 본토 방어를 위한 BMD와 해외주둔 미군 보호를 구분하여 구축하고 있고, 일본이나 이스라엘은 미국의 본토 방어 BMD에 기여하는 것이 아니다. 주일미군과 일본의 BMD가 유기적으로 통합되어 있는 것은 동일한 영토 내에서 짧은 시간에 공격해 오는 상대의 미사일을 착오 없이 격추하기 위한 불가피성 때문이지, 일본의 BMD가 미군의 통제를 받아야 하기 때문이 아니다. 한국에 구축되는 BMD는 동일한 지역에 위치하고 있기 때문에 주한미군의 BMD와 당연히 통합되어야 단일지휘(unity of command)가 보장되어 한미 양국 군의 BMD 자산이 체계적으로 임무와 표적을 분담하여 착오가 발생하지 않는다.

한국의 BMD 구축과 관련한 미국과의 '협력'은 필요할 뿐만 아니라 매우 효과적이다. 미국은 한국과 동맹관계에 있고, BMD에 관한 한 최첨단의 기술을 갖고 있어 한국이 지원받을 부분이 많을 것이기 때문이다. 북한의 위협에 대응하여 공동의 방어계획을 작성하여 지속적으로 연습하고 있는 동맹국인 한국과 미국이 북한의 핵미사일 방어에 협력하지 않는다는 것은 논리적으로 타당하지 않다. 미국으로부터 F-15나 F-35 전투기를 구매하는 것이나 PAC-3나 SM-3 요격미사일을 구매하는 것이 본질적으로 다를 수 없다. '한국의 미사일 방어＝미 MD 참여'라는 루머가 한국의 북핵 대비태세에 얼마나 심각한 영향을 끼쳤는지를 냉정하게 반성하고, 지금이라도 이의 영향에서 확실하게 벗어나 이스라엘이나 일본과 동일하게 미국과의 협력을 바탕으로 최단시간 내에 최소한의 비용으로 BMD의 미흡함을 보완해 나가야 할 것이다.

4) 사드 관련 논란 분석

한국 BMD에 관한 오해와 관련 주장들의 비논리성을 적나라하게 노출한 것이 바로 사드 관련 논란이다. 사드는 공격해 오는 상대방의 탄도미사일을 요격할 수 있는 우수한 무기로서 북한의 핵미사일 위협에 거의 무방비로 노출되어 있는 한국의 입장에서는 오히려 그 배치를 요청해야 할 상황인데도 상당수의 국민들이 반대하였고, 이로 인하여 3년 정도를 지체하였다. 사드 배치를 둘러싸고 벌어진 한국 내에서의 논란은 중국까지 개입시켜 한국이 중국과 미국 중 하나를 선택해야 하는 상황으로 악화시켰고, 결과적으로는 그동안 노력해 온 한중관계의 상당한 부분을 훼손하고 말았다. 사드의 배치를 둘러싼 논란의 대부분은 일부 인사들의 근거 없는 루머와 이로 인한 다수 국민들의 오해에 의하여 유발되었다는 점에서 이에 대한 반성과 동일한 시행착오의 방지가 절실하다.

(1) 논란의 경과

'한국의 미사일 방어＝미 MD 참여'라는 오해가 확산되어 있는 상황에서 2014년 6월 3일 당시 한미연합사령관이었던 스캐퍼로티(Curtis Sacparrotti) 대장은 북한의 점증하는 핵미사일 위협으로부터 주한미군과 한국을 보호하기 위하여 본국에 사드 1개 포대의 한국 배치를 건의하였다고 언급하였다. 이것이 언론을 통하여 보도되자 미사일 방어망 구축에 반대하던 인사들이 '사드 배치＝미 MD 참여'라는 논리로 반대여론을 확산시켰다. 이들은 사드가 한반도에 배치되면 중국이 미국을 향하여 ICBM을 발사할 경우 그것을 요격할 수 있고, 그렇게 되면 핵 억제태세가 무력화되는 중국이 좌시하지 않을 것이며, 결국 미국과 중국 간에 무력충돌이 발생하여 한국이 희생자가 될 수밖에 없다는 논리였다. 그들은 "중국은 미국의 한국 내 MD 배치를 동북아의 화약고인 한반도에 미국이 위험한 인화물질을 갖다 놓는 것으로 여긴다" 또는 "사드와 한 묶음으로 움직이는 X-밴드 레이더는 유효 탐지 반경이 1,000km에 달해 오산 공군기지에 배치되면 중국 동부의 군사활동까지 들여다볼 수 있다"라는 논리를 유포시켰다(정욱식. 2014). 이와 같은 논리를 바탕으로 『싸드(THAAD)』라는 제목의 소설까지 발간되어 인기를 획득하면서(김진명. 2014) 사드 배치 반대는 삽시간에 국민들에게 확산되면서 하나의 사조로 고정되었다.

국내에서 확산된 사드 배치에 대한 반대 주장은 중국의 수뇌부에게까지 전파되어 영향을 준 것으로 판단된다. 기술적으로 사드는 중국의 안보에 전혀 위협이 되지 않는데도 불구하고 중국의 관리들은 물론이고 언론에서도 한국 내 반대론자들의 주장을 그대로 반복하면서 반대하였기 때문이다. 2014년 11월 26일 추궈훙(邱國洪) 주한 중국대사, 2015년 2월 4일 창완취안(常萬全) 중국 국방부장(장관), 2015년 3월 류젠차오(劉建超) 중국 외교부 부장조리(차관보급) 등은 사드 배치에 반대한다는 중국 정부의 입장을 한국 정부에게 전달하였다. 2014년 7월 한중 정상회담 때 시진핑(習近平) 중국 국가주석이 언급하였기 때문이라는 분석도 있었다(이용수, 2015. A1). 이로써 사드 배치 문제는 한중관계의 향방과 관련되고 말았고, 결국 한국 정부는 '3 No', 즉 사드 배치와 관련한 "(미국의) 요청, 협의, 결정이 없었다"는 애매한 입장을 유지하게 되었다.

2015년과 2016년 동안 한국은 사드 배치에 대한 결정을 내리지 못한 채 국내적 논쟁과 정부의 침묵으로 시간을 보냈다. 그러다가 2017년 1월 6일 북한이 제4차 핵실험을 실시하자 사드 배치를 더 이상 미룰 수 없다고 판단하였고, 2월 7일 북한이 장거리 미사일 시험발사까지 실시하자 정부는 한미 양국 실무진에게 사드 배치에 관한 사항을 협의하도록 결정하였다. 그 협의 결과를 수용하여 한미 양국은 7월 8일 사드를 배치하기로 결정하였고, 7월 13일에는 경북 성주로 장소를 확정하였으며, 9월 30일에는 성주 군민들의 의견을 수용하여 배치 장소를 성주 내의 롯데 골프장으로 변경하였다. 2017년 2월 28일 롯데가 소유하고 있는 골프장을 다른 군용지와 교환함으로써 사드 배치 장소가 확보되었는데, 그러자 중국은 롯데의 중국 내 기업활동에 대하여 제약을 가하는 등 사드 배치에 대한 보복을 가하기 시작하였다.

북한의 핵위협이 점점 심각해지자 한미 양국 군은 2017년 4월 사드 1개 포대 중 레이더와 2기의 발사대를 롯데 골프장에 우선 배치함으로써 초기 임무수행 능력을 확보하였다. 2017년 5월 9일 야당으로서 사드 배치를 반대하였던 문재인 정부가 집권하였지만, 사드 배치는 지속되었고, 환경영향 평가를 실시하여 절차적 정당성을 강화하기도 하였다. 그러다가 2017년 7월 28일 북한이 ICBM급인 '화성-14형'을 시험 발사하자 문재인 대통령은 7월 29일 나머지 발사대 4기까지 배치한 후 남아 있는 절차를 진행할 것을 지시하였다. 그리고 환영영향 평가를 통하여 문제가 없다는 결론을 내리자 문재인 정부는 2017년 9월 7일 사드 전체 포대의 배치를 공식적으로 지시하였다.

원래 순수한 방어용 군사무기로서 논란이 발생할 사안이 아니지만, 의외로 사드 배치에 관한 논란이 발생하였고, 결과적으로 한국에서는 국론 분열, 한중 간에는 심각한 외교문제를 야기하게 되었다. 중국은 사드의 한국 배치가 그들의 전략이익, 핵심이익, 안보이익을 해친다면서 반대하였고, 한국이 사드 배치에 관한 결정을 내릴 때마다 음성적이지만 다양한 경제적 보복조치를 강구했으며, 2017년 12월 사드 배치로 경색된 한중관계를 풀고자 문재인 대통령이 중국을 직접 방문하였지만 중국은 반대입장을 거두지 않았다. 중국은 사드 배치가 어떻게 해서 그들의 이익을 심각하게 훼손하는지 논리적으로 설명하지도 않았고, 왕이 외교부장이 "항장무검 의재패공, 사마소지심 노인개지"*라는 고사를 인용하였듯이(국기연, 2015: 5) 미국이 중국을 포위하는 조치로 인식하여 반대한다는 식으로 나중에 반대의 논리를 만들어 내는 모습을 보였다.

---

* 項莊舞劍 意在沛公 司馬昭之心 路人皆知: 항우의 무장인 항장이 칼춤을 춘 뜻은 유방을 죽이려는 데 있고, 사마소가 황제가 되려는 야심은 누구나 다 안다

(2) 논란의 평가

　국내는 물론이고, 중국까지 개입하여 3년 정도 신랄한 논란을 벌였지만 사드 배치에 관하여 논란이 된 모든 사항은 루머이고, 오해이다. 첫 번째 대두된 반대 논리는 사드가 중국이 미국을 향하여 ICBM을 발사할 경우 요격할 수 있다는 주장이었는데, 사드는 종말 단계용 요격무기이기 때문에 상대방 탄도미사일이 나를 향하여 공격해올 때만 파괴시킬 수 있지, 다른 표적을 향하여 비행하는 탄도미사일을 추적하여 파괴시키지 못한다. 성능으로만 보아도 사드는 요격 고도가 150km에 불과하여 1,000km 이상의 고도로 비행하는 ICBM을 요격할 수 없고, 미국을 공격하는 중국의 ICBM은 북극을 경유하지, 한반도를 경유하지 않는다.

　첫 번째의 주장이 근거가 없는 것으로 드러나자 사드가 사용하고 있는 AN/TPY-2 X-밴드 레이더가 중국의 모든 군사활동을 탐지한다는 주장이 제기되었고, 상당할 정도로 공감대를 넓혔다. 그러나 사드의 X-밴드 레이더는 종말 단계용(terminal mode)으로서 탐지범위가 수백km에 불과하고, 탐지용(forward-based mode)으로 전환하여 운영한다고 하더라도 탐지거리는 1,000~2,000km로서 중국의 동부 해안지역만 탐지가 가능하다. 국민들은 사드의 레이더가 CCTV처럼 주변의 군사 상황을 모두 촬영하는 것으로 상상하지만, 레이더는 점으로 나타나는 물체의 특성을 통하여 표적을 식별하는 장비로서 지상의 느린 군사활동을 탐지하는 것은 불가능하다. 또한 한국은 산악지역이어서 사드의 전파를 공중으로 방사할 수밖에 없고, 지구가 둥글기 때문에 중국지역으로 전파가 간다고 해도 수백km 공중으로 올라오는 물체만 탐지가 가능하다.

사드 배치를 둘러싼 논란 중에서 한국 국민들에게 가장 직접적인 영향을 끼친 것은 사드 배치에 따른 비용을 한국이 부담할 수 있다는 세 번째 루머였다. 다양한 신문에서 다양한 액수로 사드의 구매와 운영을 위한 비용을 추산한 후 그것을 우리가 부담할 수도 있다는 점을 암시하였고, 이것은 국민들의 감정을 자극하였다. 이로 인하여 정부에서 미국에게 사드 비용의 부담 여부를 직접 질의하여 그렇지 않다는 답을 얻기도 했지만, 트럼프 대통령은 한국이 부담할 수 있다고 발언하여 또 한 번 국민들을 혼란스럽게 만들기도 하였다. 여기에는 국방부에서 '미군'의 사드 배치임을 분명히 밝히지 않은 점도 있고, 국회와 언론 등에서도 '도입'이라는 애매한 용어를 사용하여 혼란을 부추기기도 하였다. 어쨌든 미군이 자신을 보호하기 위하여 한반도에 배치하는 무기체계의 비용을 한국이 지불한다는 것은 어떤 논리로도 타당하지 않고, 한국은 물론이고 전 세계적으로 그러한 전례가 없다. 사드가 배치되고 난 이후에 지금까지 사드 배치와 관련하여 미군이 비용 분담을 요청한 적도 없었고, 한국이 비용을 지불한 것도 없다. 또한 사드 배치로 인하여 한국의 방위비 분담이 증대될 것이라는 의견도 제시되었지만, 방위비 분담 역시 5년 정도의 주기로 협상하여 적정 수준을 설정할 뿐이고, 지금까지 어떤 무기체계의 배치 등 특별한 계기가 발생하였다고 하여 방위비 분담을 증액시킨 적이 없다.

　　사드의 비용을 둘러싼 논란이 전개되는 동안에 네 번째로 사드가 성능이 제대로 검증된 적이 없는 미흡한 무기라는 주장도 제기되었지만, 이 또한 진실이 아니다. 사드는 1980년대 후반부터 개발에 착수해 온 무기체계로서 상당한 시행착오를 겪으면서 진화해 왔고, 수차례의 시험평가에서 성공하여 배치가 승인되었으며, UAE에서도 구입하여 운용하고 있다. 정확성의 수준이 공개되지는 않았지만 상층방어라는 조건이 동일하기 때문에 99% 요격률이라고 주장하는 이스라엘의 애로-3와 유사한 수준일 것으로 추정된다. 또한 군대에서는 어떤 무기체계를 개발할 경우 그전에 요구작전성능(ROC: Required Operational Capability)을 분명하게 제시하고, 그것이 충족되지 않을 경우 구매할 수 없다. 즉 미군이 사드를 구매하였다는 것은 최초의 요구작전성능이 충족되었다는 것이고, 따라서 성능은 문제가 없다고 보아야 한다.

사드를 배치하기로 결정된 이후 지역 주민들의 반대를 조장한 가장 직접적이고 영향력이 있었던 루머는 다섯 번째 사드의 레이더에서 나오는 전자파가 인체에 매우 유해하다는 내용이었다. 일부 인사들이 미군의 교범에 나와 있는 수치라면서 사드의 레이더가 배치되면 수km까지 인간의 출입이 허용되지 않을 정도로 강력한 전자파가 방사된다고 주장하였고, 이 주장은 다양한 매체를 통하여 삽시간에 확산되었다. 특히 사드 배치 예정지로 선정된 성주와 김천 주민들은 이를 근거로 사드 배치를 결사적으로 반대하게 되었고, 사드 배치에 찬성하는 다수의 국민들과 충돌하게 되었으며, 이로 인하여 한국은 심각한 국론 분열을 겪게 되었다. 그러나 2016년 7월 18일 한국 기자들이 괌을 방문하여 측정하였을 때도 허용치의 0.007%에 불과할 정도로 전자파는 미미하였고, 2017년 9월 4일 환경부는 국방부가 제출한 환경영향 평가서에서도 사드기지 내부(레이더 100m 지점)의 경우 최댓값이 전파법상 인체보호 기준의 0.5% 수준으로 나타났다면서 전자파의 유해성이 거의 없다는 결론을 내렸다.

어이없는 일이지만 지금까지 사드와 관련하여 제기된 모든 의혹은 근거가 없다. 그럼에도 불구하고 사드 배치를 둘러싸고 제기되었던 이러한 루머들은 3년 이상 한국의 안보 관련 토의장을 지배하였고, 한중 관계까지 위험하게 만들었다. 그 결과로 한국의 BMD 구축은 늦어졌고, BMD를 둘러싼 미국과의 협력도 어려워졌다. BMD에 관한 초기의 오해와 이후 제기된 루머를 제대로 해소하거나 효과적으로 처리하지 못함으로써 한국의 BMD 방향은 왜곡되었고, 비용 소요도 엄청나게 증대되고 말았다. 이러한 오해에 대한 반성과 교정은 당연하고, BMD에 관한 제반 사항을 원점에서 근본적으로 재검토해야 하는 이유이다.

5) 한국의 BMD 추진방향

한국이 처음부터 체계적인 BMD를 추진해 왔다면 현재의 수준에서 일부를 보완하거나 필요한 무기의 양과 질을 개선해 나가면 되지만, BMD에 관하여 지금까지 왜곡된 부분이 크기 때문에 원점에서부터 다시 시작한다는 자세로 BMD에 관한 제반 개념과 방향을 재정립할 필요가 있다. 몇 가지 과제를 제시하면 다음과 같다.

(1) BMD의 중요성에 대한 범국민적 인식

한국의 BMD를 보강하고자 한다면 무엇보다 먼저 국민들이 북핵 위협의 심각성과 이로부터 스스로를 보호해야 할 필요성을 자각해야 한다. 선거를 통하여 선출되는 민주주의 국가의 공무원들은 국민들의 요구와 여론에 근거하여 업무 방향을 설정할 것이기 때문이다. 국민들은 정부와 군대에게 주요 도시별로 최소한의 BMD 체제를 구축할 것을 요구하고, 일본 등과 비교하여 미흡한 점이 있을 경우 조기에 시정하도록 요구해야 한다. 국민들이 요구하게 되면 국회의원을 비롯한 정치인들이 나서지 않을 수 없고, 결국 정부와 군도 최선을 다하게 될 것이다. 사드 배치를 반대해 온 정도의 강도로 국민들이 BMD의 구축을 요구하였다면 한국의 BMD 수준은 크게 달라졌을 것이다.

한국 BMD의 올바른 추진을 위해서는 '한국의 미사일 방어=미 MD 참여'와 같은 루머에 더 이상 구애받지 않도록 국민 스스로 사실을 정확하게 파악하고, 선동에 휩쓸리지 않도록 노력해야 한다. 국민들이 BMD에 관한 다양한 루머에 선동되어 있는 상황에서는 관련 사안에 대한 합리적인 토론이나 건전한 결론을 도출할 수 없기 때문이다. 일부 인사들은 한국이 BMD에 관하여 미국과 협력하면 미국 BMD의 일부로 편입된다고 주장하였지만, 그것은 사실이 아닐 뿐만 아니라 그렇게 될 수도 없다. 한국에 구축되는 BMD는 오직 한국의 방어만을 위하여 사용될 뿐이다. 동일한 남한 내에 위치하고 있기 때문에 주한미군의 BMD와 통합되는 것이 효율적인 것이다. 정부와 군은 BMD에 관하여 지금까지 제기되어 온 오해들을 객관적으로 정리한 후 국민들에게 해명하고, 향후 국가안보와 관련한 루머에 관해서는 처벌하겠다는 방침을 공지함으로써 국방정책 논의에 불필요한 혼란이 발생하지 않도록 예방책을 강구할 필요가 있다.

일본에 대한 반감도 완화시킬 필요가 있다. 한국과 일본은 북한의 핵위협에 공통적으로 노출되어 있고, BMD와 관련하여 상호 보완 효과가 없지 않기 때문이다. PAC-3를 PAC-3 MSE로 개량하고 SM-3 Block

IIA를 미국과 공동으로 개발하고 있듯이 일본은 이미 BMD에 관하여 상당한 기술을 보유하고 있어 일본과의 협력은 한국에게 상당한 보탬이 될 가능성이 크다. 한일협력을 통하여 BMD에 관한 한미일 3개국 협력이 성사될 경우 한국은 최소한의 투자로써 최단기간 내에 요망하는 BMD 수준을 달성할 수 있을 것이다. 한국은 BMD에 관한 일본의 개념, 방법, 기술을 효과적으로 활용할 수 있는 방법을 검토할 필요가 있다.

(2) KBMD로의 격상

BMD 구축에 관한 새로운 방향을 모색한다는 차원에서 한국은 현재의 KAMD를 KBMD(Korea Ballistic Missile Defense)로 명칭을 전환하고, 범위도 확대할 필요가 있다. KAMD가 표방해 온 것은 항공기 방어와 탄도미사일 방어를 통합적으로 인식하는 것이고, 하층방어에 중점을 두어 한국 단독으로 구축하는 것인데, 이러한 제한된 개념으로는 신뢰할 만한 BMD 구축이 불가능할 것이기 때문이다. KBMD라는 용어로서 보편적인 BMD 개념을 수용하게 되면, 핵미사일 방어에 집중적인 노력을 경주할 수 있고, 다층방어를 추진할 것이며, 미국과의 협력은 물론이고 일본이나 이스라엘 등 BMD를 추진하는 모든 국가와 적극적인 협력을 추진할 수 있게 될 것이다.

KBMD의 효과적 추진과 운영을 위해서는 공군에 속해 있는 방공유도탄사령부를 확대 개편하여 합참이 직접 통제하는 방안도 검토해 볼 수 있다. 앞으로 M-SAM과 L-SAM 등 후속 무기체계가 추가될 것을 대비하여 방공유도탄사령부의 규모를 확대할 필요성이 있고, 공격과 방어의 유기적 결합을 보장하거나 미군과의 유기적 협력을 위해서도 위 사령부의 위상을 높일 필요가 있기 때문이다. 현 방공유도탄사령부를 근간으로 합참의장의 직접 지시를 받는 '합동방공사령부'를 창설하고, 이 사령부가 육군, 공군, 해군의 모든 전력을 효과적으로 통합하여 효과적인 KBMD를 구축 및 운영하도록 임무를 부여할 필요가 있다. 이렇게 조치할 경우 KBMD의 중요성에 걸맞는 세부 조직의 발전이 가능하고, 소요의 도출과 결정도 신속해질 수 있을 것이다.

한국의 KBMD에서 집중적인 보강이 요구되는 분야는 수도권 방어이다. 수도권은 정치, 행정, 경제, 문화 등 모든 분야에서 한국의 중심지이고, 1,000만 명 이상의 국민들이 거주하여 최우선적으로 방어해야 할 것이기 때문이다. 그러나 서울이 휴전선에서 겨우 40km 떨어져 있어서 이를 공격하는 탄도미사일의 탐지나 요격을 위한 시간이 매우 제한되기 때문에 통상적인 BMD 개념이나 무기로는 방어가 쉽지 않다. 한국은 PAC-3를 추가적으로 구매하여 수도권 지역에 다수 배치함으로써 1회의 종말 단계 하층방어를 확실하게 보장하고, L-SAM을 종말 단계 하층방어와 상층방어의 중간 요격고도로 개발하여 PAC-3에 앞서 한 번 더 요격할 수 있는 '중층방어(middle-tier defense)'를 담당시킬 필요가 있다. 이로써 수도권에서도 적 탄도미사일에 대한 2회의 요격을 보장할 필요가 있다.

한국은 PAC-3를 추가 구매하거나 M-SAM을 조기에 개발하여 서울 이외 주요 도시에 대한 하층방어를 제공할 필요가 있다. 1999년 미국방부에서 검토한 자료를 보면 한국의 영토 규모에 필요한 PAC-3 포대의 수를 25개로 판단하였다(Department of Defense, 1999: 11). 핵심시설 위주로 방어할 경우에는 12개 포대로까지 감축할 수 있다는 분석도 있지만(김재권·설현주, 2016: 103), 핵공격을 가정하면 그와 같은 선별방어를 채택하기는 어렵다. 주한미군의 PAC-3를 효과적으로 활용할 경우 필요로 하는 PAC-3 포대의 숫자는 감소될 것이다.

서울 이외 지역에 대한 상층방어의 경우 주한미군의 사드가 경북의 성주에 배치됨에 따라 동부지역은 방호가 가능하지만 서부지역은 공백 상태이다. 따라서 한국은 자체적으로 사드 1개 포대를 구입하여 서부지역에 배치할 필요가 있고, SLBM 위협까지 대응하고자 한다면 사드의 숫자는 더욱 증대시켜야 할 것이다. 다만, 이지스함의 요격미사일을 SM-3로 전환하는 문제는 그것이 KBMD에 기여할 수 있는 바를 기술적 측면에서 면밀하게 판단한 후 결정할 필요가 있다.

(3) BMD에 관한 적극적인 대미 협력

한국의 KBMD는 미국과의 긴밀한 협력을 전제해야 한다. 미국은 한국의 동맹국이고, 한미연합사를 통하여 한반도의 전쟁 억제와 유사시 승리에 함께 노력하고 있으며, 무엇보다 BMD에 관한 한 세계에서 가장 선도적인 개념과 기술을 보유하고 있기 때문이다. KBMD와 주한미군 BMD가 통합될 경우 비용과 노력을 절약할 뿐만 아니라 각 BMD의 효율성을 극대화할 수 있다.

BMD에 관한 한미협력을 위하여 시급한 사항은 별도로 운영하고 있는 BMD 작전통제소를 단일화하는 것이다. 그렇지 않을 경우 실제 북한이 핵미사일로 한국을 공격하는 상황에서 단일지휘가 보장되지 않아 양국 군이 중복되게 요격하거나 아무도 요격하지 않는 실수가 벌어질 것이기 때문이다. KBMD의 효과적 운영을 위해서는 적 탄도미사일을 탐지하는 한미 양국 군의 레이더와 요격미사일도 전체적 차원에서 영역이나 역할을 분담시켜야 할 것이고, 주한미군의 PAC-3와 한국군의 PAC-3도 중복되지 않도록 배치해야 할 것이며, 한국이나 미군이 다른 요격미사일을 추가배치할 경우에도 중복이나 낭비가 발생하지 않도록 사전에 조정하여 배치해야할 것이다. 한국이 추진하고 있는 M-SAM과 L-SAM 개발과 관련해서도 미국과 적극적으로 협력함으로써 성공 가능성을 높이고, 개발의 시기를 단축하며, 충분한 성능을 보장할 필요가 있다.

KBMD와 주한미군 BMD의 효과적 통합을 위한 가장 이상적인 방법은 한미 양국 군이 전시를 가정하여 '한미연합 BMD 사령부'를 설치하고, 일부는 평시부터 운영하는 것이다. 즉 평시에는 '한미연합 BMD 작전통제소'와 일부 필수기능을 한미연합으로 가동하다가 한미연합사령관에게 작전통제권이 이양되는 데프콘-3에 한미연합 BMD사령부를 창설한다는 것이다. 전시에는 북한의 핵미사일 위협으로부터 한국과 주한미군의 안전을 보장하는 것이 다른 어떤 사항보다 중요하기 때문에 별도의 연합기능사령부를 창설하여 한미 양국 군의 노력을 일원적으로 통제할 필요가 있다는 것이다. 평시에 한미연합 BMD 작전통제소 이외에도 KBMD에 관한 한미 양국의 노력을 통일하고, 유사시 한미연합 BMD 사령부로 전환을 준비할 수 있는 협의기구를 운영할 수도 있을 것이다.

북한의 핵미사일 위협이 심각해질수록 한국군은 BMD에 관한 미군과의 연합훈련을 강화해 나가야 할 것이다. 북한이 핵미사일로 한국

의 어느 지역을 공격하는 상황을 가정하여 탐지-추적-요격-평가하는 과
정을 컴퓨터 모의나 야외연습(field exercise)으로 실시해 보고, 그 결과로 교
훈을 도출하여 지속적으로 시정해 나갈 필요가 있다. 한미 양국 군 간
의 BMD 훈련은 '을지-프리덤 가디언' 연습과 같은 연례적 훈련에 포함
시킬 수도 있고, 별도로 시행할 수도 있으며, 상황이 허용할 경우 한미
일 연합훈련으로도 확대할 수 있을 것이다. 이러한 훈련을 통하여 핵미
사일을 발사해도 요격될 것이라는 메시지를 북한에게 보낼 경우 거부적
억제 효과도 기대할 수 있을 것이다.

6) 결론

한국의 BMD는 현재의 수준이 미흡한 것은 물론이고, 앞으로도 그
수준이 금방 향상되기 어려운 상황이다. 현 추세가 지속될 경우 시간이
흐를수록 북한 핵무기의 위협과 한국의 BMD 수준 간 격차는 커질 것
이다. 북한이 핵무기를 사용할 경우 국민을 방어할 수 있는 BMD는 최
후의 보루로서 처음부터 체계적으로 준비되어야 하는데, '한국의 미사
일 방어=미 MD 참여'라는 루머에 의하여 제대로 준비되지 못하였고,
아직도 그러한 루머의 영향에서 벗어나지 못하고 있기 때문이다. 한국
은 BMD에 관한 지금까지의 접근방법에 대한 반성을 바탕으로 다른 국
가의 사례에 근거하여 BMD에 관한 제반 사항을 원점에서 재검토한 후
새로운 청사진을 정립하여 실질적으로 강화해 나갈 필요가 있다.

그 시작으로 한국은 현재의 KAMD라는 명칭부터 KBMD로 변

경함으로써 세계적인 추세를 수용할 필요가 있고, 새로운 청사진에 근거하여 필요하다고 판단되는 무기 및 장비의 획득을 위한 현실적 로드맵을 작성하여 체계적으로 확보해 나가야 한다. 동일한 지역에서 동일한 북한 미사일을 대상으로 방어작전을 시행한다는 점에서 주한미군의 BMD와 한국군의 BMD는 당연히 통합되어야 할 것이다. 특히 중층방어 개념을 도입하면서 충분한 숫자의 PAC-3을 배치하여 2회의 요격을 보장함으로써 휴전선에서부터 40km밖에 떨어져 있지 않은 서울 시민들의 방호에 집중적인 노력을 기울여야 한다. 다른 주요 도시들의 경우에는 사드를 추가로 획득하거나 L-SAM을 신속하게 개발하여 상층방어를 제공하고, PAC-3를 추가 구매하여 하층방어를 보장함으로써 2회의 요격을 보장해야 할 것이다.

지금까지 한국군은 '미 MD 참여'라는 일부인사들의 루머에 휘둘려 하층방어에만 치중해 왔는데, 이제부터는 미군과의 긴밀한 협력을 바탕으로 단기간에 KBMD의 역량과 질을 대폭적으로 향상시켜 나가야 한다. 우선은 한미 양국 군의 BMD 작전통제소를 통합하고, 모든 레이더와 요격미사일을 효과적으로 분담시키며, M-SAM과 L-SAM과 같은 무기체계의 획득과 개발에 관해서도 미국과 적극적으로 협력해야 할 것이다. 전시에 '한미연합 BMD 사령부'를 설치하도록 준비하면서 평시에도 일부 기능을 연합 차원에서 가동시킬 필요가 있고, 한미 양국 군의 BMD 훈련과 연습을 정례적이면서 적극적으로 실시해야 할 것이다.

KBMD의 신속한 보강을 위해서는 국가적 차원에서 지원조치가 강구되어야 할 것인데, 가장 직접적인 것은 KBMD 구축을 위한 예산을 증대시키는 것이다. 단기간에 교정해야 할 부분이 많다는 점에서 일정한 수준에 이르기까지는 상당한 규모의 예산 증액이 필요할 것이다. 그리고 공격해 오는 상대의 탄도미사일을 적시에 타격할 수 있도록 상황별로 책임소재와 권한 위임을 명확하게 설정해 두어야 할 것이다. 북한 핵미사일 위협으로부터 국민들이 안심할 수 있는 KBMD를 최단시간 내에 구축할 수 있도록 정부와 군은 가용한 모든 수단과 방법을 동원해 나가야 할 것이다.

9.
핵민방위

　　북한의 핵위협이 심각해질수록 핵공격을 받을 가능성까지 고려해
야 할 필요성은 증대된다. 인간의 생명에 관한 일일 경우 가장 잘못되는
상황까지 가정하여 필요한 대책을 강구해 두듯이 국가의 안보도 요행을
바라서는 곤란하기 때문이다. 한국보다 북핵 위협에 덜 노출되어 있는
일본과 미국은 이미 북핵에 의한 공격 상황까지 가정하여 핵민방위 훈
련을 실시하고 있지만, 이상할 정도로 한국은 무관심하다. 그만큼 추가
로 조치해야 할 사항이 많을 수밖에 없다.

1) 핵공격 피해와 민방위

(1) 핵공격에 의한 피해

핵무기는 대량살상무기(WMD)라고 불리듯이 엄청난 피해를 초래한다. 실제 핵무기가 사용된 1945년 일본의 경우 2발로 인하여 히로시마에서는 9만~27만, 나가사키에서는 6만~8만, 총 15만 명~25만 명 정도의 사망자가 발생하였다(허광무, 2004: 98). 현대의 핵무기는 그 위력이 더욱 크고, 따라서 그 피해는 더욱 엄청날 것이다. 1990년대에 미 국방부에서 모의실험한 결과에 의하면 제2차 세계대전 시 일본에 투하된 15kt 위력의 핵무기가 서울에서 폭발할 경우 500미터 상공이면 62만명, 100미터 상공이면 84만 명, 지면 폭발이면 125만 명의 사상자가 발생하는 등 6~10배 큰 피해가 야기될 것으로 예상되었다(McKinzie & Cochran, 2004). 한국 국방연구원에서 모의실험해 본 결과도 20kt급 핵무기가 지면 폭발 방식으로 사용될 경우 낙진 피해 이외에 24시간 이내 90만 명 사망 및 136만 명 부상의 피해가 예상되었다(김태우, 2010: 319). 2017년 9월 3일 북한에서 성공하였다고 평가된 250kt의 수소폭탄이 서울에 투하되면 3,561,206명의 사상자(사망 783,197명, 부상 2,778,009명)가 발생할 것이라는 분석 자료가 발표되기도 하였다(Zagurek, Jr., 2017: 1). 당연히 핵무기의 위력, 폭발 형태, 표적의 상태 등에 따라서 실제 피해의 정도는 달라지겠지만, 핵무기 공격을 받으면 엄청난 사상자가 발생하고 자칫하면 전 국토가 초토화될 수도 있다.

핵무기의 이러한 엄청난 피해는 역으로 핵 피해에 대한 대비책을 어렵게 만들기도 한다. 대비해도 크게 효과가 없을 것이라고 자포자기하거나 북한도 쉽게 핵무기 공격을 가하지 못할 것으로 단정하게 만들기 때문이다. 그러나 전쟁은 합리적인 판단에 의해서만 발생하는 것이 아니고, 쌍방이 동의해야 발생하는 것도 아니다. 어느 일방이 어떤 이유로든 핵전쟁에서도 승리가 가능하거나 의미 있다고 판단하면 핵전쟁은 발발하게 된다. 실제로 냉전시대에 소련은 핵전쟁에서도 승리가 가능하거나 의미가 있다고 판단한 적이 있다. 공산주의 국가의 경우 혁명의 성공을 보장할 수 있다면 핵전쟁도 감수할 수 있다고 판단할 수도 있다. 이렇기 때문에 냉전시대에 미국과 소련은 물론이고 유럽 국가들까지도 억제가 실패할 경우를 대비하여 대대적인 민방위를 추진하였던 것이다.

핵무기에 의한 공격 시 가장 즉각적이면서 치명적인 피해를 발생시키는 것은 핵무기 폭발에 의한 폭풍으로서, 핵폭발 원점에서 생성된

〈표 9-1〉 10kt 핵폭발 시의 거리별 압력과 바람

최대 압력(psi)	원점에서의 거리(km)	최대 풍속(km/h)
50	0.29	1,503
30	0.39	1,077
20	0.48	808
10	0.71	473
5	0.97	262
2	1.80	113
• 0.1~1psi: 빌딩에 대한 소규모 피해, 유리창 정도 파손 • 1~5psi: 빌딩에 대한 상당한 피해, 원점 방향의 부분 피해 • 5~8psi: 빌딩에 대한 심각한 피해, 또는 파괴 • 9psi 이상: 튼튼한 빌딩만 심각한 피해 후 건재하고, 나머지 빌딩은 파괴		

출처: National Security Staff Interagency Policy coordination Subcommittee, 2010: 16.

강한 압력이 시속 수백km 속도로 사방으로 분산되어 나가면서 인원을 살상하고 건물을 파괴시킨다. 〈표 9-1〉은 10kt 규모의 핵무기가 폭발할 경우 생성되는 압력과 풍속으로서 700m 내에서는 대부분의 건물을 붕괴시킬 정도로 위력이 큼을 알 수 있다. 핵폭풍과 함께 강력한 열복사선이 방사되어 화재와 화상을 유발하고, 방사능을 함유한 낙진(落塵. fallout)이 방사선으로 오염시킨다.

핵폭발에 의한 피해 중에서 조치할 경우 피해의 상당한 감소가 가능한 것은 낙진에 의한 방사능 오염이다. 낙진은 천천히 광범하게 떨어지기 때문이다. 낙진의 방사능은 처음에는 치명적이지만 시간이 흐르면서 급격히 약해지고, 따라서 그 사이에 안전한 곳으로 대피할 경우 피해를 크게 줄일 수 있다. 실제로 낙진의 방사능은 이틀 정도가 지나면 원래 위력의 1/100로 떨어져서 간헐적인 활동이 가능할 수 있고, 2주 후에는 1/1,000 이상으로 감소하여 전반적인 활동이 가능한 수준으로 감소된다(Kearny, 1987: 11-12). 그래서 핵민방위를 시행하는 국가들의 대부분은 2주간 핵대피소에서 견딜 수 있도록 준비한다.

방사선에 노출되었다고 하여 모두가 사망하는 것은 아니다. 결과는 노출의 정도와 개인별 건강상태에 따라 달라지는데, 대체적으로 450R(렌트겐)/h를 받은 사람 중에서 1/2 정도가 사망하는 것으로 되어 있다(Kearny, 1987: 13). 대피소 등에서 오랜 기간 동안 불편한 생활을 지속하여 영양이 부족하거나 스트레스가 많을 경우 더욱 적은 양에 노출되어도 피해가 발생할 수 있다. 방사능에 노출된 정도별 증상을 정리하면 〈표 9-2〉와 같다.

핵무기는 다른 어느 무기보다 치명적인 피해를 야기하지만 그렇다고 하여 세상을 끝장내거나 국민들을 전멸시키는 것은 아니다. 핵무기

<표 9-2> 방사선 노출 시 증상

방사선 노출 정도	증상
50~200R (Roentgen)	반 이하가 24시간 이내에 어지럼증과 구토 증상. 일부는 쉽게 피로해지고, 5% 미만이 치료 필요. 다른 병이 있을 경우 합병증으로 사망 가능.
200~450R	방사능에 잠시 노출되어도 1/2 정도가 수일 동안 어지럼과 구토 증상. 1/2 이상이 머리가 빠지고, 목 따가움 등 질병 발생. 백혈구의 파괴로 면역이 약해짐. 대부분이 치료를 받아야 하나, 1/2 이상은 치료없이도 생존 가능.
450~600R	수일에 걸쳐 심각한 어지럼 및 구토 증상. 입, 목구멍, 피부로부터 다량의 출혈 및 머리 빠짐. 목감기, 폐렴, 장염과 같은 질병 발생. 치료 및 입원 필요. 최선의 치료에도 1/2 이하만 생존.
600~1,000R 이상	심각한 어지럼증과 구토 증상. 약을 처방하지 않으면 이 증상은 수일 또는 사망 시까지 계속. 출혈이나 탈모 증세도 없이 2주 후에 사망 가능. 최선의 치료에도 생존 가능성 희박.
수천 R	노출 직후 쇼크 발생. 수 시간 또는 수일 내 사망.

* 방사능에 노출될 경우 초기에는 식욕 감퇴, 어지럼증, 구토, 피곤, 허약, 두통과 같은 증세가 나타나다가 나중에는 입이 따가움, 탈모, 잇몸 출혈, 피하 출혈, 설사 등이 발생함.

출처: Federal Emergency Management Agency, 1985: 7-8.

가 투하되어 많은 사람들이 사망하더라도 생존자가 더욱 많을 가능성
이 높고, 특히 낙진에 의한 피해는 사전에 대비조치를 강구하거나 발생
하였을 때라도 적절한 노력을 경주하면 크게 줄일 수 있다. 사전에 적
절히 대비할 경우 핵폭풍이나 열복사선에 의하여 발생하는 피해도 어
느 정도 감소시킬 수 있다.

(2) 민방위 개념

핵무기 공격으로부터 피해를 최소화하는 데 필요한 방법은 크게 보면 위험한 지역에서 위험하지 않은 지역으로 이동하는 이탈*과 방사선 차단이 가능한 대피소(shelter)로 피신하는 것이다. 이러한 이탈과 대피의 적시성을 보장하려면 체계적이면서 신속한 경보와 안내(warnings and communications)가 선행 또는 병행되어야 할 것이다.

① 경보와 안내

경보와 안내는 국민들에게 핵공격이 임박하거나 일어났다는 사실, 그리고 핵공격 이후 진행되고 있는 상황이나 바람직한 조치 및 행동의 방향을 알려 주는 활동이다. 이의 신속하고 정확한 수행은 이탈과 대피의 효과성을 높여 결과적으로 피해를 크게 감소시키게 된다. 원론적으로 보면 경보와 이탈이나 대피는 상호 보완적이어서 전자가 제대로 기능하지 않으면 후자들은 시행될 수 없고, 후자들이 준비되어 있지 않으면 전자는 의미가 없다.

경보의 경우 핵공격 이전에 그것이 임박하다는 사실을 알려 주는 전략적 경보와 핵무기 발사 사실을 알려 주는 전술적 경보로 구분해 볼 수 있다(Kearny, 1987: 22). 전략적 경보는 상대방이 핵공격을 준비하고 있고, 이에 대한 대비가 필요하다는 것을 사전에 알리는 활동인데, 그 기간은 통상적으로는 수일 전이겠지만 상당한 기간에 걸쳐 경보의 하달과

---

* 이탈(evacuation): 군에서는 소개(疏開)로 번역하지만 일반인들에게는 생소할 뿐만 아니라 타동사의 의미라서 자동사인 '이탈'로 번역

취소가 반복될 수도 있다. 어쨌든 전략적 경보가 내려지면 국민들은 더욱 안전한 지역으로 이탈하거나 대피소를 구축 및 보강하고, 그 외에 피해를 최소화할 수 있는 다양한 조치들을 강구해야 한다. 전술적 경보는 핵무기가 발사되었다는 사실을 국민들에게 알려 주는 활동으로서, 미국과 같이 대륙으로 이격되어 있는 국가는 수십 분이 가용할 수 있지만, 한국과 같이 북한과 지리적으로 접속하고 있을 경우에는 수 분 정도에 불과하다. 다만, 수 분 전에 통보하여 조치하더라도 그 유용성은 크다. 핵폭발의 섬광을 보고 나서 폭풍이 밀려오기 전의 수 초 사이에 건물의 안쪽으로 재빨리 이동한다든지, 지상에 눈을 감고 엎드린다든지 필요한 조치를 취할 경우에도 피해를 감소시킬 수 있다.

핵공격에 대한 경보를 받을 경우 국민들은 핵무기 폭발로부터 피해를 최소화하는 데 유용하다고 판단되는 조치를 각자가 시행해야 한다. 이 상황에서는 국가의 공무원들도 속수무책일 가능성이 높고, 국민들을 안전하게 만들 수 있는 정부나 군의 유효한 방책이 존재하는 것도 아니기 때문이다. 핵폭발의 순간에 거리를 걷는 국민들은 근처의 건물, 대피소, 집으로 이동하여 대피해야 할 것이고, 직장에 있는 국민들은 해당 빌딩 내에서 가장 안전한 곳으로 피하거나 근처에 더욱 안전한 빌딩이나 대피소가 있을 경우 그곳으로 이동해야 할 것이다. 집에 있는 국민들은 아파트 지하실 등의 가족대피소나 개인이 준비해 둔 지하실 등의 대피소로 이동해야 할 것이다. 어느 경우든 대피소로 이동하면서도 2주 정도 생활하는 데 필요한 준비물을 휴대하는 것이 중요하다.

② 이탈

이탈은 핵무기 폭발의 위험지역에 있는 사람들이 그렇지 않은 지역으로 이동하는 활동이다. 적이 특정 지역에 핵무기 공격을 가하겠다고 위협하였거나 적의 핵공격이 예상될 경우 정부가 해당 지역에 거주

<표 9-3> 이탈 시 준비물

범주	종류	품목
1	생존 관련	대피호 구축 및 생존 관련 지침서, 지도, 소형 배터리 라디오와 예비 배터리, 방사능 측정 도구, 마스크, 기타 생존 관련 인쇄물, 차량의 예비 휘발유
2	도구류	삽, 곡괭이, 톱, 도끼, 못, 망치, 팬치, 장갑, 기타 대피호 구축에 필요한 도구
3	대피호 구축 재료	방수 물질(플라스틱, 샤워커튼, 천, 기타) 등 대피소 구축에 필요한 모든 재료, 환기통 등
4	식수	소형 물통, 대형 물통, 정수제
5	귀중품	현금, 신용카드, 유가증권, 보석, 기타 중요 문서
6	불	플래시, 초, 식용유를 이용한 램프 제작 재료(유리병, 식용유, 헝겊), 성냥과 성냥 보관을 위한 상자
7	의류	활동복 및 활동화, 다수의 내의와 양말, 필요시 방한복과 방한화, 덧신, 덧옷, 우의, 여벌의 신발
8	침구류	슬리핑백 또는 모포 등 개별 침구류, 해먹 설치 도구, 바닥깔개
9	음식	쌀, 통조림 등 조리 없이 취식 가능한 음식, 육포, 유아용 음식(분유, 식용유, 설탕), 소금, 비타민, 병따개, 칼, 뚜껑 있는 냄비 2개, 개인별 컵, 밥그릇, 수저 한 벌, 급조 난로 또는 만들 재료, 부탄가스와 버너
10	위생물품	배설물 보관 용기, 오줌 통, 화장지, 생리대, 기저귀, 비누, 다수의 비닐 봉지
11	의약품	아스피린, 응급처치 물품, 항생제 및 소염제, 환자가 있을 경우 처방약, 방사선 치료제, 살균제, 예비 안경, 콘택트렌즈
12	기타	모기장, 모기 퇴치약, 읽을 책, 각자의 필요 물품

출처: Cresson H. Kearny 1979, 33, 일부 보완.

하는 사람들을 다른 지역으로 옮길 수 있고, 국민 스스로도 생존을 위하여 위험지역을 이탈할 수 있다. 다만, 적이 핵공격의 대상지역을 밝히지 않을 가능성이 높고, 밝힌다고 해도 믿을 수 없어서 적의 위협에 근거하여 이탈을 감행하는 것은 쉽지 않다. 이탈 자체가 상당한 혼란을 야기할 수도 있고, 이탈하는 도중 핵공격이 감행될 경우 절대적인 무방비 상태가 될 것이기 때문이다. 특정 지역에 핵무기가 투하될 것이라는 확실한 정보가 존재하거나, 이탈할 경우 안전과 상당한 기간의 생활을 보장할 수 있는 시설이 준비되어 있거나, 교통이 보장되어 최단기간 내에 목적지에 도착할 수 있는 경우 이외에는 이탈에 신중해야 한다.

이탈하더라도 상당한 기간 동안 생활할 수 있는 준비를 갖추어 이탈하는 것이 최선이다. 한번 이탈하면 금방 집으로 복귀할 수 없고, 그 동안 어디서든 생활을 지속해야 할 것이기 때문이다. 이탈하는 도중에 핵공격 경보가 하달될 경우에는 굴토하여 임시 대피소를 구축해야 할 수도 있다. 정확한 준비물은 당시 상황에 따라서 다를 것이나 이탈 시 준비해야 할 물품의 예를 제시하면 〈표 9-3〉과 같다.

③ 대피

대피는 핵폭발의 효과를 차단해 줄 수 있는 시설로 이동하여 안전해질 때까지 생활을 지속하는 활동이다. 핵폭발의 폭풍으로부터 보호받을 정도로 강력한 대피소를 구축하는 것이 최선이나 너무나 많은 비용이 소요되기 때문에 대부분은 낙진으로부터 보호받는 상태에서 일부 핵폭풍 보호 효과를 가미한 수준의 대피소를 구축한다. 대피소는 공공대피소와 개인 또는 가족대피소로 구분해 볼 수 있는데, 공공대피소는 국가에서, 개인대피소는 개인이, 가족대피소는 몇 사람이 준비한 대피소라고 할 수 있다. 어느 경우든 대피소는 사람들을 방사선으로부터 보호할 수 있는 두꺼운 벽과 출입문을 보유하고 있어야 하고, 사람들이 2주 정도 외부에 나가지 않고 생활할 수 있는 물자를 구비하고 있어야 한다. 대피소는 벽과 문의 두께가 중요한데, 대부분의 방사선을 차단하려면 대체적으로 콘크리트는 30cm, 벽돌벽은 40cm, 흙은 60~90cm 이상의 두께를 지녀야 한다(Federal Emergency Management Agency, 1985: 18).

핵공격에 대한 충분한 대피를 보장할 수 있도록 별도의 대피소를 구축하는 것이 최선이지만, 시간과 비용이 가용하지 않을 때는 지하철, 터널, 지하시설, 고층건물의 중간 부분을 지정하거나 보완하여 공공대피소로 활용할 수도 있다. 활용할 수 있는 공공대피소가 근처에 없을 경우 개인이 스스로 대피소를 구축할 수밖에 없는데, 도시 지역에서는 빌딩의 지하실이나 중간층 중에서 가장 격리된 공간을 활용할 수 있고, 아파트 지역에서는 지하주차장도 유용할 수 있다. 자신이 주거하는 가옥의 지하실 등 가용한 공간을 사전에 보강하여 활용할 수 있고, 지하실이 없을 경우 땅을 파서 대피호를 만들거나, 그것도 가용하지 않을 경우에는 집에서 가장 격리된 공간을 선택하여 벽이나 창문을 다양한 재료로 보강한 다음 사용할 수도 있다.

대피소로 이동할 때는 2주간을 외부로 나가지 않은 채 생활할 수 있는 준비를 갖추는 것이 최선이다. 낙진의 방사능이 어느 정도 약해지는 2주 동안 다수의 인원이 생활하기 위한 환기, 식수, 음식, 용변에 대한 대책을 갖추어 이동해야 한다는 것이다. 이를 위해 소요되는 물품은 대피소의 상황과 여건에 따라서 달라지겠지만, 기본적인 사항은 〈표 9-3〉에 제시된 이탈 시 휴대물품에 준하여 준비할 수 있다. 겨울에는 난방, 여름에는 냉방을 위한 추가 준비도 필요해질 것이고, 질병이 발생하지 않도록 위생에도 주의해야 할 것이며, 다수의 인원이 조화롭게 지내기 위한 생활규칙도 정립하여야 할 것이다.

2) 외국의 핵민방위 사례

냉전 동안에는 대규모 핵보유국인 미국과 소련을 지도국으로 하는 자유민주주의 진영과 공산주의 진영이 극한적인 대결을 벌이면서 핵전쟁의 가능성도 높아졌고, 최악의 상황을 생각해야 할 당위성도 커졌다. 따라서 미소 양국, 양국의 동맹국들, 스위스나 스웨덴과 같은 중립국가들도 '민방위'라는 명칭으로 핵공격 시 피해를 최소화하기 위한 방안들을 적극적으로 강구하였다. 특히 소련은 핵전쟁에서도 승리가 가능하다는 인식하에서 핵민방위를 전략적 수단으로까지 격상시켜 이를 위한 부대까지 편성하였고, 1986년 체르노빌(Chernobyl) 핵발전소 폭발 시 이 부대가 방사능 제거에 관한 임무를 수행한 적이 있다. 핵민방위 사례 중에서 스위스, 소련(러시아), 미국의 경우를 설명하면 다음과 같다.

(1) 스위스

스위스는 인구 8백만 명 정도에 불과한 작은 국가로서 영세중립국으로 공인된 국가이지만, 19~26세의 남자에게는 최소 260일 이상 의

무 복무가 부여되어 있을 정도로 안보의식이 철저하다. 60세 이상의 남자들과 자원한 여자 및 청소년들은 민방위대로 편성되는데, 스위스는 민방위 관련 조직이 1,200여 개에 이르고, 편성된 인원수가 30만 명에 이르는 등 모범적인 민방위 태세를 자랑하고 있다.

우선 경보와 안내의 경우 스위스는 제2차 세계대전 때부터 체계적인 경보시스템을 구축하였는데, 스위스 국방부 소속 연방시민보호실(Federal Office for Civil Protection) 예하의 국가비상작전센터(NEOC: National Emergency Operations Centre)가 담당하고 있다. 핵공격 경보의 핵심적인 요소는 사이렌으로서, 스위스는 전국에 8,200여 개의 사이렌을 설치하였고, 이동식 사이렌도 운영하고 있으며, 매년 1회 전국적으로 훈련을 실시한다. 스위스는 1980년대부터 자연재해 등 모든 상황을 통합하되 일반적인 사이렌(general siren)과 물 사이렌(water siren)으로 구분하여 운영하고 있는데, 사이렌이 울리면 국민들은 일단 집이나 대피소로 들어가고, 모든 방송을 중단한 채 ICARO(Information Catastrophe Alarm Radio Organisation)를 통하여 정부에서 하달하는 지침을 수령하여 국민 각자가 필요한 조치를 강구하게 된다.

스위스의 경우 이탈에 관한 사항은 거의 언급하고 있지 않다. 국토가 좁아서 이탈 자체가 의미가 없기도 하겠지만, 충분한 대피조치를 갖춘 상태라서 이탈의 필요성을 크게 느끼지 않고, 이탈에 따른 위험을 감수하지 않는 것이 안전하다고 판단하였을 가능성이 높다.

대피의 경우 스위스는 1990년대에 이미 국민 모두를 대피시킬 수 있는 대피시설을 확보하였고, 그 이후 계속적으로 그 질을 향상시켜 왔다. 그의 정확한 숫자를 알기는 어렵지만, 공공대피소만 5,100개 정도에 이른다고 한다(Mariani, 2009). 스위스는 1950년대부터 건물을 신축하거나 1,000명 이상의 주민이 거주하는 지역에는 대피소를 설치하도록 의무화하고, 소요되는 경비의 상당한 부분을 정부가 보조하면서 기준에 맞게 설치하는지 심사하여 왔다. 각 가정별로도 환기 및 공기 여과장치를 구비한 대피시설을 구축해 두고 있다.

스위스는 중립국임에도 다른 어느 국가보다 철저한 민방위를 실시하고 있다. 비록 2001년 9·11사태 이후 스위스에서도 테러나 재해 등의 비중이 증대되었고, '시민 보호(civil protection)'라는 용어로 민방위의 범위를 확대하였지만(Federal Council to the Federal Assembly, 2001: 1-2) 핵민방위의 중요성은 망각하지 않고 있다. 그래서 테러나 재해는 주(canton)에서 담당하지만, 핵공격에 대한 민방위 활동은 연방정부에서 담당하고 있다.

(2) 소련(러시아)

현재의 러시아가 대부분을 계승한 소련은 적의 핵공격으로부터 국민들의 생존을 보호하는 사항을 전략적 수준의 조치로 인식하였다. 소련의 국민들이 핵공격에서 생존한다면 미국의 응징보복은 의미가 없어지고, 그렇게 되면 핵전략에 있어서 소련의 우위가 보장된다고 생각하였기 때문이다. 소련은 핵민방위 활동을 억제(deterrence)와 유사한 중요성을 가진 상호 보완적 요소라고 인식하였다(Green, 1984: 7). 그래서 소련은 민방위를 담당하는 국방성 차관을 임명하였고, 각 공화국 및 군관구(軍管區)별로 핵 피해 최소화를 위한 민방위 참모를 편성하였으며, 이를 위한 군사학교와 부대까지 창설하였다(박휘락, 1987: 290).

경보 및 안내의 경우 소련은 국민들을 위한 조치보다는 그들의 핵미사일 부대들이 미국의 핵공격에 신속하면서도 정확하게 대응하도록 보장하는 데 중점을 두었다. 조기경보가 이루어져야 미국이 핵공격을 가하더라도 그들의 핵전력이 무력화되기 전에 반격을 가할 수 있다고 생각하였기 때문이다. 국민들에 대한 경보를 위해서는 사이렌과 라디오를 중점적으로 활용하였다. 경보가 하달되면 국민들은 지시에 따라 대피시설로 이동하고, 민방위 대원들이 소집되며, 필요한 대피소를 추가적으로 구축 및 보강하고, 필요한 장비를 분배받게 된다.

소련의 경우 국민들의 이탈도 전략적 차원에서 준비하였다. 핵전쟁이 발발할 기미가 높아질 경우 핵심 도시지역에 있는 주민들을 시골지역으로 이탈시킴으로써 적의 제1격에 의한 피해를 예방하거나 적에게 표적을 제공하지 않는다는 개념이었기 때문이다. 소련은 국토가 광활하여 핵공격을 받더라도 위험지역에 있는 주민들을 안전한 지역으로 이탈시킬 수 있었는데, 핵 방사선에 노출된 국민들을 구조할 필요도 있다고 판단하였다.

소련은 대피소 구축에도 집중적인 노력을 경주하여 1970년대 후반에 이미 핵공격을 받더라도 인구의 2~3% 정도만 희생될 것으로 믿는 수준으로까지 대피소를 구축하였다고 평가되기도 하였다(Wolfe 1979). 1980년대에 소련은 대피소 구축에 더욱 집중적인 재원을 투입한 것으로 판단되는바, 매년 20~30억 달러 정도가 이 분야에 사용된 것으로 판단한 자료도 있다(Green, 1984: 7). 공산정권에 의한 일사불란한 지시가 가능했을 뿐만 아니라 국토가 넓어서 대피소 구축이 그렇게 어렵지는 않았을 것이다.

이와 같이 소련이 핵민방위를 집중적으로 강화하자 핵폭발 시 생존 정도에서 미국은 소련에 비해서 취약한 상황이 되었고, 결국 대규모 응징보복으로 위협하여 핵전쟁을 억제한다는 상호확증파괴 전략의 효과를 신뢰할 수 없게 되었다. 결국 미국의 레이건 대통령은 응징보복이라는 공격 위주의 전략에 방어를 가미하는 방향으로 변화를 모색하지 않을 수 없었고, 그 결과 '전략적 방어 구상(strategic defense initiative)'을 발표하여 공격해 오는 적 핵미사일을 공중에서 요격하는 방법을 개발할 것을 요구하게 된 것이다(Green, 1984: 10).

(3) 미국

1949년 소련이 핵실험에 성공하자 미국은 '연방 민방위법'을 제정하고, '연방 민방위청'을 창설하여 핵민방위를 추진하였다. 특히 케네디 대통령은 "비합리적인 적"에 의한 핵공격의 가능성을 거론하면서 적의 오판에 대비한 보험 차원에서 민방위를 강화할 것을 촉구하였다. 그는 대통령 직속으로 '비상계획실'을 창설하여 민방위를 집중적으로 추진하도록 하였고, 전국적으로 4천 700만 개의 대피소를 지정하였으며, 그 가운데 일부에 대해서는 필요한 물품을 저장하도록 지시하였다(Homeland Security National Preparedness Task Force, 2006: 12).

그러나 미국의 경우 실제 예산 할당에 있어서는 민방위의 우선순위가 높지 않았고, 그래서 강조된 만큼 실행되지는 않았다. 다만, 1979년 3월 28일 펜실베이니아주에 있던 핵발전소에서 사고가 발생하여 핵물질이 유출됨으로써 핵 피해에 관한 국민적 경각심이 증대되었고, 그보다 더욱 심각한 사태라고 생각되는 핵공격에 대한 대비태세도 강조되었다. 그래서 카터 대통령은 '연방비상관리국(FEMA: Federal Emergency

Management Agency)'을 창설하였고, 지금도 이 기관이 미국의 민방위에 관한 제반 노력을 통제 및 추진하고 있다.

부시(George W. Bush) 행정부 시절인 2001년 9·11 테러가 발생하자 미국에서는 핵대피보다는 테러 등으로부터 국민들의 안전을 보장하는 측면이 강조되었다. 국토안보부(Department of Homeland Security)가 창설되면서 FEMA도 그 예하로 소속이 변경되었고, 테러와 자연재해 등이 강조됨으로써 핵 피해 최소화를 위한 활동의 비중은 상대적으로 줄어드는 결과가 되었다. 대신에 부시 행정부는 공격해 오는 핵미사일을 공중에서 요격하는 기술을 집중적으로 개발하였고, 이것이 어느 정도 성공함으로써 핵폭발 시 피해 최소화를 위한 조치의 필요성은 더욱 감소되는 추세를 보이고 있다.

경보 및 안내체계의 경우 미국은 1951년 트루먼(Harry S. Truman) 대통령 때부터 CONELRAD(Control of Electromagnetic Radiation)라는 체계로 핵전쟁 상황을 국민들에게 알리는 노력을 체계화하였다. 이것은 Emergency Broadcast System(비상경보 시스템, 1963), Emergency Alert System(비상방송 시스템, 1997)으로 변화하여 오다가 2006년 부시 대통령에 의하여 IPAWS(Integrated public Alert and Warning System)로 변화하였다. 이것은 국토안보부 예하의 FEMA에서 관장하고 있고, 정확한 경보를 위하여 연방 및 주 소속의 정부기관은 물론이고, 민간기업 및 다양한 비영리단체들과도 협력을 추구하고 있다. 또한 수단에 있어서도 라디오나 텔레비전은 물론이고, 인터넷이나 휴대폰 등 현대적 기술에 의하여 가용해진 모든 수단들을 종합적으로 활용하고 있다.

이탈의 경우 미국은 2012년 일본 후쿠시마(Fukushima) 원전의 방사능 유출 시 주변의 거주민들을 이탈시킨 사례에 자극받아서 그 필요성을 검토하기 시작하였다. 미 의회에서는 일본에서와 같은 사고가 발생하였을 경우 미국이 제대로 대응할 수 있느냐에 관하여 회계감사국(GAO: Government Auditing Agency)으로 하여금 점검하도록 요구한 바도 있다(Government Accountability Office, 2013). 그러나 핵공격은 어디에 언제 공격이 가해질지 정확하기 알기 어려워 세부적인 이탈 방안을 수립하지는 못하였고, 현재도 핵폭발 시 국민들의 안전을 보장하는 방법으로서 이탈은 적극적으로 검토하지 않고 있다. 다만, 주요 군사시설 주변에 거주하는 주민들을 이탈시키는 데 대한 개념 정도는 연구되어 있다.

대피소 구축의 경우 미국은 냉전시대부터 상당한 필요성을 인식하였음에도 불구하고 예산의 제한으로 필요한 정도의 숫자와 질의 대피소는 구비하지 못한 상태이다. 다만, 미국인들의 주거방식이 지하실을 적극적으로 사용하는 형태이기 때문에 조금만 집중적으로 노력할 경우 대피소의 숫자는 금방 증대될 수 있다. 토네이도 등이 발생할 때 대피할 수 있도록 구축해 둔 지하시설의 경우에도 조금만 보완하면 핵대피시설로 활용할 수 있을 것이다. 미국은 최근 최소의 예산으로 대피소를 구축하기 위하여 폐광산이나 건물의 지하층을 활용하는 방안을 확대하고 있다.

(4) 소결론

스위스, 소련, 미국의 사례를 종합해 볼 때, 이들 국가들은 잠재 적국이 핵무기를 보유하자마자 바로 핵민방위에 착수하였다. 언제 어떤 상황에서 핵전쟁으로 악화될지 알 수 없다고 판단하였고, 요행만을 바라기에는 핵공격의 결과가 너무나 엄청나다고 생각하였기 때문이다. 이들은 그동안 핵민방위를 통하여 상당한 비용을 투입하였지만 이로써 국민들의 안도감이 커진 것은 분명하다.

사례로 분석한 3개국의 경우 핵민방위에 대한 접근방식이 조금씩 다르다는 것을 알 수 있다. 국토가 넓은 소련은 이탈에 관심을 기울였지만, 국토가 좁은 스위스는 대피소 구축에 집중하였고, 전체주의적인 소련은 단기간에 상당한 대피소를 구축하였지만 민주주의 국가인 미국은 필요성 인식에 비해서 충분한 대피소를 구축하지는 못하였다. 한국의 경우 다른 국가의 선례를 참고하되 한국이 처한 현실에 부합되는 방향으로 최선의 핵민방위 방향을 정립하여 추진해야 할 것이다.

소련의 경우 민방위 국방차관, 민방위부대, 민방위학교 등을 창설하는 등 민방위를 핵전쟁 승리에 필요한 수단의 하나로 간주하여 정부 차원에서 집중적인 노력을 경주하였는데, 이러한 노력의 결과로 미국 상호확증파괴 전략의 효과를 급격하게 감소시키게 되었다. 소련의 민방위는 미소 간의 전략적 균형에도 결정적인 영향을 준 셈이다. 그래서 미국의 레이건 대통령은 핵미사일을 공중에서 요격하는 능력을 서둘러 구비하고자 하였던 것이다. 다른 말로 하면, 핵민방위 태세가 양호할 경우 핵전략에서 유리한 위치를 점할 수 있고, 그 반대면 불리해질 수 있다는 것이다. 맷집이 약한 사람이 싸움에서 불리해지는 것과 유사할 것이다.

3) 한국의 민방위 실태

한국은 다른 어느 국가보다 심각한 핵위협에 노출되어 있으면서도 핵민방위에 둔감한 모습을 보이고 있다. 냉전시대의 스위스, 소련, 미국과 비교하여 미흡한 것은 물론이고, 최근 북한의 장거리 미사일 시험발사에 대비하여 하와이와 일본에서 조치한 것과 비교해도 너무나 미흡한 상태이다.

(1) 한국의 민방위 대비 수준

북한이 수소폭탄을 비롯한 상당수의 핵무기를 개발하였고, 그것을 핵미사일에 탑재하여 한국을 공격할 수 있는 상황임에도 한국에서는 북한의 핵무기 공격 가능성을 높게 생각하지 않고 있고, 따라서 그에 대한 대피가 심각한 토론 대상이 되지 못하였다. 핵민방위를 어떤 방식으로 시행할 것이냐에 대한 기본적인 방침도 설정되지 않은 상태이다. 세월호 침몰의 여파로 2014년 11월 국민안전처가 출범한 이후에는 더욱 재난안전에 중점을 두면서 핵민방위는 거론조차 하지 않았고, 문재인 정부 출범 후 안전행정부로 또다시 통합되었지만 핵민방위는 여전히 주목받지 못하고 있다. 김부겸 안전행정부 장관은 2017년 12월 19일 국회 재난안전대책특위에 출석하여 "정부가 나서 위험을 조장하는 오해와 불안감이 있을 수 있다"면서 북핵 사태와 관련한 대피훈련을 실시하지 않겠다는 입장을 밝히기도 하였다.

한국의 경우 핵민방위와 관련된 연구나 논의도 활성화되지 않은 상태이다. 2008년도에 국토해양부에서 한국건설기술연구원에 연구용역을 제기하여 "지하 핵 대피시설 구축 방안 설정에 관한 연구"를 실시한 바가 있으나 결과로 제안된 사안에 대한 실천은 후속되지 않았다. 안전행정부의 경우 핵 피해 최소화에 관한 연구용역을 부분적으로 추진하고 있으나 그 내용 중 정책에 반영되거나 구현되고 있는 사항은 거의 없다. 필자가 핵민방위에 관한 기본적인 내용을 정리하여 몇 편의 논문을 발표한 바 있으나 이에 대하여 정부의 관련 요원은 물론이고, 일반 학자들이나 국민들도 거의 관심을 보이지 않고 있다. 핵민방위에 관해서는 연구조차 제대로 진행되고 있지 않다.

한국의 경우 1975년부터 실시해 온 재래식 민방위도 지속적으로 축소되는 모습을 보이고 있다. 1977년도에 연간 30시간에 이르던 민방위 대원에 대한 교육시간은 현재 4시간으로 축소된 상태이고, 범국민적 차원에서 매월 실시하던 민방위 훈련도 연 8회로 줄면서 그 중점도 민방공 훈련 3회, 방재 훈련 5회로 다변화되어 있다. 민방위의 편성과 운영, 시설과 장비, 교육훈련의 모든 분야에서 취약점이 누적되어 있고(국립방재연구원, 2012: 41-46), 그것을 시정하기 위한 노력은 찾아보기 어렵다. 북한의 핵위협에 노출되어 있는 국가인지가 의심스러울 정도로 한국의 핵민방위, 재래식 민방위 수준은 아주 미흡하다.

(2) 일본 및 하와이와의 비교

실제로 북한의 핵능력이 고도화되면서 일본과 미국은 그들의 민방위 활동을 강화하고 있다. 북한의 핵위협이 그만큼 심각하다고 판단하기 때문이고, 최악의 상황을 상정하여 대비하는 것이 습관화되어 있기 때문이다.

일본은 전국 순간경보 시스템(J-Alert)과 긴급 정보네트워크 시스템(Em-Net)을 통하여 북한의 미사일 또는 핵미사일 공격을 국민들에게 신속하게 전파하기 위한 체제를 구축해 두고 있다. J-Alert는 위성을 이용한 무선통신이고, Em-Net는 행정망을 통하여 경보를 전파하는 방법이다. 휴대전화를 통하여 긴급속보 메시지를 발송하기도 한다. 지금까지 일본은 북한이 미사일 시험발사를 실시할 때마다 이들의 성능을 계속적으로 시험하면서 개선하였고, 그 결과 현재는 북한이 발사한 탄도미사일이 일본 상공을 통과하기 전에 국민들에게 경보가 전파되어 대피하는 정도로 체계화되었다. 예를 들면, 2017년 8월 29일과 9월 15일 북한이 사전 예고 없이 '화성-12형'을 일본 열도 상공으로 발사하였을 때 일본 정부는 발사 후 4분 뒤 J-Alert를 통하여 해당 지역의 주민들에게 이 사실을 알렸고, 북한의 미사일이 일본 열도를 통과하는 시점에서는 일부 국민들의 대피가 이루어진 상태였다.

일본에서는 중앙정부보다는 지방자치단체별로 판단하여 대피훈련을 실시하고, 그 결과로 나타난 문제점들을 적극적으로 시정해 나가고 있다. 북한의 핵무기 개발과 미사일 시험이 활성화되자 2017년 3월경부터 북한의 미사일이 통과하였거나 통과할 가능성이 많은 지역의 지방자치단체별로 대피훈련을 실시해 왔고, 나타난 문제점들을 각 지방단체별로 시정해 나가고 있으며, 그것이 정부 차원에서 확대되고 있다. 2017년 11월 22일에는 정부 주도로 특정 지역에 북한의 조직적이고 계획적인 미사일 공격이 가해지는 상황을 가정한 훈련을 실시하기도 하였다. 이것은 지금까지의 통상적 훈련과 달리 무력공격을 상정한 훈련이었고, 주민 대피 이외에도 경찰, 소방, 자위대, 지방자치단체가 총출동하여 주민 보호에 필요한 다양한 활동을 점검하였다. 국민들의 위기감을 필요 이상으로 부추길 수 있다는 우려로 인하여 인구 밀집지역에서의 대피훈련은 자제한다는 입장이지만 2018년 1월에는 동경에서 최초의 주민 대피훈련을 실시하기도 하였다.

북한에서 약 7,500km 떨어진 미국의 하와이에서도 2017년 12월 1일 30여 년 만에 처음으로 핵공격 대피 사이렌을 울리면서 주민 대피훈련을 실시하였다. 북한의 화성-14, 15형 유효 사거리에 위치하고 있어 민방위 태세의 점검이 필요하다고 판단하였기 때문이다. 이것은 미국의 50개 주 가운데 첫 번째로 실시한 북핵 위협에 대한 민방위 훈련이라고 할 수 있는데, 하와이주 전역에 배치되어 있는 385개의 사이렌 장비를 통하여 1분간 비상경보 사이렌이 울렸고, 이에 따라 주민들이 대피하였으며, 학교에서는 수업을 중단한 채 훈련을 실시하였다. 그 전인 2017년 9월 이미 하와이 주정부는 북한의 핵미사일 공격에 대비한 구체적인 주민 대피지침을 마련하여 위험성과 예상되는 피해, 그리고 14일 치의 음식과 물, 배터리로 가동되는 라디오, 호루라기, 방수포와 담요 등 휴대물품의 목록, 그리고 개인별, 가족별 행동계획을 미리 마련할 것을 주문하는 등 구체적 행동지침을 제공한 바 있고, 이것을 지속적으로 발전시켜 나가고 있다(Hawaii Emergency Management Agency 2018).

4) 한국의 정책 과제

　핵민방위는 선택이 가능한 사안이 아니다. 핵무기를 구비한 적과 마주하고 있으면 당연히 추진해야 하는 필수적인 대책이다. 어떤 최악의 상황에서라도 국민들을 보호할 수 있는 태세를 구비하는 것이 국가의 기본적인 사명이기 때문이다. 늦었지만 한국은 핵민방위에 관하여 기본부터 새롭게 시작해야 한다. 핵공격을 받게 되는 것은 끔찍한 재앙이지만, 이로 인하여 모두가 전멸하는 것은 아니고, 노력하는 만큼 생존율을 높일 수 있다(Kearny, 1979: 11).

(1) 정부의 핵민방위 본격 착수

　지금까지 한국의 정부들은 국민들의 안보 불안을 조장하거나 북한을 자극한다는 이유로 핵민방위 자체를 검토하거나 시행하는 것을 꺼려왔다. 북한이 수소폭탄을 개발하였을 뿐만 아니라 대륙간탄도탄까지 개발하여 한미동맹을 붕괴시킬 수 있을 정도로 핵위협이 심각해졌음에도 이러한 경향은 지속되고 있다. 일본이나 하와이에서 대피훈련을 실시해도 그들보다 더욱 가까이에서 더욱 직접적으로 북핵 위협에 노출되어 있으면서 한국의 정부는 그들의 사례를 참고하거나 본받아서 시행하려고 하지 않는다. 그러나 한국이 핵민방위를 추진한다고 하여 북한이 더욱 공세적이 되거나 반대로 핵민방위를 추진하지 않는다고 하여 북한이 타협적으로 변하는 것은 아니다. 민방위는 순수히 방어적인 조치인데 핵공격을 가하려는 북한의 눈치를 보아서 민방위 조치를 강구하지 않는다는 것은 맞지 않다.

국민들의 불안을 조장하거나 북한을 자극하지 않으면서 필요한 어느 정도의 핵민방위를 추진할 수 있는 방법도 없지 않다. 재난경보를 개선한다는 목적으로 경보체제를 향상한 후 그것을 핵상황에도 적용하면 된다. 현재 적용하고 있는 재래식 대피소 구축 및 관리에 관한 기준을 조용히 핵폭발 시 보호가 가능한 수준으로 높여서 적용하면 된다. 한국이 현재 적용하고 있는 민방위의 내용 자체에 핵공격 상황이 포함되어 있다는 점에서 민방위 대원들에게 핵폭발 시 대피요령과 국민들을 효과적으로 안내하는 데 필요한 내용을 추가하여 교육하면 된다. 민방위 대원들을 대상으로 핵민방위에 관한 전문 교육과정을 설치하고, 소정의 과정 수료와 경험을 기준으로 자격증을 부여하거나 인센티브를 제공하는 조치를 시행할 수도 있다(국립방재연구원, 2012: 37). 국민들에게 핵폭발 시 대피를 위한 요령 등을 발간하여 분배한다고 하여 심각한 불안이 조성되지는 않을 것이다. 정부는 일부의 부작용을 우려하여 핵민방위를 논의 대상에서 제외하는 대신에 부작용을 최소화하면서도 추진할 수 있는 방안을 모색하여 실천하겠다는 적극적인 자세를 가져야 할 것이다.

핵민방위와 관련하여 유사시 핵대피가 가능한 지하공간을 증대시키는 방향으로 건축법을 개정하는 문제도 심각하게 고려해 볼 필요가 있다. 1999년 규제완화 차원에서 폐지된 조항을 부활시켜 다층건물 건축 시 지하공간 구축을 의무화하면서 핵 피해 최소화를 위한 요건을 추가적으로 제시할 경우 핵민방위를 위한 잠재력은 높아질 것이다. 특히 대규모 인원들이 생활하고 있는 아파트를 신축할 경우 유사시 핵대피소로 활용할 수 있도록 지하주차장에 구비해야 할 시설들과 충족해야 할 조건을 법제화하고, 기존 아파트의 경우에도 핵대피소 구비를 위한 최소한의 보완조건을 법으로 명시해 둔다면, 핵민방위 잠재력은 크게 높아질 것이다. 개인이나 기업이 핵대피가 가능하도록 건축물을 보수 또는 신축할 경우 필요한 예산의 일부를 지원하거나 세금 감면 등의 혜택을 부여할 수도 있다.

(2) 대피소의 지정 또는 구축

한국의 경우 국토가 좁고 인구가 밀집되어 있어서 유사시 국민들을 이탈시키는 것은 유효한 대안이 되기 어렵기 때문에, 정부는 공공대피소를 적극적으로 지정 및 구축해 나갈 필요가 있다. 다만, 이를 위한 대규모의 예산 투입이 쉽지 않을 것이라서 최소한의 노력으로 공공대피소를 조기에 확보할 수 있도록 기존의 민방위 시설을 핵대피가 가능하도록 보완하거나 대형건물의 지하공간(지하상가 등)이나 지하철 공간을 공공대피소로 활용하도록 보강하는 방안을 검토해볼 수 있다. 이들의 출입문과 창문만 일부 보강하면 핵폭발의 폭풍에서도 안전을 보장할 수 있고, 식수와 음식을 보강하면 다수의 인원이 2주 동안 견딜 수 있기 때문이다. 핵폭발까지 견디는 대피소, 낙진을 2주 동안 견디는 대피소, 제한된 낙진방호만 제공하는 대피소 등으로 등급을 매기고, 수용인원도 판단해 두며, 국민들이 찾아갈 수 있도록 표시해 두어야 할 것이다.

아파트 단지별 또는 가정별 대피소의 필요성과 적절성도 검토한 후 적극적으로 권장할 필요가 있다. 아파트 단지의 경우 지하주차장의 출입문과 창문만 보완해도 상당한 정도의 낙진 방호 효과를 기대할 수 있고, 취약한 벽면만 부분적으로 보완해도 방사선 차단 효과를 강화할 수 있으며, 환기, 식수, 음식을 추가적으로 준비할 경우 상당한 기간 대피생활을 보장할 수 있다. 개인주택의 경우 지하실이 있으면 이를 보강하여 대피소로 활용하도록 하고, 지하실이 없는 상태에서 가장 안전한 공간을 선택하여 벽면을 사전에 보강해도 대피 효과가 크게 강화될 것이다.

대피소를 구축하는 것도 중요하지만 그것이 제대로 기능하도록 하는 것은 구축 못지않게 중요하다. 각 대피소별로 환기, 식수, 음식, 수면, 용변에 대한 해결방법을 제시 및 교육시키고, 필수적인 품목은 대피소별로 사전에 비치하거나 목록을 만들어 유사시 짧은 시간에 준비할 수 있도록 사전에 조치해 둘 필요가 있다. 방사능 측정기구와 같이 개인별로 확보하기 어려운 것은 국가에서 실비에 공급하거나 무상으로 분배할 수도 있을 것이다. 또한 공공 및 가정별 대피소 내에서 다수가 생활함에 따른 규칙도 사전에 합리적으로 제정하여 숙지시킬 필요가 있다. 필요할 경우 평소에 대피훈련을 실시하고, 훈련의 결과 제대로 되지 않는 부분은 보완하며, 대피소 내에서 질서를 지키지 않는 데 대한 처벌 조항도 사전에 마련해 두고 국민들에게 알릴 필요가 있을 것이다.

(3) 경보와 안내체제 구축

정부는 핵위협 상황과 연계하지 않은 상태에서도 다양한 비상 상황을 대비한 경보와 안내체제를 더욱 체계화하고자 노력해야 한다. 유사시에 이것을 핵위협 상황으로 전환하면 되기 때문이다. 다만, 핵위협이 심각해질수록 경보의 시간을 단축하면서 정확성을 개선하고, 특히 모든 국민들에게 빠짐없이 전달되는지를 점검하고 미흡한 점이 있으면 개선해 나가야 할 것이다. 일본의 경우 현재 4분 이내에 국민들에게 경보가 전파된다면 한국의 경우에는 이보다 더욱 단기간에 이루어져야 한다. 따라서 한국은 일본처럼 위성을 사용하거나 기존 행정통신망을 사용하거나 현재의 휴대폰을 통한 문자전송 시스템을 사용하는 등 다양한 경보체제를 구축하고, 지속적인 훈련과 점검을 통하여 그 질을 개선해 나가야 할 것이다. 현재 재난과 관련하여 휴대폰으로 필요한 문자가 바로 송신되고 있는데, 사소한 재난에 대한 문자 송신은 오히려 줄임으로써 경보의 중대성을 국민들에게 각인시켜 둘 필요가 있고, 핵상황하에서 이러한 것들이 제대로 가동되지 못할 경우를 대비하여 원시적인 수단을 통한 경보전파 체제도 병립해 둘 필요가 있다.

핵공격을 받는 상황에서는 최초의 경보 못지않게 진행되는 과정에서 지속적으로 안내해 주는 사항이 중요하다. 이 경우 경보체제만을 사용하면 제공하는 정보의 양이 제한되기 때문에 텔레비전과 라디오 등 자세한 안내가 가능한 체제를 별도로 모색할 필요가 있다. 핵공격으로 인하여 방송 자체가 어렵거나 핵폭발 지역에서는 수신이 되지 않을 수 있다는 점에서 정부는 핵공격 상황에서도 가동되는 텔레비전이나 라디오 비상채널을 지정하고, 이 외에도 어떤 상황에서도 국민들에게 필요한 사항이 전달되도록 보장할 수 있는 창의적인 방법을 개발해 나가야 할 것이다. 각 가정에서는 건전지를 사용하는 라디오를 의무적으로 비치하여 비상시를 대비하도록 할 필요가 있다.

경보와 관련하여 새로운 핵공격용 사이렌을 지정하는 문제도 검토할 필요가 있다. 현재와 같은 단순한 사이렌으로는 핵공격인지, 적 공군기의 공습인지, 자연재해인지를 식별하지 못할 수 있기 때문이다. 핵대피를 위한 별도의 사이렌을 가장 단순하게 지정함으로써 국민들이 그 사이렌을 듣기만 하면 조건반사적으로 섬광, 폭풍, 방사선으로부터 자신을 보호할 수 있는 조치를 강구하도록 만들어야 한다. 당연히 모든 국민들이 사이렌을 들을 수 있는지를 점검하고, 사각지대가 없도록 사이렌의 숫자를 늘려야 할 것이며, 사이렌의 관리와 운영을 위한 책임 소재도 분명하게 지정해 두어야 할 것이다. 경보로부터 실제 공격 사이의 수 분이나 수 초가 국민들의 생사에 결정적이라는 점에서 핵대피에서는 신속성과 정확성을 동시에 강조하지 않을 수 없다.

(4) 핵민방위에 관한 국민교육

국민들은 핵무기가 폭발하면 어떤 피해가 어떻게 가해지는지, 또는 그에 대한 피해를 최소화하는 방법이 있는지 제대로 알지 못하고 있을 가능성이 높기 때문에 핵민방위에 관한 필요한 지식을 국민들에게 알려서 각자에게 조치하도록 하는 것도 중요하다. 핵심적인 사항들을 팸플릿으로 작성하여 모든 가정에 배달할 수도 있고, 대피소로 사용되는 곳에는 사전에 부착하거나 비치해 둘 수 있다. 인터넷의 홈페이지나 동영상 또는 문서파일을 활용하여 전파할 수도 있다. 국민 각자가 핵 피해를 최소화할 수 있는 방법을 어느 정도 이해한 상태에서 각자가 필요한 최소한의 대책을 강구하게 되면 정부가 담당해야 할 부담은 줄 것이고, 그렇게 되면 정부는 더욱 중요한 업무에 집중할 수 있을 것이다.

지역별로 핵대피 및 응급조치를 위한 체험장을 구축하여 관람하거나 실습하도록 하는 것도 효과적인 교육방법일 수 있다. 표준적인 공공대피소를 만들어서 대피하는 요령을 체험시킬 수도 있고, 가정별 대피소 구축방법, 아파트 지하주차장이나 단독주택 지하실의 보완방법 등을 교육하고 실습시킬 필요가 있다. 대피소 내에서 음식물과 식수는 어떻게 확보 및 분배하고, 환자가 발생하였을 때 응급처치는 어떻게 할 것인지 등 구체적인 사항들에 대하여 대부분의 국민들이 실용적인 지식을 갖도록 만들어야 할 것이다.

5) 결론

핵공격은 상상하기 어려울 정도로 참담한 피해를 끼치기 때문에 대부분의 국민들은 그러한 상황을 생각조차 하지 않으려 하지만 현실은 회피한다고 하여 없어지는 것이 아니다. 또한 수 개의 핵무기가 한국에서 폭발한다고 하여 모든 국민들이 사망하거나 모든 국토가 초토화되는 것은 아니다. 수많은 사람이 죽고, 상당한 국토가 폐허로 변모하겠지만, 여전히 생존자와 오염되지 않은 국토는 남아있을 것이고, 아무리 암울한 상황이라고 하더라도 국민들의 생존을 포기할 수도 없다. 더구나 사전에 조금만 대비해 두면 상당할 정도로 핵 사상자를 줄일 수 있다.

냉전시대에도 미국과 유럽의 국가들은 핵공격을 당할 경우 어떻게 국민들에게 경보하고, 어떻게 국민들을 이탈시키며, 대피소를 어떻게 준비할 것인지를 고민해 왔고, 필요한 조치를 강구하였다. 소련의 경우에는 이러한 핵민방위를 전략적 차원에서 강화하였다. 스위스는 영세중립국일 뿐만 아니라 그들을 핵무기로 공격하겠다는 어떤 국가도 존재하지 않지만 모든 국민들을 대피시킬 수 있을 규모의 시설을 구축해 둔 상태이다. 북한의 핵위협에 대해서도 일본과 하와이는 대피훈련을 비롯하여 나름대로 필요한 핵민방위 대책을 강구하고 있다.

이상하게도 한국은 북한의 핵위협에 가장 직접적으로 노출되어 있으면서도 핵민방위의 필요성조차 제대로 인식하고 있지 않다. 국민을 불안하게 만들거나 북한을 자극한다는 이유로 핵민방위를 애써 외면하고 있다. 재래식 전쟁 위주 민방위 체제를 핵민방위의 요구에 부합되도록 개선해 나가려는 노력은 추진되고 있지 않다. 지금처럼 핵민방위 조치를 전혀 강구하지 않은 상태에서 핵공격을 받을 경우 엄청난 숫자의 사상자가 발생할 것이다. 정부가 핵민방위 조치의 필요성을 외면할수록 국민들은 더욱 불안해하고, 북핵에 대한 한국의 선택지는 더욱 좁아질 것이다. 정부가 적극적으로 노력하지 않으면 국민들이라도 핵민방위의 필요성을 분명하게 인식한 상태에서 정부에게 노력하도록 촉구할 수 있어야 한다. 모든 국민들은 핵공격을 받을 경우 어떤 피해가 발생하고, 거기에서 생존하려면 어떤 조치가 강구되어야 하는지를 이해한 상태에서 나름대로 필요하다고 판단되는 생존조치들을 강구해 나가고, 필요한 사항을 정부와 군대에게도 요구해야 한다.

이제 정부는 북핵 위협에 대한 국민들의 불안감을 이해하면서 그 피해를 최소화하기 위한 민방위 조치를 체계적으로 강구해 나가지 않을 수 없다. 핵공격이 임박하거나 발생하였을 때 이를 국민들에게 즉각 경보할 수 있는 체제를 구축하고, 국민들이 어려운 상황에서도 수신이 가능하도록 휴대용 라디오를 가정별로 비치하도록 할 필요가 있다. 한국의 경우 국토가 좁고, 안전한 지역이 존재하기 어렵다는 점에서 이탈보다는 대피소의 지정 및 구축에 높은 우선순위를 두어야 할 것이다. 지하철 공간이나 대형 빌딩의 지하공간을 부분적으로 보완하여 공공대피소로 지정 또는 활용하는 방안을 모색하고, 각 아파트 단지 및 가정별로도 지하실이나 지하주차장 등의 출입문을 보강하거나 장기간 생활 대책을 강구하는 등 대피소로 활용할 수 있도록 지도 및 지원해 나가야 할 것이다. 국가안보는 최악의 상황에 대비하는 것이지, 최선의 상황을 기대하면서 요행을 바라는 것이 아니다.

IV

과제

10.
정부

　　모든 전쟁은 국가의 존망을 좌우할 정도로 중대한 사안이지만, 핵
전쟁은 더욱 그러하다. 승패와 상관없이 대규모 국민들이 살상당하고,
국가가 초토화되어 생존이 불가능해질 수도 있기 때문이다. 핵전쟁의
가능성이 조금이라도 존재한다면 최악의 상황까지 고려하여 철저하게,
즉 정부, 군대, 국민 모두가 나서서 총력적으로 대비, 억제, 방어하지 않
을 수 없는 이유이다. 총력적 태세에서는 당연히 국가를 대표하는 정부
가 핵심적인 역할을 수행해야 할 것이다.

1) 전쟁에 대한 정부의 기능

(1) 전쟁과 삼위일체

국가의 기원에 대해서는 신의설(divine right theory), 사회계약설(contract theory) 등 다양하지만, 다른 집단을 지배하거나 다른 집단으로부터 지배받지 않기 위하여 형성되었다는 설명도 설득력이 낮지는 않다. 정복하거나 정복을 당하지 않으려면 다수가 힘을 합치는 것이 유리하여 집단을 형성하게 되었을 것이고, 그것이 국가의 형태로까지 제도화되었을 것이다. 그렇기 때문에 모든 국가들은 국가안보를 최우선적인 가치로 설정하고 있다.

국가안보를 가장 위협하는 사건은 전쟁이기 때문에 모든 국가들은 전쟁을 전담하는 조직, 즉 군대를 만들고, 이의 유지와 운영에 상당한 중요성을 부여하고 있다. 국제법은 국내법과 같은 강제력이 없어서 국제사회는 기본적으로 무정부(anarchy)이고, 그러한 무정부 상태에서의 생존을 위해서는 극단적인 무력충돌이 발생할 경우 우리 군대가 승리해야 하기 때문이다. 따라서 국가 간의 무력충돌이 빈번한 시대일수록 군대나 군사지휘관이 국가에서 차지하는 비중이 높고, 국가의 지도자는 군사 지휘관을 겸직하거나 군사지휘관을 중용하게 된다. 중국의 병서를 보면 전쟁터에 나간 장수는 승리를 위하여 불가피할 경우 국가지도자의 명령도 거역할 수 있다고 기술하고 있을 정도로 군사지휘관의 역할을 중요시하였다. 루덴도르프(Erich Ludendorff) 장군이 제1차 세계대전 후 『총력전(Total War)』이라는 책을 기술했을 정도로 서양에서도 최근까지 전쟁의 승리를 위한 군사적 필요성을 최우선시하였다.

1928년 파리조약을 통하여 전쟁을 불법화한 이후부터 국가에서 전쟁이나 군사가 차지하는 비중은 다소 약화되고 있다. 전쟁 자체가 국가 간 정책 충돌을 해결하는 수단으로 인정받지 못한 채 오로지 자위권 행사 차원에서만 수행되어야 하는 시대가 되었기 때문이다. 그래서 상비군의 규모나 국방비는 줄어들었고, 군사는 외교, 경제, 사회 등을 망라하는 전체의 한 부분으로 비중이 감소되었다. 전쟁의 대비나 수행은 군사가 아니라 국가가 주도하게 되었고, 정치지도자가 유사시 군의 총사령관이 되어 전쟁의 준비와 수행에 관한 제반 사항을 결정하게 되었다. 문민통제(civilian control)라는 용어에서 나타나듯이 군사지휘관들은 정치지도자의 결정에 복종해야 하였고, 군사적 고려사항보다 정치적 환경과 결정이 우선시되었다. 과거에 군대를 중심으로 한 총력전이 이제는 국가를 중심으로 한 총력전으로 격상되었다고 할 수 있다.

총력전 수행을 위한 핵심적인 요소에 관해서는 클라우제비츠의 '삼위일체(Trinity)'가 빈번하게 거론된다. 클라우제비츠는 그의 유작인 『전쟁론(On War)』에서 전쟁은 "적개심과 같은 맹목적 힘, 우연의 작용, 그리고 이성의 측면"이라는 세 가지 요소에 지배받는다고 주장하면서, 이들을 종합적으로 고려하지 못할 경우 전쟁에서 패배하게 된다고 경고하고 있다. 특히 그는 위 세 가지와 관련하여 감정과 같은 자연적 힘은 '국민', 우연의 측면은 '지휘관과 군대', 이성의 측면은 '정부'가 담당한다고 주장하였고, 이 세 가지, 즉 국민들의 '열정'과 지휘관과 군대의 '용기와 자질', 그리고 정부의 '확고한 정치적 목표'가 함께 구비되어 조화를 이루어야 전쟁에서 승리할 수 있다고 주장하였다(Clausewitz, 1984: 89). 다만, 현대 국가들의 특성을 고려할 때 이러한 삼위일체의 조화를 보장하기 위한 주체는 정부가 될 수밖에 없다. 즉 정부는 전쟁의 궁극적인 목적과 목표를 설정하고, 그러한 목적과 목표를 달성하기 위한 계획을 수립하며, 그러한 계획의 구현에 필요한 다양한 분야들의 조치를 발굴하여 시행하도록 함으로써 위의 삼위일체를 보장하고, 전쟁에서 승리를 달성하게 된다.

전쟁에 관한 정부의 활동에서 가장 핵심적인 역할을 수행하는 존재는 행정부의 수반, 즉 전시의 총사령관(commander-in-chief)으로서, 그는 전쟁의 수행, 국민들의 지지 확보, 평화 구축에 관한 책임을 부여받고 담당한다(Dawson, 1993: 9). 각국마다 국민을 대표하는 의회와 행정부가 다소 간의 역할을 분담하거나 견제하도록 장치를 만들어두기는 하지만, '제국적 대통령(imperial presidency)'이라는 평가에서 나타나고 있듯이(Schlesinger, 2004: 45) 대부분의 국가에서는 행정부 수반이 전쟁에 관한 최후의 의사결정권을 행사한다. 한국의 경우에도 대통령은 국군통수권자로서 선전포고와 강화를 실시하는 권한을 보유하고 있고, 군사력의 운용을 포함한 대부분의 사항을 최종적으로 결정한다.

군대는 유사시 국가의 의지를 적에게 강요하기 위하여 특별히 육성되는 국가의 공식적인 강제력으로서, 평시에는 그의 사용에 대한 위협(threat)을 통하여 영향을 끼치다가 전쟁이 일어나면 직접 사용하게 된다(Knorr, 1970: 3). 특히 전쟁이 발생하면 군대는 국가의 결정적 수단으로 격상되면서 국가의 모든 역량을 최우선적으로 사용하게 된다. 전시에 군대는 국가의 창끝이고, 그 외의 분야는 창대를 형성하여 창끝을 지원하는 모습이 된다. 특히 다양한 무기나 장비와 나름대로의 교리로 무장되어 싸워 이길 수 있는 군대는 금방 육성될 수 없기 때문에 대부분의 국가에서는 상당한 비용을 들여서 상비군(常備軍)을 유지하고, 이를 중심으로 전쟁에서 승리할 수 있는 방법과 수단을 발전시키며, 필요시 정부와 국민들의 지원을 조직화하기 위한 체제를 구축한다.

국민(군인을 제외한 국민)들은 과거에는 전쟁 수행과 무관한 상태에서 그 결과를 수용하는 데 그쳤지만, 민족국가(nation state)가 등장한 이후에는 스스로가 전쟁 수행의 주체로 기능하게 되었고, 이러한 역할은 역사를 통하여 지속적으로 확대되어 왔다. 현대전에서 국민들은 전쟁의 순진한 희생자나 무용한 부담이 되는 것이 아니라 군대를 유지 및 보충하고, 국가를 지탱하는 중요한 주체로서 적극적인 역할을 수행한다. 나아가 국민들은 과거에 군대가 수행하던 역할의 상당한 부분을 대행함으로써 군대로 하여금 더욱 중요한 임무에 집중하도록 보장한다.

(2) 전쟁과 정부

다수 국민들을 대신하여 국가가 제 기능을 발휘하도록 관리하는 조직은 통상적으로 '정부(government)'라고 말한다. 정부는 때때로 국가와 동일시되기도 하고, 국가의 공식적 제도만으로 국한하기도 하며, 입법부·행정부·사법부를 총칭하거나 행정부만을 분리하여 지칭하는 등 다양하게 사용되고 있지만, 행정조직을 세분화하여 설명하는 경우 이외에는 대체적으로 "통치와 관련된 공직의 총체", 즉 입법부·행정부·사법부와 기타 헌법기관을 모두 포괄하는 넓은 개념으로 사용한다(김태룡 외. 2009: 22-25). 그래서 정부의 핵심적인 기능은 당연히 국가의 생존, 국가이익의 보호와 확장, 그를 위한 환경을 조성하는 사항이 된다. 그리고 정부는 담당하는 기능 중 가장 핵심적인 요소인 국가의 생존을 보장하기 위한 조직 또는 실력으로서 군대를 육성하고 있다. 다만, 군대의 경우 워낙 방대하면서도 독립적인 조직이라서 원칙적으로는 정부에 소속되어 있지만 별도로 구분하기도 한다.

국가안보와 관련하여 정부는 평시에는 군대에게 전쟁을 대비하는데 필요한 국가 전체 차원의 지침을 하달하면서 자신도 필요한 전시 대비조치를 강구하고, 전시가 가까워지면 '위기 관리(crisis management)' 체제를 가동하여 가급적이면 전쟁으로 악화되지 않도록 노력하거나 승리에 유리한 환경을 조성하며, 전쟁에 돌입하게 되면 승리하거나 유리한 종전으로 귀결시키고자 가용한 모든 방법과 수단을 동원하게 된다. 전쟁과 관련해서는 당연히 군대가 가장 핵심적인 역할을 수행하게 되지만, 정부는 군대보다는 넓은 범위나 높은 차원에서 국가의 생존을 보장하는데 필요한 노력을 경주하게 된다. 클라우제비츠는 정부를 "홀로 이성에 지배받는 정책적 도구"로 표현하면서 정부가 감정에 지배받는 국민과 우연의 요소에 영향받는 군대를 효과적으로 통제해야 한다는 점을 강조하고 있다(Clausewitz, 1984: 89).

전쟁에 관한 정부의 역할에 관하여 한국과 일본에서는 '전쟁의 지도'라는 말을 상당한 기간 동안 사용하였고, 지금도 일부 그러하다. 이에 관한 연구 업적 중에서 인상적인 것은 1944년 사카이 고우지(酒井鎬次) 일본 육군중장이 제1차 세계대전 시 각국의 전쟁 수행활동을 정리하여 발간한 『戰爭指導の實際』라는 책자였다(酒井鎬次, 1944). 이것은 한국에도 전파되어 1970년대부터 한국의 국방대학교에서는 이를 중점적으로 학습하였고, 적지 않은 연구결과도 발표되었다. 이를 참고하여 1990년에 한국 육군의 교육사령부에서는 『전쟁지도 이론과 실제』라는 책자를 발간하기도 하였는데, "전쟁지도의 정의, 기본요건, 유형, 기본

고려사항"을 설명하고, 전쟁 긴박기, 전쟁 수행기, 전쟁 종결기로 구분하여 적용되어야 할 원칙을 제시하면서, 제1차 세계대전으로부터 한국전쟁에 이르기까지 전쟁을 직접적으로 수행한 13명의 정부 수반의 활동을 분석하고 있다(육군교육사령부, 1990). 비록 '전쟁지도'라는 말은 국가지도자를 '전쟁을 지도하는 주체'로, 그리고 군대와 국민들을 '전쟁을 수행하는 객체'로 분리시키는 오류가 있고(김행복, 1999: 2), 민주주의 국가에서는 정부가 전쟁을 '지도'하는 것이 아니라 직접 '수행'한다고 표현하는 것이 더욱 적합하다는 비판도 있었지만(하대덕, 1998: 235: 김행복, 1999: 2), 전쟁지도라는 논의주제 자체는 전쟁에 관한 정부의 역할을 적극적으로 논의되도록 만들었다.

서양에서는 정부가 전쟁을 '지도'한다는 사고보다 직접 '수행'한다고 사고하는 경향이 크다(김행복, 1999: 2). 한국에서 전쟁지도에 관한 서양의 연구물로서 빈번하게 인용되는 풀러(J.F.C. Fuller)의 저술 *Conduct of War*의 경우 30년 전쟁으로부터 제2차 세계대전 기간 동안의 전쟁 양상과 전략의 변화를 국가 수준에서 설명하고 있을 뿐, 정부가 군대의 전쟁 수행을 '지도'하는 내용을 제시하고 있는 것은 아니다. 국가 단위의 조직적 전쟁 수행이 당연시되었고, 전쟁도 정부가 사전에 정립된 절차를 따라 결정하거나 조치하는 통상적인 사안 중의 하나라고 인식하여 서양에서는 동양과 달리 전쟁의 '지도'로 분리하지 않았을 것이다. 그래서 전쟁에 관한 정부의 방침을 "전쟁정책(war policy)"이라고 부르기도 하였고(Liddell Hart, 1991: 320), 국가(안보)전략 또는 대전략으로 부르기도 하였다(Collins, 2002). "전쟁은 단지 다른 수단에 의한 정책(정치)의 연속이다(War is a merely the continuation of policy(politics) by other means)(Clausewitz, 1984: 75)"라는 클라우제비츠의 언명처럼, 정치의 부분이거나 수단으로 전쟁을 인식한 것이다. 서양에서도 정부가 군대를 포함한 가용한 모든 수단을 동원하여 전쟁을 대비 및 수행하는 주체이고, 이것이 현 세계의 보편적 인식이 되었다고 보아야 한다.

현대전이 국가의 모든 역량을 통합하여 대비 및 수행된다면, 전쟁에 관한 정부의 역할은 더욱 적극적일 수밖에 없다. 정부 차원에서 가용한 모든 방법과 수단을 동원하여 전쟁을 수행하는 국가와 군대만으로 전쟁을 수행하는 국가가 대결할 경우 전자가 승리할 가능성이 높을 것이기 때문이다. 그래서 현대 국가의 대부분은 정부의 수반이 최고사령관을 겸하도록 되어 있고, 전시 내각(war cabinet)을 구성하기도 하며, 평시부터 국가안보회의(NSC: National Security Council)를 운용하여 전쟁에 관한 정부의 역할을 적극화하고 있다.

(3) 핵전쟁과 정부

핵전쟁이라고 하여 정부가 담당해야 하는 전쟁에서의 역할이 근본적으로 달라져야하는 것은 아니지만, 우선순위와 접근방법에서 상당한 차이가 존재하는 것은 사실이다. 1945년 태평양 전쟁에서 미국이 일본을 핵무기로 공격한 사례를 보면, 핵전쟁은 핵무기를 발사하는 간단한 행위로 시작되고, 그 핵무기가 폭발하여 대량의 인원을 살상하거나 국토를 파괴시키며, 공격을 받은 국가는 추가적인 핵공격을 허용할 경우 국가가 궤멸될 것이라고 판단하여 항복하는 순서로 단기간에 종료된다. 따라서 핵전쟁의 위협에 직면하게 된 정부는 발발한 이후 조치하는 것보다는 그러한 공격이 발발하지 않도록 사전에 억제하거나 대비하는 데 초점을 맞추게 된다. 다만, 다음에 핵전쟁이 발발할 경우 반드시 1945년의 사례처럼 단기간에 종료되지 않을 수도 있다는 점에서 핵전쟁 수행에 관한 정부의 장기적인 역할의 필요성도 전혀 무시할 수는 없다.

핵전쟁은 재래식 전쟁에 비해서 그 피해나 영향이 엄청나기 때문에 총력적 전쟁 수행을 위한 정부의 역할은 더욱 강화되어야 한다. 또한 핵전쟁은 발발과 동시에 종료될 가능성이 높다는 점에서 평시부터 정부가 전쟁을 예방 또는 억제하는 데 적극적으로 관여해야 할 필요성이 커진다(서상문, 2016). 미국과 러시아의 상호확증파괴 전략이 표방하고 있듯이 현대의 핵전략은 전방의 군대보다는 후방 도시에 있는 국민들을 공격하여 대규모를 살상하겠다는 위협을 바탕으로 구사된다. 특히 핵무기는 1발마다 전략적 중요성을 갖기 때문에 재래식 전쟁처럼 군대가 책임지고 운용하도록 맡겨 둘 수 있는 사안이 아니다. 핵전쟁에서는 정부가 더욱 중심적인 역할을 수행할 수밖에 없다.

핵전쟁이든 재래식 전쟁이든 그 수행주체로서의 정부는 대비해야 할 대상인 위협을 평가하고, 그에 효과적으로 대응할 수 있는 전략을 구상하여 구체적인 수행계획을 수립하며, 위기나 전쟁을 종결시킨 후 평시로 복귀하기 위한 방안을 고심하게 된다. 이를 위하여 정부는 가용한 국가의 모든 자원을 체계적으로 동원 및 활용해야 하고, 부족할 경우 동맹 또는 우방국들로부터 지원을 획득하는 방안을 고심해야 할 것이다. 핵전쟁의 경우에는 그 여파가 워낙 심대하다는 점에서 재래식 전쟁의 대비나 수행보다 더욱 철저하지 않을 수 없다.

전시에 정부가 수행하는 기능으로서 1990년 육군에서 발간한 『전쟁지도 이론과 실제』에서는 개전기의 경우 "전쟁 목적의 확정, 전쟁 수행방법의 결정, 군사작전의 지도, 사상지도, 내정의 지도, 외교 지도"를 열거하고 있다(육군교육사령부, 1990). 앞에서 설명한 바와 같이 여기에서 '지도'를 '수행'으로 전환한다면, 이것은 전쟁 수행의 목적과 계획을 확정하고, 국가 또는 국제적인 제반 전쟁 수행 역량을 통합 또는 확보하는 측면을 언급하고 있는 것이다. 이를 참고하여 필자는 이전 연구에서 전시에 정부는 "적과 전략환경 평가, 전쟁의 목적과 목표 정립, 전쟁 수행계획 수립, 유리한 국제환경 조성, 국가 제 역량의 통합, 군사작전 지도, 종결 노력"을 담당한다고 더욱 세부적으로 구분하였다(박휘락, 2009: 19). 다만, 여기에서 전쟁의 목적과 목표 정립의 경우 논리적으로는 별도의 단계로 이해하지만, 실제적으로는 전쟁 수행계획에 포함되고, 공개되는 경우도 적지 않다.

핵전쟁과 관련하여 정부의 과업을 일부 조정해 보면, 재래식 전쟁에서 사용되는 '적과 전략환경의 평가'라는 일반적 사항보다는 '핵위협의 평가'로 집중성을 강화할 필요가 있고, 비핵국가의 입장에서는 '전쟁 수행계획'도 '핵위협 대응계획'으로 전환시키는 것이 현실적일 것이다. 또한 핵무기의 절대성을 고려할 때 세부적인 내용을 강조하는 '계획'보다는 '전략'이 더욱 타당하고, '유리한 국제환경 조성'이라는 애매한 용어보다는 '핵무기 보유 동맹국 확보'가 더욱 실질적인 용어일 수 있다. 핵무기의 사용은 군대가 아닌 정부가 직접 결정할 수밖에 없다는 측면에서 '군사작전 지도'보다는 '핵전쟁 수행'이 더욱 타당할 것이다. 재래식 전쟁에 비해서 핵위기의 관리나 핵전쟁의 수행을 위한 정부의 역할은 더욱 직접적이면서 절박해진다고 보아야 할 것이다.

2) 핵전쟁에서 정부의 기능

1에서는 전쟁에 관한 정부의 역할에서 시작하여 핵전쟁에 관한 세부적인 정부의 기능을 열거하였는데, 이 항에서는 이들을 더욱 구체적으로 설명하고자 한다. 핵전쟁은 정부의 주도적 역할이 더욱 강화되어야 한다는 점에서 과거 재래식 전쟁에서 군대가 전담하던 기능의 상당한 부분을 정부가 담당해야 하고, 따라서 그만큼 정부의 과업이 구체적이어야 하기 때문이다.

(1) 핵위협의 평가

전쟁과 관련하여 일반적으로 정부는 위협의 원천과 규모, 적국의 전쟁 수행계획 등을 파악하여 자신의 효과적인 대응방향을 설정하는 데 참고하거나 적국의 약점을 식별하여 공략하는 방법을 찾게 된다(박휘락, 2009: 16). 그런데 핵위협의 경우에는 핵무기 자체의 비중이 너무나 크기 때문에 적국의 핵무기와 그것들을 운반하여 공격할 수 있는 수단의 양과 질, 위치에 관한 정보가 최우선일 수밖에 없다. 이것들은 단순한 사항이지만 상대방이 극비로 분류하여 은닉할 것이기 때문에 집중적인 노력을 경주한다고 해도 쉽게 파악하기 어려울 가능성이 높다.

핵위협 평가에 있어서 상대방이 과연 핵무기를 사용할 것인가 또는 그렇지 않을 것인가에 관한 의도(intention) 분석에 상당한 관심을 두게 된다. 너무나 심대한 피해를 끼치는 핵무기라서 상대방도 쉽게 사용할 수 없다고 생각하거나 상대방이 사용하지 않을 것이라고 생각하여 안심하고 싶은 마음이 있기 때문이다. 그러나 상대방의 의도는 금방 변할 수 있고, 국가안보는 최악의 상황까지 고려하여 대비하는 것이다. 따라서 상대방의 의도보다는 능력(capabilities)에 중점을 두어 위협을 평가하고, 상대방이 상상하기 어려운 의도로 변경하더라도 안전을 보장할 수 있는 대책을 언제든지 강구해 두어야 한다(Collins, 2002: 26). 즉 상대가 핵무기를 보유하고 있으면 마땅히 사용할 수 있다는 가정하에 철저하게 대비해야 한다.

(2) 핵위협 대응전략 수립

전쟁의 목적은 전쟁을 수행하는 명분이고, 목표는 그것을 현실의 세계에서 달성하기 위한 구체적 과제로 구분할 수는 있지만, 통상적으로는 구분이 어렵거나 크게 의미가 없다고 생각하여 함께 사용한다. 어쨌든 전쟁의 목적과 목표를 정립하는 것은 전쟁과 관련한 모든 노력의 출발점이다. 이것들이 명확해야 전쟁 수행이 정당해지고, 국민의 의지를 결집시키거나 국제사회로부터 지지와 지원을 획득할 수 있게 된다. 이러한 전쟁의 목적과 목표에 근거하여 국가가 전쟁을 수행해 나가는 대체적인 방향을 '전략', '국가전략', '국가안보전략'이라고 일컫는데, 위협이 심각하지 않을 경우 이들은 대체적인 방향만 포함하는 형태로 제시될 수 있다. 그러나 위협이 심각해지거나 분명해지면 이들은 상당히 구체적인 형태로 발전되어야 한다. 상황에 따라 포함 항목과 구체성 정도에는 차이가 있지만, 통상적으로 전쟁의 목적과 목표, 기본적인 수행방향, 개전의 시기, 전쟁의 단계와 단계별 목표, 군사작전에 관한 지침, 군사력의 증강에 관한 사항, 국가와 국민의 동원, 동맹 및 국제관계에 관한 내용, 종전의 조건과 방향, 기타 전쟁 수행에 있어서 중요한 사항 등이 대응계획에 포함된다(박휘락, 2009: 18).

핵무기로 공격하는 입장이 아닌 비핵국가의 입장에서 전쟁의 목적과 목표는 억제나 방어 등으로 수동적일 수밖에 없다. 동시에 비핵의 상황에서 이러한 억제와 방어를 위하여 동원할 수 있는 방법이나 수단도 매우 제한된다. 따라서 의미 있는 핵위협 대응전략을 발전시키는 것은 쉽지 않다. 그럼에도 불구하고 주어진 여건 속에서 최선의 노력을 기울이지 않을 경우 핵전쟁 억제와 방어를 시도해 보지도 못하는 결과가 될 수 있다. 따라서 제한점이 많기는 하지만 비핵국가라도 당시 상황과 여건에서 최선이라고 판단되는 핵위협 대응 또는 핵전쟁 수행을 위한 대체적인 방향을 정립하고, 그에 근거하여 국가의 가용한 제반 활동과 수단을 통합해 나가야 한다. 대체적인 방향도 없이 상대방의 핵위협에 임기응변적으로 대응할 경우 국가안보는 매우 위태롭게 될 것이다.

(3) 핵무기 보유 동맹국의 확보

모든 전쟁에서 동맹국을 확보하는 것은 중요하지만, 핵위협에 노출된 비핵국가의 입장에서 핵보유국과의 동맹 여부는 사활적인 중요성을 갖는다. 핵무기에 의한 보복위협 이외에 신뢰할 만한 핵위협 억제책이 존재하지 않는 것이 현실이기 때문이다. 그래서 상당수의 자유민주주의 국가들은 대규모 핵보유국인 미국과 동맹관계를 맺음으로써 핵보유 적대국의 공격을 억제하고 있고, 이것을 미국의 입장에서는 '확장억제'라고 명명하고 있다. 미국은 미국을 핵무기로 공격할 경우 대규모 핵보복을 감행하겠다고 공언함으로써 미국에 대한 핵무기 공격을 억제하는데, 이것을 동맹국까지 확장하여 적용하겠다고 약속함으로써 동맹국을 보호하는 것이다. 미국의 우방국들은 미국의 '핵우산'에 의하여 보호받고 있다고 묘사되기도 한다.

다만, 핵전쟁은 워낙 심각한 결과를 초래할 것이기 때문에 반복적인 공언에도 불구하고 실제 동맹국이 핵공격을 받을 경우 미국이 확장억제의 약속을 그대로 이행할 것으로 간주하기는 어렵다. 확장억제를 이행하면 미국이 동맹국의 핵전쟁에 연루되는 결과가 되고, 그렇게 되면 상대방이 미국의 주요 도시에 핵무기 공격을 가할 수도 있기 때문이다. 그래서 1950년대에 프랑스는 "미국이 뉴욕을 희생하면서까지 파리를 지킬 수 있는가?"라고 질문하면서 미국의 반대에도 불구하고 자체적인 핵무기를 개발하였던 것이다. 비핵국가에게는 핵무기를 보유한 동맹국이 절실하지만, 동시에 그 동맹국의 약속을 신뢰하기가 어렵다는 딜레마가 존재하는 셈이다.

(4) 국력의 통합

현대에 들어서서 전쟁의 총력성이 지속적으로 강화됨에 따라 유사시 가용한 모든 국력을 동원 및 통합하여 전쟁을 수행하는 것은 일반적인 경향이 되었다. 현대전에서는 막대한 물자와 기술이 사용되기 때문에 장기전일수록 국력의 동원과 통합에 관한 속도와 체계성이 전쟁의 승패를 좌우할 가능성이 높다. 군사력은 군대가 평시부터 통합하여 유지하고 있기 때문에 유사시 국력의 통합은 군사력 이외의 국력을 전쟁 수행에 부합되는 방향으로 전환하는 노력을 말하는데, 유사시 그의 속도와 체계성을 높이기 위해서는 평소부터 필요한 준비를 갖추어 두지 않을 수 없다.

핵무기가 폭발하면 삽시간에 대규모 피해가 발생하기 때문에 핵전쟁이 발발한 이후에 국력을 통합하는 것은 쉽지 않다. 핵전쟁의 예방이나 억제를 위한 평소의 국력통합이 중요시되어야 하는 이유이다. 또한 비핵국가가 아무리 국력을 결집해도 핵무기에 의한 공격을 상쇄할 수 없다는 한계도 인정하지 않을 수 없다. 따라서 동맹국이나 국제사회의 지지 및 지원을 확보하는 외교, 경제의 관리, 전쟁에 대한 국민적 공감대의 확대 등을 위한 노력도 무시할 수는 없지만, 핵공격으로부터 국민들의 피해를 최소화하기 위한 '민방위' 노력이 더욱 결정적인 중요성을 가질 수 있다. 국민 각자가 생존해야 추가적인 전쟁 수행이나 이후의 복구가 가능해질 것이기 때문이다.

(5) 핵전쟁의 수행

정부는 군대의 상급기관으로서 전쟁의 목적과 목표를 달성하는 데 필요한 군사 목표를 군대에게 제시하고, 군사부문에서 건의하는 제반 사항을 승인하며, 군사작전에 관해서도 필요한 지침을 하달한다. 그런데 재래식 군사작전에서는 군대 나름의 논리를 존중하는 것이 효과적이라는 판단하에 정부는 군사지휘관에게 충분한 재량권을 허용하고자 하였다. "전쟁이 갖는 논리는 그것이 국가의 전쟁 목적에 크게 위배되지 않는 한 통제하기보다는 여건을 조성하고 행동의 폭이 넓도록 유도하는 것이 전쟁지도의 골격이며 기본사고"라는 인식이다(김영일, 1991: 140). 비록 컴퓨터 네트워크로 원거리 지휘통제가 보장됨에 따라 총사령관이나 국군 통수권자의 자격으로서 정부의 수반이 군사작전에 개입해야 하거나 할 수 있는 정도가 커진 것은 사실이지만, 재래식 전쟁의 핵심적인 수행주체는 아직은 군대라고 보아야 한다.

핵무기의 경우 발사나 방어에 관한 하나하나의 사항들이 모두 전략적인 중요성을 지니고 있다는 점에서 핵전쟁에서는 세부적인 사항까지도 정부의 수반이 개입하지 않을 수 없는 것이 현실이다. 핵전쟁의 결과는 군사지휘관이 책임질 수 있는 수준이 아니고, 핵전쟁의 수행에 관한 사항들의 경우 군인들의 전문적 식견에 기초해야만 할 정도로 복잡한 것이 아니다. 핵전쟁의 경우 발사와 중지의 결정이 전쟁행위의 대부분을 차지하기 때문이다. 따라서 핵전쟁의 주체는 정부이고, 군대는 정부가 결정하는 사항을 이행하는 역할에 머물 가능성이 높다. 미국이나 러시아와 같은 대규모 핵보유국의 경우 대통령에게 가장 중요한 사항은 핵무기의 발사에 관한 사항이고, 필요할 경우 그가 내리는 결정이 국가의 존망을 좌우할 수 있기 때문에 어디에 가든 핵무기 지휘통제를 위한 장비가 동행하는 것이다.

(6) 위기 관리와 종결 노력

전쟁과 관련하여 군대와 정부 간에 극명한 차이를 보이는 것은 평화에 관한 인식이다. 군대는 전쟁을 효과적으로 수행하여 승리하는 것이 평화를 보장하는 방법이라고 인식하지만, 정부는 전쟁을 조기에 종결시키는 것이 평화를 위한 조치라고 인식할 가능성이 높기 때문이다. 정부에게는 전쟁 자체가 목적이 될 수 없고, 전쟁은 정치적 거래의 연장"이며, "정치적 목표를 달성하는 수단"이다(Clausewitz, 1984: 87). 정부는 냉정하고 현실적인 시각으로 전황을 분석하고, 치열하게 전쟁을 수행하면서도 전쟁 이외의 방안을 모색해야 하며, 유리한 종결이 보장되는 방향으로 전쟁을 관리할 수 있어야 한다. 전쟁을 수행하면서도 적이나 다른 국가와 접촉을 유지하고, 종전을 염두에 두면서 외교활동을 전개할 수 있어야 한다. 전쟁의 결과로서 "더 좋은 평화(a better peace)"를 달성하거나(Liddell Hart, 1991: 353), 최소한 "최악의 평화(the worst peace)"는 초래하지 않아야 한다.

핵전쟁의 경우 재래식 전쟁에 비해서 위기의 효과적 관리와 적극적인 전쟁 종결 노력이 더욱 중요하다. 핵전쟁은 워낙 치명적이기 때문에 위기의 순간에서도 실제적인 전쟁 발발로 연결되지 않도록 최선의 노력을 경주해야 하고, 발발하였다고 하더라도 최소한의 피해를 입은 상황에서 가급적 조기에 종결하여 평화 상태로 전환시켜야 하기 때문이다. 핵위협이나 핵전쟁은 시작과 동시에 해소 또는 종결시켜야 하는 사안이라서 정부의 역할은 더욱 중요해진다. 핵전쟁을 군대에만 맡겨 둘 경우 통제할 수 없을 정도로 확전되어 승자와 패자를 모두 멸망시키는 결과를 초래할 수도 있다. 정부의 수반은 언제나 위기와 전쟁의 해소나 종결에 초점을 맞추어야 한다.

4) 한국 정부의 대응 실태

민주주의 시대 정부의 한계일 수밖에 없지만, 그동안 한국 정부는 북한의 핵위협에 냉정하게 직면하거나 최악의 상황을 가정하여 절박하게 대비하지는 않았다. 북한이 1993년 NPT의 탈퇴를 선언하면서 핵무기를 개발하겠다는 의도를 노골적으로 표출하였기 때문에 당연히 핵위협에 대한 대비를 심각하게 시행해야 했었지만, 한국의 역대 정부들은 북한의 핵무기 개발 의도를 믿지 않으면서 남북 간의 화해 협력을 강화하는 데 초점을 맞추었고, 미국의 제재조치에 반대할 정도로 상황을 낙관적으로 전망하였다. 미국으로 하여금 북한의 체제 안정을 보장하면서 북한과 직접 협상하여 타결할 것을 요구하는 등 북한의 핵무기를 스스로가 조치해야 하는 직접적인 위협으로 인식하지 않았고, 6자회담에서도 적극적인 역할을 수행하지 않는 모습을 보였다(차재훈, 2014: 15-18). 북한이 2006년 10월 제1차 핵실험을 실시하였지만 2007년 10월 남북 정상회담에서는 이를 의제에 포함시키지 않을 정도로 북핵 위협을 직시하지 않았다.

2009년 출범한 이명박 정부는 북핵의 심각성을 다소 인식하면서 한미 간 공조를 회복하였으나 '비핵 · 개방 · 3000'이라는 어려운 조건을 북한에게 제시한 채 대화를 단절함으로써 역시 북한에게 핵무기 개발을 위한 시간만 제공한 결과가 되었다(차재훈, 2014: 18-20). 2013년 북한이 제3차 핵실험에 성공하자 당시 박근혜 대통령은 "북핵을 머리에 이고 살 수 없다"면서 절박성을 인식하는 듯했으나 실제로 조치된 바는 많지 않았다. 북한의 핵과 미사일의 위협을 별도의 항목으로 강조하여 기술하기 시작한 것이 2014년 말에 발간한 『2014 국방백서』부터였고,

5차의 핵실험을 통하여 북한이 20개 정도의 핵무기를 보유하였다고 평가되는 상황임에도 2016년 12월에 발간된 『2016 국방백서』에서는 북한이 핵무기 제조용 플루토늄을 50여kg 보유하고 있고, 고농축 우라늄(HEU) 프로그램과 핵무기 소형화가 상당한 수준에 이르렀다고만 평가하고 있을 뿐이었다(국방부, 2016: 27).

한국의 경우 정치와 군사의 분리 전통이 강하여 전쟁에 관한 사항은 국방부에게 전담시킨 채 대통령을 중심으로 한 그 외 정부기관은 후방에서 전황을 이해하거나 지원하는 역할에 만족하는 경향이기도 하지만(서상문, 2016: 117), 한국의 역대 정부들은 지금까지 북핵 위협을 가급적이면 직시하지 않으려 하였다. 5년마다 정권이 교체되면서 북핵에 대한 정책방향이 일부 차이를 보이기도 했지만, 국력을 총동원하여 절박하게 대응하고자 하였던 정부는 없었다. 한국의 정부들은 자체적인 북핵 대응 전략은 구상하지 않은 채 미국의 확장억제, 즉 한미동맹에 전적으로 의존한다는 개념에 머물렀다(국가안보실, 2014).

한미동맹의 경우에도 대부분의 한국 정부들은 표면적으로는 강화한다는 입장을 천명하였지만, 실제에 있어서는 자주성을 중시하여 한미동맹의 유지에 만족하거나 심지어 약화시키려는 모습도 보였다. 미국을 비롯한 주변국 모두가 6자회담이라는 기구를 통하여 북한의 비핵화에 노력하고 있는 상황임에도 한국 정부는 전시 작전통제권을 환수하여 한미동맹의 실질적 골간인 한미연합사를 해체하고자 노력하였고, 북한이 수소폭탄을 개발한 현재까지도 이 과제를 포기하지 않은 채 지속적으로 추진하고 있다. 미국은 트럼프 행정부 출범 이후 북핵 문제 해결을 위하여 "가능한 모든 대안을 검토한다"는 입장하에 군사적 해결책까지 고려하고 있으나 한국 정부는 오히려 미국의 이러한 방향에 대하여 우려를 표명해 왔다. 객관적으로 보면 북핵 위협이라는 공통의 위협이 부각됨으로써 한미동맹은 유례가 없을 정도로 강화되어야 하지만, 현실은 그렇지 않은 특이한 현상이 발생하고 있는 셈이다.

북핵 위협에 대한 정부의 주체적이면서 종합적인 대응전략이 미흡하기 때문에 북핵 관련 위기나 핵전쟁의 상황에서 한국은 국력의 모든 분야를 종합하여 대응하기보다는 외교적 비핵화에만 치중하는 모습을 보여 왔다. 국력을 총동원하여 대비하는 데 대한 부담이 너무나 크다고 판단하기 때문이다. 아직도 남북 간 대화나 국제사회의 경제적 압박, 미국의 강경한 조치를 배경으로 한 외교적 비핵화 노력이 한국 정부가 추진하는 북핵 대응 노력의 대부분을 차지하고 있다. 북한은 국가의 총력을 기울여 핵무기를 개발하고 있는데, 이에 대한 한국의 대응 노력은 외교전략 차원에서 머물러 있었다고 할 수 있다.

외교적 접근이나 해결에만 집착함으로써 한국은 북한에 의한 핵공격 가능성이나 다양한 시나리오를 고심해 보거나 시나리오별 대응책을 구체적으로 검토 또는 발전시키지 않았다. 북한이 국제사회의 온갖 압력에 맞서면서 치열하게 핵무기를 개발하는 동안에 한국 정부는 비핵화와 통일에 대한 희망과 기대만 남발한 채 시간을 보내 왔고, 이러한 경향은 지금도 계속되고 있다. 그 결과 북핵 위협과 한국의 대비 사이에 심각한 격차가 발생하고 말았고, 지금은 그 격차가 너무나 커서 보완의 엄두를 내지 못하면서 외교적 비핵화에만 집착하고 있는 상황이다.

5) 북핵 대응을 위한 정부의 과제

한국의 헌법 제66조 2항에서는 "대통령은 국가의 독립 · 영토의 보전 · 국가의 계속성과 헌법을 수호할 책무를 진다"라고 규정되어 있다. 제3항에 "대통령은 조국의 평화적 통일을 위한 성실한 의무를 진다"라고 되어 있는 말을 제외하면 헌법 전체를 통하여 대통령이 담당해야 할 바를 명시적으로 제시한 것은 이 2항인데, 대통령의 책무라는 것은 바로 정부의 책무라는 말이다. 위 2항에서 제시하고 있는 네 가지 사항은 모두 국가의 안보에 관한 내용으로서, 대통령이 수반인 정부에게 부여된 가장 중요한 책무는 바로 국가안보라고 보아야 한다. 현재의 상황에서 그것은 북핵 위협에 대한 대응일 것이다.

(1) 핵위협의 평가: 심각성 인식과 정보 수집

북한의 핵위협과 관련하여 한국 정부와 공무원들이 최우선적으로 노력을 집중해야할 사항은 북핵 위협의 심각성을 인식하는 것이다. 북한은 수십 개의 핵무기를 보유하고 있고, 언젠가는 한국에 대하여 사용하겠다고 위협하거나 실제로 사용할 수 있다. 정부는 북한의 핵능력을 있는 그대로 정확하게 파악하고, 북한의 핵무기 사용 시나리오를 추정하며, 각 시나리오별로 한국이 어떤 피해를 입을 것이고, 따라서 어떤 대응책을 강구해야 할 것인지를 판단해 보아야 한다. 정확한 대응방향을 설정하고자 한다면 먼저 위협의 실체를 냉정하게 파악하고 인정해야 한다.

정부는 우선 북핵 위협의 실체를 국민들에게 있는 그대로 정확하게 설명함으로써 그에 대한 국민적 공감대를 형성할 수 있어야 한다. 북핵 위협의 심각성과 총력적 대응의 필요성에 대한 국론 통일이 없이는 어떠한 대응책도 효과를 거두기 어렵기 때문이다. 그럼에도 불구하고 현재는 국방부에서 2년마다 발간한 『국방백서』외에는 정부 차원에서 북핵 위협을 설명하는 자료가 거의 없고, 그곳에서 제시하고 있는 내용이나 자료도 충분하거나 상세하지 않다. 그렇기 때문에 국민들이 북한의 핵위협을 제대로 인식하지 못하고, 한미동맹의 중요성을 간과하며, 사드와 같은 방어무기 배치의 절박성을 이해하지 못하는 것이다. 국민들의 알 권리 차원에서도 북핵 위협의 정확한 실체는 충분한 내용으로 공개될 필요가 있다.

국가정보원과 군대 정보부대의 업무 중점을 북핵에 관한 정보의 수집과 분석으로 전면적으로 전환시켜야 한다. 북한이 어느 정도의 수와 질의 핵무기를 개발하고 있고, 그것을 어디에 보관하고 있으며, 그 사용계획이 어떠한지를 파악하는 것보다 더욱 중요한 정보기관의 과제는 없어야 한다. 모든 정보 관련 기관들의 역량을 총동원하는 것은 물론이고, 미국과 일본을 비롯한 우방국과도 긴밀하게 협력하여 최선의 북핵 정보를 수집 및 분석해야 하고, 필요한 대응책을 적시에 타당하게 강구하도록 수시로 필요한 부서에 제공할 수 있어야 한다. 다양한 기술정보 역량을 확충하여 활용함은 물론이고, 위험의 소지가 있더라도 인간정보 활동을 강화함으로써 북핵 정보에 관한 질을 보장할 수 있어야 한다. 북한과 접촉하고 있고, 휴전 상태인 한국이 가장 정확하고 신뢰성 있는 북핵 정보를 보유하고 있어야 하고, 이를 매개로 다른 국가의 협력을 유도할 수 있어야 한다.

(2) 북핵 대응 전략 수립: 조직 보강과 자체전략 수립

　지금까지 북한은 국가의 명운을 건 국가안보전략 차원에서 핵무기를 개발하고 핵전략을 수립해 왔지만, 한국은 북핵 문제를 주변국들과의 협력을 강화하거나 미북 간의 협상을 주선하여 해결하는 외교적 사안으로 간주해 온 측면이 있었다. 그 결과 한국은 북핵의 해결에 총력을 경주하지 못하였고, 북한이 수소폭탄과 ICBM 개발의 수준에 이르도록 방치한 결과가 되었다. 지금이라도 한국은 북핵 문제 해결을 국가의 생존을 좌우하는 절대적인 과제로 격상시켜 국가안보전략의 수준에서 가용한 모든 방법과 수단을 동원해야 한다. 당연히 북핵 문제 해결의 주체는 대통령이 되어야 할 것이고, 소관부서는 외교부가 아닌 국방부일 것이며, 국정원, 외교부, 안전행정부는 청와대나 국방부를 지원하는 역할을 수행해야 할 것이다.

　북핵 대응을 위한 대통령의 주도적 역할을 보장하려면 청와대에 북핵 문제를 전담하는 조직을 신설하여 전문적으로 보좌하도록 책임을 부여할 필요가 있다. 그래야 대통령이 관련된 사항을 정확하게 파악하고, 장기적 차원에서 북핵 대응방향을 정립 및 조정하며, 위기가 발생할 경우 필요한 결심을 즉각적으로 내릴 수 있을 것이기 때문이다. 현재 청와대에 편성되어 있는 국가안보실을 '북핵 대응실'로 전환하여 북핵에 관한 대통령의 판단과 결정을 전문적으로 보좌하도록 하고, 소관부서인 국방부의 경우에는 북핵 대응국을 편성하여 북핵 대응에 가용한 모든 방법과 수단을 집중하도록 요구해야 한다. 합참에도 북핵방어본부를 신설하고, 예하부대로 합동방공사령부나 전략사령부를 신설하여 북핵에 대한 방어와 공격을 전담시켜야 할 것이다. 국정원, 외교부, 행정안전부는 물론이고, 기타 다른 정부 부처에서도 필요하다고 판단할 경우 북핵 대응을 위한 적절한 규모의 조직을 구비해야 한다.

미국의 '맞춤형 억제전략'이나 '4D 전략' 등과 조화를 이루는 범위 내에서 한국은 나름대로의 북핵 대응 전략을 수립할 필요가 있다. 우리 나름의 개념과 계획이 존재해야 책임의식을 가진 상태에서 가용한 모든 국력을 통합할 수 있고, 미국에게 무엇을 지원받아야 할 것인지를 판단할 수 있으며, 미국과 능동적인 협의가 가능할 것이기 때문이다. 한국의 자체적인 북핵 대응 전략으로 필자는 '연합 정밀억제 전략'을 제시한 바가 있는데(박휘락, 2013: 168-169), 미국이 확보하고 있는 핵 억제력을 최대한 활용하는 바탕 위에서 '정밀성'을 보장하는 방향으로 선제타격과 탄도미사일 방어의 기술을 향상해 나감으로써 제한된 시간과 예산으로도 최대의 효과를 거두자는 제안이었다. 또한 북한이 핵무기를 사용할 경우 북한 정권의 수뇌부들을 반드시 사살하겠다는 '확증파괴'의 의지와 능력을 과시하는 사항도 포함될 필요가 있을 것이다(김재엽, 2016: 45). 이외에도 정부는 다수의 제안을 수렴하고, 전문가들도 팀을 구성하여 한국의 상황과 여건에 부합되는 최선의 북핵 억제 및 방어전략을 수립한 후, 이에 근거하여 미국과 적극적으로 협력함은 물론이고 우리 정부, 군대, 국민들의 노력들을 체계적으로 통합해 나가야 할 것이다.

정부의 북핵 대응 전략에 기초하여 국방부와 합참에서는 군사적인 측면에서 더욱 세부적인 북핵 억제 및 방어전략을 수립해야 할 것이고, 이를 바탕으로 한미연합사로 하여금 필요한 실행계획을 발전시키도록 지도해야 할 것이다. 특히 분업 개념을 적용하여 한국군은 미군이 잘하는 분야는 적극적으로 활용하면서 미군이 지원해주기 어려운 분야에 집중함으로써 최소한의 예산으로 단기간에 최대한의 한미연합 대북 핵

억제 및 방어태세를 강화하는 방향으로 노력할 필요가 있다(박휘락, 2016c: 315-316). 한국의 대통령, 국방장관, 합참의장은 한미연합사령관에게 한미 양국의 가용한 모든 전력을 종합적으로 활용하여 북핵 대응 계획을 수립할 것을 요구함과 동시에 이상적인 군사력 증강의 방향을 건의하도록 요청할 수도 있다. 이러한 건의에 근거하여 한국 정부가 지원해 줄 수 있는 사항은 지원해 주고, 미국 정부와 상의하여 충족시켜 줄 수 있는 것을 미국 정부에게 요청해야 한다. 이로써 재래식 위협보다 더욱 철저한 한미연합 북핵 대응태세를 보장할 수 있어야 할 것이다.

(3) 핵무기 보유 동맹국의 확보: 한미동맹 절대 강화

한국은 핵무기를 보유하고 있지 못하기 때문에 한미동맹을 통하여 미국의 확장억제가 약속대로 이행되도록 보장하는 것보다 더욱 중요한 일은 있을 수 없다. 한미동맹이 견고할 경우 북한은 미국 확장억제의 신뢰성을 높게 평가하여 핵무기에 의한 도발을 자제하겠지만, 그렇지 않을 경우 오판하여 도발할 수도 있기 때문이다. 한국 정부가 확고한 한미동맹 유지에 외교정책의 최우선 순위를 두지 않을 수 없는 이유이다. 한미동맹은 본질적으로 한국이 자율성을 양보하는 대신에 미국이 안보지원을 제공하여 보호해 주는 '자율성-안보 교환'의 원리에 의하여 작동되고 있다는 점에서 한국은 방위비 분담, BMD 협력 등 미국의 요구를 가급적이면 수용할 필요가 있고, 이로써 미국에게 한미동맹의 호혜성을 입증시켜야 한다.

북한의 핵위협이 더욱 심각해질 경우 유럽의 사례처럼 미국 전술

핵무기의 한반도 전진배치도 적극적으로 논의 및 요구할 필요가 있다. 미국은 1958년부터 1991년까지 한반도에 전술핵무기를 전진배치한 적이 있고, 현 트럼프 행정부에서 이의 가능성을 완전히 배제하고 있는 것은 아니다. 한국 내에는 찬반 양론이 존재하지만, 북한의 핵도발 가능성이 높아질 경우 미 전술핵무기 전진배치 이외에는 마땅한 대안이 존재하지 않을 수도 있다. 한국에 미 전술핵무기가 전진배치 될 경우 일거에 핵균형을 달성함으로서 북한의 평시 핵공갈을 예방할 수 있고, 북한의 핵무기 폐기와 미 전술핵무기 철수를 조건으로 실질적인 비핵화 협상을 유도할 수 있으며, 한국의 일각에서 제기되고 있는 자체 핵무장론을 진정시킬 수 있다는 이점이 적지 않다.

일부에서는 한국이 미국과 중국 사이에서 균형외교를 추구해야 한다고 하지만, 근본적으로 미국은 한국의 동맹국이고, 중국은 북한의 동맹국이라는 점에서 한국의 대중국 관계는 한계를 지니고 있다. 2008년 한국이 중국과 '전략적 협력 동반자 관계'를 맺은 후 중국과의 관계 개선을 위하여 상당한 노력을 기울였지만, 군사와 안보 영역에 대하여 이룩한 성과는 없다. 이제 한국은 중국과는 경제, 사회, 문화 분야의 교류와 협력은 강화하더라도 안보에 관해서는 한미동맹을 최우선시한다는 점을 분명히 할 필요가 있다. 이와 같이 한국이 분명한 태도를 가질 때 중국도 한국에게 미국과 자신 사이에서 선택할 것을 강요하지 않을 것이고, 안보 사안에 대한 의견 차이로 양국 간의 경제협력이나 민간 교류가 위축되지 않을 것이며, 결과적으로 한중 간 갈등도 줄어들 것이다.

한미동맹의 강화에는 한일관계의 정상화도 중요한 요소이다. 미국은 한국과 일본의 공통 동맹국이고, 유사시 미국이 한국을 지원하려면 일본의 기지들을 최대한 활용할 수밖에 없기 때문이다. 미국이 한일관계의 미래지향적 발전을 주문 또는 지원하는 것도 그것이 한미동맹과 미일동맹의 강화에 필수적이기 때문이다. 한국은 한미동맹 강화 차원에서 한일관계에 접근할 필요가 있고, 역사 문제에 지나치게 영향을 받지 않도록 유의할 필요가 있다. 한국과 일본은 북한의 핵위협을 공유하고 있다는 점에서 북핵 관련 정보를 적극적으로 교환하고 BMD를 비롯한 제반 북핵 대응조치에 대해서도 적극적으로 협력할 필요가 있다.

(4) 국력의 통합: 전 정부의 총체적 노력

핵무기 위협은 너무나 심각하게 때문에 '전 정부 차원의 통합적 접근(whole of the government approach)'이 절대적이다. 전 정부 차원에서 핵공격 임박, 핵공격, 사후관리로 단계를 구분하고, 종합적인 대응계획을 수립하며, 정부의 전시 행동계획인 '충무계획'에도 반영할 필요가 있다(김인태, 2015: 217). 정부의 수반인 대통령부터 북핵의 심각성을 인식한 상태에서 그로부터 국민을 보호하는 데 정부의 가용한 모든 노력을 결집할 것을 지시하고, 필요한 지침을 하달하며, 주기적으로 대비태세를 평가할 수 있어야 한다.

국방부는 말할 필요도 없지만, 국가정보원, 외교부, 안전행정부, 보건복지부 등 핵위협 대응과 직접적으로 관련되어 있는 부처들은 북핵 대응 차원에서 기존 업무의 비중과 우선순위를 전면적으로 재조정하고, 새로운 과제를 식별하여 추진하며, 필요한 예산을 충분히 배분할 필요가 있다. 국정원은 북핵에 관한 정보를 수집 및 분석하는 데 집중해야 할 것이고, 외교부는 한미동맹 강화를 포함하여 북핵을 억제하거나 북핵 방어에 유리한 국제적 협력체제를 구축해 나가야 한다. 안전행정부의 경우 핵민방위를 적극적으로 추진해야 할 것이고, 보건복지부도 대량살상이 발생할 경우 대처방법을 사전에 검토해 두어야 할 것이다. 당연히 대통령은 이러한 모든 노력을 체계적으로 통합 및 조정하고, 미흡한 부분이 없도록 점검해야 할 것이다.

특히 핵폭발 상황을 대비한 핵민방위는 외국과 비교하여 매우 지체되어 있고, 핵위협이 심각해질수록 필요해지고 있다는 점에서 집중적인 보완이 필요하다. 정부는 핵민방위의 개념과 범위부터 분명하게 정립한 상태에서, 필요한 법령을 정비하거나 체제를 구축하며, 필요한 조치들은 적시적절하게 강구해 나가야 한다. 핵공격으로부터 국민들의 피해를 최소화할 수 있는 사후 관리(consequence management) 개념을 도입하고, 예방-대비-대응-복구의 단계로 구분하여 과제를 식별하여 사전에 대비해 두는 것도 하나의 중요한 방법일 것이다(김학민, 2016: 44). 핵민방위를 위해서는 안전한 대피소를 마련하는 것이 중요하기 때문에 재래식 위협에 맞추어진 기존의 대피소들을 핵위협에 대응할 수 있는 수준으로 격상시키고, 추가적인 대피소를 구축 또는 보강하며, 민·관·군 통합의 조치계획을 수립하고, 국민들에게 핵대피에 필요한 사항들을 교육시켜 나가야 할 것이다(부형욱, 2016: 24).

국회와 정치권도 정부의 북핵 대응 노력에 적극적으로 협력해야 한다. 북한의 핵위협으로부터 국민들을 보호하는 데는 여야가 존재할 수 없다는 인식하에 정부에게 철저한 북핵 대응조치를 강구할 것을 요구하고, 미흡한 점이 있을 경우 시정하도록 감독해야 할 것이다. 북핵 대응 기구의 정비, 대피소 구축의 기준 등 법제화가 필요한 사항은 적극적으로 지원하고, 핵대응을 위한 예산 편성의 적절성도 세부적으로 살펴야

할 것이다. 특히 국민을 대표하는 기관인 국회는 지금까지 통일이나 안보 정책의 수립, 시행, 이를 위한 국민적 공감대 형성 등에서 주변적 역할에 머물렀다는 비판을 수용하면서 국가안보에 관해서도 주도성을 강화하는 새로운 모습을 보이고자 노력할 필요가 있다(강장석, 2014: 140).

(5) 위기 관리와 종결 노력:
남북대화와 한반도 평화 정착, 그리고 통일

북한이 핵무기를 가진 상태이기 때문에 이제부터 한반도에서 발생하는 모든 위기는 핵전쟁으로의 확산 가능성을 염두에 두어 관리해 나가지 않을 수 없다. 불필요한 확전에 더욱 주의해야 하고, 초기단계에서 위기를 차단하는 데 더욱 노력해야 할 것이다. 따라서 남북한 간에 어떤 심각한 위기가 발생할 경우 대통령을 중심으로 하는 정부는 초기부터 적극적으로 개입하여야 할 것이고, 동맹국인 미국과 즉각적이면서 긴밀하게 협의해야 할 것이다. 가급적이면 한국과 미국이 공동으로 위기를 관리함으로써 미국의 핵 억제력을 최대한 활용할 필요가 있다.

북핵 대응을 위한 제반 조치들을 강구하면서도 정부는 더욱 높은 수준에서 한반도의 평화를 정착시키기 위한 노력을 경주하지 않을 수 없다. 그래야 북핵 문제의 궁극적인 해결이 가능해질 것이기 때문이다. 정부는 항구적인 한반도 평화 정착 방안을 발전시키고, 이에 대한 북한의 동참을 유도할 수 있도록 가용한 모든 방안들을 다각적으로 동원할 필요가 있다. 다만, 북한이 핵무기를 보유하고 있기 때문에 한국의 평화 구상에 응하기는커녕 핵무기를 사용할 수 있다고 위협하면서 한국의 일방적 양보를 강요할 가능성이 높다는 것이 문제이고, 이러한 점에서 비핵화와 평화 정착의 조화가 쉽지 않으며, 결국 더욱 정교하게 접근하는 수밖에 없다.

핵전쟁의 가능성까지 염두에 두어야 할 상황이라는 점에서 북한과의 대화 채널 유지에도 전략적으로 접근할 필요가 있다. 대화 채널이 유지되어야 위기 관리가 가능해지면서 북한의 요구조건을 파악하여 타협을 모색하거나 설득할 수 있을 것이기 때문이다. 특히 핵위협 직후에 대화를 위한 채널을 구축하려면 쉽지 않을 것이기 때문에 평소부터 다양한 접촉 창구를 마련해 두는 것이 필요하다. 정부는 비핵화를 위한 대북한 압박을 지속하면서도 다양한 비공식적 또는 민간의 대화 채널을 확보해 둘 필요가 있고, 긴급한 상황에서 북한의 수뇌부와 대화할 수 있는 방안도 보유하고 있어야 할 것이다.

남북한 간의 위기 관리 및 핵전쟁 회피를 위한 궁극적인 해결책은 남북한 간의 통일이라는 점에서 통일 논의도 중단할 수 없지만, 지금에 비해서는 더욱 현실적으로 접근할 필요가 있다. 남북한이 체제경쟁을 하는 상황에서 어느 일방이 통일을 강조하면 다른 일방은 흡수 통일의 의도로 받아들일 수밖에 없다는 차원에서 통일을 희망은 하되 남북한 평화 공존의 정착에 더욱 높은 우선순위를 둘 필요가 있다. 특히 통일에 대한 지나친 감성적 접근은 오히려 통일을 어렵게 만들 수 있다는 점에서 남북한이 공존하는 다양한 방안들을 더욱 집중적으로 개발 및 시행하고, 그러한 노력들이 장기간에 걸쳐 누적되어 자연스럽게 통일로 연결되도록 유도할 필요가 있다.

6) 결론

현재 북한은 수소폭탄까지 보유하고 있고, ICBM 개발에도 근접하여 전략무기화에 성공하고 있는 상황이다. 북한이 마음을 먹을 경우 다양한 핵미사일로 언제든지 한국의 도시에 기습적인 공격을 가할 수 있고, 미국의 확장억제 이행도 어렵게 만들 수 있다. 그러나 현재 한국은 그러한 북한의 핵공격 가능성으로부터 국민들을 보호할 수 있는 역량을 구비하지 못하고 있다. 북한의 핵무기 폐기를 위한 노력이 성과를 거두고 있더라도 핵무기 폐기가 확실해질 때까지는 최악의 상황까지 상정하여 철저해 대비해야 하고, 그의 주도적인 역할은 정부가 수행해야 한다. 헌법 제66조 2항에 대통령의 책무로 명시된 바대로 "국가의 독립 · 영토의 보전 · 국가의 계속성과 헌법을 수호할 책무"를 어떤 상황에서도 완수할 수 있도록 만반의 조치를 강구해야 한다.

대부분의 국민들은 '킬 체인', 'KAMD', 'KMPR'을 알고 있을 정도로 지금까지 한국의 북핵 대응은 군대가 전담해 왔다. 그러나 핵위협은 군대가 전담할 수도 없고, 전담하는 것도 아니다. 핵위협은 국가의 명운을 좌우할 수 있는 엄청난 사태이기 때문에 국가의 모든 분야가 나서야하고, 당연히 정부가 주도적인 역할을 수행해야 한다. 정부는 북핵위협의 실체를 정확하게 평가한 바탕 위에서, 국가 차원에서 북핵 대응전략을 수립하고, 핵무기를 가진 동맹국을 확보하며, 제반 국력을 통합하여 대응해야 한다. 핵위기나 핵전쟁의 위험이 도래하더라도 정부는 그것을 주도적으로 관리하여 국가와 국민을 보호하면서, 평화 상태로 환원시키거나 평화적으로 종결시키기 위한 방안을 모색할 수 있어야 한다. 어떤 상황에서도 국가를 보위하고 국민을 보호하는 것이 정부의 기본적인 사명임을 망각해서는 곤란하다.

북핵 대응과 관련하여 정부가 최우선적으로 노력해야 할 사항은 북한의 핵능력에 대한 정확한 정보를 수집하여 분석하는 것이다. 정보가 없이는 조치의 적정성을 가늠할 수 없기 때문이다. 또한 외교적 접근에 국한되지 않은 채 국가안보전략 차원에서 북핵 문제 해결을 위한 복안을 수립하고, 국가의 모든 역량을 집중해야 한다. 청와대와 국방부를 중심으로 북핵 대응을 전담하는 조직을 신설 또는 보강하고, 자체적인 핵대응 전략을 수립하며, 군의 북핵 대응 노력을 적극적으로 지도해야 한다. 미국의 확장억제가 제대로 이행되지 않을 것으로 북한이 오판하지 않도록 한미동맹을 강화하는 것은 너무나 중요하다. 정부의 모든 부처들도 북핵 대응에 필요한 나름대로의 과제를 식별하여 최우선적으로 대비해 나가야 할 것이다.

북핵 위협의 경우 마땅한 해결책이 없는 것으로 짐작하여 대부분의 국민들은 회피하고자 한다. 그러나 회피한다고 하여 현실은 없어지지 않는다. 북핵에 대한 대응책이 소홀할수록 북한을 오판하도록 만들어 핵전쟁의 가능성을 높일 수 있다. 지금부터라도 정부는 주체적인 입장에서 고도화되고 있는 북핵 위협으로부터 국가와 국민을 보호하는 데 만전을 기해야 한다. 정부가 노력하는 만큼 국민은 안전해질 것이고, 미래 세대에게 전가하게 되는 위험성은 그만큼 줄어들 것이다.

11.
군대

　아무리 엄청난 위력을 지니고 있어도 기본적으로는 핵무기는 '무기'이기 때문에 그의 억제와 방어에 대한 실질적인 노력은 군대가 담당할 수밖에 없다. 군대가 선제타격 하거나 공격해 오는 미사일을 요격하거나 응징보복 할 수 있는 충분한 역량을 갖추고 있지 않는 상태에서 국가의 정책적이거나 전략적인 판단이 제대로 기능할 수는 없고, 국민들의 노력도 의미가 있기는 어렵다. 군대의 무기체계 획득에는 장기간이 소요되기 때문에 미리부터 체계적으로 준비하지 않을 경우 마음만 급하고 가용한 대안은 없는 상황이 될 수 있다. 이러한 군대의 준비태세 향상을 위하여 최근 한국군이 꾸준히 추진해 왔거나 노력하고 있는 사항이 국방개혁이기 때문에 이제는 핵대비 차원에서 국방개혁을 평가하고 보완해 나갈 필요가 있다.

1) 위협과 대비

군대는 전쟁이 발생할 때 가용한 군사력을 효과적으로 운용(運用)하여 군사작전에서 승리하지만, 평소에는 현재 대두되어 있거나 미래에 대두될 위협을 식별하여 그에 효과적으로 대응할 수 있도록 군의 전반적 전투력을 발전시켜 나가는 것을 핵심적인 과제로 삼는다. 그러한 노력의 질은 몇 년 후 전쟁에서의 우열로 나타나기 때문에 각국은 최선의 체계를 갖추어서 현재 보유하고 있는 전투력을 극대화하면서 동시에 미래의 위협에 대응할 수 있는 새로운 형태의 전투력을 창출하고자 노력한다.

(1) 국방 기획

현재 직면하고 있거나 직면할 가능성이 있는 위협을 식별한 후 그에 대응할 수 있는 능력을 구비해 나가는 군대의 활동을 미군은 'Defense Planning'이라고 하고, 한국군은 '국방 기획'이라고 말하며, 대부분의 군대는 그것을 체계적으로 수행하기 위한 나름대로의 방법론과 절차를 만들어 적용하고 있다. 국방 기획의 절차로서 한국군은 미군이 사용하고 있던 PPBS(Planning-programming-Budgeting System)를 도입한 후 여기에 집행(execution)과 평가분석(evaluation and analysis)을 추가하여 'PPBEES'를 만들었고, '국방 기획 관리제도'라고 명명하여 제반 국방활동의 근간으로 활용하고 있다. 한국군에 의하면 국방 기획은 국방 목표를 수립한 후 그를 달성하기 위한 최적의 방안을 선택하고, 그 방안의 구현을 위하여 자원을 합리적으로 분배하여 운영하는 활동이다(국방부, 2007: 4).

　PPBEES는 '기획-계획-예산 편성-집행-평가분석'의 순환단계로 구성되지만, 그의 출발점이면서 최종적인 산출물에 가장 결정적인 영향을 끼치는 단계는 첫 번째의 '기획(planning)'이다. 이것은 '예상되는 위협'을 분석한 후 그에 근거하여 국방 목표, 국방정책, 군사전략을 수립하고, 그것을 달성하는 데 필요한 군사력 '소요(所要, requirements)'를 제기하며, 기타 관련된 정책들을 발전시켜 나가는 단계이다(국방부, 2007: 4). 기획이 완료되면 계획(programming) 과정으로 전환하여 기간 중 가용할 것으로 판단되는 재원에 근거하여 연도별, 사업별로 구체적인 추진계획을 수립하고, 그다음에는 사업별로 예산을 할당한 후(budgeting), 집행하고, 평가분석을 거쳐 교훈을 도출한 후 다시 기획단계로 환류(feedback)시킨다. 따라서 기획과정에서 결정하는 소요, 즉 증강해야 한다고 판단하는 군사력의 제반 목록이 정확하지 않으면 이후 진행되는 PPBEES의 모든 노력이 시행착오가 되어 버릴 수 있다.

(2) 국방개혁

　통상적인 군대는 PPBEES와 같은 절차를 통하여 점진적으로 발전되어 나가지만, 특정 시점에서 위협이 급격히 변화되었거나 국방 분야에 상당한 문제점이 발생하여 급속하게 시정하고자 할 경우에는 단기간에 발전의 방향을 전환하거나 발전의 속도를 높이려는 노력이 필요해진다. 예를 들면, 미군의 경우 냉전이 종식되자 새로운 방향으로의 국방기획이 필요하다고 판단하였고, 따라서 '군사 분야 혁명(RMA: Revolution in

Military Affairs)'이라는 개념으로 새로운 작전수행 개념, 새 시대 무기 및 장비들의 개발 필요성을 토론하기 시작하였다. 이것이 부시 행정부의 럼즈펠드 국방장관에 의하여 '변혁(Transformation)'이라는 명칭으로 구체화되어 미군의 대대적인 변화로 연결되었다. 한국군에서는 2003년 출범한 노무현 정부가 '국방개혁 2020'이라는 슬로건으로 당시부터 2020년까지 새로운 군대로 변화시키고자 노력하였다. 변혁과 국방개혁은 기본적으로는 군의 전반적인 변화를 지향하지만 국방 기획 차원에서 보면 앞에서 언급한 PPBEES의 첫 번째 단계인 '기획'의 내용을 급하게 또는 근본적으로 바꾸는 노력이라고 할 수 있다. 그래서 한국군은 국방개혁을 위한 기본계획을 기획단계에서 참고해야 하는 중요한 근거 문서로 지정하고 있다(국방부, 2007: 5).

국방개혁은 말 그대로 국방 분야를 '개혁(改革, reform)'시키는 것인데, 한자의 '개(改)'나 영어의 're'에서 알 수 있듯이 개혁은 현재가 잘못되었다는 문제의식하에서 새롭게 고쳐 나간다는 의미로서, 변화의 폭이나 속도가 '혁명(revolution)'보다는 작지만 '발전(development)'보다는 큰 개념이다. 일반적으로는 개혁만으로도 "급속하고 근본적인 변화(rapid and fundamental change)"로 이해하기도 한다(Blackwell and Blechman, 1990: 1). 이러한 이유로 종교개혁, 경제개혁, 사회개혁 등의 용어는 급진적이라서 특별한 상황이 아니면 사용하지 않는다. 다만, 군의 경우 무기나 장비의 획득에 소요되는 기간이 길기 때문에 개혁이라고 하더라도 사회와 같은 급진적 변화로 연결되지는 않는다.

한국의 노무현 정부보다 2년 빠른 2001년 출범한 미국 부시(George W. Bush) 행정부의 럼즈펠드 국방장관은 군사 분야에서 '혁명'에 해당하는 변화가 필요하다는 전문가들의 논의 결과를 수용하되 '혁명'이 주는 급진적인 이미지를 완화하기 위하여 '변혁'이라는 명칭을 사용하였는데, 이것은 통상적인 개혁보다 변화의 속도나 정도가 큰 것을 지향한 것으로 판단된다. 이러한 급진성으로 인하여 럼즈펠드 장관은 변혁을 추진하는 과정에서 군의 장성들과 상당한 갈등을 빚기도 하였고, 6년에 미치지 못하는 기간 동안 추진했음에도 미군을 상당할 정도로 변화시키는 성과를 달성하기도 하였다. 미군의 전문가들은 'reform'과 'transformation'을 〈표 11-1〉과 같이 구분하고 있는데, 개혁은 일차적 변화(first-order change)를 야기하는 것으로, 변혁은 조직의 핵심 구성과 기능을 대상으로 하는 이차적 변화(second-order change)까지 달성하는 것으로 설명하고 있다(Levy and Merry, 1986: 4-5).

〈표 11-1〉에서 오른쪽의 '변혁'이 지향하는 변화의 정도는 사회에

〈표 11-1〉 개혁과 변혁의 비교

일차적 변화(개혁)	이차적 변화(변혁)
하나 또는 소수 차원, 구성요소, 측면의 변화	다수 차원, 다수 구성요소, 다수 측면의 변화
하나 또는 소수 수준(개인 및 집단 수준)	다수 수준 변화(개인, 집단, 조직 전체)
하나 또는 2개의 행동 측면(태도, 가치) 변화	모든 행위 측면(태도, 규범, 가치, 인식, 신념, 세계관, 행동들)
양적인 변화(a quantitative change)	질적인 변화(a qualitative change)
내용의 변화(a change in content)	맥락의 변화(a change in context)
동일한 방향에서의 연속성, 개선, 발전	불연속, 새로운 방향 선택
점증적 변화(incremental changes)	혁명적 도약(revolutionary jumps)
논리적 및 합리적	비합리적이면서 다른 논리에 기초
세계관이나 패러다임은 불변	새로운 세계관, 패러다임을 결과

출처: Levy and Merry , 1986: 9.

서 일반적으로 사용하는 '개혁'의 의미와 유사하다. 그러나 한국의 국방 분야에서 '국방개혁'이라고 하면서 지향하는 변화의 정도는 〈표 11-1〉의 왼쪽처럼 온건하고 점진적인 변화라고 할 수 있다. 따라서 한국군이 추진한 '국방개혁 2020'은 당시의 즉각적인 성과를 지향한 것이 아니라 2020년까지라는 장기간을 대상으로 군을 종합적으로 변모시키기 위한 노력이었다. 당시 국방부에서는 국방개혁을 "정보과학 기술을 토대로 하여, 국군조직의 능률성·경제성·미래지향성을 강화해 나가는 지속적인 과정으로서 전반적인 국방 운영체제를 개선하고 발전시켜 나가는 것"으로 정의한 바 있다. 최근에 한국군이 추진해 온 국방 개혁은 군대의 장기적인 발전을 도모할 수 있는 종합적인 계획을 수립하여 실천해 나가는 장기 기획(long-term planning)의 수준이었다고 할 것이다.

(3) 국방 기획에서의 위협기반 대(對) 능력기반

특정 군대가 어떤 무기와 장비에 우선을 두어 증강해야 할 것인가를 결정하는 전통적이면서 보편적인 방식은 위협기반 기획(threat-based planning)이다. 여기에서 위협은 적의 능력이기 때문에 이 방식은 적의 능력을 평가한 후 그것을 능가할 수 있는 규모와 형태의 군사력을 구비하고자 노력한다. 이것은 현재 또는 미래의 위협을 식별하여 대비하는 국방 기획의 근본적인 취지와 부합되기 때문에 대부분의 국가에서 적용하고 있다.

위협기반 국방 기획에서는 적의 능력을 정확하게 파악 및 평가하는 것이 무엇보다 중요하다. 적을 정확하게 알아야 그것을 능가하는 방향을 설정할 수 있기 때문이다. 그래서 적의 군사전략과 개략적인 군사력 증강 방향은 당연히 파악해야 하고, 적과 직접적으로 대치하고 있을 경우에는 적의 공격에 대한 사전 경고시간, 예상되는 적의 배치 및 주요 군사작전의 방향과 계획, 그리고 개략적인 전쟁의 진행 각본을 판단해 본 후 각본별로 승리하는 데 필요한 무기의 소요를 도출하고, 이를 증강하게 된다(Chu et al., 2005: 160). 이것은 위협, 즉 적의 능력을 파악하여 그것을 대응하는 데 충분한 우리의 능력을 구비하는 방식이기 때문에 현실적이고, 적의 능력에 대한 1:1 확보에만 집중하면 되기 때문에 효율적이며, 적에 비해 열세한 부분을 증강해 나가는 방향이라서 국민들의 지지를 획득하기도 용이하다(박휘락, 2007: 9).

다만, 명확한 적이 존재하지 않는 국가의 군대는 위협기반 기획을 적용하기가 어렵다. 기준으로 삼을 대상이 없기 때문이다. 그래서 이 경우에는 객관적인 입장에서 미래에 대두하거나 수행해야 할 가능성이 가장 높은 전쟁의 양상을 상정해 보고, 그러한 양상의 전쟁에서 승리할 수 있다고 판단되는 군사작전 수행방법(how to fight)을 구상한 다음, 이를 구현하는 데 필요한 나의 '능력'을 구비하고자 노력한다(Chu et al., 2005: 163-164). 이것을 위협기반 기획과 대조시켜 능력기반 국방 기획(capabilities-based defense planning)이라고 하는데, 이의 장점은 자신이 최선이라고 정립한 전투 수행방법에 따라 소요를 도출하기 때문에 능동적인 군사력 증강이 가능하고, 다양한 능력을 구비하기 때문에 기습을 당할 가능성이 줄어든다. 대신에 상당한 비용과 노력이 필요하고, 군사력 건설의 방향이 지나치게 포괄적이라서 불명확할 수 있으며, 군사력 증강에 대한 국민들의 공감대 획득이 쉽지 않다(박휘락, 2007: 11-12: 이창석, 2014: 44). 위협기반 기획과 능력기반 기획의 차이점을 정리해 보면 〈표 11-2〉와 같다.

<표 11-2> 위협기반 국방 기획과 능력기반 국방 기획의 비교

	위협기반 국방 기획	능력기반 국방 기획
내용	적 또는 가상적인 군사력을 기준으로 방어가 충분하거나 적을 능가하는 군사력 건설	어떤 상대와 전쟁을 하더라도 승리할 수 있는 충분한 군사력 건설
적용 상황	분명한 적이 존재할 때	분명한 적이 존재하지 않을 때
장점	- 대비 기준 명확 - 대비 노력 효율성 증대 - 전력증강에 대한 국민적 공감대 형성 용이	- 능동적 전력증강 가능 - 이상적, 균형된 군대 발전 가능 - 어떤 적에 대해서도 대응 가능
단점	- 적의 변화에 따라가는 수동적 전력증강 - 적에 대한 오판과 실수 가능성 - 예상외 적 공격 시 취약	- 군사력 소요 도출 기준 불명확 - 상당한 예산과 노력 필요 - 전력증강에 대한 국민적 공감대 형성 곤란

이론적으로는 위협기반 기획과 능력기반 기획이 분명히 구분되지만 현실에 있어서 대부분의 군대는 이 둘을 혼합하여 적용하게 된다. 대부분 국가의 위협은 어느 정도는 분명하면서도 어느 정도는 불확실하기 때문이다. 식별된 위협이 어느 정도로 명확하고 심각하냐에 따라서 혼합의 비중이 달라질 것인데, 위협이 명확하거나 클수록 위협기반의 비중이 커지고, 그 반대일수록 능력기반의 비중이 증대된다. 특히 당장의 위협에 대비하면서도 미래에 대두될 다른 위협도 무시할 수 없는 것이 군대라는 점에서 대부분의 군대에서는 단기간의 위협에 대해서는 '위협기반 기획'을 선택하고, 장기적인 위협에 대해서는 '능력기반 기획'을 적용한다(Office of the Assistant Secretary for Public Affairs of DoD, 2005: 13). 다만, 당장의 위협이 너무나 심각할 경우 그 위협의 대응에 모든 역량을 집중해야 함은 물론이다.

(4) 국방 기획에서의 동맹 대 자주

국방 기획의 요체는 위협을 식별하여 이를 처리할 수 있는 대응력을 구비하는 것, 즉 자력국방(自力國防)인데, 이것은 스스로의 힘으로 필요한 대응력을 모두 구비하는 노력으로서, 가능하기만 하다면 가장 안정적이고 단순한 방법이다. 자국의 군대가 정립한 군사작전 수행방식에 근거하여 필요한 무기 및 장비를 획득하면 되고, 다른 나라의 정세나 태도에 영향을 받을 소지도 적어진다. 군사적으로 또는 정치적으로 다른 국가의 간섭을 받을 우려도 없다. 그러나 이것은 너무나 많은 비용, 노력, 시간을 투자해야 하는 방법이고, 지속할 경우 경제성장이 둔화될 수밖에 없으며, 그 결과, 미래의 국방예산을 줄이게 되어 군사력을 약화시키게 된다.

대신에 다른 국가의 군대를 활용하는 방법, 즉 '동맹'을 체결할 경우 최소한의 비용으로 최대한의 국방 효과를 기대할 수 있다. 동맹국의 군사적 능력을 활용함으로써 군사력의 총량을 증대시키면서 미흡한 부분을 보완할 수 있기 때문이다. 비록 동맹국의 군사력을 나의 군사력처럼 자유자재로 사용할 수 없다는 단점은 존재하지만, 국방예산을 절약할 수 있고, 그만큼 경제에 투자하여 성장을 가속화할 수 있으며, 나중에는 국방예산이 증대됨으로써 군사력을 강화할 수 있는 여력이 증대된다. 다만, 이 경우는 동맹국의 간섭을 초래하거나 동맹국이 전쟁을 할 경우 어쩔 수 없이 '연루'되는 위험을 감수해야 한다.

대부분의 국가들은 자력국방과 동맹 사이에서 적절하게 균형을 달성하고자 노력하게 되는데, 강대국의 지원이 없으면 안보 자체를 장담할 수 없는 약소국의 입장에서 동맹은 선택이 아닌 필수일 수 있다. 안보와 경제건설을 병행해야만 하는 약소국의 입장에서는 자력국방이 대안이 될 수 없기 때문이다. 또한 위협이 너무나 커서 아무리 노력해도 자력국방으로는 안전을 보장하기 어려울 수 있다. 그래서 냉전시대에 동서 대결의 긴장 속에서 생존을 보장해야 하였던 비핵 약소국들은 핵 강대국인 미국이나 소련과의 동맹을 통하여 안보와 경제발전을 병행하지 않을 수 없었다. 동맹을 맺음에 따라 약소국들은 강대국이 요구하는 바를 다소 수용해 주어야 하지만, 경제를 희생시키지 않아도 된다는 점으로 인하여 충분히 유용한 거래라고 판단하였을 것이다. 대응해야 할 위협이 커질수록 약소국이 강대국과 동맹을 유지해야 할 필요성은 커진다.

약소국의 입장에서 강대국인 동맹국의 군사력을 활용하고자 한다면 자국군과 강대국 군대의 역량을 분업적으로 증강하는 것이 효과적이다. 증강하기 쉽거나 스스로 보유해야만 하는 필수 군사력은 자국이 부담하는 대신에, 증강이 어렵거나 동맹국에게 전담시키는 것이 효과적인 군사력은 동맹국에 의존하는 방법이다. 그러할 경우 위협에 대한 대응력을 단기간에 구비할 수 있고, 국방예산의 효과도 극대화할 수 있다. 예를 들면, 동맹국이 강력한 해·공군력을 보유하고 있으면서 유사시 지원이 확실시될 경우 자신은 지상군 위주로 군사력을 증강하는 것이 합리적이고, 동맹국의 첨단 군사력이 강할 경우 자신은 기본적인 수준의 군사력 증강에 중점을 두는 것이 효율적이다. 다만, 이와 같은 분업이 지나치게 고착화될 경우 동맹국에 종속될 가능성이 있고, 강대국이 약속을 폐기하여 '방기'해 버리면 독자적인 방어가 어려워진다는 취약점이 있다. 따라서 약소국들은 국력이 취약할 경우에는 분업을 통하여 효율적인 군사력 건설을 지향하지만, 국력이 신장되면 대부분 동맹국에 대한 의존을 줄이거나 해·공군력을 중심으로 한 자국군의 전략적 역할을 증대시키고자 노력하는 것이다.

국민들의 자존심 차원에서 보면 자국군의 역량으로 위협에 대응하겠다는 의지와 노력이 바람직하지만, 국가의 재정이 제한되기 때문에 실현되기 어려운 소망이고, 동시에 지혜로운 방법도 아니다. 그래서 대부분의 약소국들은 강대국의 지원을 확보하여 국방예산을 절약하는 방법을 선택하게 된다. 극단적이지만 동맹국의 전력이 막강하다면 군사력 증강 노력을 소홀히 해도 국가안보는 유지될 수 있다. 특히 대비해야할 사항이 너무 많거나 경제성장이 시급한 국가의 경우에는 더욱 동맹국의 군대를 활용하여 경제적 국방을 추진해야 한다. 따라서 동맹의 활용과 그 정도는 체계적인 국방 기획이나 집중적 국방개혁 못지않게 약소국에게는 중요한 사항이다.

2) 한국의 국방개혁 평가

(1) 국방개혁과 경과

2000년대 초반부터 지금까지 한국군은 '국방개혁 2020'을 명분으로 군의 전반적이면서 집중적인 발전을 추진해 오고 있다. 다만, 그 이전에도 유사한 노력이 없었던 것은 아니다. 박정희 대통령 시대에는 미군의 갑작스러운 철수에 대비해야 한다는 절박감을 바탕으로 1974년부터 '율곡사업'이라는 명칭으로 자체적인 무기 및 장비 개발 사업을 추진하였고, 상당한 성과를 거두기도 하였다. 이러한 노력은 전두환 정부와 노태우 정부에게도 계승되었고, 김영삼 대통령과 김대중 대통령도 문민의 시각에서 국방 분야의 새로운 변화를 추진하였다. 그리고 이러한 노력들이 그동안 한국군이 추진해 온 '국방개혁 2020'에 포함되어 있다고 보아야 한다.

그럼에도 불구하고 한국군의 최근 역사에 있어서 가장 포괄적이면서 체계적인 국방개혁 노력은 2003년 출범한 노무현 정부가 추진한 '국방개혁 2020'이다. 이것은 미군에 의존하고 있는 군대를 자주적으로 변화시키기 위하여 추진된 계획으로서, '협력적 자주국방'이라는 기치하에 미국과 협력하면서도 자주국방의 수준을 강화하겠다는 시도였다. 또한 국방개혁이 행정부 교체로 단절되어서는 곤란하다는 문제의식에 근거하여 '국방개혁을 위한 법률'까지 제정하여 장기적이면서 지속적인 개혁과 변화를 보장하고자 하였다. 당시 착수할 때의 주요 내용은 문민 기반을 확대하고, 합동참모본부의 기능을 더욱 강화하되 육군, 해군, 공군의 균형발전을 보장하며, 군 구조를 기술집약형 군대로 개선하고, 국방관리 체제도 저비용·고효율로 혁신하며, 병영문화도 사회변화에 부합되는 방향으로 개선하겠다는 것이었다(국방개혁에 관한 법률. 제2조). 이에 따라 2020년까지의 15년 정도를 대상기간으로 설정하여 변화가 필요한 과제들을 도출하고, 그것들을 '국방개혁 2020 기본계획'으로 종합하였으며, 그 세부사항들을 PPBEES에 반영하여 구현하고자 노력하였다.

2008년 출범한 이명박 정부는 이전 노무현 정부의 국방개혁 계획을 현실 여건에 부합되도록 개선할 필요가 있다는 문제의식을 바탕으로 1년 동안 검토와 논의를 거쳐서 2009년 6월 '국방개혁 2020 수정안'을 발표하였다. 2020년까지의 가용 예산을 621조에서 599조로 감소시켜 판단하였고, 병력의 감축 목표도 51만 7천 명으로 증대시켰으며, 군단과 사단의 규모를 다소 축소하였고, 첨단 무인정찰기와 공중급유기 등의 고가 장비에 대한 구매 일정을 연기하는 등 국방개혁의 속도를 다소 완화시켰다(국방일보, 2009.6.29: 2). 그러다가 2010년 3월 북한 잠수정이 한국의 군함인 천안함을 폭침시키자 '국가안보 총괄점검회의'를 설치하여 위 수정안도 대폭적으로 변화시켰고, 2010년 11월 북한군이 연평도를 포격하자 그 내용을 재차 보강하였다. 그리하여 2011년 3월 '국방개혁 307계획'을 발표하였는데, 2030년을 목표로 조정하면서 국방부-합참-각군본부 간의 상부 지휘구조를 개편하겠다는 과제를 포함하여 73개의 장·단기 추진과제를 제시하였다(국방부, 2011: 3). 이 계획은 2012년 8월 '국방개혁 기본계획 12-30'으로 공식화되었고, 이에 따라 PPBEES에 반영되었다.

2003년 출범한 박근혜 정부 역시 1년 정도에 걸친 기존 계획의 재검토 및 발전을 거쳐 2004년 3월 '국방개혁 기본계획 14~30'을 발표하였는데, 그 내용은 이명박 정부가 입안하였던 기존 국방개혁 계획의 내용을 더욱 구체화한 수준이었다. 2022년까지 병력을 52만 2천여 명으로 감축하되 육군 11만 명을 감축하여 달성하기로 하였고, 군단을 8개에서 6개로 감소시키면서 작전의 핵심제대로 지정하여 그 능력을 강화하기로 하였으며, 사단의 수도 42개에서 31개로 줄이기로 하였다. 이러한 내용 역시 PPBEES에 조정되어 반영되었고, 지금도 일정에 따라 구현되고 있다.

문재인 정부도 국방개혁을 강조하고 있다. 문재인 대통령은 후보 시절부터 국방개혁을 강조하였고, 취임 후 처음 국방장관을 임명하면서도 국방개혁의 구현을 중점적으로 강조하였다. 2018년 7월 27일 국방부가 '국방개혁 2.0'이라는 명칭으로 대통령에게 보고한 내용을 보면 "전방위 안보위협 대응, 첨단 과학기술 기반의 정예화, 선진화된 국가에 걸맞는 군대 육성"이라는 3대 목표를 설정하였고, 2019년부터 2023년까지 5개년간 270조 7,000억 원의 재원을 사용한다는 것이 국방개혁의 기본방향이다. 국방비의 연평균 증가율은 7.5%로 산정하였고, 새로운 무기와 장비 획득을 위한 국방비 항목인 '방위력 개선비'의 점유율을 2018년 31.39%에서 2023년에는 36.5%로 높인다는 계획이다. 다만, 목표에서 추상성이 적지 않고, 북핵 대비에 집중하는 모습은 나타나고 있지 않아서 어느 정도의 성과를 거둘지는 지켜보아야 할 일이다.

한국의 경우 역대 행정부마다 나름대로의 명칭이나 계획으로 국방개혁을 추진하였는데, 그것은 일시적이면서 집중적인 변화가 아니라 포괄적 차원에서 장기적이면서 점진적인 변화를 추구하는 노력이었다. 그래서 당장 시급한 변화보다는 근본적으로 변화되어야 할 사항들을 논의하였고, 논의된 사항들은 대부분 PPBEES에 반영하여 장기적으로 추진하였으며, 재검토도 PPBEES 절차 내에서 수행하였다. 한국군의 국방개혁은 체계적, 포괄적, 집중적인 국방 기획 노력의 일환으로 인식 및 기능하여 왔다고 보아야 한다.

(2) 한국군 국방개혁에서의 북핵 대응

한국군의 '국방개혁 2020'과 그 이전의 국방개혁을 통하여 북핵 대응태세를 강화시킨 정도는 크지 않았다. 지금까지 한국 정부는 북한의 핵위협을 심각하게 인식하지 않고자 하는 경향을 보였기 때문이다. 1993년 북한이 NPT 탈퇴를 선언함으로써 조성된 북핵 위기에서도 당시 김영삼 정부는 '제네바 합의'에 근거하여 북핵 문제가 해결될 것으로 낙관적으로 인식함에 따라 북한이 핵무기를 구비할 가능성을 전제로 한 대비는 적극적으로 고려하지 않았다. 이 분위기는 김대중 정부에도 연결되었을 뿐만 아니라 북한과 화해 협력이 진전되는 과정에서는 북한을 자극하여 남북대화의 분위기를 깰까 봐 북핵을 가급적이면 언급하지 않으려는 태도를 보였다. 1998년 4월 '국방개혁 추진위원회'를 설치하였으나 북핵 대응보다는 군사혁신과 일반적인 감시 및 정찰능력, 원거리 정밀타격 능력, 네트워크 중심전 수행능력을 지향하는 내용이었다(국방부 군사편찬연구소, 2015: 115).

노무현 정부는 2005년 9월 13일 '국방개혁 2020 기본계획'의 핵심적인 내용을 법률로 만들어 지속적인 구현을 보장함으로써 한국군을 근본적으로 변모시킬 수 있을 것으로 믿었다. 노력의 체계성이나 예산 제공 측면에서 보면 다른 어느 정부보다 국방개혁에 적극적이었던 것은 사실이다. 원래의 계획(9.9%)에는 못 미쳤지만 2006년에서 2010년 사이에 연평균 국방예산 증대율은 7.0%에 도달한다. 다만, 노무현 정부는 대미 의존 탈피를 강조함으로써 북핵 위협 대응보다는 미군의 능력을 대체하는 데 우선적으로 노력한 측면이 있었다. 추가적으로 "과거 국방개혁의 미비점과 일부 분야에 상존하고 있는 구조적·제도적 불합리성과 비효율성"을 개혁하였고, 결국 북핵 대비에는 적극적이지 않았다. 일례로 이 시기에 탄도미사일 요격용인 지상의 PAC-3와 해상의 SM-3을 구매하는 대신에 값이 저렴하지만 항공기 요격용인 PAC-2와 SM-2를 구매하는 것으로 결정하기도 하였다.

이명박 정부가 2012년 8월 29일에 발표한 '국방개혁 12-30'에서는 "북한 핵·미사일·사이버전 등 비대칭 군사위협의 증대"를 개혁의 이유 중 하나로 언급하고 있다(국방부, 2012: 6). 그러나 실제로 추진된 것은 노무현 정부와 유사하게 자주성 회복과 군사 분야에서의 전반적 효율성 향상이었다. 특히 2010년 천안함 폭침과 연평도 포격으로 인하여 북한의 재래식 도발에 대응하는 측면이 오히려 부각되었고, 그 결과 국방부–합참–각군본부의 상부 지휘구조를 개편하여 육군, 공군, 해군 간의 통합성, 다른 말로 하면 '합동성(jointness)'을 제도화하는 데 초점을 맞추었다. 이로 인하여 북핵 대응을 위한 전력 증강은 많지 않았는데, 당시 수립된 국방개혁 계획을 보면 '한국형 미사일 방어체계(KAMD) 구축'이라는 과제가 추가되어 있기는 하지만, 그를 위한 군사력 증강의 목록은 "위성, 제대별 UAV(군단, 사단, 대대급)", "중거리/장거리 지대공 유도무기, 신형 화생방 제독차 등"에 국한되고 있을 뿐이다(국방부, 2012: 22-23). 특히 상부 지휘구조 개편에 지나치게 집중적인 노력을 기울인 결과 이것이 국회에서 차단되자 국방개혁에 관한 상당한 시간과 노력을 낭비한 결과가 되고 말았다.

박근혜 정부의 국방개혁 방향 역시 북핵 대응력 구비에는 적극적이지 않았다. 2013년 2월 12일에 북한이 제3차 핵실험을 실시함에 따라 북핵 위협의 심각성에 대한 인식은 어느 정도 증대되었으나 대응력 구비를 위한 노력은 크게 강화되지 않았다. 북핵 대응 차원에서 새롭게 추가한 사업이 "중·고도 무인항공기"와 "차세대 전투기사업"에 국한된 것을 보면 알 수 있다(국방부, 2014b: 22). 다만, 『2014 국방백서』에서부터 제3장 "확고한 국방태세 확립"의 제2절로서 "북한의 핵·대량살상무기 위협 대응능력 강화"라는 제목하에 북핵 대응에 관한 방향을 기술하기 시작하였다. 여기에서는 북한의 핵능력 사전 제거를 위한 킬 체인과 KAMD의 추진방향을 기술하고 있고, "2020년대 중반"까지 이러한 능력을 완비한다는 목표를 제시하고 있다(국방부, 2014a: 56-61).

문재인 정부의 '국방개혁 2.0'에는 북핵 대응에 관한 사항이 크게 강조되고 있지 않다. 외교적 노력을 통한 북핵의 폐기가 가능하다고 판단하면서 국방개혁 계획을 수립하였기 때문이다. 박근혜 정부에서 추진한 '3축 체계'라는 명칭도 별로 사용하지 않고, 그 내용에서도 한미연합사를 중심으로 하는 탐지·교란·파괴·방어라는 소위 '4D 작전개념'을 강조하면서 '전략적 타격체계'와 '한국형 미사일 방어체계'로 두 가지의 축만 강조하고 있다(국방부, 2009: 53). 나아가 북핵에 대한 대비보다 초국가적 위협이나 주변국의 잠재적 위협 가능성으로 초점을 전환함으로써 의도적으로 북핵 대비의 비중을 낮추려는 경향도 보였다.

(3) 북핵 대응에 관한 국방개혁의 세부 평가

그동안 추진해온 한국군의 국방개혁 노력은 북핵 대응에 소홀하였던 것으로 판명이 났지만, 동일한 시행착오를 범하지 않도록 하기 위하여 더욱 세부적인 평가를 해보면 다음과 같다.

① 위협 인식의 측면

비밀로 된 자료에 접근하지 않는 한 북핵 위협에 대한 노무현 정부의 인식이 어떠했는지를 판단하기는 쉽지 않다. 다만, 국방부의 종합된 인식을 집약하고 있는 것이 『국방백서』라는 점에서 이에 근거하여 분석해 본다면, 2004년 말에 발간된 『2004 국방백서』에서는 "1~2개의 핵무기를 제조했을 가능성이 있는 것으로 추정된다"라는 평가가 포함되어 있다(국방부, 2004: 39). 이것은 이전 행정부 때부터 평가해온 바를 계승한 것으로서, 1999년의 『국방백서』를 보면 "북한이 1~2개의 초보적인 핵무기를 생산할 수 있는 능력은 보유하고 있는 것으로 추정된다"고 평가하고 있다(국방부, 1999: 45). 일반적으로 국방업무는 만전지계(萬全之計) 차원에서 안전 여유(safety margin)까지 고려하여 대비하는 것이 원칙이기 때문에 대부분의 군대가 적의 위협을 평가할 때는 최악의 수준까지 추정하게 되는데, 이때까지는 그러한 경향이 적용된 것으로 판단된다. 어쨌든 노무현 정부의 초반에는 북핵 위협을 의도적으로 낮게 평가하고자 하지는 않았다.

그러나 노무현 정부가 2005년에 입안한 '국방개혁 2020'에는 북핵 대응에 관한 사항이 포함되어 있지 않고, 자주국방 강화와 국방 운영의 전반적 효율성 강화에 중점을 두고 있다. 이러한 경향은 이후의 정부에게도 그대로 이어져 북한이 2006년과 2009년에 걸쳐 2차례의 핵실험을 실시하였지만, 이명박 정부의 임기 중간 정도에 발간된 『2010 국방백서』에서는 『2004 국방백서』에 포함되어 있는 초보적인 1~2개 핵무기 생산 가능성에 관한 기술이 제외된 상태에서, 북한이 "약 40kg의 플루토늄을 확보한 것으로 추정되며, 2006년 10월과 2009년 5월 핵실험을 실시한 바 있다. … 고농축 우라늄(HEU) 프로그램을 추진 중인 것으로 추정된다"라고 평가하고 있을 뿐이다(국방부 2010, 27). 이러한 기조는 2012년, 2014년, 2016년, 2018년 발간된 『국방백서』에서도 그대로 유지되었고, 2016년의 경우 북한이 1월과 9월에 4차와 5차의 핵실험을 실시하였지만, "북한은 수차례의 폐연료봉 재처리 과정을 통해 핵무기를 만들 수 있는 플로토늄을 50여 kg 보유하고 있는 것으로 추정되며, 고농축 우라늄 프로그램도 상당한 수준으로 진전되고 있는 것으로 평가된다" 정도로만 기술하고 있다(국방부, 2016: 27). 이 당시에 미국의 전문가는 이미 북한이 13~21개의 핵무기를 보유하고 있다고 판단하고 있었다(Albright and Kelleher-Vergantini, 2016). 2017년 북한은 수소폭탄을 개발하는 데 성공했지만 2018년 『국방백서』에서도 유사한 평가가 수정 없이 반복되고 있다.

북핵에 대한 위협인식이 약하기 때문에 그동안 한국군이 추진해온 '국방개혁 2020 기본계획', '국방개혁 2020 기본계획 수정(안)', '국방개혁 307계획', '국방개혁 기본계획 12-30', '국방개혁 기본계획 14-30', '국방개혁 2.0' 등의 모든 국방개혁 계획에서 북핵 위협은 거의 무시되었고, 북핵 대응을 위한 포괄적인 무기 및 장비의 증강계획도 포함되지 않았다. 한국군의 군사적 대비와 군사력 증강은 여전히 재래식 위협 대비에 중점을 두었고, 결국 북핵에 대한 적절한 조치가 가능했을 수도 있는 '황금시간(golden time)'을 낭비한 결과가 되었다.

② 한미동맹 활용의 측면

한국군의 국방개혁에서는 자주를 명분으로 미군이 수행하던 임무를 우리의 군사력으로 대체하는 데 중점을 둠으로써 한미동맹에 기반한 미군 전력의 활용도는 오히려 낮아졌다. 박정희 정부에서부터 노태우 정부에 이르기까지 한국 국방의 핵심적인 요소였던 한미동맹의 역할이 문민정부 시대부터는 점점 감소되었고, 이것은 일반적인 경향으로 정착되고 있다. 김영삼 정부는 북한 영변의 핵발전소에 대한 정밀타격을 감행하겠다는 미 정부의 계획을 반대하였고, 김대중 정부에서도 북핵에 대한 미국과의 협력에 소극적이었으며, 이러한 경향이 노무현 정부 때는 더욱 심화되었다.

특히 '국방개혁 2020'을 주창한 노무현 정부는 미군 대장인 한미연합사령관으로부터 전시 작전통제권을 환수하여 기존의 공고한 한미연합 방위태세를 자주적으로 전환하고자 노력하였다. 노 대통령은 2006년 12월 21일 민주평화통일 자문회의에서 "자기 나라 군대 작전통제도 제대로 할 수 없는 군대를 만들어 놓고 나 국방장관이오, 나 참모총장이오, 그렇게 별 달고 거들먹거리고 말았다는 것이냐"면서 군인들을 질책한 적도 있다. 그랬기 때문에 당시에 미국의 부시 행정부가 BMD를 적극적으로 추진하였고, 북핵 위협으로 인하여 한국이 이에 협력할 필요성도 컸지만, KAMD라는 용어로 독자성을 강조하였던 것이다. 북핵 대응을 위하여 미군과 협력하거나 미군 전력을 활용하려는 노력은 오히려 감소되었다.

노무현 대통령의 후임으로 보수 성향의 이명박 대통령이 당선됨으로써 한미동맹이 재강조되기 시작하였고, 미국의 핵능력을 활용한 북한 핵사용의 억제, 즉 확장억제가 체계화되기 시작하였다. 2009년의 제41차 SCM에서 미국은 '핵우산, 재래식 타격능력 및 미사일 방어능력을 포함하는 모든 범주의 군사능력'을 활용하는 확장억제 제공을 명시하였고, '맞춤형 억제전략'이라는 용어로 한반도의 상황과 여건에 맞는 구현방안을 강구하기 시작하였다. 이러한 경향은 박근혜 정부까지 이어져 2015년 4월에는 기존의 '한미 확장억제 정책위원회'를 '한미 억제전략위원회'로 격상시켰고, 2016년 10월부터 한미 양국의 외교·국방장관(2+2) 회의에서 외교와 국방의 차관급으로 구성된 '확장억제전략 협의체'까지 구성하였다. 그럼에도 불구하고 북핵 대응에 관한 실질적인 협력, 예를 들면, BMD에 관한 협력은 여전히 추진되지 않았다. 한국군은 KAMD를 계속하였고, 작전통제소도 별도로 운영하였으며, 자체 요격미사일인 M-SAM과 L-SAM의 개발에 관해서도 미국과 협력하지 않았고, 주한미군의 사드 배치에 3년 가까운 시간을 소모하였다. 이명박 정부와 박근혜 정부의 경우 한미동맹의 활용도를 높이고자 하는 의지는 있었으나 '국방개혁 2020'을 추진하던 당시에 주장되던 '자주'라는 관성에서 벗어나지 못하였다.

이러한 자주의 방향은 박근혜 정부에서도 크게 전환되지 못한 상태로 지속되다가 2017년 5월 문재인 정부가 등장하면서 더욱 강조되기 시작하였다. 문재인 대통령은 임기 내에 전시 작전통제권을 환수한다는 방침하에 우선 한국군 대장을 한미연합사령관으로 임명하는 데 미국과 합의함으로써 북핵 대응에 관한 미국의 책임의식을 약화시켰고, 이전 정부에서 수립되었던 '확장억제전략위원회' 등은 전혀 가동시키지 않았다. 트럼프 대통령이 들어서면서 미국조차 한미동맹에 소극적인 모습을 보이게 되었고, 따라서 북핵에 관한 한미연합 대응은 상당할 정도로 약화된 수준에 머물게 되었다.

북한의 핵무기 개발이라는 새롭고 엄청난 위협이 대두되었고, 자체적인 북핵 대응력이 한계가 있음에도 불구하고 한국은 한미동맹을 실질적으로 강화하지 않았고, 미군 전력을 최대한 활용하기 위한 노력도 미흡했으며, 한미연합사를 오히려 약화시켜 왔다. 북핵 대응에 있어서 한국은 '3축 체계'라고 부르는 킬 체인, KAMD, KMPR을 한국군 단독으로 준비해 왔다. 미군 전력과의 상호 보완관계를 통하여 체계적인 분업을 추진하였거나 미군과 긴밀하게 협력하였다면 '3축 체계'의 능력을 구비하는 기간을 단축할 수 있었고, 특히 미국의 지원을 활용할 수 있는 분야에서 예산과 시간을 절약함으로써 북한의 핵위협에 대한 한미연합 억제 및 방어태세를 크게 향상시킬 수 있었을 것이다. 국방개혁의 결과로 한국군의 능력은 다소 향상되었을지 몰라도 전체 한미연합 북핵 대응태세는 그다지 강화되지 않았다.

3) 한국의 국방개혁 방향

(1) 이전 개혁에 대한 반성

한국군은 지금까지 추진해 온 국방개혁에서 북핵 위협을 제대로 상정하지 못한 결과 북핵 대응태세가 미흡해진 점을 인정할 필요가 있다. 15년 이후까지를 대상으로 변화되어야 할 방향을 제시한 후 야심차게 국방개혁을 추진하였지만, 그동안 북핵 위협을 무시해 온 결과가 되고 말았기 때문이다. 북핵 위협을 배제한 채 분산된 군사력 증강을 기획함에 따라 매년 위협 평가와 계획을 수정해 가는 일반적인 '국방 기획'에 의존했을 때보다 위협과 대응 간의 격차가 커졌다. 그리고 15년을 대상으로 변화를 계획함에 따라 초기에는 국방개혁을 위한 계획을 수립하거나 수정하는 데 시간을 사용함으로써 실천의 정도도 적었다. 차라리 국방개혁이라는 종합적인 계획을 수립하지 않은 채 PPBEES의 정상적 절차에 의하여 위협을 식별하고 그에 따른 대비책을 강구하였다면 북한의 핵위협이 더욱 중요하게 포함될 가능성도 높았고, 이에 따라 한국군의 북핵 대비태세가 강화될 가능성도 컸을 것이다.

'국방개혁 2020'의 경우 '외부의 군사적 위협과 침략으로부터 국가를 보위'한다는 국방 목표를 구현하고자 노력한 것이 아니라 미국으로부터의 자주성 강화에 초점을 두었기 때문에 한미연합 대응태세를 강화시키지 못하거나 오히려 약화시킨 점이 있었다. 국방개혁과 한미동맹을 모순관계 또는 양자택일 관계로 인식하였고(김태효, 2013: 360), 미군의 능력을 대체하는 방향으로 군사력 증강을 추진하였기 때문이다. 한국군 단독이냐, 아니냐가 중요한 것이 아니라 북핵 위협에 대한 충분한 대응력의 구비 여부가 중요하다는 차원에서 한미연합 북핵 대응역량의 총량을 강화하는 방향으로 국방개혁을 전환할 필요가 있고, 이로써 북핵 대응을 위한 미군과 한국군의 시너지를 극대화할 수 있어야 한다. 미군의 지원을 받을 수 있는 부분은 미군에 의존하면서, 한국군이 독자적으로 임무를 수행하는 것이 효과적인 부분은 자체적으로 능력을 강화함으로써 최소한의 투자로 단기간에 북핵 대응 역량을 강화해 나갈 필요가 있다.

지금까지의 국방개혁이 기대하였던 성과를 달성하지 못한 데는 필요한 예산이 충분히 할당되지 않았던 요인도 있었다는 점에서 한국군은 북핵 대응태세 강화를 위해 필요한 예산을 어떻게 확보할 것인지를 고민하고, 그를 위한 실제적인 방안을 도출하여 정부에게 건의하여 조치를 받아야 한다. 국방부 자체적으로는 덜 시급한 분야에서 예산을 절약하여 핵심분야로 전환해야 할 것이고, 동시에 정부에게 건의하여 국방비 규모 자체를 증대시키거나, 1975년부터 1990년까지 추진하였던 방위세와 같이 한시적으로 목적세를 신설하는 등 다양한 국방예산 확보 방안을 모색해야 할 것이다(이필중, 2007: 178-187). 군에서는 단기간에 집중적으로 북핵 대비 역량을 강화할 수 있도록 일정한 기간 동안 투입 가능한 예산을 고정시켜 목표 지향적으로 추진하는 '고정식(固定式) 방식'을 원용하는 방법도 검토할 필요가 있다. 즉 1970년대 율곡 계획을 추진할 때 적용하였던 방식처럼 일정 기간을 대상으로 군사력 증강의 목표, 달성기간, 가용예산을 확정하고, 이에 대한 달성 여부를 국방개혁의 성공을 평가하는 기준으로 활용할 필요가 있다.

(2) 북핵 위협 대응에 집중

지체되었지만 지금부터라도 한국군은 국방개혁의 모든 중점을 북핵 대응으로 전환해야 한다. 이를 위해서는 가장 먼저 군의 조직을 북핵 위협 대응이 가능하도록 전면적으로 재편성할 필요가 있다. 조직의 변화는 다른 분야의 추가적인 변화를 유도하는 촉발제(trigger)로서 기능하기 때문이다. 북핵 대응을 전담하는 조직이 존재해야 임무가 체계적으로 할당되고, 필요한 무기나 장비의 증강 목록이 체계적이면서 책임성 있게 제시될 것이다. 국방부와 합참의 조직부터 북핵 대응이 가능하도록 개편하고, 예하 군부대의 조직도 핵전쟁 대비 및 수행을 고려하여 보완해 나가야 할 것이다. 북한의 핵무기에 대한 선제타격 등 공격적인 임무를 위한 조직과 역량을 통합할 수 있도록 '전략사령부'를 창설하고, 요격 등 방어적인 역량을 통합할 수 있도록 '합동방공사령부'를 증편하는 방안을 진지하게 검토할 필요가 있다(박휘락 · 조영기 · 이주호 편, 2017:

92-96).

당연히 한국군의 군사력 증강도 북핵 대응력 확보에 최우선 순위를 부여해야 한다. 이 중에서 BMD 전력의 확보를 강조할 필요가 있다. 이것은 다소의 비용은 투입되어야 하지만 꾸준히 노력하여 누적되는 바가 크고, 노력한 만큼 방어력이 향상되며, 특히 미군을 중심으로 최근 발전되고 있는 기술을 효과적으로 도입할 수 있기 때문이다. 한국군은 주한미군 BMD와의 긴밀한 협력을 전제로 자체 BMD에 관한 최선의 청사진을 마련하고, 그것을 구현하는 데 필요한 무기와 장비의 획득을 위한 일정표를 작성하여 최단기간 내에 확보하여야 할 것이다. 또한 북한의 핵위협에 대하여 선제타격 하거나 불가피할 경우 예방타격을 실시할 수 있도록 타격능력을 지속적으로 개선함은 물론, 적의 핵무기에 대한 탐지와 식별을 위한 정보력도 집중적으로 확충해 나가야 할 것이다. 나아가 재래식 전력으로도 응징보복 할 수 있도록 북한 수뇌부의 위치를 파악하기 위한 충분한 정보능력, 지하벙커를 파괴시킬 수 있는 특수한 무기, 특수전 부대, 기타 특수 장비 및 무기 등을 집중적으로 육성해 나가야 할 것이다.

이제는 북한의 핵공격이라는 최악의 상황까지도 고려해야 한다는 점에서 한국군은 북한이 핵무기를 사용하여 도발할 수 있는 다양한 각본(scenario)들을 예상해 보고, 각본별 대응방안을 진지하게 고민하여 조치해 두어야 한다. 예를 들면, 북한은 한국에게 정책적 양보를 강요하고자 한국의 어느 도시에 1~2발의 핵무기를 사용하거나, 서북 5개 도서의 전부 또는 일부 또는 다양한 지역에서 국지도발을 감행한 후 한국이 대응할 경우 핵무기를 사용하겠다고 위협하거나, 기습적인 공격으로 수도권을 장악한 후 한국이 반격할 경우 핵무기로 공격하겠다고 위협하는 등으로 도발할 수 있다. 한국군은 핵무기 위협을 전제로 전개되는 북한의 다양한 공격방법을 추정해 보고, 각본별 대응방안을 연구하며, 그로부터 필요한 군사력 증강 소요를 도출하여 확보해 나가야 한다. 한국군의 작전계획도 북한의 핵도발에 효과적으로 대응할 수 있는 내용으로 수정하고, 한국군의 교리도 핵상황을 포함하여 발전시키며, 간부 및 병사들에 대한 교육훈련에 있어서도 핵대응의 요소를 대폭적으로 증대시켜야할 것이다(홍기호, 2013: 181).

더욱 최악의 상황으로서 한국군은 핵공격을 받은 이후에도 군사작전을 수행할 수 있도록 방호의 문제를 심층 깊게 논의하고, 그를 위한 조치들을 미리 강구해 둘 필요가 있다. 이러한 조치는 국가의 민방위(civil defense)와 연관되어야 할 것이지만, 군 스스로도 모든 부대와 장병들이 핵폭발로부터 피해를 입지 않도록 사전에 대피소를 구축하거나 유사시 대피소를 신속하게 구축할 수 있도록 대비 및 교육해 두어야 한다. 군이 생존한 이후 국민들의 핵 피해 최소화를 지원할 수 있어야 하고, 이를 위하여 지방 자치단체와도 사전에 긴밀한 협조체제를 구축해 두어야 할 것이다. 전투장비와 개인에 대한 방호체계를 구축하고, 방사능에 오염되었을 경우 제독할 수 있는 조치들도 준비하여야 할 것이다(홍기호, 2013: 180).

(3) 미군과의 분업체제 보장

북핵 대응을 위하여 실질적으로 중요한 사항으로서, 한국군은 자주에 대한 집착에서 벗어나 북핵의 억제, 방어, 타격에 관하여 동맹국

군대인 미군과의 상호 보완성과 분업을 극대화하고자 노력해야 한다. 미군의 지원을 최대한 활용하는 것이 전체 북핵 대응력을 강화하는 최선의 방법이기 때문이다. 최선의 국방개혁은 "새로운 국방소요"에 대한 대응능력을 가급적이면 "최소한의 자원"으로 가장 "빠른 시간 내에" 구비하는 것이라는 인식을 가질 필요가 있다(노훈, 2013: 145). 동맹과 자주라는 2분법에서 벗어나 오로지 한미연합 전체의 북핵 대응력을 조기에 강화시키는 데 초점을 맞추어야 한다. 한미연합사를 중심으로 한미연합 북핵 대응태세를 더욱 체계적으로 조직하고, 한국군은 미군이 지원하기 어려운 분야에 집중적으로 투자함으로써 자체적 북핵 대응력 확보를 위한 시간, 예산, 노력을 절약할 필요가 있다.

예를 들면, 대규모 응징보복 위협으로 북한의 공격을 자제시키는 최대억제의 경우 한국은 핵무기를 보유하고 있지 않아서 미국의 확장억제에 전적으로 의존할 수밖에 없지만, 이 경우에도 유사시에 그것이 확실하게 이행되도록 만들기 위하여 미국의 일부 핵무기를 한반도에 사전에 배치해 둘 것을 요청할 수도 있다. 대신 대규모 응징보복은 아니지만 북한 수뇌부들을 어떻게든 사살하겠다고 위협하여 북한이 공격하지 못하게 하는 최소억제는 한국군이 담당할 수 있을 것이다. BMD, 선제타격, 예방타격의 경우에는 기본적으로 한미연합으로 수행 및 대비하되, BMD는 한국군이 주도하면서 미군의 지원을 수용하는 방식으로, 선제타격은 첨단 군사력을 구비한 미군이 주도하면서 한국군이 지원 역할을 담당할 필요가 있다. 다만, 예방타격의 경우 선제타격의 능력을 함께 사용하기 때문에 미군이 주도하도록 하는 것이 타당하지만 한국이 민족생존을 위한 자위권 차원에서 불가피하다고 판단했는데도 미군이 주저할 수 있다는 점에서 한국의 주도성을 증대시켜 나가야 할 것이다(박휘락,

2016b: 100-101).

　북핵 대응을 위한 한미 양국 군 간의 분업체계를 강화하기 위해서는 현 한미연합사 체제를 더욱 강화해 나갈 필요가 있다. 미군 대장이 한미연합사령관으로 임명되어 북핵 대응을 위한 명시적인 책임을 부여받아야 핵전쟁 억제 및 승리를 위하여 가용한 대안들을 적극적으로 개발 및 실천할 것이고, 본국에 필요한 군사력 지원을 최대한 요구할 것이기 때문이다. 한국은 북한 핵위협이 해소될 때까지 전시 작전통제권 환수에 관한 논의를 중단한 채 오로지 한미 양국 군의 연합 대응역량 강화에 매진할 필요가 있다. 2014년 10월 한미 양국 국방장관이 가능한 조건이 충족될 때까지 전시 작전통제권에 관한 변화를 연기하는 것으로 발표하자 언론에서 "사실상 무기 연기"라고 평가한 것에서(조선일보. 2014.10.24: A1) 알 수 있듯이 북핵 위협이 가중되는 상황에서 이 문제는 더 이상 거론되기 어렵다는 점을 인정할 필요가 있다. 전시 작전통제권에 관한 사항이 지속적으로 논의될 경우 한미연합사령관은 언젠가 책임이 없어질 것으로 생각하여 한반도의 전쟁억제와 유사시 승리라는 부여된 과업에 집중하지 못할 가능성이 높다.

(4) 정부 차원의 북핵 대응태세 강화 노력

　북한의 핵위협은 군사적 노력만으로 대응할 수 없다는 차원에서 한국군은 북핵 대응을 위한 전 정부 차원의 노력을 건의해야 한다. 국가의 모든 노력을 통합하여 대응해도 충분하지 않을 정도로 북핵 위협은 심각한 수준에 이르렀기 때문이다. 우선 북핵에 대해서는 대통령이 직접 나서는 것이 중요하다는 점에서 청와대에 북핵 대응을 전담하는 기구를 설치하도록 건의할 필요가 있다. 현 국가안보실의 기능을 북핵 대응으로 전환하든가 그 속에 북핵 대응을 전담하는 조직을 별도로 구축할 수도 있다. 그렇게 되면 이 기구에서 북핵 대응을 중심으로 하는 국가안보전략을 수립하고, 이를 근거로 관련 부처들에게 북핵 대응에 필요한 과업을 할당하면서 철저하게 수행하도록 지시하며, 지시의 이행 여부를 감독하고, 필요시 그들의 노력을 조정 또는 통합할 수 있어야 할 것이다. 국방부와 합참은 청와대가 이러한 사항들을 자체적으로 조치하도록 기다릴 것이 아니라 적극적으로 건의할 필요가 있다.

핵무기는 도시에 거주하는 일반 시민들을 직접적으로 공격한다는 차원에서 북핵 대응을 위한 국민들의 참여도 확대하지 않을 수 없다. 한국군은 북한 핵위협의 실태, 핵폭발 시 예상되는 피해의 규모와 형태, 생존을 위한 대피 및 조치 요령 등을 국민들에게 알려 주고, 안전행정부와 협조하여 핵위협으로부터 생존을 보장할 수 있도록 민방위의 기준과 내용을 격상시킬 필요가 있다. 북한이 핵공격을 감행할 경우 국민들에게 신속하면서도 정확한 경보 전파가 가능하도록 체제를 구축해야 할 것이고, 군의 입장에서 국민들의 대피를 지원할 수 있는 조치들을 강구해 둘 필요가 있다. 핵위협 시대에 부합되는 총력전의 개념을 발전시키고, 필요한 기관들과 유기적인 협력의 네트워크를 구축할 수 있어야 한다.

4) 결론

한국군은 2005년부터 '국방개혁 2020'을 추진함으로써 10년 이상 군의 개혁에 노력해 왔으나 외부의 위협으로부터 국가를 보위한다는 국방 목표를 더욱 잘 달성하는 방향으로 국방을 개혁하였다고 보기는 어렵다. 북한의 핵무기 개발로 새롭고 더욱 심각한 위협이 대두되었음에도 불구하고 그에 대한 대응태세를 제대로 강화해 오지 못한 점이 있고, 미국으로부터의 자주성을 확보하는 데 치중함으로써 한미연합 대응력을 오히려 약화시켜 온 것으로 보이기 때문이다. 그동안 지체된 부분을 신속히 보강하기 위해서라도 이제는 자체 능력이든 미국의 능력이든 상관없이 북한의 핵위협으로부터 국민들을 보호할 수 있는 태세와 능력을 단기간에 철저하게 구현해야 하고, 이것을 국방개혁의 최우선 목표로 삼아야 한다.

한국군은 먼저 지금까지 추진해 온 국방개혁에 있어서 실수나 착오가 있었고, 약속만큼 철저하면서도 적시적으로 개혁해 오지 못하였다는 점을 반성한 후, 미흡한 부분을 조기에 시정해 나간다는 자세를 가질 필요가 있다. 개혁이라는 말이 지향하는 바에 부합되도록 변화의 속도를 증대시키면서 폭도 확대하고, 특히 한국군이 직면하고 있는 최대의 위협인 북핵 대응력 구비에 최대한의 노력을 집중할 필요가 있다. 한미연합 핵 억제 및 방어태세를 바탕으로 하면서 군의 조직과 군사력 증강을 북핵 대응 위주로 변화 및 조정해 나가야 할 것이다. 나아가 북한의 핵무기 공격이라는 최악의 상황을 포함한 다양한 각본을 구상하여 대응방법을 발전시키고, 북핵 폭발 시 모든 부대와 장병들을 방호할 수 있는 조치를 강구함으로써 어떤 상황에서도 국가를 보위할 수 있는 능력을 구비할 수 있어야 한다.

현재 상황에서 북핵 대응태세를 조기에 강화하기 위하여 한국군이 채택해야 할 접근방법은 미군과 분업 개념을 적용하는 것이다. 억제, 방어, 타격의 방안별로 미군이 지원 가능한 분야를 식별한 다음, 미군이 담당하는 분야에 관해서는 미군의 역량을 최대한 활용하고, 그렇지 않은 분야는 한국군이 전담함으로써 최소한의 시간, 예산, 노력으로 최단 기간 내에 적절한 북핵 대응태세를 구비하여야 할 것이다. 자주성 차원에서 아직도 추진되고 있는 전시 작전통제권 환수 문제는 중단할 뿐만 아니라 오히려 한미연합사령관에게 핵전쟁 억제와 방어를 위한 구체적인 복안을 수립하여 보고하도록 요구함으로써 미군에게 더욱 큰 책임의식을 부여하고, 이로 인하여 본국에 최대한의 전력 지원을 요구할 필요가 있다.

국방 기획이나 국방개혁의 경우 열심히 노력하는 바(input)도 중요하지 않은 것은 아니지만, 강한 국방태세를 구비하는 데 성공하였다는 결과(output)가 더욱 중요한 것은 말할 필요가 없다. 이제는 열심히 노력하였다는 과정보다는 북핵 대응태세를 어느 정도 향상시켰느냐는 결과로 국방개혁의 성과를 평가해야 할 것이다. 북한은 우리가 충분한 대응력을 갖출 때까지 기다려 주지 않는다는 점에서 시급성을 갖고 국방의 모든 분야를 북핵 대비 위주로 전환해 나가야 할 것이고, 미군 전력을 최대한 활용하여 소요되는 시간을 단축해 나갈 수 있어야 할 것이다. 어떤 상황에서도 북한의 핵공격으로부터 국민들을 보호하겠다는 본연의 임무를 제대로 수행할 수 있는 군대로 거듭 태어남으로써 국민들의 신뢰를 획득할 수 있어야 할 것이다.

12.
국민

　세계 각국이 수립하고 있는 핵전략의 기본적인 개념은 상대방의 도시를 핵무기로 공격하여 초토화시키겠다는 위협이다. 대규모 살상에 대한 두려움을 활용하여 상대방의 핵공격을 억제한다는 개념이기 때문이다. 따라서 핵공격의 주된 표적은 국민이고, 대부분의 피해는 국민들이 받게 되어 있는 셈이다. 결국 핵전쟁의 가능성이 높아질수록 국민들의 피해 가능성이 높아지고, 국민들이 적극적으로 나서야할 당위성도 커진다.

1) 핵전쟁과 총력전

(1) 핵무기의 대량살상

선진국의 경우 핵포탄이나 핵지뢰 등과 같은 소형 핵무기를 개발하여 군인들을 대상으로 사용하고자 시도해 온 바가 없는 것은 아니지만, 대부분의 핵무기는 후방의 도시를 대상으로 사용한다는 개념이고, 상대방보다 파괴력이 더욱 큰 핵무기를 과시하기 위한 경쟁을 벌여 왔다. 평시에는 그러한 위협을 통하여 상대방의 핵공격을 억제한다는 개념이지만, 억제가 실패할 경우 그렇게 사용할 수밖에 없는 것도 사실이다. 실제로 미국은 1945년 8월 6일 일본의 히로시마와 8월 9일 나가사키라는 도시에 핵무기를 사용하였고, 이를 통하여 대규모 인명을 살상하였으며, 이 피해의 엄청남에 두려움을 느낀 일본 정부가 항복함으로써 태평양 전쟁이 종결되기도 하였다.

서울에 핵무기가 투하될 경우 발생 가능한 피해에 대하여 본서의 여러 부분에서 몇 가지의 예측 결과를 제시한 바가 있다. 그중 최신의 자료를 자세히 소개하면 2017년 9월 3일 북한이 수소폭탄의 개발에 성공하자, 서울과 동경에 250kt의 수소폭탄이 1발 투하되었을 때의 피해 규모를 추산해 본 사례가 있는데, 〈표 12-1〉에서 제시되고 있듯이 3백만 이상의 사상자가 발생할 것으로 예측하고 있다. 한국의 경우 대피가 제대로 준비되지 않은 상태여서 실제 피해는 이보다 더욱 커질 가능성이 높다. 핵무기의 위력, 사용 형태, 사용 상황에 따라서 피해 규모는 달라질 것이고, 너무나 끔찍하여 추산해 보는 것조차 두려울 만큼 핵공격

<表 12-1> 북한 핵무기 사용 시 피해 규모 추산

250kt	사망	부상	사상자 총계
서울	783,197	2,778,009	3,561,206
동경	697,665	2,474,627	3,172,292
계	1,480,862	5,252,636	6,733,498

출처: Zagurek, 2017: 2.

의 피해는 엄청나다.

핵폭발의 피해가 너무나 엄청나기 때문에 일반적인 국민들은 핵전쟁에 대비해 봐야 소용이 없다고 생각하기 쉽다. 그러나 핵전쟁도 어느정도 자제 또는 통제되는 가운데 수행될 것이라고 가정한다면 국가가 소멸할 정도의 피해까지 이를 가능성은 낮고, 사망자보다 생존자가 더욱많을 가능성이 높다. 개별 핵무기의 경우 아무리 강력하다고 하더라도일정한 반경을 능가하는 지역에 대해서는 피해를 끼치기 어렵고, 특히낙진에 의한 피해는 사전에 대비해 두면 상당할 정도로 예방할 수 있다.

적의 핵무기 공격이 가해질 경우 정부나 군대가 국민들을 보호해주거나 적극적으로 지원해 줄 것으로 기대하겠지만, 현실에서는 정부나군대도 핵폭발에 대한 유효한 방호 대책을 구비하고 있지 않다. 군대가사전에 상대의 핵무기를 파괴하거나 요격하고자 노력할 수는 있지만,군인이라고 하여 핵무기 폭발에서 쉽게 생존할 수 있는 방법은 없다. 해당 관청이 핵공격을 받거나 핵 피해 범위 내에 들면 정부 관리들도 자신의 생존에 급급할 수밖에 없고, 방사능으로 오염된 지역으로 들어가 지원을 제공할 수 있는 특별한 능력을 보유하고 있지도 않다. 군대도 방사능에 대한 보호장비를 확실하게 구비한 일부 요원 이외에는 핵폭발 지역에 출입할 수 없고, 핵공격이 있었다고 하여 재래식 공격 가능성이 사라진 것은 아니기 때문에 전방지역을 경계 및 방어하는 부대들을 국민들의 구호를 위한 활동으로 전환하는 것도 쉽지 않다. 즉 핵무기 공격에 대해서는 정부나 군대도 속수무책일 가능성이 높고, 따라서 국민들 스스로가 자신들을 보호하기 위한 다양한 대책을 강구해 나가는 수밖에 없다.

(2) 5원 이론

실제로 현대의 군사작전은 국민들이 거주하는 후방의 주요 도시를 전쟁의 시작과 동시에 공격함으로써 최단 시간 내에 최소한의 피해로 승리한다는 개념을 구현하는 방향으로 발전되어 왔다. 축차적인 전선을 형성하고 있는 전방의 군인들을 단계적으로 살상하면서 조금씩 진격하여 성과를 달성하는 과거의 방식은 너무 소모적이고, 적 후방의 중심(重心, center of gravity)을 직접 공격할 수 있는 무기와 장비들이 다수 개발되었기 때문이다. 적 후방의 중심을 집중적으로 공격하는 방식은 '5원 이론(five-ring theory)' 개념이 소개되면서 세계적으로 확산되었고, 미국이 중심이 되어 수행된 1991년의 걸프전쟁이나 2003년의 이라크 전쟁에서는 직접 구현되었으며, 최근에는 기술의 발달로 이 개념의 구현이 더욱 용이해지고 있다.

'5원 이론'은 1990년대에 미 공군의 워든(John A .Warden, III) 대령이 창안한 공격의 방식으로서 군사적 목표를 하나의 유기체로 인식함으로써 그것을 가장 효과적으로 파괴시킬 수 있는 최선의 방향과 지점을 찾아내고, 이로써 군사력의 운용 효율성을 극대화하고자 하는 의도에서 개발되었다. 워든은 인체, 국가, 범죄조직, 전력체계 등이 모두 5겹의 요소, 즉 5개의 원으로 구성되어 있다면서, 가장 외부의 원은 전투 기재(fighting mechanism)이고, 그다음에는 주민(population), 그다음에는 기반요소(infrastructure), 그다음에는 조직의 핵심요소(organic essentials), 가장 내부에는 지도부(leadership)가 존재한다고 분석하였다(Warden, 1995: 44). 워든에 의하면 인체의 경우 전투 기재는 백혈구이고, 주민은 세포이며, 기반요소는 혈관·뼈·근육이고, 조직 핵심요소는 음식과 산소이며, 지휘부는 두뇌(눈과 신경)이다. 국가의 경우 전투 기재는 군대·경찰·소방관이고, 주민은 국민이며, 기반요소는 도로·비행장·공장이고, 조직 핵심요소는 에너지(전기·기름·음식)와 화폐, 지휘부는 정부(통신과 안보)이다. 워든의

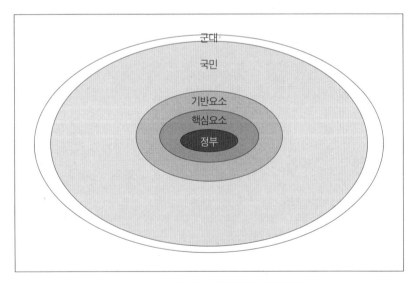

〈그림 12-1〉 5원 이론 모델에 의한 국방의 이해

출처: Warden, 1995: 47.

5원 이론의 모델을 그림으로 단순화해 보면 〈그림 12-1〉과 같은데, 이를 보면 정부가 가운데에 있고, 그것을 핵심과 기반 요소가 지탱하고 있다. 국가의 기반이 되는 것은 국민이고, 군대가 그것을 외부에서 방어한다. 워든은 5원을 동일한 폭으로 그렸지만, 본 논문에서는 그 수나 비중이 큰 요소에 해당되는 원의 면적은 크게 그려서 차이를 부각시켰다.

워든의 5원 이론의 모델이 제시하고 있는 요점은 이전까지는 기술이 발달되지 않아서 '군대 → 국민 → 기반요소 → 핵심요소 → 정부'의 순서대로 격파해 나가야 했지만 현대에는 항공기와 미사일이 발달하여 5개의 원을 동시에 공격하는 병행공격(parallel attack)이 가능하게 되었고, 그렇게 하는 것이 효율적인 승리의 달성방법이라는 내용이다(Warden, 1995: 55). 워든은 1991년의 걸프전쟁 시 미 국방부에서 참모요원으로 근무하면서 이를 직접 적용하였고, 당시의 경험을 바탕으로 1995년 이 이론을 발표하게 되었다. 워든의 5원 모델은 2003년 이라크 전쟁을 비롯한 미군의 군사작전 수행에도 상당한 영향을 끼쳤다.

워든이 주장하고 있는 병행공격 이론을 구현하는 가장 이상적인 현대의 무기는 '핵미사일'이다. 미사일은 병행공격에 가장 유리한 무기이고, 탑재한 핵무기는 주력 군대의 추가적인 기동을 불필요하게 만들 정도로 강력한 위력을 지니고 있기 때문이다. 제2차 세계대전 시 히로시마와 나가사키에 2발의 핵무기가 투하되자 일본이 항복했듯이 핵무기는 몇 발로 전쟁을 종료시킬 만큼 강력하고, 현대의 군대는 그로부터 국민들을 보호할 수 있는 능력을 구비하지 못하고 있다. 따라서 과거처럼 군대만으로 적의 핵미사일을 방어할 경우 위협에 비해서 대응이 제한되는 상황이 될 수밖에 없다.

(3) 핵전쟁의 총력성

지금까지 인류의 전쟁은 대부분 그 당시의 기준으로는 총력적으로 수행되었을 것이다. 전쟁의 승패는 개인의 생사와 국가의 존망을 좌우하기 때문에 매번 그 당시의 기준에서 가용한 모든 수단을 동원하였을 것이기 때문이다. 그러나 객관적인 기준에서 보면 총력성 수준이 다를 것인데, 특히 중세에 들어서서 영주들이 용병(傭兵)들을 활용하여 영지의 소유권을 다투는 정도의 제한전쟁을 수행함으로서 총력성이 다소 희석된 기간이 있었다. 그러나 1789년 프랑스 혁명으로 '국민국가'와 '국민군대(armee nationale)'가 등장하면서 총력성이 다시 강화되기 시작하였고, 그래서 이 시대의 전쟁을 현대적 "총력전의 맹아"로 평가한다(이용재, 2016).

현대에 들어서서 무기의 성능이 급속하게 향상됨으로써 전쟁의 총력성은 더욱 강화되었고, 특히 두 차례의 세계대전을 거치면서 총력전은 당연한 현상으로 자리잡게 되었다. 영국의 전사학자들은 제1차 세계대전은 "대전쟁, 총력전쟁(Chickering and Förster, 2000)", 제2차 세계대전은 "총력전의 세계(Chickering, Förster and Greiner, 2004)"라는 제목으로 그 당시의 전쟁 역사를 정리하기도 하였다. 이후에도 전쟁의 총력성은 지속적으로 강화되어 왔을 것인데, 특히 핵전쟁은 국민과 국토를 초토화하여 국가의 영속을 불가능하게 할 수도 있기 때문에 극도의 총력성을 지닐 수밖에 없다.

핵전쟁은 자칫하면 인류를 멸망시킬 수도 있기 때문에 핵무기가 개발되자 총력전의 반대인 제한전쟁(limited war)에 관한 논의가 활발해졌다(Osgood 1957: Halperin, 1965). 핵전쟁은 워낙 치명적이라서 클라우제비츠가 말한 "정책의 연속(continuation of policy)"이 될 수 없기 때문에 어떤 식으로든 전면 핵전쟁은 회피해야 하고, 회피하게 될 것이라는 전제에서 비롯된 논의였다(유재갑·정의환 1984. 336). 실제로 1950년 6·25 전쟁에서 당시 미국과 소련은 핵전쟁으로의 확전을 감당할 수 없다고 판단하여 전쟁의 범위와 수준을 의도적으로 제한시켰다고 분석된다(손경호, 2015: 128-132). 다만, 6·25 전쟁의 경우 강대국의 시각에서는 제한전쟁이더라도 한국의 입장에서는 '초(超)총력전(super total war)'이었다고 평가되듯이(온창일, 1989: 200) 핵전쟁의 전장을 제공하게 되는 약소국의 입장에서는 제한전쟁일 수 없다. 특히 핵보유국과 비핵국가의 핵전쟁에서는 방어해야 하는 비핵국가는 총력전 차원에서 가용한 모든 방법과 수단을 사용하여 방어해야 하지만, 핵공격을 가하는 쪽은 핵무기만 사용하면 되고, 그래도 핵전쟁에서 승리할 가능성이 높다. 따라서 비핵국가는 핵국가에 비해서 몇 배 더 총력적으로 대응해야 한다.

　　총력전의 효과적 수행에 관해서는 클라우제비츠의 '삼위일체(trinity)'가 빈번하게 거론된다. 클라우제비츠는 그의 유작인 『전쟁론(On War)』에서 전쟁은 "적개심과 같은 맹목적 힘, 우연의 작용, 그리고 이성의 측면"이라는 세 가지 요소에 지배받는다고 주장하면서, 첫 번째 맹목적 힘은 '국민', 우연의 작용은 '지휘관과 군대', 이성의 측면은 '정부'가 담당한다고 언급하였고, 결론적으로 국민·군대·정부가 삼위일체를 이루어야 전쟁에서 승리할 수 있다고 주장하였다. 국민들의 '열정', 지휘관과 군대의 '용기와 자질', 그리고 정부의 '확고한 정치적 목표'를 가진 국가라야 전쟁에서 승리한다는 주장이었다(Clausewitz, 1984: 89). 미국이 막강한 국력과 군사력을 지녔으면서도 베트남전쟁에서 패배한 것은 바로 이 삼위일체가 미흡하였기 때문이라는 분석도 있었다(Summers,

1983). 핵보유국의 위협에 대응해야 하는 비핵국가는 다른 어떤 경우보다 철저한 삼위일체를 보장하여 가장 높은 수준으로 총력전을 수행하는 수밖에 없다.

2) 핵전쟁과 국민

(1) 핵전쟁에서의 국민의 역할과 행동

핵전쟁은 다른 어떤 전쟁보다 총력성이 클 것이기 때문에 국민들의 참여도 더욱 적극적일 수밖에 없다. 핵무기의 공격 표적 자체가 국민들이 주거하고 있는 후방의 도시라서 국민들에게 가장 먼저 그리고 가장 심각한 피해가 가해진다. 상대 핵무기에 관한 선제타격, 요격, 응징보복을 담당하는 일부 군인들을 제외하고는 국민들이 핵전쟁에 가장 직접적으로 관련되는 셈이다.

재래식 전쟁에서도 국민들은 전쟁 물자를 지원하거나 국민 스스로가 군인으로 변모하여 전쟁에 참여한다. 후방에 남아 있더라도 상대방의 항공기나 미사일 공격으로 피해가 발생하면 이를 복구하고, 국가사회가 제 기능을 발휘하도록 맡은 바 역할을 수행함으로써 전쟁에 간접적으로 기여한다. 핵전쟁에서도 국민들은 이러한 기본적인 기능은 당연히 수행해야 할 것이다. 나아가 핵전쟁에서 국민들은 핵공격의 표적이 된 상태에서 자신의 생존을 보장해야 하고, 해당 지역에는 군인들이 없거나 바로 배치될 수 없기 때문에 다른 주민들의 구호나 지역 안정과 같은 임무까지도 감당하지 않을 수 없다. 다만, 이러한 노력으로는 핵전쟁에서 입을 대규모 피해의 일부를 감소시킬 뿐이기 때문에 국민들의 입장에서는 핵전쟁을 예방 또는 억제하는 것이 최선이다.

핵전쟁의 예방이나 억제와 관련하여 국민들이 최우선적으로 노력해야 할 사항은 핵위협의 존재와 정도를 있는 그대로 정확하게 자각하는 것이다. 핵무기는 재래식 무기에 비해서 노출 빈도가 낮고, 다수의 국민들은 공멸의 위험성으로 인하여 적국이 핵무기까지 사용하지 못할 것이라고 생각하는 경향이 있기 때문에 의도적으로 노력하지 않을 경우 국민들은 핵위협을 회피할 가능성이 높다. 핵위협의 심각성에 대한 냉정한 인식을 바탕으로 국민들은 정부와 군대에게 핵전쟁을 억제하거나 핵전쟁에서 피해를 최소화할 수 있는 조치를 강구하도록 적극적으로 요구해야 할 것이다.

핵전쟁의 가장 직접적인 피해자는 자신일 가능성이 높다는 인식을 바탕으로 국민들은 핵전쟁의 예방과 억제에 관한 이론적이거나 현실적인 사항을 학습한 상태에서 정부와 군대에게 필요한 사전조치를 강구할 것을 요구해야 한다. 자신이 핵전쟁의 목표가 된다고 생각한다면 국민들은 선제타격은 물론이고 상대가 핵무기를 증강하기 전에 파괴하는 예방타격을 실시하도록 오히려 정부와 군대에게 요구할 것이고, 다양한 예방과 억제가 실패하여 상대가 핵미사일로 공격하더라도 공중에서 요격할 수 있는 포괄적인 BMD를 구축하도록 주문할 것이다. 국민들은 핵공격을 받아서 발생하는 끔찍한 피해를 예방하기 위하여 부분적인 피해를 받을 위험을 감수한다는 자세로 정부와 군대에게 핵전쟁 예방 및 억제를 위한 제반 조치를 강구하도록 요구해야 한다.

핵전쟁과 관련하여 국민들이 수행하는 가장 현실적인 노력은 핵민방위로서, 이를 통하여 국민들은 자신의 생존을 보장하고, 핵무기의 피해를 최소화하게 된다. 개인이 생존해야 국가가 기능할 것이기 때문에 국민들의 핵민방위 활동은 핵전쟁에서 패배하지 않기 위한 필수적인 노력이기도 하다. 국민들은 평소에 핵폭발 시 피해를 최소화할 수 있도록 대피소를 구축해 두었다가 유사시에 피난하거나, 핵공격이 가해지지 않을 것이 확실한 지역으로 이탈함으로서 자신의 생존을 보장하고, 이로써 적의 핵공격 효과를 감소시키며, 아군에게 과감한 응징보복을 감행할 수 있는 여건을 조성해 주게 된다. 유사시에는 자신들이 핵공격의 표적이 된다는 인식하에 국민들은 정부에게 평소부터 체계적인 민방위 조치를 강구하도록 요구해야 한다.

(2) 핵전쟁과 국민의지

전쟁의 효과적 수행에는 군사력을 비롯한 유형적인 능력도 중요하지만, 전쟁 수행 당사자들의 무형적인 의지도 무시할 수 없다. 특히 핵전쟁은 국민들의 생명을 직접적으로 위협한다는 점에서 죽음을 각오하겠다는 국민들의 결의 없이 시작과 지속을 결정하기는 어렵다. 국민들의 여론이 중요시되는 민주주의 국가에서는 더욱 그러하다. 국민들이 생명의 위험을 무릅쓰고라도 핵전쟁을 수행하겠다고 하면 상대가 겁을 먹어 핵전쟁을 포기하거나 중간에 타협할 수도 있지만, 반대로 죽음이 두려워 국민들이 핵전쟁을 회피하고자 하면 상대방은 핵공격을 하겠다면서 적극적으로 위협할 것이고, 종국적으로는 굴복하거나 핵전쟁에서 패배할 가능성이 높다.

　이러한 점에서 클라우제비츠의 『전쟁론』을 영어로 번역하기도 한 영국의 군사역사학자인 하워드(Michael Howard)의 주장은 유념할 가치가 있다. 그는 양 진영 간 핵전쟁의 가능성이 높았던 냉전의 절정기인 1979년 발표한 "전략의 잊힌 차원(The Forgotten Dimensions of Strategy)"이라는 논문에서 전쟁에서는 '작전적 차원, 기술적 차원, 군수적 차원'에 해당되는 유형적인 '능력'이 부각되기 쉽지만, 실제로는 '사회적 차원(social dimension)'이라고 명명할 수 있는 국민들의 '의지'가 승패를 좌우하는 더욱 결정적인 요소였고, 핵전쟁에서는 더욱 그러하다고 주장하고 있다. 그는 핵전쟁의 억제 또는 보복의 시행을 좌우하는 중요한 요소는 사회의 단결(social unity)이나 정치적 결단(political resolve)과 같은 사회의 무형적 역량이라는 입장이다(1979: 983).

　이러한 점으로 인하여 하워드는 사회에 대한 일사불란한 통제가 가능한 국가일수록 핵전쟁에서는 유리하다고 진단하였다. 공산주의 국가의 경우 국가지도자가 핵전쟁을 발발 또는 지속하겠다고 결심하면 시행되지만, 자유민주주의 국가는 핵전쟁의 수행을 위한 국민들의 여론을 결집시키는 것이 어렵고, 가급적이면 핵전쟁을 회피하는 경향을 보일 가능성이 높기 때문에 전략적으로 불리한 것으로 평가하였다(1979: 984). 그에 의하면 사회적 요소가 강하지 않은 상태에서는 핵무기를 활용한 보복이나 반격과 같은 생사를 건 결정을 내릴 수 없다(1979: 986). 따라서 그는 핵전쟁을 효과적으로 예방 또는 억제하거나, 발발한 핵전쟁에서 승리하고자 한다면 어떠한 희생을 무릅쓰더라도 굴복하지 않겠다는 국민들의 각오가 존재해야 하고, 이것이 없이는 정부와 군대가 핵전쟁을 제대로 수행할 수 없다고 주장하였다(1979: 985).

자유분방함과 풍요에 익숙해진 자유민주주의 국가의 국민들이 핵전쟁과 같은 참혹한 결말을 감수하겠다는 결의를 지니기는 쉽지 않다. 문제는 다른 전쟁과 마찬가지로 핵전쟁도 일방의 공격으로 발발이 가능하기 때문에 회피하겠다고 하여 회피되는 것이 아니라는 사실이다. 국민들이 핵전쟁을 두려워할수록 핵공격으로 위협하거나 핵공격을 감행하는 국가는 더욱 유리해진다. 핵전쟁에서도 국민들은 클라우제비츠가 말한 "맹목성의 자연적 폭력으로 간주되는 근원적 폭력, 미움, 적대감"을 가져야 하고, 이를 바탕으로 군대 또는 정부의 노력과 삼위일체를 이루어야 한다.

(3) 루머와 확증편향

전쟁의 대비와 수행에서 국민들이 차지하는 비중이 증대되고, 민주주의의 발달로 국민여론이 군사적 결정에 끼치는 영향이 증대됨으로써 나타난 심각한 문제는 국방 또는 군사 분야에 대한 루머와 그로 인한 오해라는 부산물이다. 군사에 관한 사항은 일반인들이 금방 이해하기 어려운 부분이 적지 않고, 비밀 유지의 필요성으로 인하여 평소에 공개되지 않기 때문에 루머의 침투가 용이하다. 일부 인사들은 군사에 대한 국민들의 무지를 악용하여 의도적으로 왜곡된 루머를 확산시키고, 이에 오도된 국민들의 여론이 국가와 군대에 영향을 미치게 된다.

어떤 불확실한 내용이 확산되는 경우 고의성이 적을 때는 소문이나 가십(gossip)이라면서 진위를 그다지 개의치 않지만, 악의성이나 유해성이 커지면 유언비어(流言蜚語) 또는 루머(rumor)라고 말하면서 그 진위 여부가 중요해진다. 루머는 "전파 당시 진위 여부가 확실하지 않은 정보"(권세정 · 차미영, 2014: 46) 중에서 악의성이 큰 것을 말하는데, 그에 영향을 받은 국민들이 잘못된 국민여론을 형성하고, 이로 인하여 국가의 정책 결정이 크게 잘못되기도 한다. 더군다나 현대의 루머는 인터넷을 통하여 집단적으로 재빨리 유포될 뿐만 아니라 일부 인사들을 신념화시킴으로써 장기적이면서 상당한 부작용을 초래할 수 있다. 루머를 유포하는 사람들은 그것을 믿지 않거나 부인하는 사람들에 대하여 배타적이거나 적대적인 태도를 취하게 되고, 나중에는 해당 루머에 대한 태도와 동조 여부가 내용의 진실성보다 더욱 중요시된다(한정석, 2013: 7). 루머가 전염병처럼 확산될 때는 어떤 대응책으로도 차단하기가 어려운 상황으로 악화되기도 한다. 한국의 경우 최근 안보에 관해서도 보수와 진보의 구분이 확연해졌는데, 다양한 루머로 인한 국론 대립에 영향을 받은 측면도 없다고 할 수 없다. 한국의 경우 남북분단의 상황에서 정보의 부족을 악용하여 악의적인 루머들이 유포됨으로서 군사적 결정이 왜곡된 점이 없지 않고, 특히 상당수 루머가 진보 측의 비판으로 연결됨으로서 보수와의 공방이 벌어졌고, 결과적으로 이념적 성향에 따라 안보에 관한 의견이 확연히 달라지는 현상이 초래된 상태이다.

  루머는 그 특성상 그다지 오래 지속되지는 않기 때문에 루머로 전파된 내용이 실제적인 믿음으로 변화하는 것은 확증편향(確證偏向, confirmation bias)이라는 효과로 인한 것이다. 확증편향은 "진리 여부가 불확실한 가설 혹은 믿음을 부적절하게 강화하는 행위"로서(Nickerson, 1998: 175) 한번 듣거나 믿은 것을 그대로 유지하고자 하는 경향이다. 확증편향에 빠지면 "기존 인식에 일치하거나 이전에 믿는 바와 모순되지 않는 방향으로 새로운 정보를 획득하거나 처리"하고(Allahverdyan and Galstyan,

2014: 1), "현재의 신념이나 대안(결과 정보 포함)과 일치하는 정보만을 주로 탐색"하게 된다(이양구, 2010: 255). 아직도 천안함 폭침이 북한의 소행이라는 것을 믿지 않으려 하고, 사드 전자파의 유해성이 크다고 믿는 사람은 심각한 확증편향에 빠져 있는 것이다. 확증편향은 모든 사람들에게 공통적일 뿐만 아니라 무의식적으로 형성되기 때문에 자신의 신념으로 오해하여 자각하지 못할 개연성이 높고, 알았다고 하더라도 쉽게 없어지지 않는다.

지나고 나서 보면 루머로 판명될지라도 그 당시에 해당 내용은 상당한 설득력을 갖고 전파된다. 또한 군사의 경우 필요한 정보가 충분히 공개되기가 어려워 어떤 잘못된 내용이 루머로 전파되더라도 옳은 정보가 제공되지 못하기 때문에 진실이 드러나기 어렵고, 확증편향으로 인하여 루머가 더욱 진실인 것처럼 강화되기도 한다. 핵전쟁과 같이 두렵거나 심각한 사안에 관해서는 루머가 더욱 기승을 부릴 가능성이 높다. 국민 스스로가 노력하여 루머의 유혹에서 벗어나지 않을 경우 한국의 국민여론은 왜곡되고, 왜곡된 국민여론이 체계적인 핵대비를 결정적으로 방해할 수 있다.

3) 국민들의 북핵 대비태세 평가

(1) 위협 인식

　대부분의 한국 국민들은 북핵 위협이 심각하다는 것을 어느 정도는 인식하고 있지만, 적지 않은 숫자의 국민들은 그렇게 생각하지 않고, 최근 한국의 주도적 여론과 정책방향은 후자에 기반하고 있다. 한국 갤럽이 2017년 9월 5~7일 전국 성인 1,004명을 대상으로 조사한 바에 의하면 북한이 2017년 9월 3일 제6차 핵실험을 통하여 수소폭탄을 개발한 데 대하여 그것이 평화에 '매우 위협적' 54%, '약간 위협적' 22% 등 76%가 위협적이라고 인식하는 데 그쳤고, '별로 위협적이지 않다'는 15%, '전혀 위협적이지 않다'는 5%였으며 4%는 의견을 유보하였다. 이것은 2016년 9월 9일 북한이 제5차 핵실험을 한 직후에 조사한 결과와 유사하여 그동안 북한이 다수의 장거리 미사일 시험발사를 실시하였음에도 위협의 심각성 수준이 높아지지 않았다. 또한 북한이 전쟁을 도발할 가능성에 대해서도 37%만 있다고 답변한 반면에 58%는 없다고 답변하였다. 1992년 조사에서 69%가 북한의 전쟁 도발 가능성이 있다고 답변한 것과 비교해 보면 북한이 핵무기를 개발하였음에도 북한의 전쟁 도발 가능성에 대한 국민들의 인식은 오히려 감소하는 현상을 보이고 있다(한국갤럽, 2017). 그동안 북한 또는 북핵 위협이 오랫동안 지속됨에 따라 만성화된 결과일 수도 있지만, 실제 상황의 심각성에 비하여 국민들의 인식도가 낙관적인 것은 분명하다.

　더욱 문제가 되는 것은 한국 국민들의 여론이 북핵에 관해서도 보수와 진보로 극명하게 갈리는 현상을 보이고 있다는 것이다. 위에서 언급한 한국갤럽의 조사결과를 보면 북핵의 위험성 여부에 대해서는 보수 성향의 자유한국당 지지층은 87%가 위험하다는 의견인 데 반하여 진보 성향의 더불어민주당 지지층은 73%에 불과하여 14%의 편차를 보였고, 전쟁 도발 가능성에 대해서도 자유한국당 지지층의 61%에 비해 더불어민주당 지지층은 30%로서 무려 31%의 편차를 보이고 있다. 문재인 정권 출범과 더불어 한국 사회에서 진보층의 영향력이 증대됨에 따라 후자의 의견들이 국정에 반영되는 경향이 높고, 이로 인하여 북핵에 대한 철저한 대비보다는 남북대화를 통한 해결 가능성이 부각되고 있는 것이다. 기본적으로 진보적인 성향이 강한 언론과 학계의 경우에도 후자의 생각이 낮지 않을 가능성이 높다. 결국 북핵 위협이 너무나 심각해진 현실인데도 철저한 대비를 요구하는 목소리는 무시되고 있고, 북핵 대응방안에 대한 토의보다는 외교적 해결에만 치중하는 경향을 보이고 있다.

어느 외국 언론에서는 한국 국민들의 이러한 태도를 위험을 직시하기보다는 회피하는 경향이 큰 '타조'에 비유한 적도 있듯이 현재 한국은 북핵 위협을 있는 그대로 심각하게 인식하지 않을 뿐만 아니라 대화를 통하여 해결될 것이라는 집단사고(groupthink)에 빠져 있을 수 있고, 이러한 낙관인 시각이 현재의 국가정책에 강한 영향을 미치고 있다. 임진왜란, 정묘 및 병자호란, 한일합방, 6 · 25 전쟁 직전에 전쟁의 가능성을 직시하지 않고자 하였던 선조들과 다르지 않을 수 있는 것이다.

(2) 국민적 결의

　한국의 경우 북핵 위협에 철저하게 대응해야 한다는 국민적 결의가 높다고 보기는 어렵다. 위에서 언급한 집단사고에 영향을 받았을 것으로 추정하지만, 정부가 북핵에 대하여 단호하게 대응하고자 하면 국민들은 그것이 전쟁으로 비화된다고 인식하여 반대하곤 하였기 때문이다. 예를 들면, 1994년 당시 페리 미 국방장관이 북한 영변의 핵발전소를 '정밀타격'하는 방안을 제시하였을 때 한국의 정치가와 국민들은 "미국이 우리 땅을 빌려서 전쟁을 할 수 없다"면서 극력 반대하였다(세계일보. 2013.4.3. 30). 당시에 계획대로 타격하여 파괴하였더라면 현재와 같은 심각한 북핵 위협은 존재하지 않을 것이라고 지금은 인식하지만, 그 당시는 그렇게 하는 것이 어려웠는데, 그 이유는 다수의 국민들이 장기적인 핵전쟁 예방효과보다 당시의 불안함을 더욱 우려하였기 때문이다. 지금처럼 심각한 북핵 위협에 처해 있으면서도 "한반도에서 전쟁은 안 된다"라는 말이 주문처럼 국민들 사이에 확산되고 있는 것을 보면 과거의 분위기가 현재까지도 이어지고 있는 것이다.

　전쟁에 대한 국민들의 결의 부족은 한국 정부와 군대의 북핵 대응조치와 관련하여 이미 적지 않은 영향을 주고 있다. 북한의 핵을 사전에 예방하고자 한다면 '예방타격'과 같은 과감한 사전조치까지 강구하는 것이 이론적으로는 타당하지만, 한국에서는 예방타격은커녕 북한이 핵공격을 한다는 명백한 증거가 획득되면 실시하겠다는 선제타격도 적극적으로 논의하지 못하고 있다. 2016년 9월경 미국 내에서 예방타격 성격의 선제타격을 언급하였을 때 "그런 주장은 한민족 전멸의 대재앙 주장일 뿐"이라면서 반대하는 의견이 적극 개진되었고(조선일보. 2016.10.14.

A6), 지금도 미국의 군사적 옵션 사용에 대하여 한국 내에서는 거부감이 매우 높다. 앞에서 인용한 한국갤럽 조사에서도 미국의 선제공격에 대하여 '반대'가 59%였고, '찬성'은 33%에 불과하였다. 특히 자유한국당 지지층은 53%가 찬성하였으나 더불어민주당 지지층은 24%만 찬성하여 보수와 진보를 기준으로 심각한 편차를 보이고 있다. 북한이 제1차 핵실험을 실시하기 이전인 2004년 10월에 실시한 비슷한 조사에서도 북한 핵시설에 대한 미국의 타격에 대하여 반대 71%, 찬성 21%의 결과를 보인 것과 비교하면 북한이 6차례의 핵실험을 실시하여 생존을 극단적으로 위협하는 상황이 되었음에도 국민들의 결의는 그다지 달라지지 않았다(한국갤럽, 2017).

특히 한국이 상대해야 하는 북한의 경우 일체성이 매우 커 국론 분열이 발생할 소지가 적다는 점에서 한국의 국민적 결의 부족은 전쟁에서 매우 불리하게 작용할 수 있다. 북한의 행사 때마다 동원하는 대규모 군중, 정치범 수용소의 가동, 거주이전의 통제 등은 제2차 세계대전 시 나치의 독일이나 냉전시대 소련에서 목격하였던 국가 중심의 체제이고, 따라서 북한의 수뇌부들은 주민들의 안전은 고려하지 않은 채 핵전쟁을 결정할 수 있다. 북한의 경제적 사정이 악화될수록 주민들도 통일이 유일한 돌파구라고 생각할 가능성이 크고, 핵무기 사용으로 통일을 달성할 수 있다는 확신을 갖게 될 경우 북한 주민들은 정부의 전쟁 수행을 적극적으로 지원하여 승리하려고 노력할 것이다.

(3) 루머의 영향

한국에서는 루머가 쉽게 확산되고, 상당한 영향을 끼치고 있다. 예를 들면, 2008년 미국산 쇠고기를 먹으면 치명적인 병에 걸린다는 루머에 의하여 격렬한 수입 반대 운동이 발생하였고, 이것은 갓 출범한 이명박 정부의 국정 장악력을 크게 훼손시켰다. 군사 분야의 경우에도 2010년 3월 26일 북한의 잠수정이 어뢰를 발사하여 한국의 천안함을 격침시켰지만, 천안함이 낡아서 좌초되었다거나 한국 정부가 고의로 격침시켰다거나 훈련 중이던 미 핵잠수함에 의하여 오폭 또는 충돌되었다는 등의 루머가 확산되었고, 이로 인하여 한국 사회가 혼란에 빠졌을 뿐만 아니라 유엔에까지 전달되어 결의안 결정 과정에도 영향을 미쳤다. 또한 2014년 6월부터 2017년 9월 사드를 실제로 배치하기 전까지 3년 이상을 한국에서는 사드에 관한 다양한 루머가 횡행하면서 국론이 크게 분열되었고, 중국의 간섭까지 초래하였으며, 사드의 배치를 3년 이상 지체시켜 한미동맹을 곤란하게 만들었다.

어떤 것을 루머로 볼 것이냐 또는 어느 정도가 루머의 영향이냐를 식별하는 것이 쉽지는 않지만 북한의 핵위협에 관해서도 한국 내에서 상당한 오해가 발생한 상태이다. 예를 들면, 핵무기 개발 의도와 관련하여 한국에서는 북한이 체제 유지를 위하여 개발하는 것이지, 한국을 위협하여 적화통일을 달성하기 위한 것은 아니라고 생각하는 사람이 적지 않다. 상당수의 북핵 전문가들도 북한 정권 및 체제의 생존력을 강화하기 위하여 북한이 핵무기를 개발한 것이라고 주장한다(정성윤, 2017: 77). 북한의 핵능력에 있어서도 외국의 학자들은 북한이 수십 개의 핵무기를 보유하고 있는 것으로 평가하고 있지만, 한국 정부의 공식문서에서는 아직도 그 원료인 플루토늄을 확보하고 있는 정도로만 언급하고 있다. 한국에서는 북핵 문제를 미국과 북한 간의 문제로 인식하는 경향이 적지 않고, 따라서 북한이 핵무기의 위협이나 사용을 통하여 그들의 당＝군대＝국가의 목표인 '전 한반도 공산화'를 달성하려고 한다는 사실을 인정하는 사람들은 많지 않다.

한국 국민들은 북한의 핵위협을 있는 그대로 냉정하게 보지 않고 있다. 북한의 체제만 보장해 주면 포기할 것으로 생각하고, 한국을 공격하는 일은 없을 것으로 판단하며, 따라서 철저한 대비가 필요하다고 생각하지 않는다. 의도적이었든 그렇지 않았든 간에 북한의 핵위협에 대한 일방적이거나 낙관적인 내용이 지식인들과 언론을 통하여 지속적으로 논의 및 회자됨으로써 국민들이 그렇게 인식하게 되었고, 그것이 한국의 철저한 북핵 대응노력을 방해해 왔다. 국민 스스로도 그러한 오해에서 벗어나고자 노력해야 하지만, 국민들을 계도하기 위한 지식인들과 언론의 각성과 분발이 절실한 상황이다.

4) 국민들의 과제

(1) 북핵 위협에 대한 냉정한 자각

민주주의 국가에서는 국민들의 여론이 정부와 군대의 정책방향을 유도하는 측면이 크기 때문에 한국 국민들은 북한 핵위협에 관한 현실

적이면서 건전한 여론으로 정부와 군대가 나름대로의 대비책을 강구할
수 있도록 촉구하거나 여건을 조성해줄 필요가 있다. 국민들이 여론이
나 투표를 통하여 핵위협으로부터의 안보를 강조해야 정치인들이 더욱
적극적인 노력을 경주하여 보장할 것이기 때문이다. 국민들은 자신들
이 가장 직접적인 핵공격의 피해자가 될 수밖에 없다는 인식을 바탕으
로 "북한이 핵미사일로 공격한다면 우리를 어떻게 보호할 것인가?"라
는 질문을 정부와 군대에게 끊임없이 제기해야 한다.

이러한 측면에서 국민들에게 무엇보다 중요한 사항은 북한의 핵위
협을 있는 그대로 냉정하게 인식하는 것이다. 북핵에 관한 다양한 자료
들을 적극적으로 공부하고, 낙관적인 집단사고에 빠지지 않도록 의도적
으로 주의해야 한다. 북한은 현재 수소폭탄을 포함하여 수십 개의 핵무
기를 개발한 상태이고, 그들이 보유하고 있는 모든 탄도미사일에 이것
들을 탑재하여 언제든지 한국을 공격할 수 있으며, 미국 본토 공격을 위
한 ICBM의 개발에 근접한 상태이고, SLBM의 개발에도 노력하고 있
다. 북한이 ICBM과 SLBM으로 미국의 주요 도시를 공격하겠다고 위
협할 경우 미국은 주한미군 철수를 검토할 수 있고, 주한미군만 철수하
면 북한은 핵공격으로 위협하여 남한을 장악하고자 할 것이다. 다시 말
하면, 한국은 국가의 존망이 위태로운 상황에 처해 있고, 시간이 갈수록
이러한 상황은 더욱 심각해질 수밖에 없다.

국민들은 북한이 핵무기를 개발한 목적은 핵무기를 사용하거나 사
용하겠다고 위협하여 그들이 지금까지도 변함없이 견지하고 있는 당＝
군대＝국가의 공통 목표인 '전 한반도 공산화'를 달성하는 것이라는 점
을 명확하게 인식해야 한다. 6 · 25 전쟁을 통하여 구현을 시도한 바와
같이 지금까지 북한은 재래식 무기로 전 한반도 공산화를 추구해 왔는

데, 핵무기를 개발하면서 그것을 포기하였다는 것은 논리적으로 말이 되지 않는다. 상식적으로 볼 때 핵무기를 개발하는 데 성공한 북한은 전 한반도 공산화라는 그들의 목표 달성에 더욱 유리해졌다고 평가할 것이고, 따라서 기존의 목표를 더욱 고수할 가능성이 높다. 실제로 북한은 2013년 제3차 핵실험에 성공한 이후부터 "조국통일대전"이라는 표현을 적극적으로 사용하고 있고, 남한이 평화적 통일을 거부한다면 비평화적 방법을 사용해서라도 조국통일을 달성하겠다고 주장하고 있다(정성윤, 2017: 108-109).

이제 국민들은 정부가 안보 목표로 제시하고 있는 "영토·주권 수호와 국민안전 확보(국가안보실, 2014: 15)"를 보장할 수 있는 핵 억제 및 방어 전략을 개발하도록 정부에게 요구하고, 군에게도 선제타격과 탄도미사일 방어 등을 강화함으로써 실질적인 방어력을 구비하도록 촉구해야 한다. 국민들이 핵에 대한 철저한 대비책을 제대로 요구하지 않기 때문에 정부와 군대가 그렇게 하지 않고 있다고도 볼 수 있다.

(2) 북핵 해결 위한 결의 보유

핵전쟁의 예방과 억제를 위해서는 "전쟁이냐, 평화냐"라는 우문(愚問)이나 전쟁은 절대로 불가하다는 비현실적 주장에서 벗어나야 한다. 목표로는 당연히 평화를 희구하지만, 평화만 강조할 경우 북한의 위협에 미리 대처할 수 없을 뿐만 아니라 북한에게 취약점을 드러내는 결과가 될 수 있기 때문이다. 한국 국민들이 전쟁을 두려워한다고 생각하면 북한은 다양한 평화공세를 획책하여 남한 내부를 균열시키거나, 전쟁으로 위협하면서 자신의 요구를 수용하라고 압박할 것이다. 당연히 북핵 문제의 평화적 해결이 중요하고, 평화적 남북통일을 지향해 나가야 하지만, 북한으로 하여금 비핵화나 평화 정착을 진정으로 논의하도록 만들고자 한다면 오히려 전쟁도 불사하겠다는 의지를 구비해야 한다.

오히려 국민들은 북핵 위협으로부터 국민들의 안전을 보장하기 위하여 불가피하다면 어떠한 어려움과 희생도 감내하겠다는 태도를 가져야 한다. 그것 이외에 전혀 대안이 없다면 예방타격이나 선제타격의 위험성도 감수해야 하고, 상황이 요구한다면 불편하더라도 철저한 민방위 조치를 시행해야 한다. 핵전쟁을 연구한 학자들은 국민적 결의의 강도가 핵전쟁의 승패를 좌우하고, 이러한 점에서 자유민주주의 국가가 취약하다고 우려하고 있다. 제2차 세계대전 시 독일의 침공에 직면한 상황에서 영국의 수상으로 지명된 처칠(Winston Churchill)이 말한 바와 같이 피와 땀과 눈물을 흘릴 각오를 해야 전쟁에서 승리할 수 있다. 우리 국민들이 북한의 핵위협에 굴복하지 않을 것이라는 것을 북한이 인식하게 된다면 북한의 핵위협 효과는 없어질 것이고, 그것을 아는 북한은 핵위협 카드를 사용하지 못할 것이다(우평균, 2016: 214). 역설적이지만 전쟁을 감수하겠다는 확고한 결의가 전쟁의 억제와 예방에는 가장 효과적이다.

(3) 언론과 지식인들의 선도 역할 필요

국민들의 여론형성에 영향력이 지대하다는 점에서 언론과 지식인들은 스스로부터 북핵 위협의 심각성을 자각한 상태에서 북핵 대비를 위한 국론을 결집시키고, 국민들에게 바른 시각과 정보를 전파하며, 정부와 군대가 필요한 노력을 강구하도록 촉구하거나 지원해야 한다. 일부 인사들의 검증되지 않은 주장을 여과 없이 전달하거나 그들의 주장을 비판 없이 추종해서는 곤란하다. 안보는 너무나 중요한 공공재(public goods)라는 점을 인식하여 언론사나 기자들의 이익보다는 국익을 우선시하여야 할 것이다. 지식인들은 국가안보나 국방에 대한 냉소적인 시각에서 벗어나 북핵에 관한 연구의 양을 늘리고, 연구결과를 통하여 정확한 사실과 지식을 국민들에게 전달하며, 한국의 현 상황과 여건에서 가용한 최선의 대응책을 논의 및 제시할 수 있어야 할 것이다.

언론 및 지식인 사회의 자정 노력이 필요할 수 있다. 2010년 천안함 폭침의 원인에 관한 루머와 2014년부터 3년 동안 지속된 사드 배치를 둘러싼 루머와 관련하여 언론과 지식인들은 그것을 규명하기보다는 방관하거나 어떤 경우에는 자신들의 이익을 위하여 편승하는 경향마저 드러내었다. 이제 언론인들은 국가안보의 엄중함을 인식하면서 사실을 중심으로 보도하고, 국익을 우선시한다는 자세가 보편화되도록 모두 노력할 필요가 있고, 그렇지 않은 언론인에 대해서는 자체적으로 징계하거나 퇴출시킬 수 있는 방안을 강구해야 할 것이다. 학자를 비롯한 지식인들의 경우에도 꾸준히 연구하는 사람들을 높게 평가하고, 학문적인 접근을 통하여 국민여론을 오도하는 지식인들이 도태되는 분위기와 제도를 만들어 나갈 필요가 있다. 이로써 언론과 지식인들은 공공재로서의 사명감과 책임감을 지니고, 그것을 국가안보에 더욱 철저하게 적용해 나가야할 것이다.

(4) 대피 노력

국민들은 스스로부터 핵대피의 필요성을 인식한 상태에서 정부에게 더욱 적극적인 조치를 강구할 것을 요구할 필요가 있다. 체계적인 대피 및 복구 노력을 추진할 경우 핵 피해의 50~90%를 감소시킬 수 있다고 주장될 정도로(김학민, 2016: 58) 대피활동의 정도에 따라 피해의 규모는 크게 달라지기 때문이다. 국민들은 정부에게 핵폭발에 대한 피해를 최소화할 수 있는 국가 차원의 방호체제를 구축하도록 요구하면서, 스스로도 필요한 과제를 찾아내어 실천해야 할 것이다.

핵폭발 시 국민들의 생존을 보장하는 데는 핵대피소 구축이 가장 중요한데, 이에 관한 기본적인 정책은 정부가 수립 또는 시행하지만, 국민들의 적극적인 협력 없이는 그 질을 쉽게 향상시킬 수 없다. 국민들은 정부가 기존 재래식 대피소의 기준을 핵대피에 부합되도록 격상시키거나, 지하철이나 대형빌딩의 지하시설을 핵대피소로 전환하는 것으로 결정할 경우 이에 적극적으로 협조해야 할 것이고, 스스로도 최악의 상황에서 가족들의 안전을 보장할 수 있도록 지하실을 유사시 핵대피소로 활용할 수 있도록 보강하는 등 필요한 조치를 찾아서 실행할 필요가 있다. 정부에서는 핵대피소를 구축해 나가는 국민들에게 다양한 인센티브를 제공하거나 공동으로 구축하는 것을 장려하는 정책수단을 강구해야 할 것이다(부형욱, 2016: 24).

국민들은 북한의 핵무기 공격이라는 최악의 상황에서도 스스로의 생명과 재산을 보호하는 데 필요한 최소한의 상식을 구비하고, 그에 따라 행동할 수 있어야 한다. 원폭 피해에 대하여 국민들이 사전교육을 받을 경우 사망자의 20%를 줄일 수 있다는 주장도 존재하고, 국민들 스스로의 대비와 긴급 시 숙달된 행동은 공포의 제거, 고통과 혼란의 방지, 피해 최소화, 사기 앙양에도 중요하다(김학민, 2016: 47). 핵전쟁에서는 국민들이 군인보다 더욱 직접적으로 전쟁의 피해에 노출되기 때문에 핵폭발 시 생존을 보장할 수 있는 상식은 재래식 전쟁에서 군인들이 교리를 익히는 것과 동일한 비중일 수 있다. 국민들은 핵대피를 위하여 정부가 설정한 제반 신호규정을 숙지함은 물론이고, 핵공격이 임박했을 때의 행동요령, 핵대피와 이탈에 관한 주의사항, 핵대피소 내에서의 행동요령, 기타 다양한 상황에서의 행동 방향을 정확하게 이해해야 한다.

한국의 경우 경보시간이 짧아서 공공대피소로 이동할 시간이 충분하지 않을 가능성이 높기 때문에 가족 및 개인별로 필요한 대피소를 구축 또는 마련하는 노력도 불가피하다. 한국은 대규모 아파트 단지가 많은데, 이들 지하주차장의 경우 출입문과 창문만 적절하게 보완하면 핵폭풍의 피해도 줄일 수 있고, 낙진(fall-out)에 대해서는 상당한 차단 효과를 기대할 수 있다. 이러한 공간에 방사선이 현저하게 감소될 때까지(약 2주) 주민들이 생활할 수 있도록 식수, 음식, 침구 등을 준비한다면 핵대피소로도 기능할 수 있다. 개인주택의 경우에도 지하실이 있으면 이를 보강하여 대피소로 활용하도록 하고, 지하실이 없는 상태에서도 실내의 가장 안전한 공간을 선택하여 벽면을 사전에 보강하거나 보강 재료를 비치해 둠으로써 유사시에 임시대피소로 활용하도록 대비해 둘 수 있다.

5) 결론

대한민국은 민족의 영속을 보장하기 어려울 수도 있는 미증유의 심각한 위협에 노출되어 있다. 북한은 핵무기를 개발하여 위협하고 있고, 아직 우리는 이에 대한 대비책을 제대로 강구해 두지 못한 상태이다. 핵위협의 심각성에 대한 국민들의 인식조차 높지 않은 편이고, 보수와 진보로 구분되는 이념에 따라 안보의 시각도 매우 상이하여 국론이 분열되면서 일치된 조치를 강구하지 못하고 있다. 이러한 경향이 지속될 경우 국가안보의 취약성이 커짐은 물론이고, 북한이 만만하게 생각하여 도발을 감행할 가능성도 낮지 않다.

북핵 대비에 관해서는 당연히 대통령을 중심으로 하는 정부와 군대가 적극적인 조치를 강구해야 하지만, 국민 스스로도 자신의 생존을 보장하기 위한 조치를 정부와 군대에게 요구하거나 스스로가 필요한 조치를 찾아서 강구할 필요가 있다. 민주주의 국가의 주인은 국민이고, 도시에 거주하는 국민들을 직접적 대상으로 핵공격이 가해질 가능성이 높기 때문이다. 국민들은 북핵 위협의 심각성을 확실하게 인식하는 가운데, 핵폭발 상황에서도 자신과 가족의 생존을 보장하기 위한 대책을 평소부터 강구하면서 핵전쟁의 억제와 방어를 위하여 필요하다면 어떠한 위험과 희생도 감수하겠다는 결의를 보유할 필요가 있다. 특히 언론과 지식인들은 정부와 군대의 적극적 북핵 대비 노력을 촉구함과 동시에 총력적 대비를 위한 국론을 결집시키고, 핵전쟁과 그 대비에 관한 정확한 내용을 국민들에게 알려 주고자 노력해야 할 것이다.

최근 한국에서는 근거 없는 루머들로 인하여 국가안보에 관한 국가 및 군의 정책이 혼란을 겪거나 실수를 범한 사례가 있다는 측면에서 이제 국민들은 안보나 국방에 관하여 스스로부터 정확한 지식을 갖고자 노력하고, 일부 인사들의 선동에 휘둘리지 않도록 비판적 시각을 견지할 필요가 있다. 핵전쟁에서는 상황의 불확실성이 커서 루머가 더욱 기승을 부릴 수 있다는 점에서 국민들은 공식적인 정보 이외에 유포되는 사항에 대해서는 경계심을 가져야 할 것이다. 언론과 지식인들은 일부 인사들의 근거 없는 주장을 신속하게 검증하여 루머임을 밝힘으로써 사실을 근거로 한 토의와 국민여론 형성을 보장해야 한다. 정부와 군은 안보에 관한 제반 정책 및 자료를 국민들에게 적시적으로 수시로 정확하게 설명함으로써 루머가 확산될 수 있는 토양 자체를 조성하지 않아야 한다. 안보상황에 대하여 정부와 군이 정직해질 때 국민들의 안보지식이 높아지고, 안보지식이 높아지면 루머는 사라지면서 건전한 국민여론이 형성되어 국가와 군을 올바른 방향으로 유도하게 될 것이다.

현 시대에 한국에 살고 있는 모든 국민들은 현재 우리 민족은 존망이 위협받는 심각한 상황에 직면하고 있고, 이것을 제대로 처리하지 못하면 민족의 역사가 중단될 수도 있는 엄중한 상황임을 공유해야 한다. 한반도에서 핵전쟁이 발생하면 한반도의 대부분이 초토화되면서 민족이 더 이상 생존할 수 있는 터전이 없어질 것이기 때문이다. 이를 예방하고자 한다면 국민들은 북핵 위협을 있는 그대로 정확하게 인식한 상태에서 최악의 상황에 대해서도 철저하게 대비한다는 자세를 가져야 한다. 필요하다면 일시적인 위험을 감수하더라도 북핵에 대한 확실한 해결을 도모하고, 그 과정에서 불가피하다면 어느 정도의 희생도 감수하겠다는 자세를 가져야 한다. 국민들의 단호한 의지와 단합된 노력만이 북핵 위협으로부터 국가와 민족을 구할 수 있을 것이다.

결론

1

    대한민국의 현 세대는 유구한 역사를 지니고 있는 우리 한민족의 존망을 좌우할 수 있는 기로의 시대를 살게 되었다. 현재의 북핵 위기를 제대로 극복하지 못할 경우 남한이 공산화될 수도 있고, 더욱 잘못 대처할 경우 민족이 공멸하는 상황까지도 가능하기 때문이다. 애써 잊고자 노력하고, 일부러 낙관적인 분석을 믿고자 하지만, 현실이 점점 위험해지고 있다는 것을 부정할 국민들은 없을 것이다. 대부분의 국민들은 일상의 일에 바빠서 이와 같이 위험한 현재의 상황에 둔감할 수 있지만, 이제는 더 이상의 무관심이 허용되지 않는 위험한 상황일 수 있다.

    북한이 체제 유지 목적으로만 핵무기를 개발하였다거나 동일한 민족인 남한에 대하여 핵무기를 사용하는 일은 없을 것이라는 사람들에게 묻고자 한다. 그렇지 않은 상황이 발생할 경우 책임질 수 있는가? 그들의 생각과 달리 북한이 핵무기로 한국을 공격하겠다고 위협하면서 굴복을 강요하는 사태가 발생할 경우 실수를 인정하면서 사태를 되돌릴 수 있는 신통력을 구비하고 있는가? 국가안보가 잘못되는 일은 누구도 책임질 수 없고, 누구도 되돌릴 수 없는 일이기에 모든 국가들은 언제나 최악의 상황까지 생각하여 대비하고, 만전에 만전을 기하는 것이다. 영세중립국으로 공인받은 스위스도 국민개병제를 시행하고 있고, 국민 모두를 위한 핵대피 시설을 구축해 두고 있다. 북한이 수소폭탄을 비롯하여 수십 개의 핵무기를 보유한 상태임에도 이에 대하여 철저하게 대비할 것을 강조하지 않는 사람은 대한민국 국민이 아니거나 한민족의 장래를 한 번도 깊게 생각해 본 사람이 아니다.

북한의 핵문제를 대화를 통하여 해결할 수 있다고 주장하는 사람들에게도 묻고자 한다. 대화를 통하여 문제를 해결해 왔는가, 아니면 북한에게 핵무기 개발에 필요한 시간을 허용해 왔는가? 왜 대화만 강조하면서 군사 대비태세 완비는 강조하지 않는가? 대화를 통하여 북핵 위협을 해소할 수 없게 되면 또한 책임질 수 있거나 되돌릴 수 있는 신통력을 구비하고 있는가? 북한에 대한 철저한 대비를 요구하는 사람들이 대화의 중요성을 몰라서 그런 것이 아니다. 대화만을 추구하다가 실패하면 다른 대안이 없지만, 철저히 대비할 경우 언제든지 대화도 가능할 뿐만 아니라 대화에 실패해도 크게 위태롭지 않기 때문이다. 대화를 주장하는 사람들조차도 북한이 핵무기를 포기할 가능성은 매우 낮다고 말한다. 그렇다면 대화를 통해서 무엇을 해결하겠다는 것인가?

북핵에 대한 최악의 상황을 거론하면 전쟁이냐, 평화냐를 선택하라면서 논의 자체를 차단하려는 사람들에게도 묻고자 한다. 핵무기를 가진 북한에 대하여 굴복 이외에 우리가 평화를 선택할 수 있는 방법이 있는가? 전쟁은 양측의 합의가 아니라 일방의 결정만으로 발생한다. 전쟁을 하겠다는 상대방에 대하여 평화를 강요하려면 상대가 전쟁하겠다고 할 경우 꺾을 수 있는 힘이 있어야 하고, 전쟁을 각오한다는 자세로 그 힘을 길러야 한다. 또다시 묻고자 한다. 도대체 얼마간의 평화를 마음에 두고 있는가? 북한의 핵위협에 대하여 오늘, 내일, 일주일, 한 달의 평화를 확보할 수 있는 방안은 적지 않을 것이다. 어떤 식으로든 6개월, 1년, 2년의 평화도 확보할 수 있을지 모른다. 그러나 전쟁을 각오하지 않은 채 5년, 10년, 나아가 항구적 평화를 보장할 수 있는 방법은 없다. 겨우 며칠, 몇 개월 또는 몇 년의 평화를 평화라고 말할 수는 없지 않는가? 옛 사람들이 경고하고 있듯이 전쟁을 준비해야만 장기간의 평화를 얻을 수 있는 것 아닌가?

이제 우리 모두는 북한이 수세적인 목적으로만 핵무기를 개발하였다거나 대화를 통하여 해결하는 것이 최선이라거나 평화적인 수단에만 의존해야 한다는 사고에서 벗어나야 한다. 북한의 핵위협은 나, 내 가족, 우리 대한민국의 생존을 직접적으로 섬뜩하게 위협하고 있고, 굴복하지 않으려면 전쟁을 각오해야 하는 엄중한 상황이 되고 말았다. 회피하거나 아름답게 보고 싶어 한다고 하여 현실이 달라지거나 아름답게 변하는 것이 아니다. 너무나 섬뜩하여 내키지 않지만, 이제 우리 모두는 다음과 같은 질문을 직시하여 해답을 찾고자 노력해야 한다. "북한이 핵미사일로 우리를 공격하면 어떻게 국가와 국민을 보호할 것인가?" 비록 쉽지 않은 과제지만 최선을 다하여 해답을 찾고자 노력하지 않을 수 없고, 그러한 자세로 노력할 경우 기적과 같은 해결의 방도가 가능해질 수도 있을 것이다.

위의 질문들과 그에 대한 해답들의 모색이 지체되었다는 점을 인식하면서 우리 모두는 우리 대한민국의 집단지성, 특히 이 분야에 대한 전문가들의 문제 해결 능력을 반성하지 않을 수 없다. 지금까지 우리나라의 수많은 지식인들과 전문가들이 북한 또는 북핵 문제 해결에 노력해 왔지만, 결과는 계속 악화되어 왔고, 지금은 최악의 상황에 직면하게 되었기 때문이다. 지금까지 대부분의 전문가들은 북핵과 관련하여 북한의 의도, 주변국들의 전략, 향후 사태 추세 등을 해석하거나 전망하는 데는 열성이었지만, 북한의 핵무기 개발을 차단하기 위한 실제적이고 과감한 방안의 연구와 제안에는 소홀한 점이 있었다. 북핵 위협에 대응하여 정부, 군대, 국민들이 실행해야 하는 구체적인 대응방안을 충분히 연구하지 않았고, 현실적인 대안을 제시하지 못하였다. 최악의 상황까지 상정한 상태에서 그로부터도 국가와 국민의 안전을 보장하기 위한 다양한 대안들을 적극적으로 토론하거나 실질적으로 제시하지 않았다. 반성의 차원에서 보면 우리 모두는 북한의 핵무기 개발을 방조한 셈이다.

그럼에도 불구하고 용기를 잃은 채 좌절할 수는 없다. 호랑이에게 잡혀 가도 정신만 차리면 산다는 말을 생각할 때다. 지금부터라도 현실을 직시한 상태에서 해결책을 모색하면 출구를 찾을 수도 있을 것이다. 북핵 문제를 해결하기 위하여 어떠한 위험과 고난도 감수하겠다는 각오를 가져야 하고, 최악의 상황을 회피하기 위해서라면 사소한 위험이나 손실도 감당할 수 있다는 자세를 지녀야 한다. 불안이 클수록 현실을 있는 그대로 직시하면서 정론에 근거하여 대응해야 한다. '전쟁불가론' 대신에 '전쟁불사론'으로 북한을 두렵게 만들어야 한다. 불안한 마음을 떨치지 못한 채, 그리고 성공에 대한 확신도 없는 상태임에도, 포기하지 않고 끈질기게 노력하는 것이야말로 진정한 용기이다.

2

무엇보다 우리는 북핵 해결에는 왕도(王道)가 없다는 사실부터 인정해야 한다. 북한이 수십 년 동안 그렇게 어렵게 노력하여 이룩해 온 것을 간단하게 무력화시킬 수 있는 방도가 어떻게 가능하다는 것인가? 북한이 노력한 만큼 우리가 처절하게 노력해도 제대로 해결되기 어려울 것이다. 하물며 쉽게 해결할 수 있는 단방약이 어떻게 가능하다는 말인가? 그동안 북핵 위협에 대하여 안일하게 접근하였거나 지체한 바가 클수록 지금 우리에게 가용한 해결책은 많지 않을 것이고, 더욱 사생결단의 집요한 노력을 경주해야 할 것이다.

북핵 대응과 관련하여 이제 우리는 핵대응의 기본, 즉 교과서로 되돌아갈 필요가 있다. 아무리 급해도 바늘 허리에 실을 매어 사용할 수 없듯이 북핵 문제가 아무리 화급하더라도 서둘러서는 해결할 수 없다. 지금까지 우리는 당시 대두되는 상황을 해결하고자 다양한 사람들이 다양하게 주장하는 접근방식을 적용해 왔고, 그때마다 실패하였다. 이제는 입증되지 않은 방식들을 실험하는 데서 벗어나 지금까지 핵대응을 위하여 다른 국가들이 적용해본 방법, 학자들이 연구하여 제시해 온 방안들을 학습하고, 그것들을 한국이 상황과 여건에 부합되도록 일부 조정하여 적용해 나가야 한다. 용한 의원이라는 소문을 듣고 찾아다니는 습관을 접고, 종합병원에 가서 기본 진단부터 받으면서 의사의 지시에 따라 체계적으로 접근해 나가야 한다. 북핵 문제를 쉽게 해결할 수 있는 단방약이거나 묘안이라고 주장할수록 배척해야 할 것이다. 북핵 문제는 교과서에서 옳다고 추천하는 모든 방안들을 동원하여 꾸준히 노력해 갈 때 조금씩 해결책이 찾아질 것이다.

미국과 일본 등 북핵을 심각한 위협으로 인식하는 국가들의 대응 방식을 세부적으로 분석하여 우리에게 필요한 교훈을 찾는 노력도 유용할 수 있다. 처음에는 잘 드러나지 않았고, 과도하게 대비하는 측면도 있는 것 같았지만, 미국이나 일본은 그동안의 체계적인 노력을 통하여 북한의 핵위협에 대하여 상당한 방어태세를 구비하게 되었고, 억제를 위하여 동원할 수 있는 수단도 풍부한 상태가 되었다. 그들이 우리보다 지혜롭지 않아서 지금까지 북핵과 관련하여 개발하거나 조치해온 것과 같이 힘들고 비용이 많이 드는 방법에 의존하지는 않았을 것이다. 그들에게 단방약을 제안하는 사람이 없어서 원칙대로 대응하지는 않았을 것이다. 경제, 사회, 문화에 관해서는 외국의 사례를 적극적으로 참고하면서 가장 중요한 안보에 관하여 다른 국가들의 사례를 알고자 하지도 않는지 답답할 뿐이다.

북핵 대응에 있어서 가장 기본적인 사항은 가용한 모든 방법을 동원하고, 상상되는 모든 상황을 고려하여 필요한 대비책을 갖추는 것이다. 우리의 힘은 물론이고, 당연히 동맹 및 우방국의 역량도 최대한 활용해야 할 것이고, 국제사회의 도움도 적극적으로 모색해야 할 것이다. 예방타격이나 선제타격, 탄도미사일 방어, 민방위를 비롯한 모든 방안들을 적극적으로 논의하고, 적정한 수준을 판단하여 대비하는 가운데 불가피한 상황에서는 과감하게 결행해야 할 것이다. 최악의 상황에서도 국가와 국민들을 보호할 수 있도록 미국 전술핵무기의 전진배치는 물론이고, 극단적인 상황에서는 자체 핵무장도 검토하지 않을 수 없다. 개인에게 생명과 바꿀 수 있는 것이 많지 않은 것과 마찬가지로 국가의 생존이 위협받는 상황에서 동원하지 않아야 하는 방법과 수단이 존재할 수는 없다.

북핵 대응책에 있어서는 당분간 효율성(efficiency)보다는 효과성(effectiveness)에 치중할 수밖에 없다. 비용 절약에 신경을 쓸 만큼 상황이 만만하지 않기 때문이다. 다소 과도한 점이 있더라도 국가의 모든 자원을 북핵 대응을 위하여 동원할 필요가 있고, 필요한 예산도 크게 증대시킬 필요가 있다. 국방예산 중에서도 재래식 전쟁에 대한 대비는 과감하게 줄이는 대신에 북핵 대비를 위한 예산은 집중적으로 증대시켜야할 것이다. 국가 전체 차원에서 대피소를 구축해 나가야 할 것이고, 민방위 훈련을 북핵 대응 위주로 전환해야 할 것이다. 그동안 지체해 온 바가 많을수록 이들을 조기에 보강하기 위해서는 집중적인 노력과 투자가 필요할 것이다. 다행히 한국의 경제력이 작지 않기 때문에 국가적으로 노력하겠다는 결정을 내릴 경우 단기간에 대규모 투자가 가능하고, 결과적으로 신속한 북핵 대응태세 강화도 가능할 것이다. 이를 위한 정치적 결단이 절대적으로 필요한 상황이다.

3

현재까지 북한에 대한 한국의 대비태세가 미흡하다면 그의 일차적인 책임은 정부와 군대에게 있다. 대통령을 중심으로 하는 정부는 헌법 제66조 2항에 규정된 대로 "국가의 독립·영토의 보전·국가의 계속성과 헌법을 수호할 책무"에 최선을 다해야 할 것인데, 그렇게 하지 못한 결과가 되기 때문이다. 과거에 정부들은 북핵 위협이 어느 정도로 심각한 지를 냉정하게 있는 그대로 판단한 다음 최선의 대응과 대비를 위한 전략을 수립하고, 그에 근거하여 지속적으로 필요한 조치를 강구했어야 했다. 군대 또한 외침으로부터 국가와 국민을 보호하는 것이 본연의 임무이기 때문에 정부의 지침이 존재하든 존재하지 않든 최악의 상황까지 고려하여 항상 최대의 대비태세를 강구했어야 했다. 그러나 돌이켜 보면 정부와 군대는 지금까지 부여된 본연의 임무를 제대로 수행하지 못하였고, 따라서 현재와 같은 불안한 안보상황에 직면하게 되었다. 그렇다고 하여 국민들의 책임이 면제되는 것은 아니다. 대통령은 국민들이 직접선거를 통하여 선출하고, 국회의원도 그러하며, 그러한 대통령과 국회의원들은 국민들의 여론을 살펴서 필요한 정책을 구상하고, 국민들이 원하는 방향으로 정책을 추진할 것이기 때문이다. 이전에 국민들도 북핵의 심각성을 정확하게 인식하면서 선동에 휘둘리지 않은 채 정부와 군대에게 철저한 북핵 대응태세를 구비하도록 요구했어야 했다. 국가의 주권이 국민에게 있다면 정부와 군대의 실수에 대한 책임도 국민들에게 있을 수밖에 없다.

실제로 지금까지 국민들은 북핵 위협을 그다지 심각하게 생각하지도 않았고, 정부와 군대에게 철저한 대비태세를 강구할 것을 요구하지도 않았다. 오히려 국민들은 지금 당장 불안하지 않은 상태를 선호하였고, 군사적 대비는 강조하지 않은 채 외교적 해결을 중점적으로 주문하였다. 전쟁과 평화라는 이분법에 쉽게 기만당한 채 최악의 상황은 고려하지 않으려 하였다. 전 한반도 공산화가 아니라 체제 유지가 북한의 핵무기 개발 목적이라는 일부 인사들의 해석을 너무나 순진하게 수용하였다. 사드 배치에서 드러났듯이 루머와 진실을 분별하지 못하여 국론 분열을 방치하거나 정부의 조치를 어렵게 만들기도 하였다. 특정 국가의 민주주의 수준은 해당 국민들의 민주의식 정도에 좌우된다고 하듯이 정부와 군대의 북핵 대응 수준도 국민들의 안보의식이나 안보지식 정도에 좌우된다.

현 상황에 대한 국민들의 냉정하면서도 정확한 인식을 보장하기 위해서는 언론과 지식인들의 역할이 다른 어느 것보다 중요하다. 이들은 현실을 있는 그대로 정확하게 파악하여 국민들에게 전달하고, 모르는 것을 알려주는 역할을 수행하기 때문이다. 언론은 나름대로의 시각보다는 사실 보도에 더욱 충실하고자 노력해야 한다. 국민들이 오해하는 부분이 있으면 사실에 근거하여 그것을 해소시켜 주어야 할 것이다. 언론 자체가 공적인 기능을 수행하고 있다는 점을 인식한 상태에서, 나라를 염려하는 마음과 자세를 갖고, 정부와 군대에게 최악의 상황까지 대비할 것을 촉구해야 한다. 지식인 역시 사안에 대한 정확하면서도 객관적인 분석을 통하여 국민들에게 모르던 것을 알게 해주고, 이로써 안보와 북핵에 대한 국민들의 건전한 인식 형성을 지원해야 한다. 지식인들은 보통 국민들보다 더욱 국가를 걱정하는 가운데, 정부와 군대로 하여금 철저하게 대비하도록 조언하고, 미흡할 경우 혹독하게 비판해야 한다. 지식인 중에서 공직을 담당하는 기회를 가지게 된 사람은 오로지 국가의 안전과 번영을 위하여 분골쇄신해야 할 것이다.

현재의 북핵 위협은 국민 모두가 나서서 총력적으로 대비해도 제대로 해결하기 어려운 심각한 수준이다. 우리 모두 북한의 핵위협 수준이 어떠한지, 그 진의가 무엇인지를 정확하게 이해하기 위하여 노력하자. 국가의 안보에 관한 우리 모두의 책임의식을 통감하고, 북핵 대응을 위한 우리의 태세가 미흡한 부분도 우리의 탓임을 인정하며, 현재의 북핵 위기를 위하여 스스로가 할 수 있거나 해야 할 일이 무엇인지를 찾아보자. 북핵 대응을 위하여 국가 차원에서 조치되어야 할 사항은 정부와 군대에게 대비할 것을 요구하면서 동시에 그들의 노력을 격려하자. 정부와 군대의 철저한 북핵 대비태세 구축을 지원하기 위하여 우리 모두가 무엇을 어떻게 해야 할 것인지를 고민해 보자. 모든 국민들이 '나부터'라는 생각을 바탕으로 북핵 위협으로부터 대한민국과 한민족의 안전을 보장하는 데 도움이 되는 사항을 찾아내어 조금씩 실천해 나갈 때 북핵에 대한 대비태세는 조금씩 향상될 것이고, 그러한 것이 오랫동안 누적됨으로써 기적과 같은 북핵 해결책이 등장하게 될 것이다. 하늘은 오로지 스스로 돕는 자를 돕는다.

참고문헌

강영두. 2017. "멀린 전 美 합참의장 '김정은, 핵무기 갖고만 있지는 않을 것'". 『연합뉴스』(11. 27).

강영훈 · 김현수. 1996. 『국제법개설』. 서울: 연경문화사.

강임구. 2009. "선제공격의 정당성 확보 모델 연구". 『군사발전연구』. 제3권 1호.

강장석. 2014. "국회를 통한 통일 및 대북정책의 국민적 합의 제고방안". 『의정논총』. 제9권 2호.

강준영. 2010. "중국의 對北 인식 · 정책 전환할 때다". 『문화일보』(11. 24).

구본학. 2015. "북한 핵문제 전개과정과 해결방안". 『통일정책연구』. 제24권 2호.

국가안보실. 2014. 『(희망의 새시대) 국가안보전략』. 서울: 국가안보실.

국기연. 2015. "왕이 '사드는 중국 겨냥한 미국의 칼춤'". 『세계일보』(2. 15).

국립방재연구원. 2012. 『민방위실태 분석을 통한 제도개선 방안: 기획연구를 중심으로』. 서울: 국립방재연구원.

국방부. 1999. 『국방백서 1999』. 서울: 국방부.

_____. 2004. 『2004 국방백서』. 서울: 국방부.

_____. 2007. 『국방 기획관리기본규정』. 국방부훈령 제792호. 서울: 국방부.

_____. 2010. 『2010 국방백서』. 서울: 국방부.

_____. 2011. 『국방개혁 307계획 보도 참고자료』. 서울: 국방부.

_____. 2012. 『국방개혁 기본계획 2012-2030』. 서울: 국방부.

_____. 2014a. 『2014 국방백서』. 서울: 국방부.

_____. 2014b. 『국방개혁 기본계획 2014-2030』. 서울: 국방부.

_____. 2016. 『2016 국방백서』. 서울: 국방부.

_____. 2018. 『2018 국방백서』. 서울: 국방부.

국방부 군사편찬연구소. 2015.『국군과 대한민국 발전』. 서울: 군사편찬연구소.

국방부 민군합동조사단. 2010.『천안함 피격사건: 합동조사결과 보고서』. 서울: 국방부.

권세정 · 차미영 외. 2014. "빅데이터 기반 루머의 특성 및 분류".『정보과학처리학회지』. 제21권 3호.

권태영 외. 2014.『북한 핵 · 미사일 위협과 대응』. 성남: 북코리아.

권혁철. 2012. "선제적 자위권 행사 사례 분석과 시사점: 1967년 6일전쟁을 중심으로". 『국방정책연구』. 제28권 4호(겨울).

_____. 2013. "북핵 위협에 대비한 한국형 킬 체인의 유용성에 관한 연구".『정책연구』. 제178호(가을).

김강녕. 2015. "북한의 대남도발과 한국의 대응전략".『군사발전연구』. 제6권 3호.

김경화 · 권광순. 2015. "이 와중에도… 사드 반대 단체 '전면 투쟁 불사'".『조선일보』(9. 5).

김동엽. 2015. "경제 · 핵무력 병진노선과 북한의 군사 분야 변화".『현대북한연구』. 제18권 2호.

김민서 · 김예진. 2017. "태영호 '북핵, 한국군 무력화 노린 것'".『세계일보』(1. 23).

김성한. 2015. "동북아 세 가지 삼각관계의 역학구도".『국제관계연구』. 제20권 1호.

김영일. 1991.『전쟁 수행과정과 전략적 지도』. 서울: 국방참모대학.

김인태. 2015. "북한의 핵위협 대비태세 분석: 정부의 비군사 분야 대비태세를 중심으로". 『한국경호경비학회지』. 제42호.

김재권 · 설현주. 2016. "미사일 방어를 위한 방공포대 최적 배치 문제".『산업경영시스템학회지』. 제39권 1호.

김재엽. 2016. "한반도 군사안보와 핵(核)전략: 북한 핵무장 위협에의 대응을 중심으로". 『국방연구』. 제59권 2호.

김정섭. 2015. "한반도 확장억제의 재조명: 핵우산의 한계와 재래식 억제의 모색".『국가전략』. 제21권 1호.

김준형. 2009. "동맹이론을 통한 한미전략동맹의 함의 분석".『국제정치연구』. 제12권 2호.

김진명. 2014.『싸드(THAAD)』. 서울: 새움.

김진하. 2017. "북한의 '핵위기 · 평화협정 연계전략'과 과도적 합의론의 도전: 한미 반(反)북핵 독트린을 제안하며".『격변기의 안보와 국방』. 한국전략문제연구소 창설 30주년 기념 논문집. 서울: 한국전략문제연구소.

김태룡 외. 2009.『새 한국정부론』. 서울: 대영문화사.

김태우. 2010. "북한 핵실험과 확대억제 강화의 필요성".『한국의 안보와 국방』. 서울: 한국국방연구원.

김태현. 2012. "억지의 실패와 강압외교: 쿠바의 미사일과 북한의 핵".『국제정치논총』. 제52권 1호.

───── . 2016. "북한의 핵전략: 적극적 실존억제". 『국가전략』. 제22권 3호.

김태호. 2013. "한중관계 21년의 회고와 향후 발전을 위한 제언: 구동존이(求同存異)에서
　　　이중구동(異中求同)으로". 『전략연구』. 제20권 60호.

김태효. 2013. "국방개혁 307계획: 지향점과 도전요인". 『한국정치외교사논총』. 제34권 2호.

김학민. 2016. "4차 북핵 실험과 우리의 대비 및 대응 방향: 국가적·군사적 차원의 방호 및
　　　사후관리를 중심으로". 『국방정책연구』. 제112권.

김행복. 1999. 『한국전쟁의 전쟁지도: 한국군 및 UN군 편』. 서울: 국방군사연구소.

김현수. 2004. "국제법상 선제적 자위권 행사에 관한 연구". 『해양전략』. 제123호.

남창희. 2009. "한미동맹과 미일동맹의 동조화와 한일안보협력". 『한일군사문화연구』. 제8권.

남창희·이종성. 2010. "북한의 핵과 미사일 위협에 대한 일본의 대응: 패턴과 전망". 『국가전략』.
　　　제16권 2호.

노훈. 2012. "'국방개혁 기본계획 2012-2030' 진단과 향후 국방개혁 전략". 『전략연구』. 제57호.

동아시아연구원. 2016. "한일 국민 상호인식 조사". 동아시아연구원. http://www.eai.or.kr/main/
　　　program_view.asp?intSeq=6858&code=17&gubun=program.

문광건. 2006. "북한의 안보정책과 군사전략". 『북한 군사체제: 평가와 전망』. 남만권(편). 서울:
　　　KIDA Press.

문영한. 2007. "한미 연합 방위체제로부터 한국 주도 방위체제로의 변환". 『군사논단』. 제50권.

문재연. 2015. "日 73% 韓 불신, 韓 85%가 日 불신… 日언론 '이명박·박근혜 탓'".
　　　『헤럴드경제』(6. 9).

박계호. 2012. 『총력전의 이론과 실제』. 성남: 북코리아.

박영준. 2015. "한국외교와 한일안보관계의 변용, 1965~2015". 『일본비평』. 제12호.

박준혁. 2007. "미국 예방공격의 결정적 요인: 북핵 위기와 이라크전쟁을 중심으로". 『군사논단』.
　　　제51권.

박진우. 2014. "여론조사를 통해서 본 한일관계의 상호인식". 『일본사상』. 제27호.

박휘락. 1987. 『소련군사전략연구』. 서울: 법문사.

───── . 2007. "능력기반 국방 기획과 한국군의 수용방향". 『국가전략』. 제13권 2호.

───── . 2009. "전시 작전통제권 전환과 국가의 전쟁 수행: 개념과 과업의 분석". 『국제정치논총』.
　　　제49권 1호.

───── . 2013. "핵 억제이론에 입각한 한국의 대북 핵 억제태세 평가와 핵 억제전략 모색".
　　　『국제정치논총』. 제53권 3호.

───── . 2015. "한국의 북핵정책 분석과 과제: 위협과 대응의 일치성을 중심으로". 『국가정책연구』.
　　　제29권 1호.

_____. 2016a. "사드(THAAD) 배치를 둘러싼 논란에서의 루머와 확증편향". 『전략연구』. 제23권 1호.

_____. 2016b. "북한 핵위협 대응에 관한 한미연합군사력의 역할 분담". 『평화연구』. 제24권 1호.

_____. 2016c. "북한 핵위협 대두 이후 한국의 바람직한 군사력 증강 방향". 『의정논총』. 제11권 1호.

_____. 2017a. "북핵 위협 상황에서의 전시 작전통제권 전환 분석: 동맹활용과 자주의 딜레마, 그리고 오해". 『전략연구』. 제73호.

_____. 2017b. "북핵 위협에 대한 예방타격의 필요성과 실행가능성 검토: 이론과 사례를 중심으로". 『국가전략』. 제23권 2호.

박휘락 · 조영기 · 이주호. 2017. 『국방개혁』. 서울: 한반도선진화재단.

배종윤. 2008. "동북아시아 지역질서의 변화와 한국의 전략적 선택: '동북아 균형자론'을 둘러싼 논쟁의 한계와 세력균형론의 이론적 대안". 『국제정치논총』. 제48권 3호.

부형욱. 2016. "북한 핵 위협의 고도화와 비상대비". 한국정책학회 동계학술발표논문집.

서상문. 2016. "전쟁지도 개념의 몇 가지 문제 논고". 『군사논단』. 제85권.

서정경. 2014. "시진핑 주석의 방한으로 본 한중관계의 현주소". 『중국학연구』. 제70권.

손경호. 2015. "6 · 25전쟁에 나타난 미국의 제한전쟁 수행체계 분석: 중국군 개입 이후 국무부의 역할 확대 과정을 중심으로". 『국제정치논총』. 제55권 4호.

송호근. 2017. "수소탄 태풍 앞 '빈손' 한국은 왜 이리 차분한가". 『중앙일보』(9. 14).

양기웅. 2014. "한일관계와 역사갈등의 구성주의적 이해". 『국제정치연구』. 제17권 2호.

엄보운. 2017. "송국방 '북 핵탄두, ICBM 탑재할 정도로 소형화 추정'". 『조선일보』(9. 5).

오창헌. 2015. "한국인의 대미인식 변화에 관한 분석: 반미 감정을 중심으로". 『대한정치학회보』. 제23권 4호.

옥철. 2017. "미국인 49% '북한에 웜비어 사망 책임 묻는 행동 취해야'". 『연합뉴스』(6. 30).

온창일. 1989. "초(超)총력전 그리고 제한전: 6.25 전쟁의 수행과정". 『한국정치외교사논총』. 제5권.

우평균. 2016. "북핵의 정치적 효과와 대남전략: 비대칭적 상황에서의 전략 추진". 『세계지역연구논총』. 제34권 4호.

유명환. 2014. "한일 관계의 현주소와 해법의 모색". 『신아세아』. 제21권 1호.

유세경 외. 2010. "미국과 중국 일간지의 '천안함 침몰 사건' 뉴스 보도 비교 분석". 『미디어, 젠더&문화』. 제16호.

유용원. 2017. "발사에 단 5분, 주일 美 기지 사정권… 北 '북극성 2형 실전배치'". 『조선일보』(5. 22).

유철종. 2018. "러 핵전문가 '북한 30~35개 핵탄두 보유… 연 7개 생산 능력'". 『연합뉴스』(6. 11).

육군교육사령부. 1990. 『전쟁지도이론과 실제』. 대전: 육군교육사령부.

육군사관학교 전사학과. 2001. 『세계전쟁사』. 서울: 황금알.

윤완준 · 신나리. 2017. "중, 사드 3不에 '1限'까지 이행 요구… 일단락 됐다는 한국 압박".
　　『동아일보』(11. 24).

이규태. 2013. "한중관계: 事實과 '情結'(complex)". 『중국학논총』. 제38호.

이기완. 2015. "사드와 AIIB를 둘러싼 미중관계와 한국". 『국제정치연구』. 제18권 1호.

이대근. 2006. "당 · 군관계와 선군정치". 『북한군사문제의 재조명』. 경남대학교 북한대학원(편).
　　서울: 한울아카데미.

이명희. 2006. "미 국가안보전략의 'preemptive action' 함축적 의미 분석". 3사교 논문집.
　　제62권(4월).

이미숙. 2011. "군사협상과 군사도발 병행 행태를 통해 본 북한의 대남전략". 『통일정책연구』.
　　제20권 2호.

이상우. 2011. "동북아 안보질서와 한일 협력: 거시적 안목으로 대응하자". 『신아세아』. 제18권 3호.

_____. 2010. "동아시아 외교안보 현황과 한일협력". 『신아세아』. 제17권 3호.

이상은. 2017. "중국과 '빅딜 카드'로 주한미군 철수 거론한 키신저". 『한국경제』(7. 31).

이상익. 2017. "유교의 중화사상(中華思想)과 동아시아의 화해 협력". 『한국철학논집』. 제54권.

이상훈. 2006. "북한의 탄도미사일 개발과 주변국 인식". 『군사논단』. 제46권.

이수형. 2010. "북대서양조약기구(NATO)의 지구적 동반자 관계: 유럽 역내외 관련 국가들의
　　입장과 한미동맹에 대한 함의". 『국방연구』. 제53권 1호.

이양구. 2010. "사후과잉확신편향에 관한 연구". 『정치커뮤니케이션연구』. 통권 17호.

이용수. 2015. "中 '韓 사드 배치 우려' 공개적 압박". 『조선일보』(3. 17).

_____. 2016. "죽기살기식 올인… SLBM 손에 쥔 김정은". 『조선일보』(8. 25.).

이용재. 2016. "나폴레옹 전쟁: '총력전' 시대의 서막인가". 『프랑스사 연구』. 제34호.

이윤식. 2013. "북한의 대남 주도권 확보와 대남전략 형태". 『통일정책연구』. 제22권 1호.

이인호. 2015. "아베정부의 우경화와 미일동맹 강화가 한반도 안보정세에 미치는 영향". 『동아연구』.
　　제34권 2호.

이정진. 2016. "군, '북동향 감시' 정찰위성 임대추진… 이스라엘 거론". 『연합뉴스』(10. 18).

이창석. 2014. "합동성 강화를 위한 필수과제, '합동전투발전체계' 정착". 『합참』. 제61호.

이창헌. 2015. "김정은 시대 북한의 대남전략: 지속과 변화-김정일 시대의 역사적 경험을
　　중심으로". 『인문사회 21』. 제6권 3호.

이필중 외. 2007. "국방개혁 2020 재원확보를 위한 전략". 『전략연구』. 통권 제41호.

이희옥. 2011. "중국과 동아시아: 연평도 포격사건을 보는 중국의 눈". 『동아시아 브리프』. 제6권

1호.

임민혁. 2017. "뉴욕까지 사정권… '北核 게임' 바뀌었다".『조선일보』(7. 31).

전성훈. 2010. "북한 비핵화와 핵우산 강화를 위한 이중경로정책".『국가전략』. 16권 1호.

전진호. 2003. "동북아 다자주의의 모색: KEDO와 TCOG를 넘어서"『일본연구논총』. 제17권.

_____. 2010. "한일 안보협력의 새로운 모색: '냉전형 안보협력'에서 '글로벌, 지역협력'으로".
　　　　『일본연구』. 제13권.

전호훤. 2007. "북한 핵무기 보유시 군사전략의 변화 가능성과 전망".『군사논단』. 제52권.

정성윤. 2017.『김정은 정권의 핵전략과 대외 · 대남 전략』. KINU 연구총서 17-20. 서울:
　　　　통일연구원.

정성윤 외. 2016.『북한 핵 개발 고도화의 파급영향과 대응방향』. 서울: 통일연구원.

정욱식. 2003.『미사일 방어체제(MD)』. 서울: 살림.

_____. 2014. "한국의 MD 편입은 '도자기 가게에서 쿵후하는 격'".『프레시안』(6. 2).

정재호. 2012. "대한민국과 중화인민공화국 간의 외교: 2012년, 1992년 그리고 1972년으로의
　　　　회고와 평가".『중국근현대사연구』. 제56권.

제성호. 2010. "유엔헌장상의 자위권 규정 재검토: 천안함사건에서 한국의 무력대응과 관련해서".
　　　　『서울국제법연구』. 제17권 1호.

조남규. 2013. "여우가 고슴도치를 길들이는 법".『세계일보』(4. 2).

조세영. 2014.『한일관계 50년, 갈등과 협력의 발자취』. 서울: 대한민국 역사박물관.

조준형. 2017. "유사시 대북선제타격 찬성 증가… 아직은 반대 우세".『연합뉴스』(1. 26).

차두현. 2006. "북한군부의 정치적 위상과 역할".『북한 군사체제: 평가와 전망』. 남만권(편). 서울:
　　　　KIDA Press.

차재훈. 2014. "한 · 미 정부의 대북인식과 핵정책 상관성 연구".『정치 · 정보연구』. 제17권 2호.

천자현. 2015. "다음 세대를 위한 한일 관계의 새로운 패러다임: 화해, 그리고 회복적 정의".
　　　　『일본비평』. 제12호.

최은경. 2017. "북 ICBM 개발 막을 시한은 3개월… CIA, 트럼프 대통령에게 보고했다".
　　　　『조선일보』(12. 6).

최정민. 2014. "북한 핵 억제전략 연구를 통한 한국의 군사적 대응방향 제시".『군사논단』. 제77권.

평화와 통일을 여는 사람들. 2008. "미국 MD에 참여 규탄 기자회견문"(3. 20).

하대덕. 1998.『군사전략학: 전략이론의 과학화와 체계화』. 서울: 을지서적.

한광희. 2010. "중국의 대한반도 정책 결정요인: 북한 핵실험과 천안함 사건에 대한 대응 비교". EAI
　　　　Security Briefings Series. 3호.

한국갤럽. 2017. "데일리 오피니언 제275호(2017년 9월 1주): 6차 핵실험과 대북 관계"(9. 8).

한인택. 2010. "선제공격: 논리와 윤리".『전략연구』. 제48호(3월).

한정석. 2011. "인터넷괴담과 사실왜곡의 현상과 분석". CFE Report. 148호.

_____. 2013. "인터넷괴담과 사실왜곡의 현상과 분석". CFE Report. No. 148(3. 10).

함택영. 2006. "북한군사연구 서설: 국가안보와 조선인민군".『북한 군사문제의 재조명』.
　　　경남대학교 북한대학원(편). 서울: 한울아카데미.

허광무. 2004. "한국인 원폭피해자(原爆被害者)에 대한 제연구와 문제점".『한일민족문제연구』.
　　　제6권.

홍기호. 2013. "북한 핵무기의 군사적 위협과 대비방향".『신아세아』. 제20권 1호.

홍우택. 2016. "북한의 국가성향 분석과 모의 분석을 통한 핵전략 검증".『국방정책연구』. 제32권
　　　4호.

홍제성. 2014. "중국, 주일미군 '레이더 투입' 반대".『연합뉴스』(10. 23).

EAI 편집부. 2015. "강력한 동맹관계, 분열된 여론: 한미중일 공동인식조사". EAI 스페셜
　　　리포트(10월).

KOTRA. 2017. "[한중 수교 25주년①] 무역통계로 보는 한중 경제". http://news.kotra.or.kr/
　　　user/globalBbs/kotranews/3/globalBbsDataView.do?setIdx=242&dataI
　　　dx=160549.

酒井鎬次. 1944.『戰爭指導の實際』. 東京: 改造社.

Albright, David., and Kelleher-Vergantini, Serena. 2016. "Plutonium, Tritium, and Highly
　　　Enriched Uranium Production at the Yongbyon Nuclear Site." *Imagery Brief*.
　　　Institute for Science and International Security Report(June 14). http://isis-
　　　online.org/uploads/isis-reports/documents/Pu_HEU_and_tritium_production_at_
　　　Yongbyon_June_14_2016_FINAL.pdf.

Allahverdyan, Armen., and Galstyan, Aram. 2014. "Opinion Dynamics with Confirmation
　　　Bias." *PLOS ONE*. Vol. 9, No. 7.

Altfeld, Michael F. 1984. "The Decision to Ally: A Theory and Test." *The Western
　　　Political Quarterly*. Vol. 37, No. 4.

Arend, Anthony Clark. 2003. "International Law and the Preemptive Use of Military
　　　Force." *The Washington Quarterly*. vol. 26, No. 2(Spring).

Blackwell, James A. Jr., and Blechman, Barry M. (ed.). 1990. *Making Defense Reform
　　　Work*. Washing D.C.: Brassey's Inc.

Bolton, John. 2018. "The Legal Case for Striking North Korea First." *The Wall Street
　　　Journal* (February 28).

Brailey, Malcolm. 2005. "The Use of Pre-Emptive and Preventive Force in AnAge of Terrorism: Some Ethical And Legal Considerations." Australian Army Journal. Vol. 2, No. 1.

Braut-Hegghammer, Malfrid. 2011. "Revisiting Osirak: Preventive Attacks and Nuclear Proliferation Risks." *International Security*. Vol. 36, No. 1 (Summer).

Carnesale, Albert et al. 1983. *Living with Nuclear Weapons*. Harvard University Press.

Carter, Ashton B., and Perry, William J. 1999. *Preventive Defense: A New Security Strategy for America*. Washington D.C.: Brookings Institution Press.

Central Intelligence Agency. 2019. "The World Fact book." https://www.cia.gov/library/publications/the-world-factbook.

Chickering, Roger., and Föster, Stig. (ed.). 2000. *Great War, Total War: Combat and Mobilization on the Western Front*, 1914-1918. Cambridge University Press.

Chickering, Roger, Föster, Stig., and Greiner, Bernd. (ed.). 2004. *A World at Total War: Global Conflict and the Politics of Destruction*, 1937-1945. Cambridge University Press.

Chu, David S. C. et al. 2005. *New Challenges, New Tools for Defense Decisionmaking*. 한용섭·정경영·이상헌(역). 『(국방정책결정을 위한) 새로운 분석기법』. 논산: 국방대학교.

Clausewitz, Carl von., Michael Howard and Peter Paret. (trans.) 1984. *On War*. indexed Edition. Princeton: Princeton Univ. Press.

Collins, John M. 2002. *Military Strategy: Principles, Practices, and Historical Perspectives*. Washington D.C.: Brassey's Inc.

Connor, Shane. 2013. "The Good News about Nuclear Destruction." *Threat Journal*(August 6).

CSIS. 2002. "Strengthening U.S.-ROK-JApan Trilateral Relations." A Working Group Report of the CSIS International Security Program(September).

Dawson, Joseph G. III. 1993. *Commander in Chief: Presidential Leadership in Modern Wars*. University Press of Kansas.

Delahunty, Robert J., and John Yoo. 2009. "The 'Bush Doctrine': Can Preventive War Be Justified?." *Howard Journal of Law & Public Policy*. Vol. 32.

Department of Defense. 1999. *Report to Congress on Theater Missile Defense Architecture Options for the Asia-Pacific Region*. Washington D.C.: DoD.

_____. 2010. *Military and Associated Terms*. As Amended Through 31 January 2011. Washington D.C.: DoD(November 8).

_____. 2015. *Military and Security Developments Involving the Democratic People's Republic of Korea*. Washington D.C.: DoD.

_____. 2016. *Dictionary of Military and Associated Terms*. As amended through 15 February 2016. Washington D.C.; DoD(November 8).

_____. 2018. *Nuclear Posture Review*. Washington D.C.: DoD.

Dipert, Randall R. 2006. "Preventive War and the Epistemological Dimension of the Morality of War." *Journal of Military Ethics*. Vol. 5, No. 1.

Drake, Bruce., and Doherty, Carroll. 2016. "Key findings on how Americans view the U.S. role in the world." *Pew Research Center Facttanks*(May 5).

Eisenstade, Michael., and Knights, Michael. 2012. "Beyond Worst-Case Analysis: Iran's Likely Responses to an Israeli Preventive Strike." *Policy Notes*. The Washington Institute for Near East Policy. No. 11(June).

Elleman, Michael. 2018. "North Korea's Army Day Military Parade: One New Missile System Unveiled." *38th North*(February 8).

Federal Council to the Federal Assembly. 2001. *Civil Protection Concept*. Switzerland: Federal Office for Civil Protection(October 17).

Federal Emergency Management Agency. 1985. *Protection in the Nuclear Age*. Washington D.C.: FEMA(June).

Ford, Peter Scott. 2004. "Israel's Attack on Osiraq: a Model for Future Preventive Strikes." Naval Postgraduate School Thesis.

Freedman, Lawrence. 2004. *Deterrence*. Cambridge: Polity Press.

Fuller, J. F. C. 1961. *The Conduct of War: 1789-1961*. New Brunswick: Rutgers Univ. Press.

Government Accountability Office. 2013. *EMERGENCY PREPAREDNESS: NRC Needs to Better Understand Likely Public Response to Radiological Incidents at Nuclear Power Plants*. Report to Congressional Requesters(March).

Green, Brian. 1984. "The New Case for Civil Defense." *Backgrounder*(August 29).

Halperin, Morton H. 1965. *Limited War in the Nuclear Age*. London: John Wiley Publishing.

Hawaii Emergency Management Agency. 2018. http://dod.hawaii.gov/hiema/.

Homeland Security National Preparedness Task Force. 2006. *Civil Defense and Homeland Security: A short History of National Preparedness Efforts*. Washington D.C.: Department of Homeland Security(September).

Howard, Michael. 1979. "The Forgotten Dimensions of Strategy." *Foreign Affairs*(Summer).

IISS(International Institute for Strategic Studies). 2018. *The Military Balance 2018*.

London: IISS.

Jewish Virtual Library. 2018. "Fact Sheets: Israel's Missile Defense System." https://www.jewishvirtuallibrary.org/israel-missile-defense-systems.

Johnson, Jesse. 2017. "Trump adviser Bannon open to withdrawing U.S. troops from South Korea if North freezes nuclear program." *The Japan Times*(August 17).

Kampani, Gaurav. 1998. "From Existential to Minimum Deterrence: Explaining India's Decision to Test." *The Nonproliferation Review*. Vol. 6, No. 1 (Fall).

Kearny, Cresson H. 1979. *Nuclear War Survival Skills*. 1987 edition. Cave Junction, Oregon: Oregon Institute of Science and Medicine.

_____. 1987. *Nuclear War Survival Skills*. Cave Junction, Oregon: Oregon Institute of Science and Medicine.

Knorr, Klaus. 1970. *Military Power and Potential*. Lexington: D.C. Health and Company.

Kristensen, Hans M., and Norris, Robert S. 2019. "Status of World Nuclear Forces." Federation Of American Scientists. https://fas.org/issues/nuclear-weapons/status-world-nuclear-forces/.

Kulkirni, Tanvi., and Sinha, Alankrita. 2011. "India's Credible Minimum Deterrence: A Decade Later." *IPCS Issue Brief*. No. 179(December).

Levy, Amir., and Merry, Uri. 1986. *Organizational Transformation: Approaches, Strategies, Theories*. New York: Praeger Publishers.

Levy, Jack S. 1987. "Declining Power and the Preventive Motivation for War." *World Politics*. Vol. 40. No. 1.

_____. 2011. "Preventive War: Concept and Propositions." *International Interactions*. Vol. 37, No. 1.

Liddell Hart B. H. 1991. *Strategy*. 2nd edition, New York: Penguin Books.

Lykke, Arthur F. (ed.) 1993. *Military Strategy: Theory and Application*. Carlisle Barracks. PA: U.S. Army War College.

Mariani, Daniele. 2009. "Bunkers for All."swissinfo.ch(July 3). http://www.swissinfo.ch/eng/specials/switzerland_for_the_record/world_records/Bunkers_for_all.html?cid=995134.

McInnis, Kathleen., Feickert, Andrew., Manyin, Mark E., Hildreth, Steven A., Nikitin, Mary Beth D., and Chanlett-Avery, Emma. 2017. "The North Korean Nuclear Challenge: Military Options and Issues for Congress." *CRS Report* 7-5700(November 6).

McKinzie, Matthew G., and Cochran, Thomas. 2004. "Nuclear Use Scenarios on the Korean Peninsula." Natural Resources Defense Council. prepared for the Seminar

on International Security Nanjing, China(October 12~15). http://docs.nrdc.org/
nuclear/files/nuc_04101201a_239.pdf.

Mikkersen, Randal. 2008. "UPDATE 2–Syrian reactor capacity was 1–2 weapons/year–
CIA." *Reuters*(Apr 29).

Ministry of Foreign Affairs of Japan. 2003. "TCOG Joint Press Statement." http://
www.mofa.go.jp/region/asia-paci/n_korea/nt/joint0301.html.

Missile Defense Advocacy Alliance. 2018. "U.S. Partners in Missile Defense." http://
missiledefenseadvocacy.org/missile-defense-systems-2/allied-air-and-
missile-defense-systems/.

Morgenthau, Hans J. 1985. *Politics Among Nations: The Struggle for power and Peace*.
6th Edition. New York: McGraw-Hill.

Morris, Abigail. 2017. "North Korea: 'We're NOT willing to bet a US city! Trump advisor
WARNS Kim Jong-un." *Express*(December 4). https://www.express.co.uk/
news/world/887741/North-Korea-Kim-Jong-un-Donald-Trump-World-Ward-
3-nuclear-missile-HR-McMaster.

Morrow. James D. 1991. "An Alternative to the Capabilities Aggregation Model of
Alliances." *American Journal of Political Science*. Vol. 35, No. 4.

Mueller, Karl P. et. al. 2006. *Striking First: Preemptive And Preventive Attack in U.S.
National Security Policy*. U.S.A.: Rand.

National Security Staff Interagency Policy coordination Subcommittee. 2010. *Planning
Guidance for Response to a Nuclear Detonation*. 2nd edition, FEMA(June).

Nickerson, Raymond S. 1998. "Confirmation bias: A ubiquitous phenomenon in many
guises." *Review of General Psychology*. Vol 2, No. 2.

Office of the Assistant Secretary for Public Affairs of DoD. 2005. *Facing the Future:
Meeting the Threats and Challenges of the 21st Century*. DoD.

Organski, A. F. K., and Kugler, Jacek. 1980. *The War Ledger*. Chicago: University of
Chicago Press.

Osgood, Robert E. 1957. *Limited War: The Challenge to American Strategy*. Chicago:
Univ. of Chicago Press.

Perry, William. 1999. "Review of United States Policy Toward North Korea: Findings
and Recommendations." Office of the North Korea Policy Coordinator(October
12).

Phillipp, Elizabeth. 2016. "Resuming Negotiations With North Korea." *North Korea
Nuclear Policy Brief*(June 24).

Renshon, Jonathan. 2006. *Why Leaders Choose War: The Psychology of Prevention*.

Westport: Prager Security International.

Richey, Mason. 2016. "New Developments in North Korea's Nuclear Weapons Programme: Implications for European Security." *Policy/Brief.* Institute for European Studies (November).

Rinehart, Ian E., and Nikitin, Mary Beth D. 2014. "North Korea: U.S. Relations. Nuclear Diplomacy, and Internal Situation." *CRS Report* R41259 (January 15).

Sauer, Tom. 2004. "The Preventive and Pre-Emptive Use of Force: To be Legitimized or to be De-Legitimized?." *Ethical Perspectives.* Vol. 11, No. 2.

Schlesinger, Arthur M. Jr. 2004. *War and the American Presidency.* New York: W. W. Norton.

Silverstone, Scott A. 2007. *Preventive War and American Democracy.* London: Routledge.

SIPRI. 2019. "SIPRI Military Expenditure Database." https://www.sipri.org/databases/milex.

Slocombe, Wakter B. et al. 2003. "Missile Defense in Asia." *The Atlantic Council* (June).

Smith, Shane. 2015. "Implications for US Extended Deterrence and Assurance in East Asia." *North Korea's Nuclear Futures Series.* US-Korea Institute at SAIS.

Snyder, Glen H. 1961. *Deterrence and Defense: Toward a Theory of National Security.* Princeton. NJ: Princeton Univ. Press.

Sofaer, Abraham D. 2003. "On the Legality of Preemption. Was the war in Iraq legal?" *Hoover digest* (April 30). http://www.hoover.org/publications/hoover-digest/article/6590.

Stokes, Bruce. 2015. "How Asia-Pacific Publics See Each Other and Their National Leaders." Pew Research Center Global Attitude and Trend. http://www.pewglobal.org/2015/09/02/how-asia-pacific-publics-see-each-other-and-their-national-leaders/.

Summers, Harry G. Jr. 1983. *On Strategy: The Vietnam War in Context.* 민평식(역). 『미국의 월남전 전략』. 병학사.

Szabo, Kinga Tibori. 2011. *Anticipatory Action in Self-Defense: Essence and Limits under Internation Law.* Hague: Springer.

The White House. 2002. T*he National Security Strategy of the United States of America* (September).

_____. 2017. *National Security Strategy of the United States of America.* Washington D.C. (December).

Trachtenberg, Marc. 1985. "The Influence of Nuclear Weapons in the Cuban Missile

Crisis." *International Security*. Vol. 10, No. 1(Summer).

Ulrich, Donald K. 2005. "A Moral Argument On Preventive War." *Usawc Strategy Research Project*. U.S. Army War College.

United Nations. 2004. *A more secure world: Our shared responsibility: Report of the Secretary- General's High-level Panel on Threats, Challenges and Change*. United Nations.

Walzer, Michael. 2000. *Just and Unjust Wars: A Moral Argument with Historical Illustrations*. 3rd ed. New York: Basic Books.

Warden, John A. III. 1995. "The Enemy As a System." *Airpower Journal*. Vol. 9. No. 1.

Wike, Richard. 2017. "America's Global Image." http://www.pewglobal.org/2017/06/28/americas-global-image/.

Williams, Dan. 2011. "Israeli leaders test nuclear bunker in defense drill." *Reuters*(August 22).

Wit, Joel S., and Ahn, Sun Young. 2015. "North Korea's Nuclear Futures: Technology and Strategy." *North Korea's Nuclear Future Series*. U.S.-Korea Institute at SAIS.

Wolfe, Thad A. 1979. "Soviet-United States Civil Defense: tipping the strategic scale?." The air University Review(March-April) Vol. 30, No. 3. https://www.airuniversity.af.mil/Portals/10/ASPJ/journals/1979_Vol30_No1-6/1979_Vol30_No3.pdf.

Woolf, Amy F. 2015. "U.S. Strategic Nuclear Forces: Background, Developments, and Issues". *CRS Report*. RL33640(November 3).

Yoo, John C. 2004. "Using Force." *University of Chicago Law Review*. University of California. Berkeley School of Law Public Law and Legal Theory Research Paper Series. Vol. 71(summer).

Zagurek, Michael J. Jr. 2017. "A Hypothetical Nuclear Attack on Seoul and Tokyo: The Human Cost of War on the Korean Peninsula." *38th North*. http://www.38north.org/2017/10/mzagurek100417/.

Zahra, Farah. 2012. "Credible Minimum Nuclear Deterrence in South Asia." *IPRI Journal*. Vol. 12, No. 2(Summer).

찾아보기